3ds Max & VRay & Photoshop 照片级室内外效果图表现技法

孙蓓蓓 / 编著

中国青年出版社
CHINA YOUTH PRESS

图书在版编目（CIP）数据

3ds Max & VRay & Photoshop照片级室内外效果图表现技法：全彩版／孙蓓蓓编著．— 北京：中国青年出版社，2017. 8
ISBN 978-7-5153-4802-5
I.①3…　II.①孙…　III. ①室内装饰设计－计算机辅助设计－AutoCAD软件②室内装饰设计－计算机辅助设计三维动画软件③室内装饰设计－计算机辅助设计－图象处理软件　IV. ①TU238.2-39
中国版本图书馆CIP数据核字（2017）第158566号

策划编辑　张　鹏
责任编辑　张　军
封面设计　彭　涛

3ds Max & VRay & Photoshop
照片级室内外效果图表现技法：全彩版
孙蓓蓓／编著

出版发行：中国青年出版社
地　　址：北京市东四十二条21号
邮政编码：100708
电　　话：（010）59521188／59521189
传　　真：（010）59521111
企　　划：北京中青雄狮数码传媒科技有限公司
印　　刷：北京文昌阁彩色印刷有限责任公司
开　　本：787 x 1092　1/16
印　　张：19
版　　次：2017年8月北京第1版
印　　次：2017年8月第1次印刷
书　　号：ISBN 978-7-5153-4802-5
定　　价：79.90元（附赠海量资源，含语音视频教学与案例素材文件）

本书如有印装质量等问题，请与本社联系
电话：（010）50856188 / 50856199
读者来信：reader@cypmedia.com
投稿邮箱：author@cypmedia.com
如有其他问题请访问我们的网站：http://www.cypmedia.com

Preface 前言

3ds Max是世界范围内应用最为广泛的三维软件，且在室内外设计中最为普遍，以其强大的建模、灯光、材质、动画、渲染等功能著称。

本书采用3ds Max 2016版本制作和编写，请读者注意。基于效果图应用的广泛度，我们编写了这本书，希望能对读者学习3ds Max带来帮助。

本书的写作方式新颖，内容全面，章节安排合理，具体章节内容介绍如下。

篇名	章节	内容概述
基础知识篇	Chapter 1　光影、色彩、构图知识	主要讲解了效果图制作中必学的理论知识
	Chapter 2　室内设计的制作流程	主要讲解了室内外设计的完整制作流程
综合案例篇	Chapter 3　现代风格厨房	主要讲解了现代风格厨房的表现技法
	Chapter 4　简约风格卫生间	主要讲解了简约风格卫生间的表现技法
	Chapter 5　后现代风格大型餐厅	主要讲解了后现代风格大型餐厅的表现技法
	Chapter 6　夜景中式风格休息室	主要讲解了夜景中式风格休息室的表现技法
	Chapter 7　美式风格餐厅	主要讲解了美式风格餐厅的表现技法
	Chapter 8　欧式风格卧室	主要讲解了欧式风格卧室的表现技法
	Chapter 9　简约风格客厅设计	主要讲解了简约风格客厅设计的表现技法
	Chapter 10　豪华古典风格书房	主要讲解了豪华古典风格书房的表现技法
	Chapter 11　别墅客厅设计	主要讲解了别墅客厅设计的表现技法
	Chapter 12　室外简约别墅夜景	主要讲解了室外简约别墅夜景的表现技法

本书内容包括实例的场景文件、源文件、贴图，还包含书中实例的视频教学录像，同时作者精心准备了3ds Max快捷键索引、常用物体折射率表、效果图常用尺寸附表等，供读者使用。

本书技术实用、讲解清晰，不仅可以作为3ds Max室内外设计师初、中级读者学习使用，也可以作为大中专院校相关专业及3ds Max三维设计培训班的教材，还非常适合读者自学、查阅。本书由淄博职业学院的孙蓓蓓老师编写，全书共计约48万字。由于时间仓促，加之水平有限，书中难免存在错误和不妥之处，敬请广大读者批评和指出。

编　者

Contents 目录

3ds Max & VRay & Photoshop

基础知识篇

Chapter 1 光影、色彩、构图知识

本章将重点对效果图制作中用到的基本知识进行讲解，包括光影、色彩、构图等内容。这些理论知识对于效果图的制作有重要的意义，除了3ds Max的技术外，气氛的营造、构图的巧妙、立体感的营造、绚丽的色彩等方面，也将直接影响最终作品的质量。

Chapter 2 室内设计的制作流程

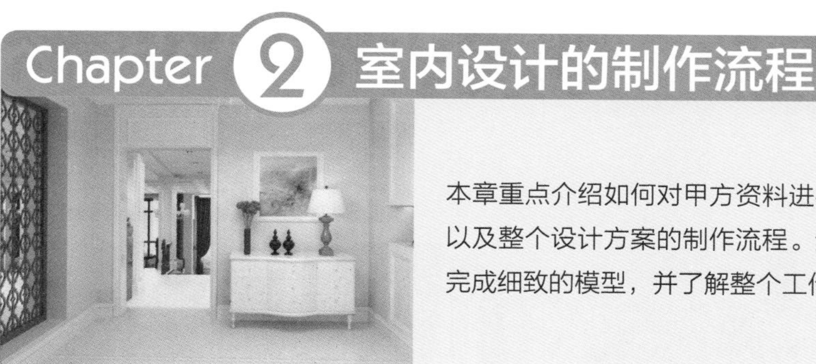

本章重点介绍如何对甲方资料进行分析、对方案图进行精度筛选，以及整个设计方案的制作流程。然后进行模型的建立，并按照要求完成细致的模型，并了解整个工作流程的操作步骤。

3ds Max & VRay & Photoshop 综合案例篇

Chapter 3 现代风格厨房

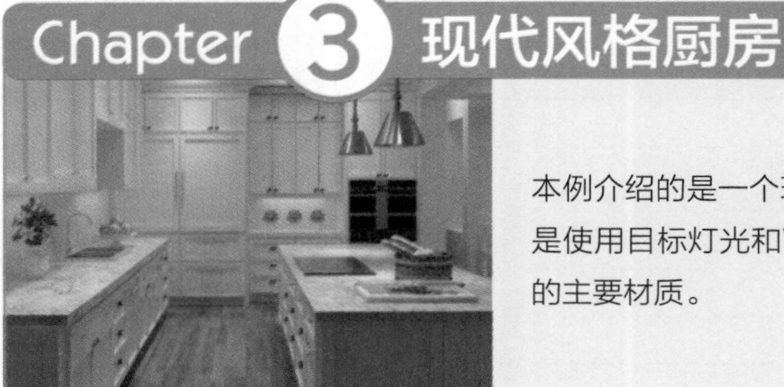

本例介绍的是一个现代风格的厨房场景，室内明亮的灯光表现主要是使用目标灯光和VR灯光来制作，并使用VRayMtl来制作本案例的主要材质。

Chapter 4 简约风格卫生间

本例介绍的是一个简约风格的卫生间场景，室内明亮灯光表现主要使用了目标灯光和VR灯光来制作，并使用VRayMtl来制作本案例的主要材质。

Chapter 5 后现代风格大型餐厅

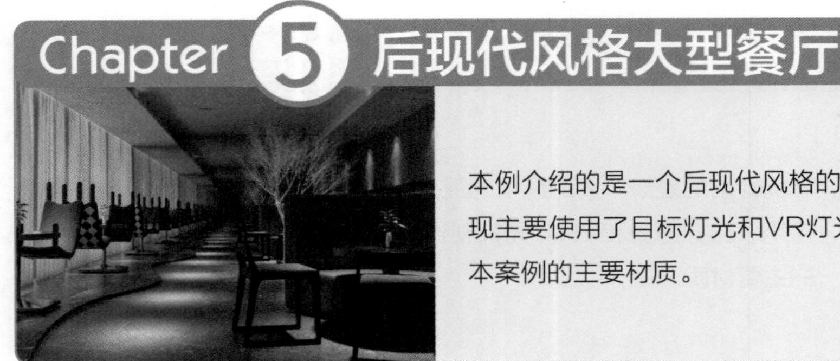

本例介绍的是一个后现代风格的大型餐厅场景，室内明亮的灯光表现主要使用了目标灯光和VR灯光来制作，并使用VRayMtl来制作本案例的主要材质。

Chapter 6 夜景中式风格休息室

本例介绍的是一个夜景中的中式风格休息室场景，室内明亮的灯光表现，主要使用了目标灯光和VR灯光来制作，并使用VRayMtl来制作本案例的主要材质。

Chapter 7 美式风格餐厅

本例介绍的是一个美式风格的餐厅场景，室内明亮的灯光表现主要使用了目标灯光和VR灯光来制作，并使用VRayMtl来制作本案例的主要材质。

Chapter 8 欧式风格卧室

本例介绍的是一个欧式风格的卧室场景，室内明亮的灯光表现主要使用目标灯光和VR灯光来创建，并使用VRayMtl来制作本案例的主要材质。

Chapter 9 简约风格客厅设计

本例介绍的是一个简约风格客厅场景的设计，室内明亮的灯光表现，主要使用了目标灯光和VR灯光来制作，使用VRayMtl来制作本案例的主要材质。

Chapter 10 豪华古典风格书房

本例介绍的是一个豪华古典风格的书房场景，室内明亮的灯光表现主要使用目标灯光和VR灯光来制作，使用VRayMtl来制作本案例的主要材质。

Chapter 11 别墅客厅设计

本例介绍的是一个别墅客厅场景的设计过程，其中室内明亮灯光的表现主要使用了目标灯光和VR灯光来制作，并使用VRayMtl来制作本案例的主要材质。

Chapter 12 室外简约别墅夜景

本例介绍的是一个室外简约别墅夜景场景，室外明亮灯光的表现主要使用了自由灯光和VR灯光来制作，并使用VRayMtl来制作本案例的主要材质。

Chapter 1 3ds Max & VRay & Photoshop

光影、色彩、构图知识

▌光与影之间的关系　▌色彩与风格　▌构图技巧

内容简介

本章将重点对效果图制作中用到的基本知识进行讲解，包括光影、色彩、构图等内容。这些理论知识对于效果图的制作有重要的意义，除了3ds Max的技术外，气氛的营造、构图的巧妙、立体感的营造、绚丽的色彩等方面，也将直接影响最终作品的质量。

Section 1.1 光与影

光与影是密不可分的，有光才会产生影。光与影对于一副效果图设计作品而言是最重要的，效果图够不够真实、灯光感觉对不对、阴影虚实是否合理，很大一部分由光影决定。这些都直接影响了作品效果，本节就来讲解光与影方面的知识。

1.1.1 真实环境里的光

真实的世界中到处都有光的存在，没有光我们也看不到任何事物。夜晚燃放的灿烂烟花让我们感受到光的瞬间魅力，如下左图所示。与日光下物体的真实光影质感，对比很强烈，如下右图所示。

1. 自然光

自然光是指非人造的光线，最常见的自然光有很多，比如太阳光、月光、闪电、火焰等。在效果图设计中，自然光在灯光中占有重要作用。效果图中灯光的时刻需要匹配当前室外自然光的光照强度，例如正午阳光很足时，太阳光要亮一些。下面我们来对这些光与影的变化进行介绍：

- **清晨：** 清晨的光表现出一种侧面的光，因为太阳这个时候是倾斜的，所以这样的光影给人一种明显的影调对比。这时的光照通常给人一种投射过来的感觉，光线的方向感比较强。这样的光照效果是侧面光，是太阳斜着射来的光线，光线顺着物体，使得场景部分沉浸在阳光中，充满了层次感和立体感，如下图所示。

这样的光照通常会使物体的轮廓线条更加得明显，从而展现出物体影调的丰富层次，更能展现出场景的轮廓感。

- **中午：**中午的太阳升起比较高，因此更容易产生太阳直射，所以太阳光是非常强烈的，而产生的阴影颜色更深。所以中午光线的光和影对比是最强烈的。在中午阳光下，可以很好地塑造物体的立体感、轮廓感、对比感，如下图所示。

- **黄昏：**黄昏是指太阳开始落山到临近傍晚这段时间，黄昏天空最大的特点是呈现暖暖的橙黄色，给人一种平静与淡泊的感受。并且黄昏由于太阳离地面水平面比较近，从而使得照射物体产生的阴影更远、更长。黄昏在效果图中应用不算太多，但是黄昏是最能体现气氛的时刻，如下图所示。

- **夜晚：**自然中的阳光变化是受地球自转的影响，夜晚天空变得以黑色为主，这时候光源就来自于月光和人造光。这样的光照会受到灯光的类型和颜色的影响，而产生不同的阴影效果和氛围，如下图所示。

- **天空光：**天空光相比中午和黄昏更为柔和，不会产生强烈的光线和阴影效果，产生的效果更平均、舒适。天空光不应该称为光源，它是由于太阳光经过大气层时，大气中的空气分子、尘埃和水蒸汽漫反射形成的现象，所以，它也可以看成是太阳光的间接照明。这样的灯光给人一种特别清亮的感觉，如下图所示。

天空光不仅存在于天气较好的情况下，在阴天时也会产生比较柔和的光线效果，这样的环境往往给人一种光线很弱的感觉，如下图所示。

2. 人造光

人造光是指非自然光，是人们活动中制作的灯光光照。最常用的有室内的吊灯、台灯、壁灯，室外的霓虹灯、汽车灯、广告灯等。人造光由于其功能的多样化，因此应用方法也比较复杂，在后面的章节中会大量使用人造光制作效果图灯光。

人造光按照主次分类可以分为主光源和辅助光源，这样的光源发光稳定，角度和强度都可以人为地进行调节，如下图所示。

人造光贴近我们的生活，例如室内住宅的灯光、酒店和KTV等商业场所灯光，还有一种就是人造光和自然光混合在一起的灯光，个别的还有烛光和火光，以及电子产品所展现出屏幕的光，如下图所示。

1.1.2 影

光线在照射到物体表面后，遇到不透明的物体，在物体后面便有一个光不能到达的黑暗区域，这就是物体的阴影。阴影通常都是颜色较深的，阴影运用得当会令效果图更立体、更有对比感，如下图所示。

影子的产生与光的强度、角度等都有直接的关系，因此会产生出不同的阴影效果，如边缘实的影子、边缘虚化的影子、柔和的影子等。形成边缘虚化的影子主要是因为在光照较为柔和，所以形成的影子也不会特别强烈。一般灯光形成的都是柔和的影子，如下图所示。

影子可以形成一种立体的视觉感受，在灯光中我们可以根据灯具的造型，使得影子呈现出各种各样的形态，使场景更具立体感和氛围，如下图所示。

阴影还具有增强空间层次感、视觉分割空间的作用，使地面上产生丰富的光影变幻，如下图所示。

Section 1.2 色彩

色彩可以分成两个大类，无彩色系和有彩色系。有彩色系的颜色具有三个基本特性：色相、纯度（也称彩度、饱和度）和明度，饱和度为0的颜色为无彩色系。

1.2.1 常用室内色彩搭配

在介绍颜色的时候，我们首先要认识并熟悉色环，如右图所示。将色彩运用和谐，可以更加完美地将室内的颜色搭配更和谐。

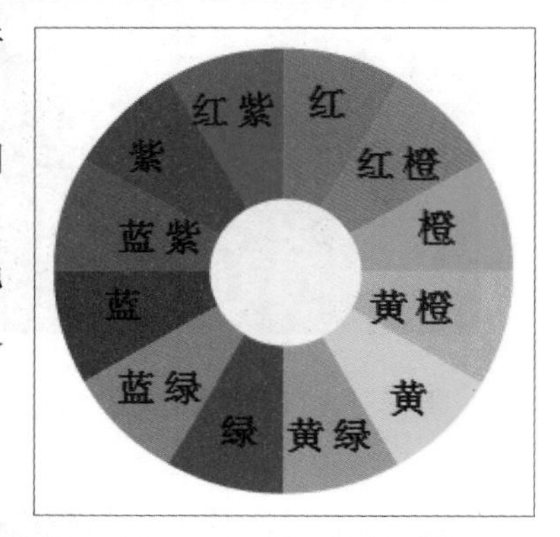

一般家居中我们不建议将室内的主色调搭配太多的颜色，否则会造成视觉紊乱，让人们不能保持理智和舒适的心情。

在色彩搭配的时候主色调尽量不要超过三种，我们可以将鲜艳的颜色作为搭配，保持面积不宜过大，这样就会使室内充满一种灵动性。

在进行室内色彩设计时，应首先了解和色彩有密切联系的以下几个问题：

- **空间的使用目的：** 不同的使用目的，如不同的场所，餐馆、书店等，对色彩的要求、性格的体现、气氛的形成都很重要。

- **空间的大小、形式：** 色彩本身就具有可以收缩和扩张视觉效果的作用，当空间比较狭小的时候，我们可以使用浅的颜色进行装饰。一些风格喜欢使用比较大的家具，使用浅色的家具进行搭配不会让空间显得压抑，可以使空间变得干净，有视觉扩张的表现。相反，深的颜色会使宽敞的地方显得没那么空旷，使用深色的家具压得住空旷的室内，显得整个室内更加庄重。色彩装饰的效果如下图所示。

- **空间的方位：** 不同方位在自然光线作用下的色彩是不同的，冷暖感也有差别，因此，可利用色彩来进行调整，如下图所示。

- **使用空间与人的类别：** 根据空间使用人群的不同，可以分为中老年人、年轻人、小孩等。根据不同人群的喜好，进行室内色彩的设计，如下图所示。

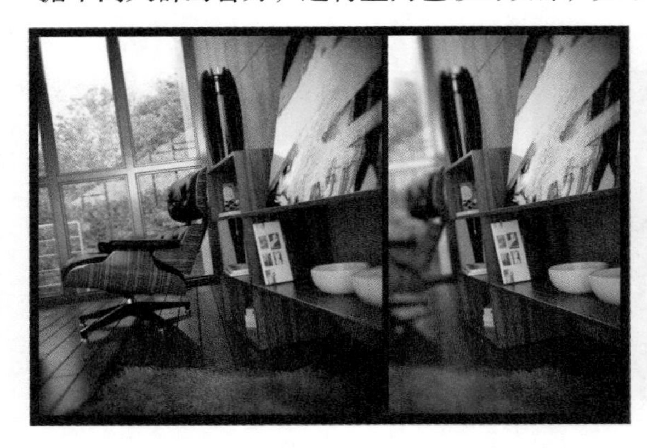

- **使用者在空间内的活动及使用时间的长短：** 长时间使用房间的色彩对视觉的作用，应比短时间使用的房间强得多。色彩的色相、色彩度对比等等的考虑也存在差别，对长时间活动的空间，主要应考虑不产生视觉疲劳，如下图所示。

- **空间所处的周围情况：** 在室内空间里，几种颜色是互相影响的，例如颜色之间互相折射，反射出的光感效果。颜色的互相影响是很大的，深颜色会对浅颜色有一定折射的影响，会在浅颜色上映射一些深颜色，影响颜色给人的视觉感受，如下图所示。

- **使用者对于色彩的偏爱：**这种因素是不确定的，每个人的兴趣爱好不同，所以喜欢的颜色也不同。可以根据自己的喜好，对自己的房子或者其它室内空间进行装饰。当然任何一种风格也都是与个人喜好息息相关的， 如下图所示。

1.2.2 室内风格与颜色

室内风格是由于国家、地域、文化、生活习性所产生的一种装修风格，不同的风格都有各自的特点和颜色表现。我们在进行各个风格设计的时候，要根据风格搭配合理的颜色，颜色的数量对风格有不同的影响，我们要根据风格的特点将主色调和辅助色调确定下来，保持风格的主体视觉感受。下面我们介绍几种比较常用的风格：

- **现代风格：**现代风格通常比较简单，突出简约而不简单。设计遵循简约、清新、潮流的特点，色彩方面给人舒适宜居的感觉。现代风格的设计效果如下图所示。

- **田园风格：**田园风格多以自然元素融入到室内设计中，突然人与自然和谐共存的概念，多以植物的颜色进行点缀，给人一种清新的感觉。田园风格的设计效果，如下图所示。

- **现代中式风格：** 中式风格装饰讲究雕梁画栋、气势恢宏，造型上讲究对称，色彩讲究对比，多以木色为主，使人觉得庄重，所以经过时代的变迁，演绎出一种新的现代中式风格，在中式风格上与现代元素结合，给人一种舒适感，如下图所示。

- **欧式风格：** 欧式风格曲线优美、线条流动，再配上一些理石、壁纸，使用的花纹给人一种端庄、典雅的贵族气氛，颜色多以白色或者深木色为主，如下图所示。

- **地中海风格：** 整体色调以黄色、蓝色为主，因为地中海风格属于与海相关的装修风格，多使用一些船上的元素作为点缀，给人一种清新自然的感觉，如下图所示。

- **工业风格：**工业风格常以无彩色作为颜色搭配，很好地应用黑白灰三色对比，强调风格层次。并常使用铁艺、管道、砖墙等质感，制造出一种工业随性的感觉，如下图所示。

- **黑白灰风格：**主要以颜色为主定义的风格，这样的风格给人一种干净舒适的感觉。通过这三种颜色形成的装修风格往往展现出主人的干练美，这样的美也属于中性美，如下图所示。

- **复古风格：**陈旧的色调、复古的家具、剥落的漆面，表现出一种复古的感觉，这些元素通常作为点缀，而不能大面积使用，否则会给人一种破旧的感觉。复古风格往往给人一种很强的文化气息，它传达出主人别具一格的个性，如下图所示。

- **东南亚风格：** 东南亚风格多用一些富含民族文化的设计元素，多用一些金色的壁纸或者丝绸质感的布料，通过灯光展现出室内的稳重和豪华感，如下图所示。

Section 1.3 构图技巧

室内设计中除了光影、色彩外，构图同样重要。根据题材和主题思想的要求，把要表现的形象适当地组织起来，构成一个协调完整的画面称为构图。好的构图方式，可以通过构图产生韵律感、节奏感、氛围感，表达不一样的设计情感。

1.3.1 主角与配角

任何一个场景都需要拥有自己的主角与配角，这样的设计可以使得画面展现出一种和谐的感觉，不会显得空间松散，如右图所示。

主角可以是一个风格中比较标志性的物体，因为这样的构图更能展现出一个风格的特点，使人一眼就能掌握风格想传达给人们的主旨，如下图所示。

1.3.2 比例和尺寸

当我们进行室内设计的时候，要根据房子的尺寸、家具的尺寸进行建模，掌握和谐的比例更能表现出室内的美感，中心构图法便是最为人们所熟知的，如下图所示。

要注重家具的各种尺度，使空间变得协调，给人一种身临其境的感觉。错误的比例会让美感流失，如下图所示。

构图时，我们可以借鉴其它设计中的构图方法，如三角形构图、S形构图、对角线构图等，来使得画面构图表现鲜明、简练，还可以使用进景远景的构图方法来展现空间的立体效果，如下图所示。

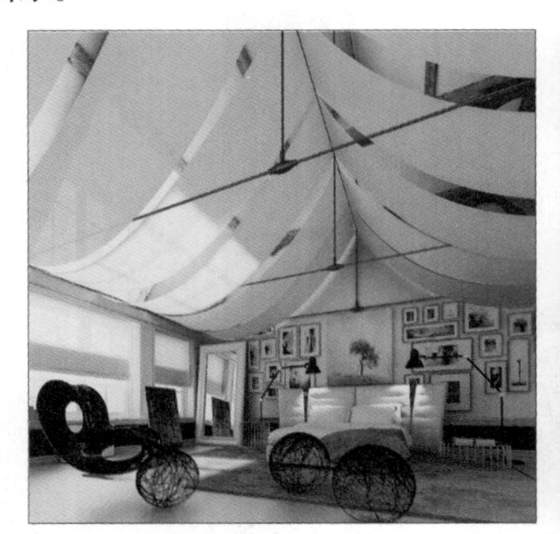

1.3.3 均衡与对比

在室内构图中，灯光的均衡与稳定也是比较重要的部分，因为在制作效果图过程中我们需要添加灯光，以达到真实的场景效果。通过明暗的对比，展现出尺寸、线条的均衡感，更能表现出室内的立体效果，如下图所示。

明与暗、高与低、虚与实的对比都能很好地展现画面的视觉感，不会使人感到呆板、缺乏活力。例如使用玻璃的透明材质和木头材质进行虚实的结合，这样的设计使得整个室内设计增加一些个性化的感觉。通过鲜艳的颜色对室内进行点缀，形成明暗对比，画面充满视觉上的冲击感。高低的对比更能展现出室内实际的层次美和立体美，如下图所示。

1.3.4 韵律与节奏

韵律代表着室内设计中以重复性和连续性为特征，展现美的形式。合理地把握这种韵律可以为室内增加一种不一般的节奏，得到不错的画面效果，如下图所示。

Chapter 2 3ds Max & VRay & Photoshop

室内设计的制作流程

▌分析甲方资料并进行删选　　▌根据设计方案创建模型　　▌了解设计方案的制作流程

内容简介

本章重点介绍如何对甲方资料进行分析、对方案图进行精度筛选，以及整个设计方案的制作流程。然后进行模型的建立，并按照要求完成细致的模型，并了解整个工作流程的操作步骤。

Section 2.1 室内设计方案制作前期准备

2.1.1 查看甲方的设计方案

在进行建模之前，首先要分析甲方提供的CAD图纸，根据图纸划定制作区域，并明确要制作的墙体等结构的模型，明确哪些模型需要导入。

1. 楼梯材质的制作

Step 01 首先打开配套光盘文件【场景文件/施工图总方案.dwg】文件，如下图所示。

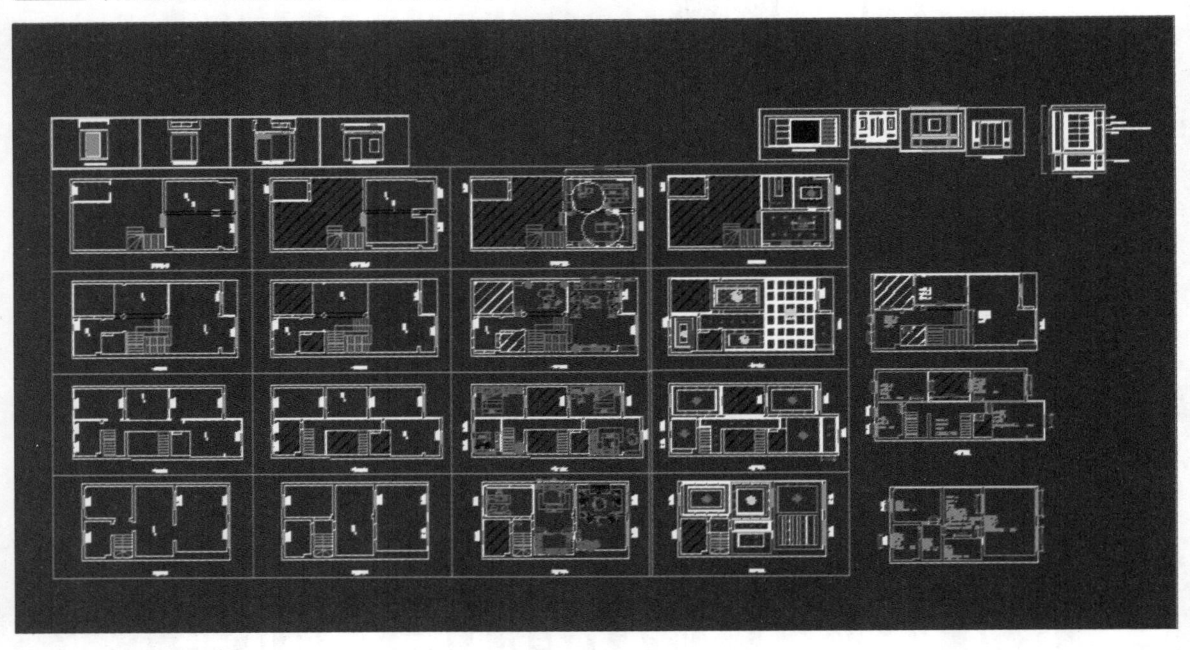

Step 02 熟悉各层的图纸之后，我们再单独提取甲方需要的一楼玄关处的图纸内容，对方案进行分析，如下图所示。

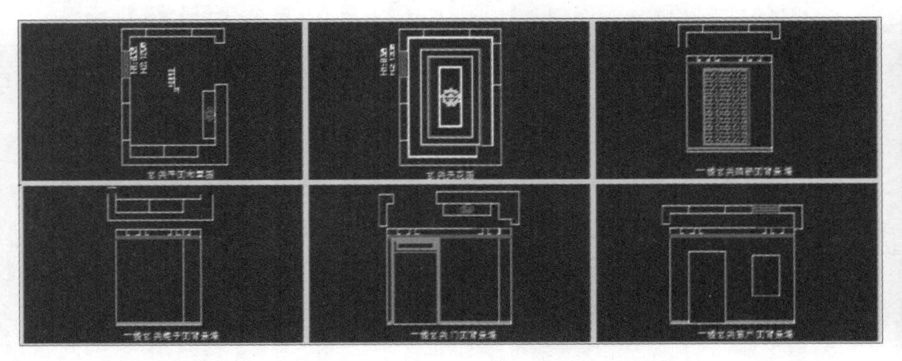

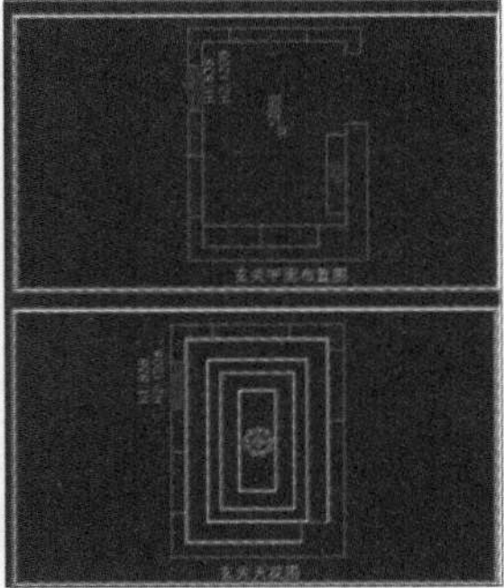

技巧提示：CAD图纸的用处

CAD图纸可以在制作效果图时用来进行尺寸的参考和赋予材质，我们可以通过每个图纸的数据来制作与设计相符的效果图。

2. 编辑需要导入的方案文件

在AutoCAD中编辑需要导入的立面图、平面图和天花图，将方案中建立模型时不需要的物体对象删除，这样会使图纸参考变得更简洁，方便使用。然后可以选择所有分层，使用特性匹配工具将所有分层物体对象集合到一个图层中，这里采用默认的0层，如右图所示。最后我们把文件保存为“玄关平面图.dwg”，这样就完成在AutoCAD中的前期操作。使用同样的方法对其它图纸进行操作，分别进行保存。

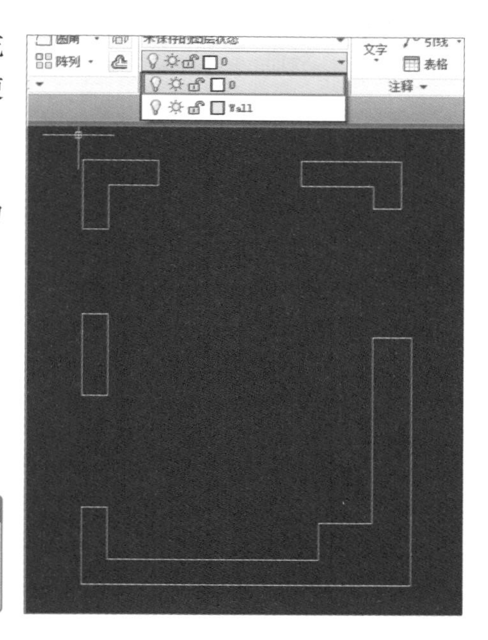

技巧提示：把图纸设置到0层的作用

删除其它与建模无关的模型后，为了保证3ds Max导入物体时的单一性，将CAD分层物体都编辑到一个层中。

2.1.2 将编辑好的方案文件导入3ds Max中

通过前面的步骤，我们已经将CAD图纸变得简单，适合在3ds Max中使用。通过导入的CAD图纸作为参考，可以绘制更为精准的图形，方便后面将图形转变为三维模型。

1. 导入前的设置

Step 01 启动3ds Max 2016中文版软件，在菜单栏中进行【自定义】|【单位设置】命令，此时将弹出【单位设置】对话框，将【显示单位比例】和【系统单位比例】设置为【毫米】，如下图所示。

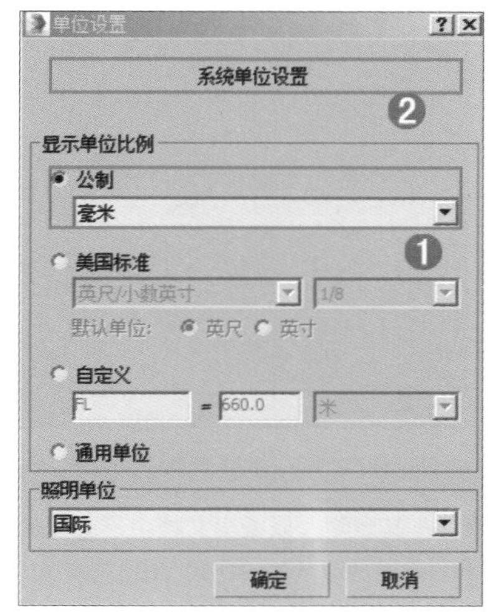

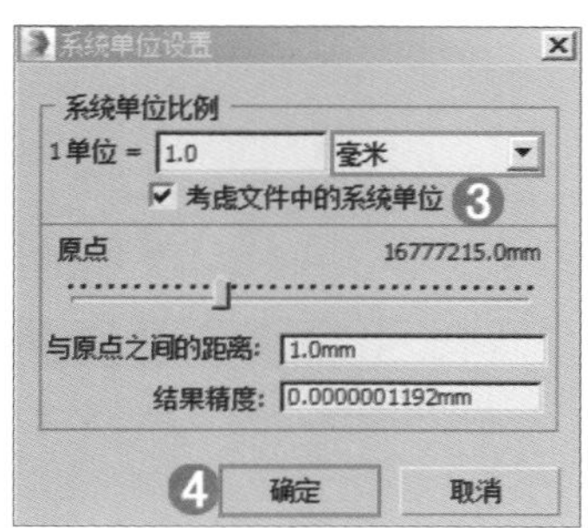

Step 02 单击主工具栏中的（捕捉开关）按钮，然后在（捕捉开关）上单击鼠标右键，在弹出的【栅格和捕捉设置】面板中，切换到【捕捉】选项卡并勾选＋（中心面）复选框。切换到【选项】选项卡，设置【捕捉预览半径】为10像素，【捕捉半径】为10像素，【角度】为90度，【百分比】为10%，勾选【捕捉到冻结对象】和【启用轴约束】复选框，如下图所示。

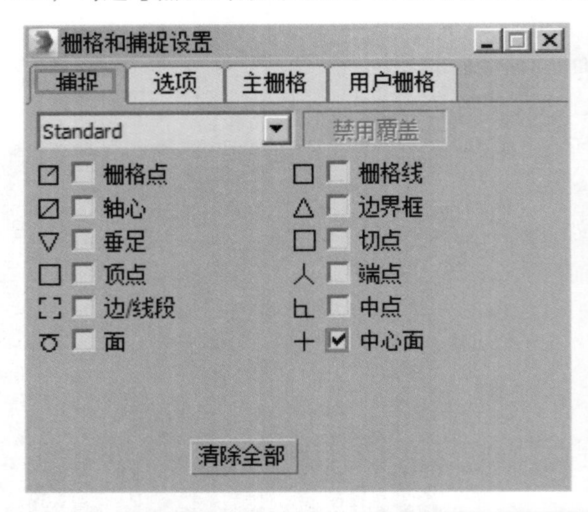

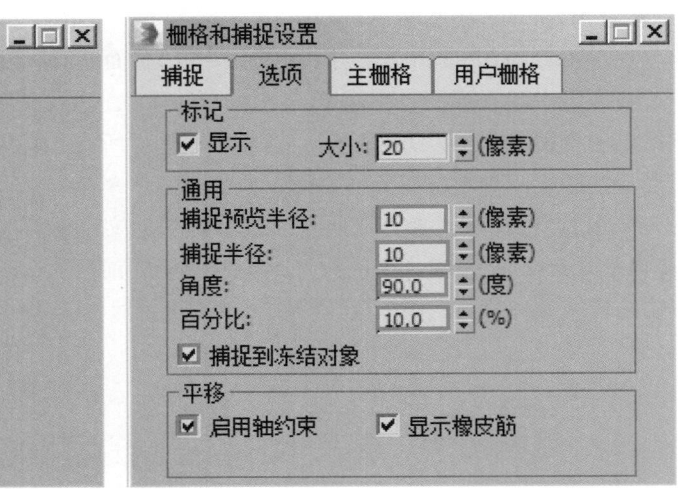

技巧提示：捕捉冻结对象的作用

后期处理中我们会将图像冻结，以方便操作，但当需要捕捉相应的顶点时，可以勾选【捕捉到冻结对象】复选框，以方便后期操作。

2. 导入编辑好的一层平面图

Step 01 单击图标，执行【文件】|【导入】|【导入】命令，导入本书配套光盘中的【场景文件/玄关平面图.dwg】文件，在弹出的【AutoCAD DWG/DXF导入选项】对话框中，单击【确定】按钮，如下左图所示。然后单击（选择对象）按钮，框选“玄关平面图”，然后单击鼠标右键，执行【冻结当前选择】命令，如下右图所示。

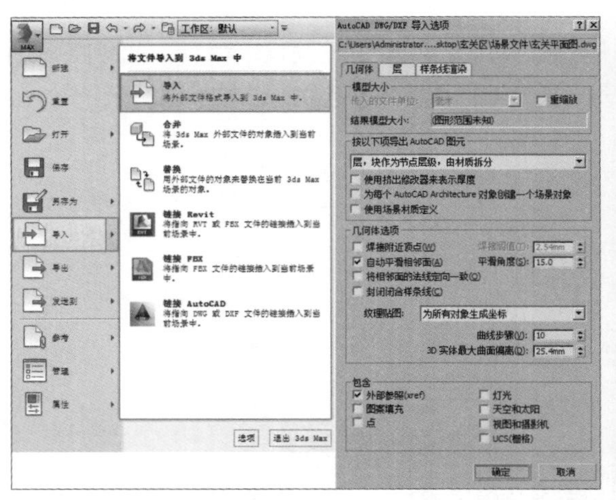

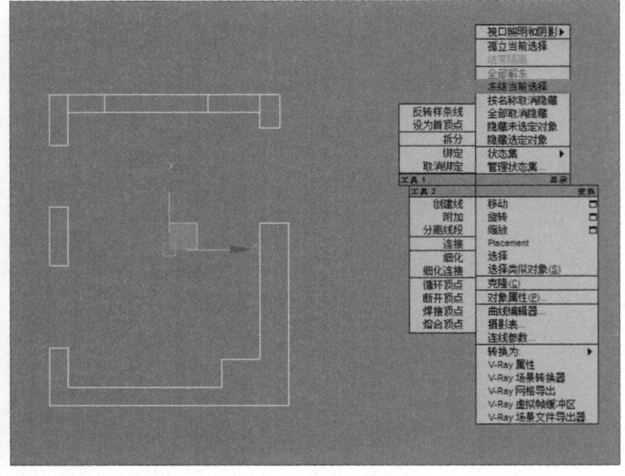

技巧提示：冻结对象的相关操作

这里我们将图像冻结了，在使用过后还可以解冻对象，然后将其删除，以减少文档中不必要的模型数量，当然不删除也不影响操作。

Step 02 继续使用【导入】命令，导入需要的立面【玄关隔断立面图.dwg】文件，使用（选择并旋转）工具结合捕捉设置，将其旋转至合适的角度，并进行位置的调整，如下图所示。

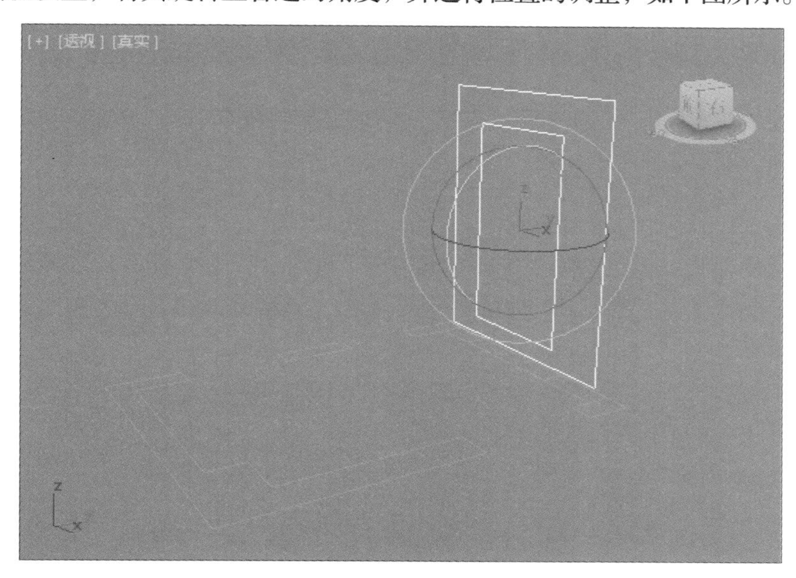

Step 03 使用同样的方法导入天花图【玄关天花图.dwg】文件，如下图所示。

技巧提示：旋转工具的使用

当我们使用（旋转并选择）工具的时候，可以在相应物体上单击鼠标右键，在弹出的【旋转变换输入】面板中的【绝对：世界】选项区域中，输入相关的角度值，进行旋转设置，如右图所示。

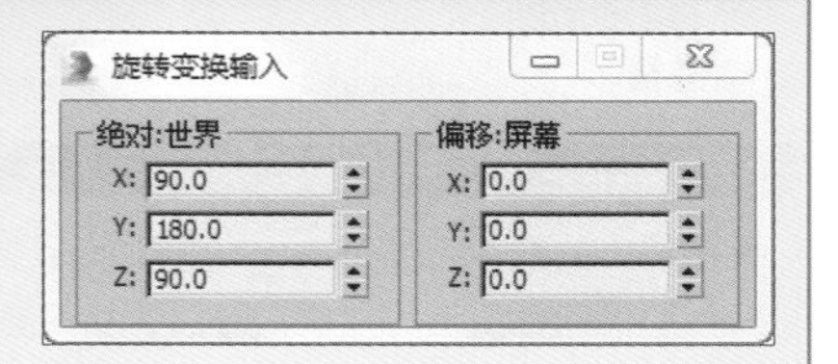

Section 2.2 根据设计方案创建室内结构

根据前面的步骤，我们已经将平面、立面、天花的图纸摆放完成，后面就可以根据这些图形来制作三维墙体框架等模型结构了。

1. 创建墙体

Step 01 单击（捕捉开关）按钮，单击鼠标右键勾选【顶点】和【中心面】，如下左图所示。

Step 02 单击（创建）|（图形）| 样条线 | 线 按钮，在【顶】视图中绘制下右图的形状。

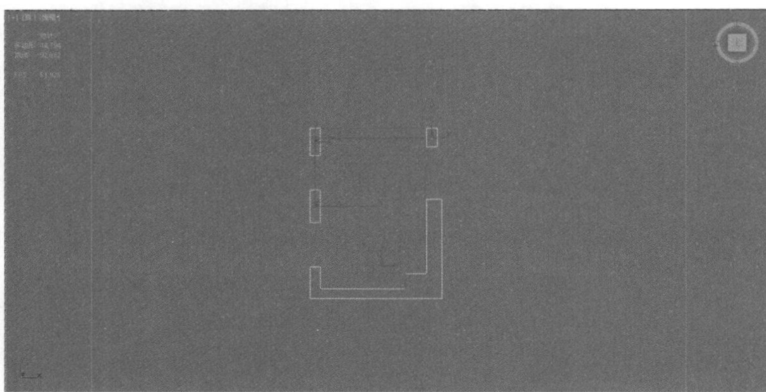

技巧提示：捕捉复选框的勾选

捕捉中可以通过勾选相应的复选框，来方便我们在绘图时捕捉到相应的点或者边。

Step 03 选择上一步创建的墙体线，为其加载【挤出】修改器命令，如下左图所示。在修改面板下展开【参数】卷展栏下，设置【数量】为2893mm，如下右图所示。

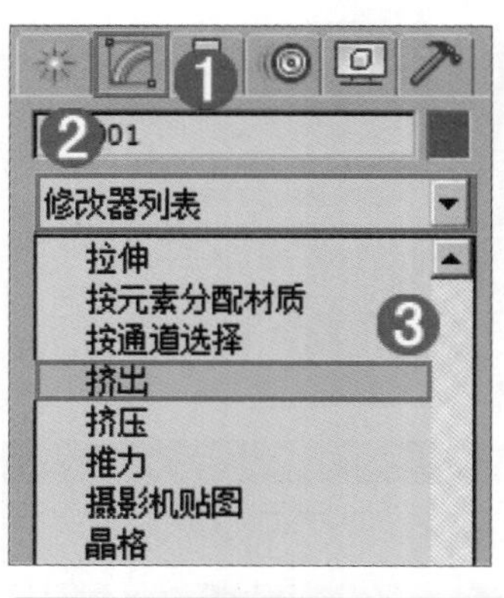

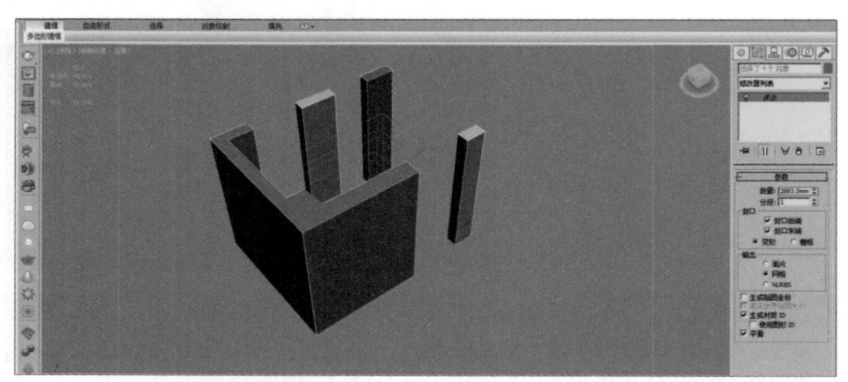

技巧提示：关于挤出值的确定

设置挤出的数值为2893mm，是因为通过CAD施工图纸中平面图的显示，我们知道这个房子模型的举架是2893mm。使用明确的数值进行建模，可以使我们的建模工作更加方便快捷。

2. 创建地面

单击 线 按钮，在【顶】视图中沿着墙体内侧创建一个下左图的形状。保持刚才创建的面线为选中状态，为其加载【挤出】修改器命令，在修改面板下展开【参数】卷展栏，设置【数量】为100mm，如下右图所示。

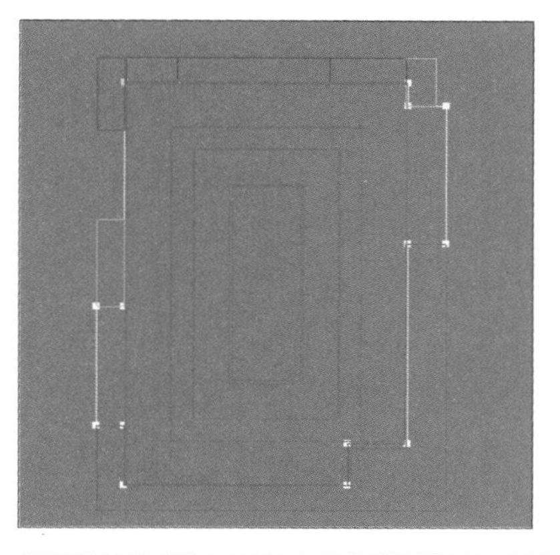

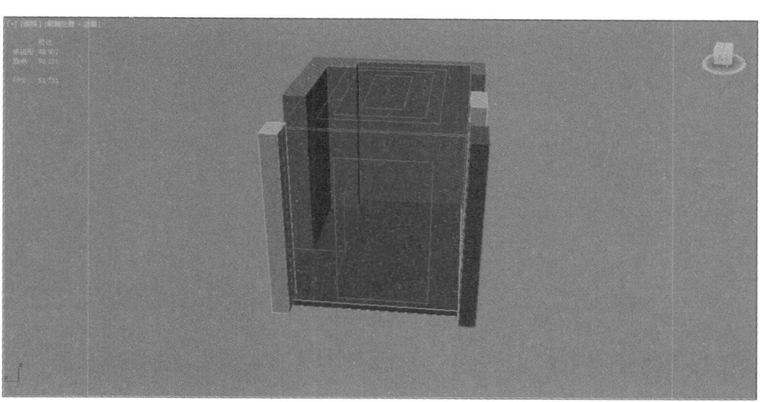

技巧提示：视口的选择

需单击2次鼠标左键才可以创建出一个长方体，这是特别需要注意的。第一次单击鼠标左键并拖曳，可以确定出长方体的长度和宽度，松开鼠标左键并拖曳可以确定长方体的高度，第二次单击鼠标左键是完成创建。

3. 创建立面

Step 01 单击（创建）|（图形）| 样条线 | 矩形 按钮，在【左】视图中按照导入进来的墙体立面绘制两个矩形，如下左图所示。

Step 02 选中一个中间的矩形并单击鼠标右键，执行【转换为】|【可编辑样条线】命令，如下右图所示。

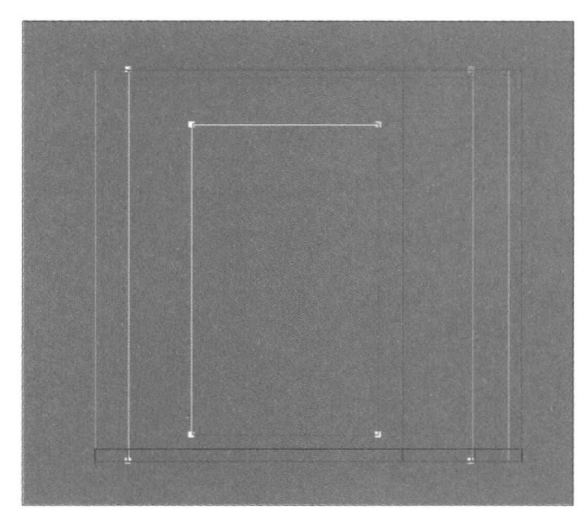

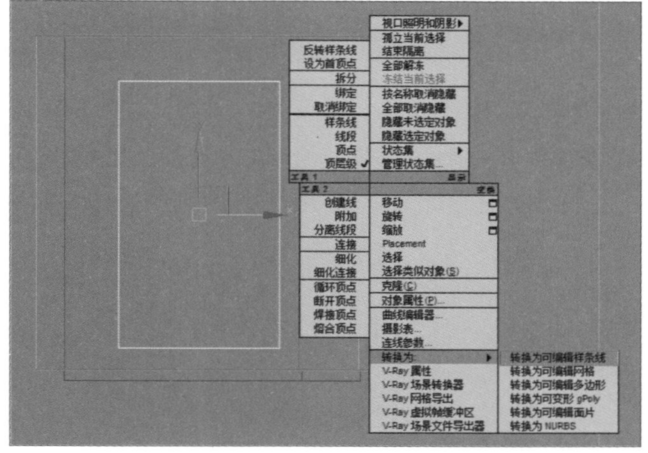

技巧提示：附加的作用

当我们要制作一个镂空的或者比较复杂的造型时，可以将造型，使用不同的样条线分别进行绘制，然后执行【转换为】|【转换为可编辑样条线】命令，将样条线附加，然后加载相应的修改器，就可以得到想要的造型了。当然也要适当地灵活运用。

Step 03 在【几何体】卷展栏中单击 附加 按钮，附加刚才绘制的另外一个矩形，如下图所示。

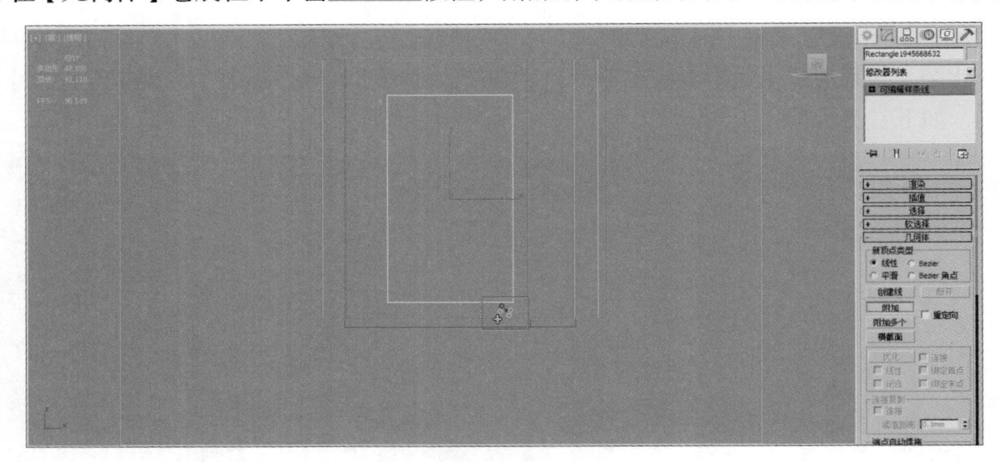

Step 04 选择上一步创建的立面线，为其加载【挤出】修改器命令，并设置【数量】值为240mm，如下图所示。

4. 创建其它墙体

Step 01 单击 矩形 按钮，绘制三个矩形，如下图所示。

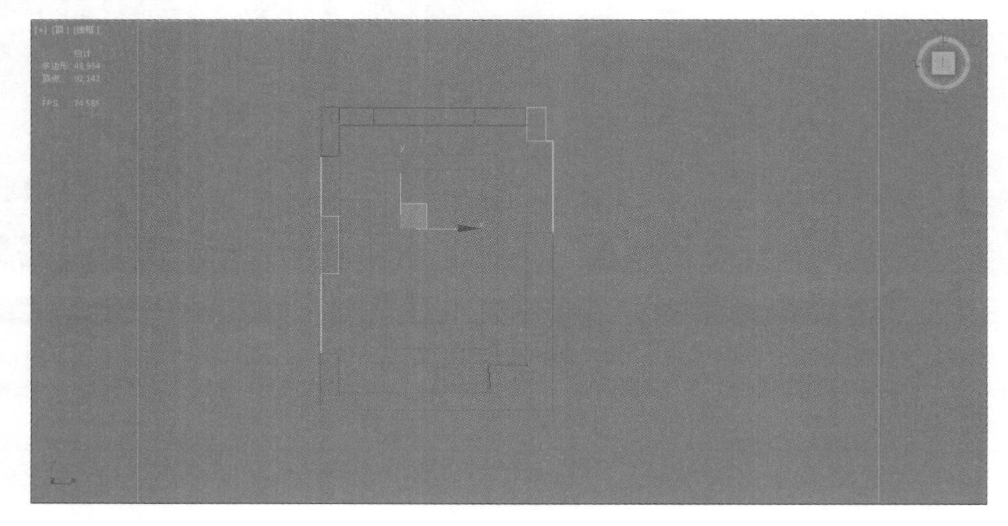

Step 02 选中属于门的两个矩形，使用【挤出】修改器，设置门的【挤出】数量为693mm，挤出后的效果如下左图所示。通过玄关施工图我们可以知道窗户的上下方为838mm和847mm，如下右图所示。

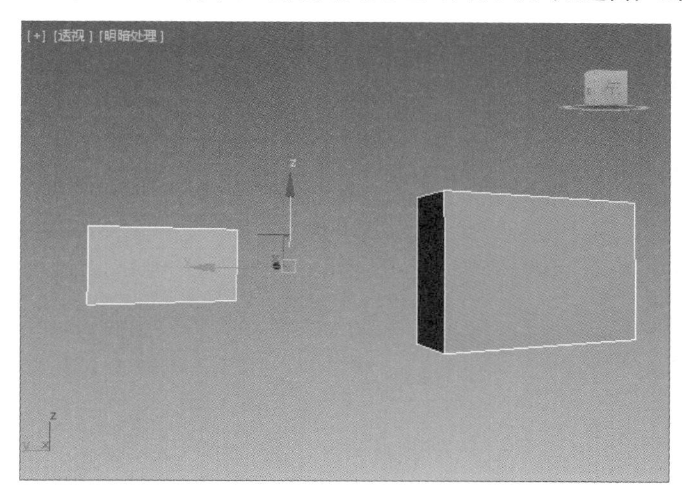

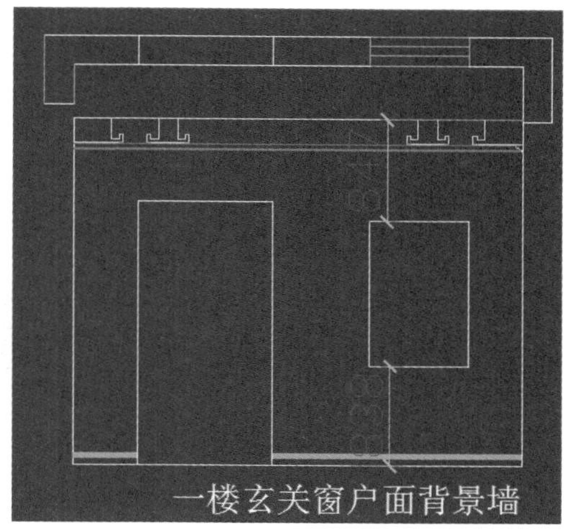

Step 03 然后单击选中刚才在窗户处绘制的矩形，加载【挤出】修改器，设置【挤出】的数量为847mm，如下图所示。

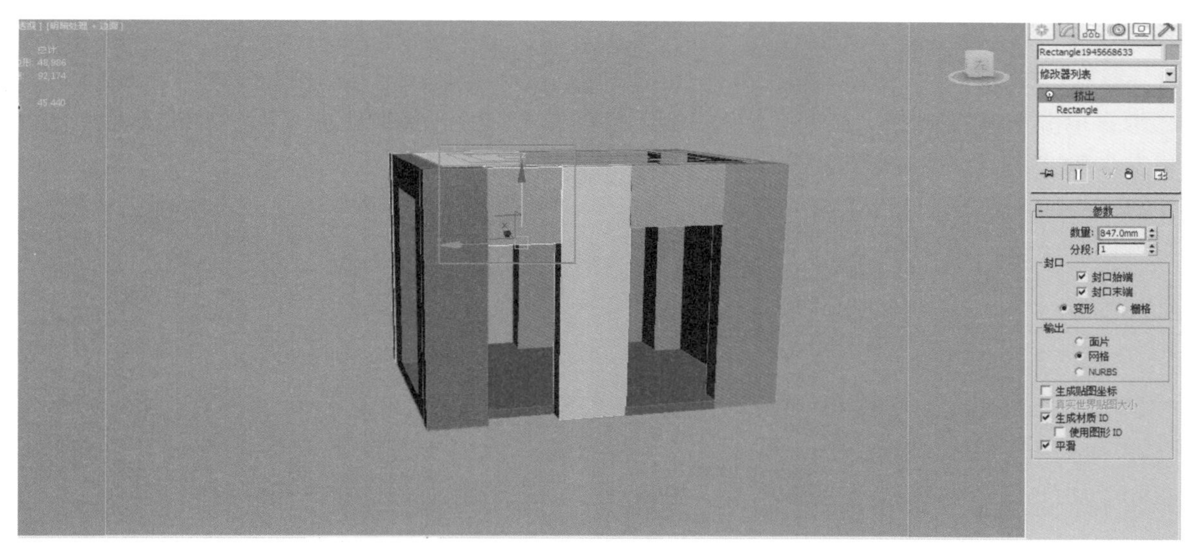

Step 04 选择刚才挤出的长方体，按住Shift键的同时，使用工具栏中的（选择并移动）工具复制1个长方体，在弹出的【克隆选项】对话框中选择【复制】单选按钮，如右图所示。

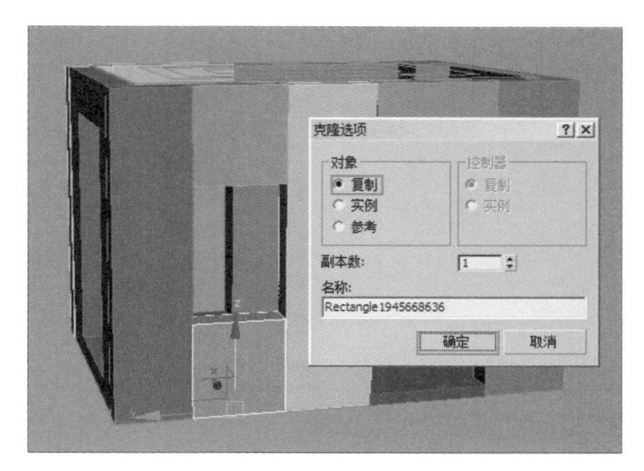

Step 05 选择复制出的长方体，在【挤出】修改器中修改【数量】为838mm，如下图所示。

5. 创建天花

Step 01 单击 线 按钮，在【顶】视图中沿着冻结的天花图外轮廓创建一个下左图的形状。然后单击 矩形 按钮，绘制矩形，如下右图所示。

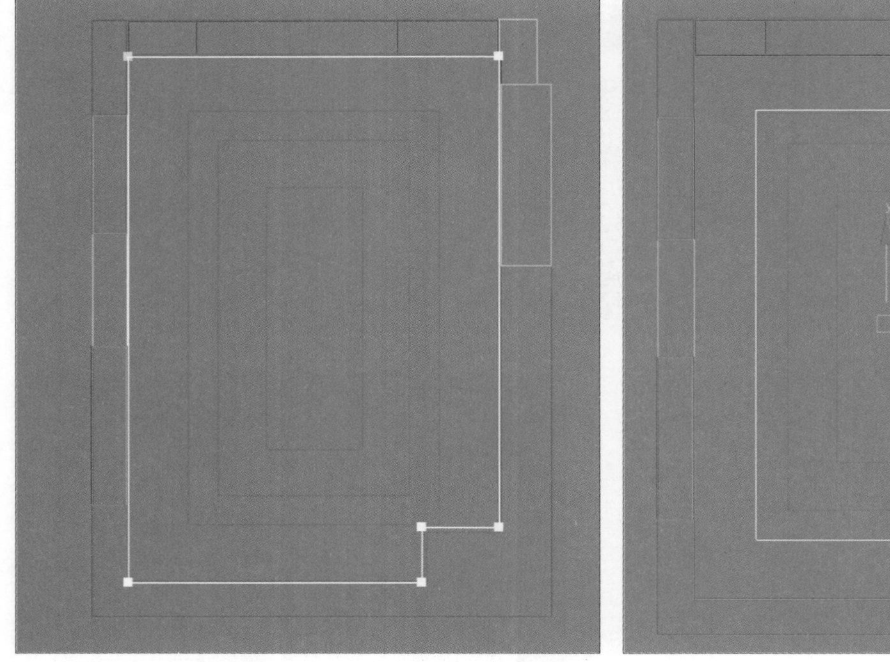

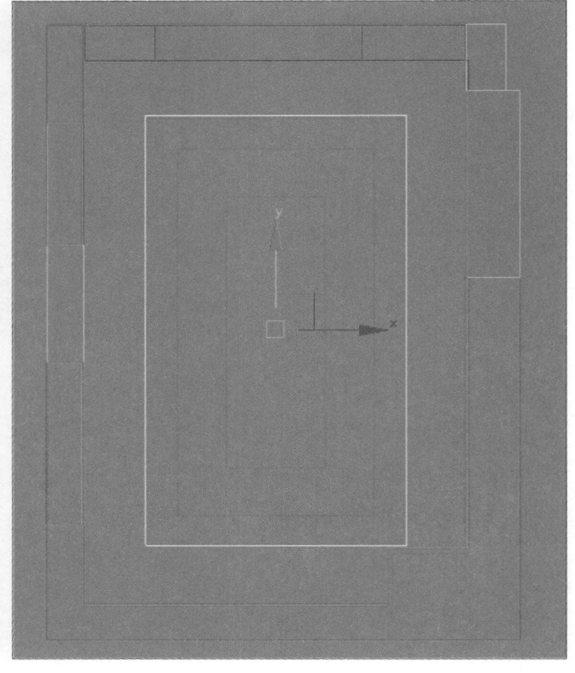

Step 02 选中矩形对象，执行【转换为】|【可编辑样条线】命令，在【几何体】卷展栏中单击 附加 按钮，附加刚才绘制的矩形，如下图所示。

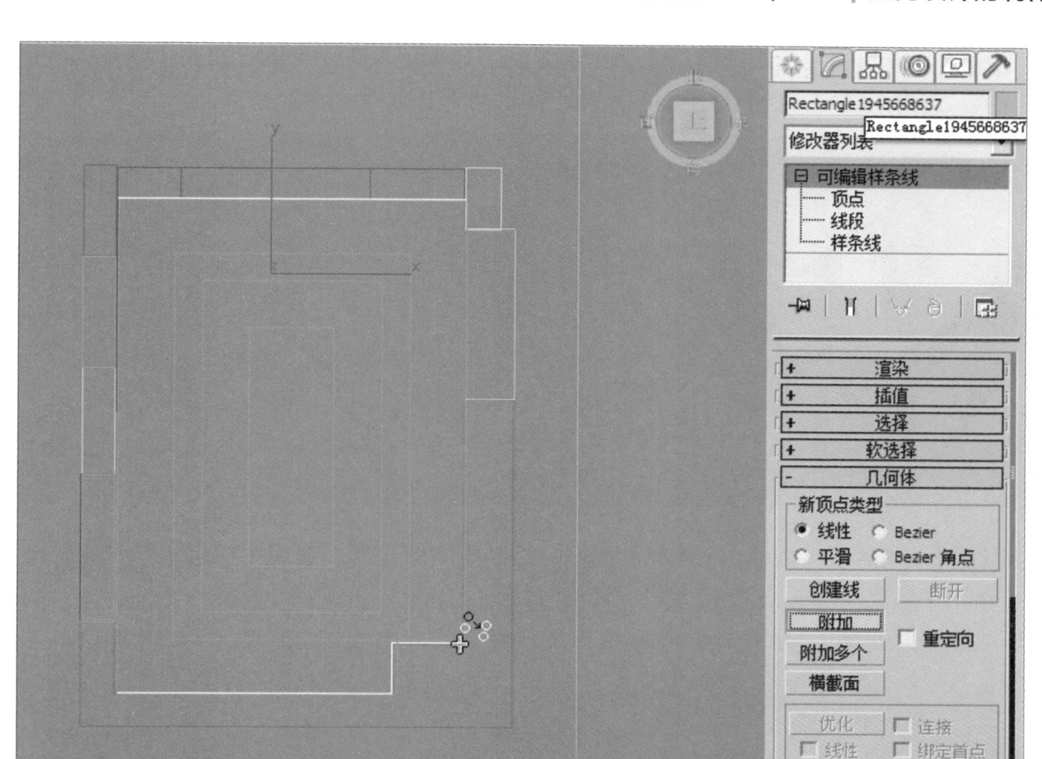

技巧提示：附加的注意事项

当把两个样条线进行附加的时候，我们要注意两条样条线的位置，如果需要的模型是统一平面的两条线，在绘制时就要保持两条样条线在一个平面上。当需要的造型是有高度的时候，则可以根据实际要求将两个样条线进行调节，如下图所示。

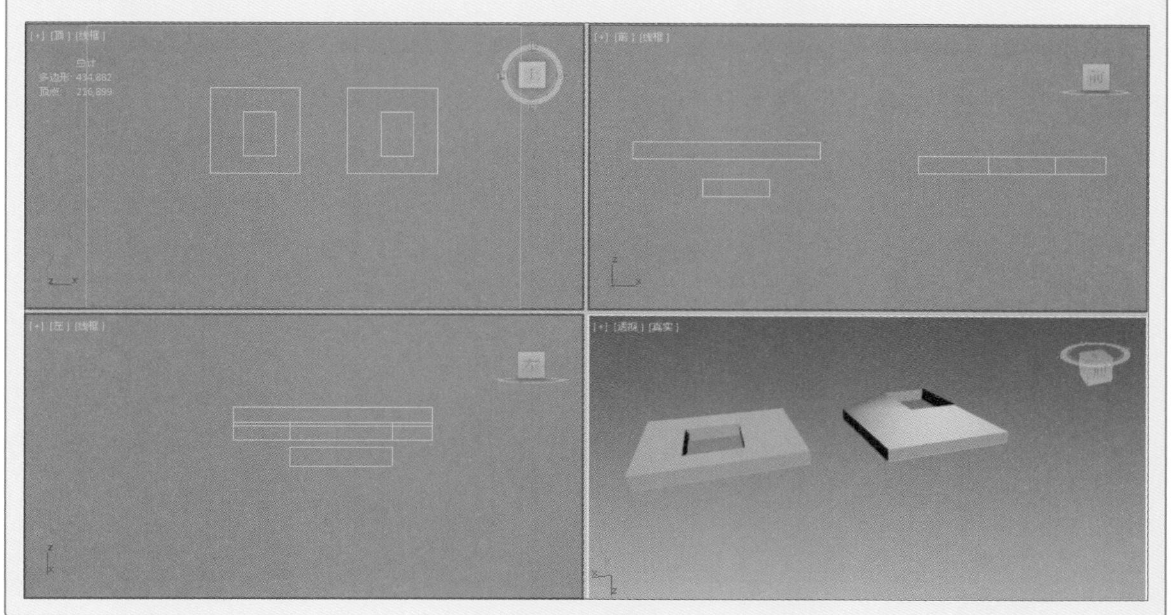

Step 03 选中刚才绘制的天花线，使用【挤出】修改器，设置天花图形的【挤出】数量为60mm，如下左图所示。使用同样的方法制作里圈的天花，效果如下右图所示。

Step 04 要绘制天花封顶，则单击 矩形 按钮，绘制下图的矩形，使用【挤出】修改器，设置天花图形的【挤出】数量为60mm，如下图所示。

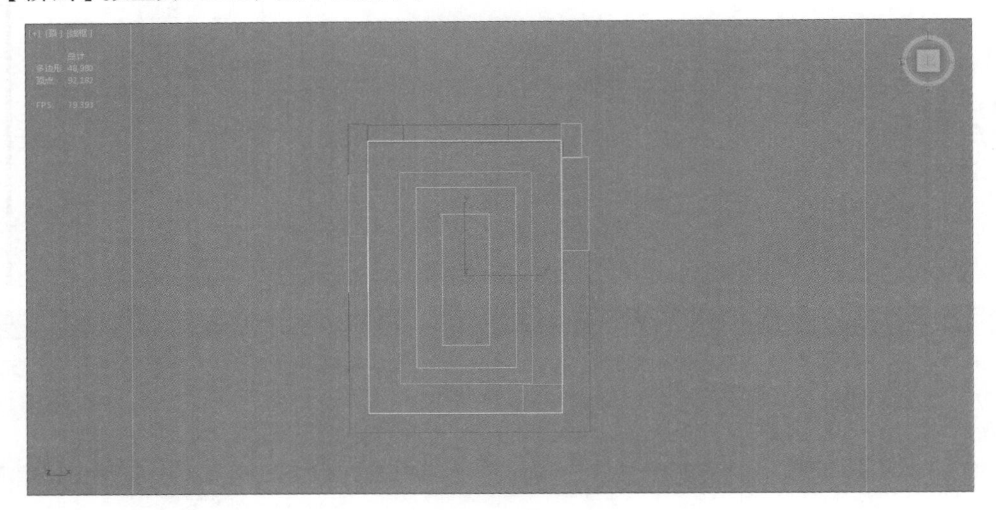

Step 05 使用 （选择并移动）工具将其移动到合适的位置，如下图所示。

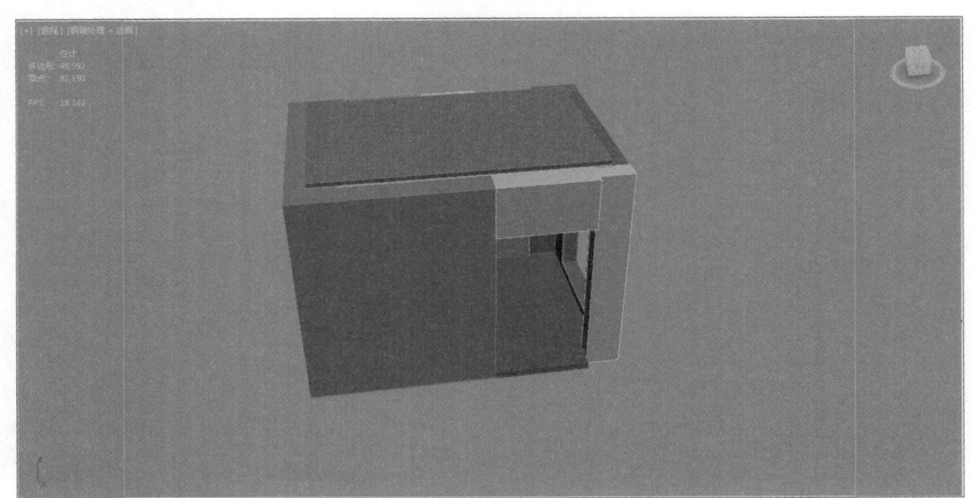

6. 绘制窗户

Step 01 单击 矩形 按钮，在【左】视图中窗户的位置上创建一个下图所示的形状，作为窗框。

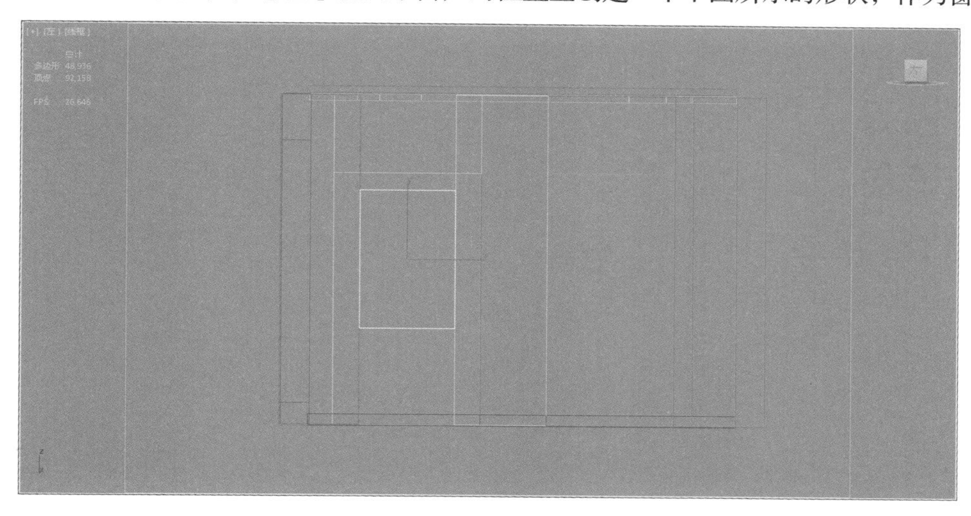

Step 02 单击鼠标右键，执行【转换为】|【可编辑样条线】命令，如下图所示。

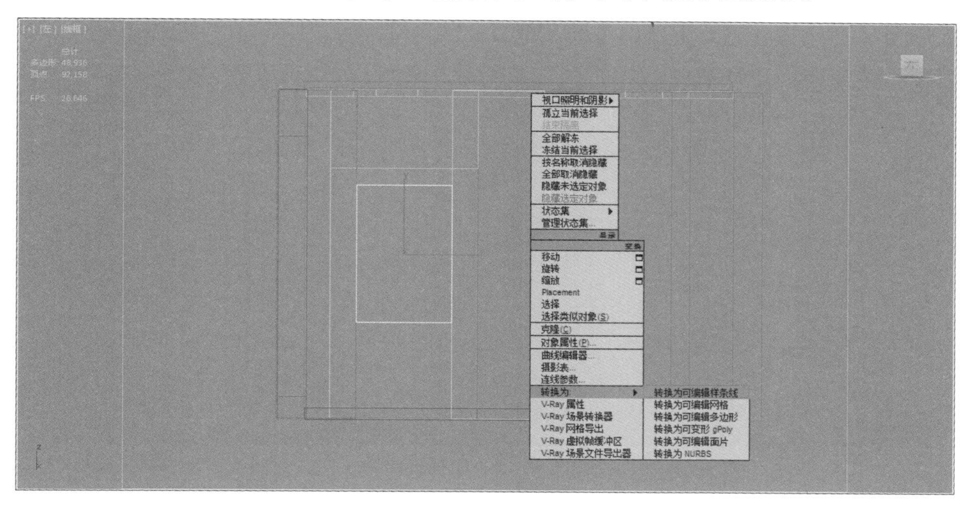

Step 03 选中（样条线），然后在【几何体】卷展栏下的 轮廓 数值框中输入50mm，如下图所示。

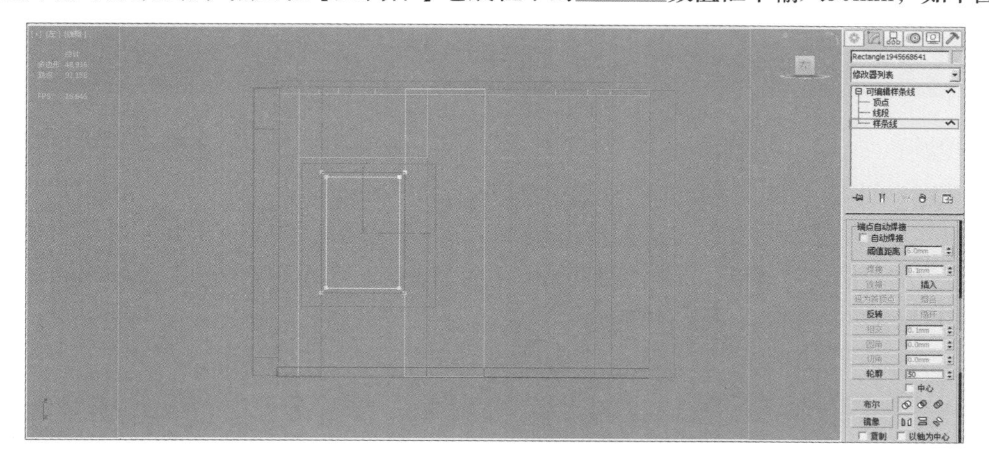

Step 04 继续单击 矩形 按钮，在【左】视图中再绘制两个矩形，位置如下左图所示。使用（选择并移动）工具移动到合适位置，如下右图所示。

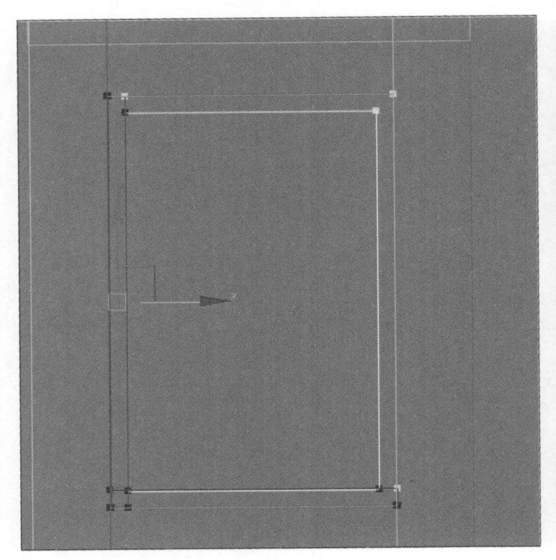

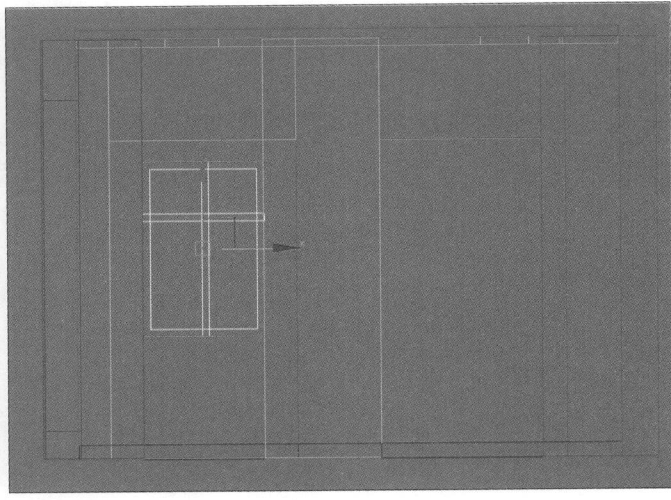

Step 05 选中窗户的窗框，在【修改】面板中【几何体】卷展栏中单击 附加 按钮，添加另外两个矩形，如下左图所示。然后加载【挤出】修改器，设置【数值】为50mm，如下右图所示。

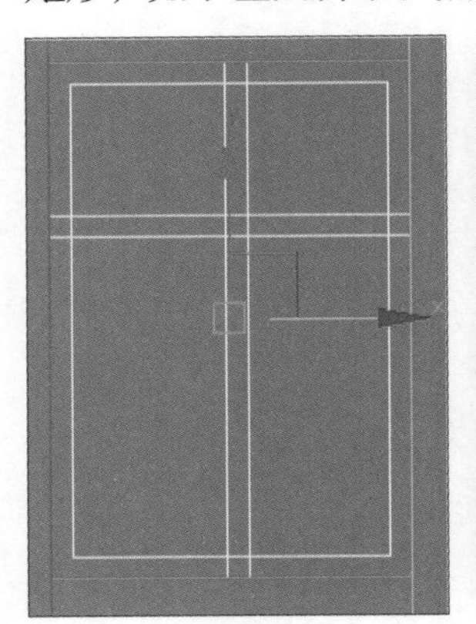

Section 2.3 摄影机的创建

1. 创建摄像机

Step 01 单击（创建）|（摄影机）| 目标 按钮，如下左图所示。

Step 02 在视图中按住鼠标左键拖曳，创建摄影机，并设置【镜头】为24.641mm，【视野】为72.296度，勾选【手动剪切】复选框，设置【近距剪切】为2500mm，【远距剪切】为13000mm，最后设置【目标距离】为8999.581mm，如下右图所示。

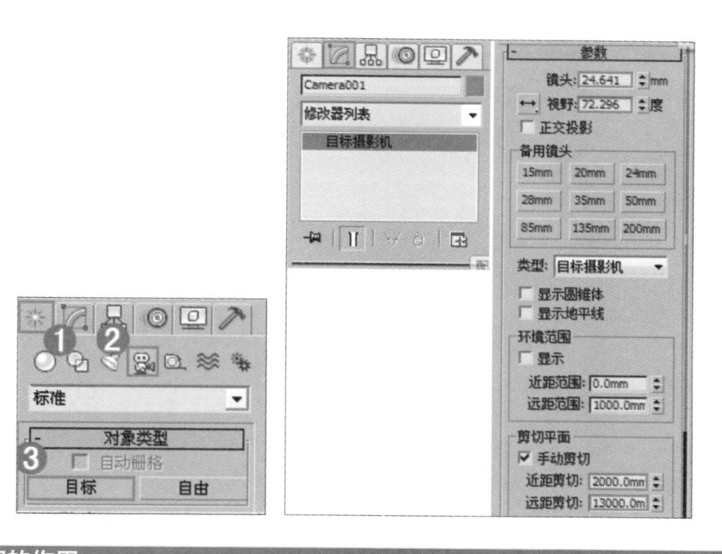

技巧提示：手动剪切的作用

设置【近距剪切】和【远距剪切】参数，是为了控制摄像机的显示范围，我们可以看到视图上前后有两条红线，这就是近距剪切、远距剪切的范围，如下图所示。

Step 03 使用（选择并移动）工具，将摄影机移动到合适位置，如下图所示。

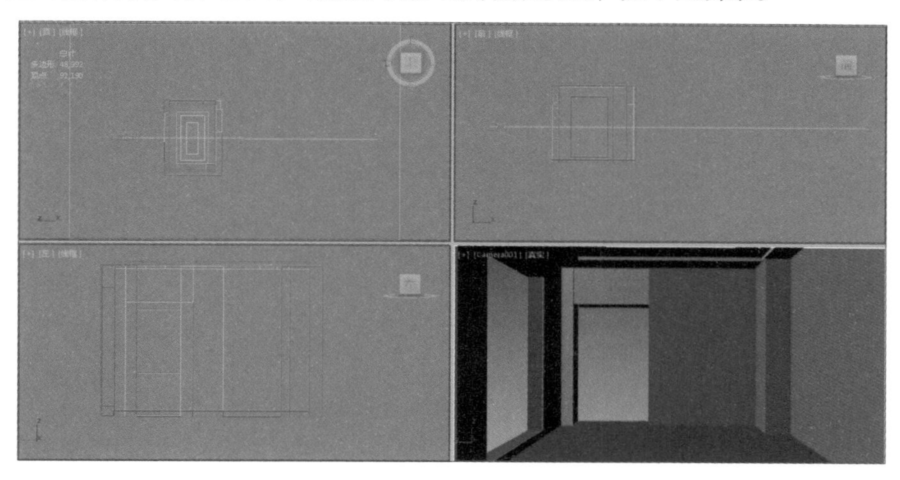

Step 04 使用快捷键【C】切换到摄像机视图观察效果，如下图所示。

Section 2.4 细节模型的创建

1. 绘制拾取剖面制作顶角线和踢脚线

Step 01 单击 线 按钮，在【顶】视图中沿着天花图的外轮廓创建下图所示的三个形状，分别命名为01、02、03，以方便操作的时候指明相应的对象。

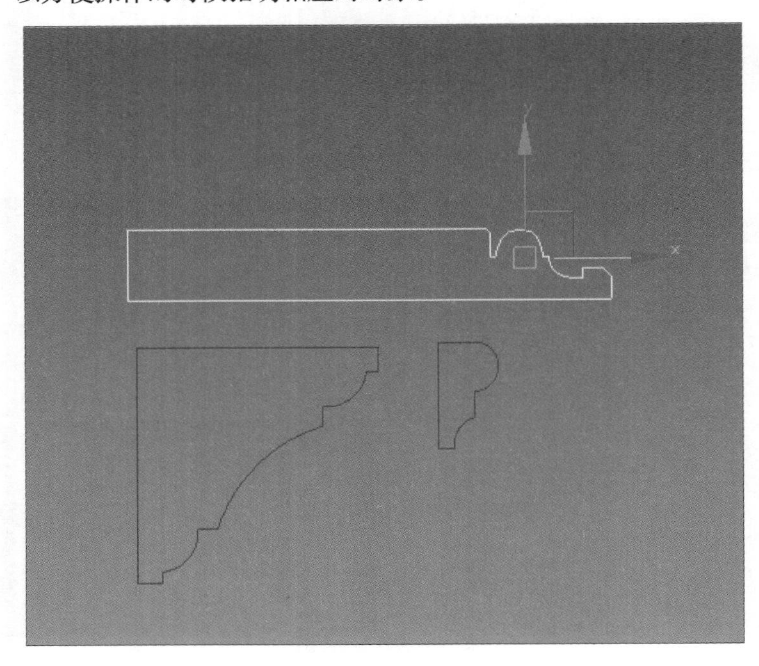

技巧提示：绘制线时点的操作

当我们绘制样条线的时候，需要对点进行操作，制作出圆弧的形状。这里我们就可以单击鼠标右键，选择相应的命令；或者在【修改】面板下的【几何体】卷展栏中选择相应的点样式单选按钮，如右图所示。

角点：创建锐角转角的不可调整的顶点。

Bezier：带有锁定连续切线控制柄的可调解的顶点，用于创建平滑曲线。顶点处的曲率由切线控制柄的方向和量级确定。

平滑：创建平滑连续曲线的不可调整的顶点，平滑顶点处的曲率是由相邻顶点的间距决定的。

Bezier角点：带有不连续切线控制柄的可调整顶点，用于创建锐角转角。线段离开转角时的曲率是由切线控制柄的方向和量级设置的。

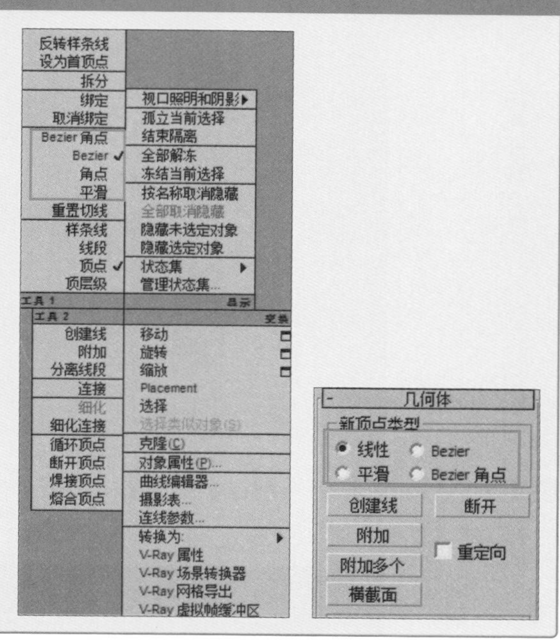

Step 02 然后单击 线 按钮，在顶视图上绘制下图所示的形状。

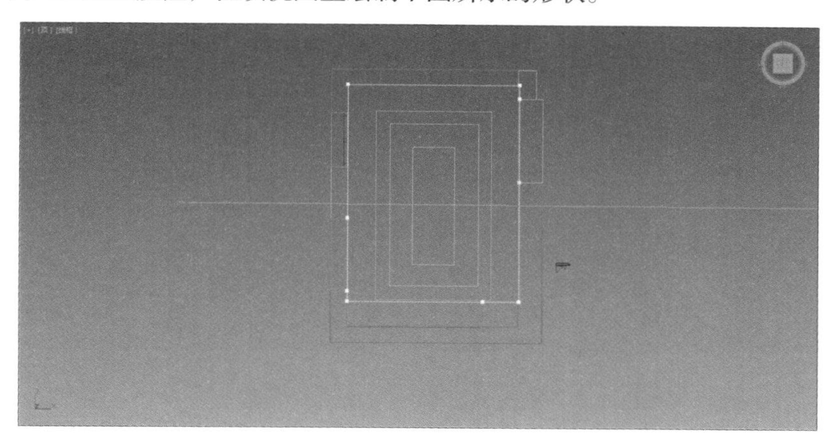

Step 03 单击（选择并移动）工具，将其移动到合适的位置，如下图所示。

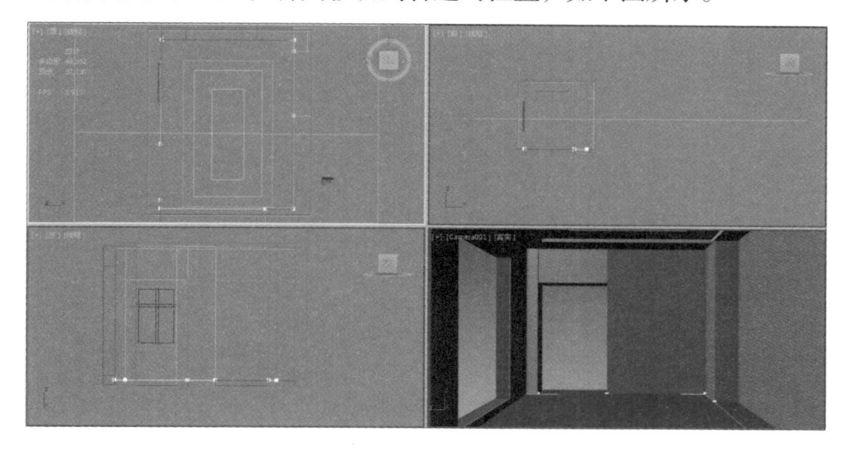

Step 04 在（线段）级别下，选中两处门的线段，按下Delete键进行删除操作，如下图所示。

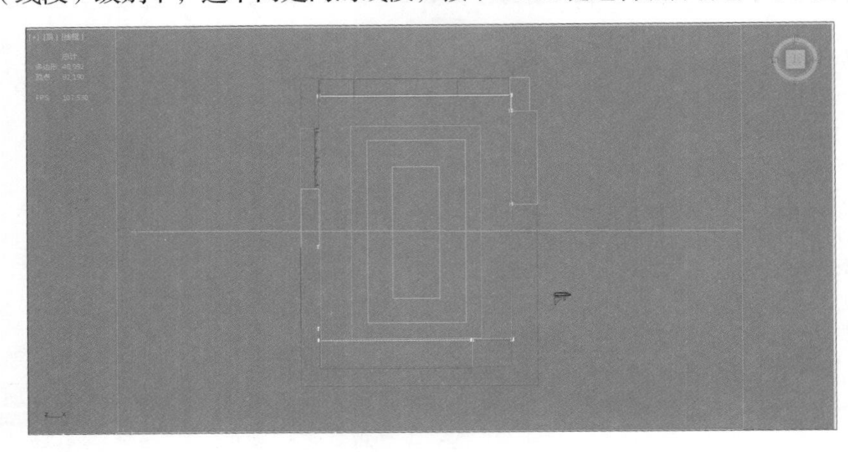

Step 05 然后加载【倒角剖面】修改器，单击 拾取剖面 按钮，拾取刚才绘制的01样条线，如下图所示。

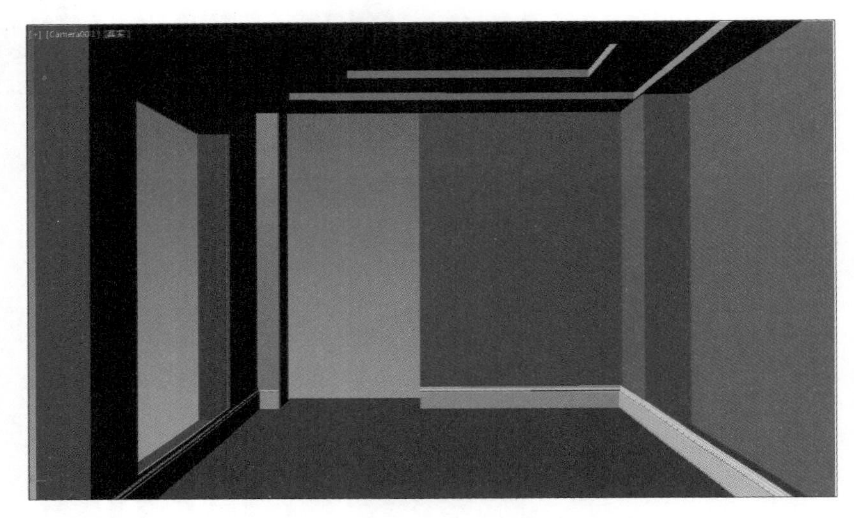

Step 06 分别单击 线 、 矩形 按钮，绘制下图的几条样条线。

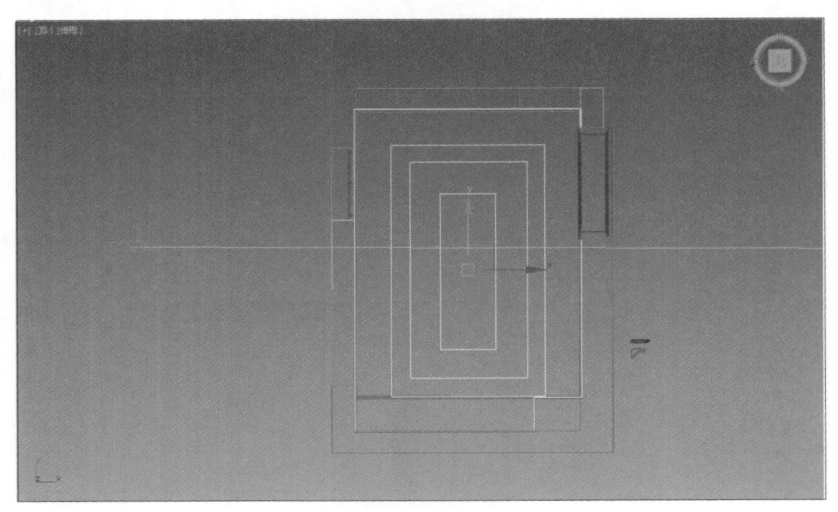

Step 07 选中最外圈的样条线，然后加载【倒角剖面】修改器，单击 拾取剖面 按钮，拾取刚才绘制的02样条线，如下图所示。

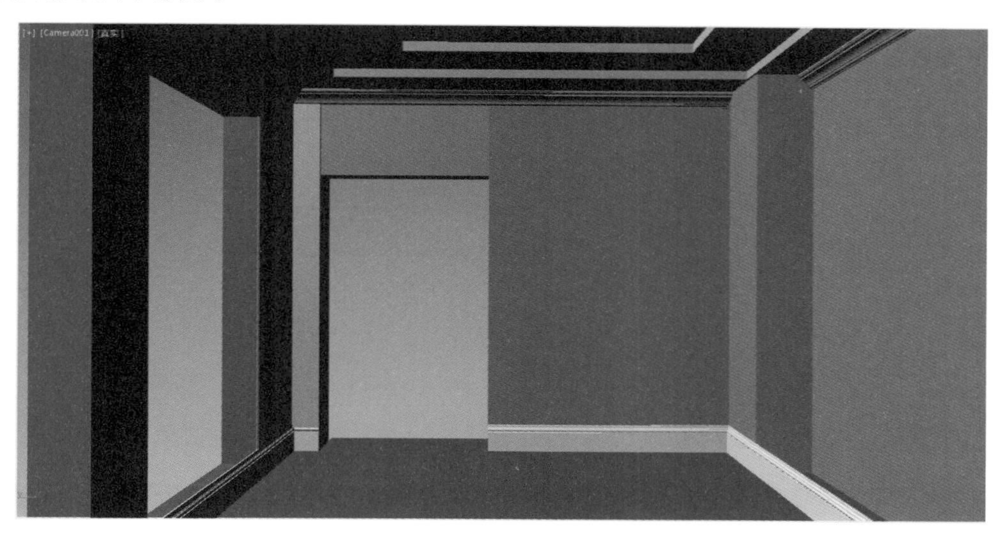

Step 08 选择刚才绘制的其它天花样条线，分别添加【倒角剖面】修改器，并拾取03样条线，效果如下图所示。

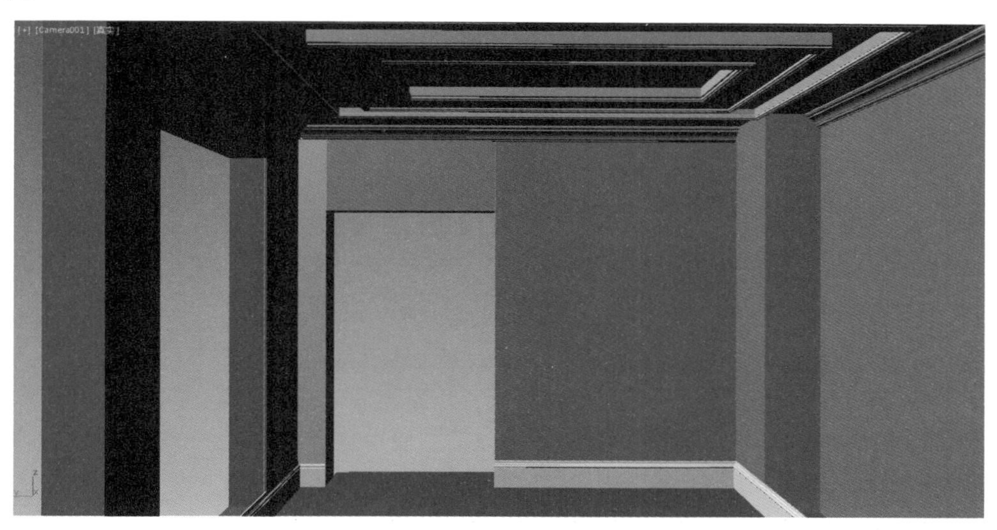

2. 制作门套

Step 01 单击 线 按钮，在【左】视图中绘制下图所示的两条样条线。

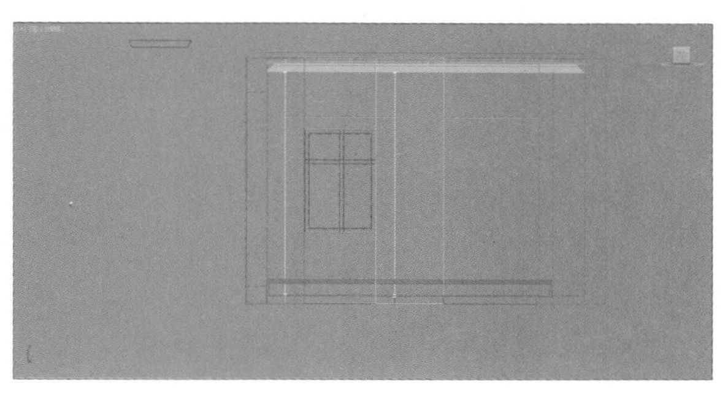

Step 02 选中刚才绘制的门框线，加载【扫描】修改器，使用自定义截面并单击拾取按钮，拾取刚才绘制的曲线样条线，之后在【扫描参数】卷展栏中进行下左图的设置，效果如下右图所示。

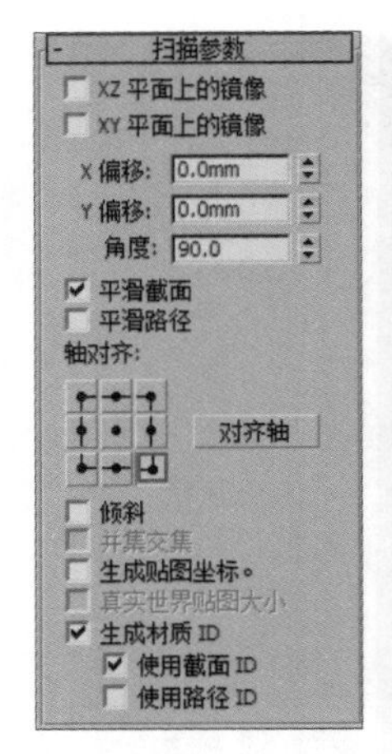

技巧提示：更改对称轴的作用

我们可以通过更改对称轴，来调节相应对象的大小和样式，让模型达到一个合适的状态。在下图中我们更换了其它的对称轴得到的不同效果。

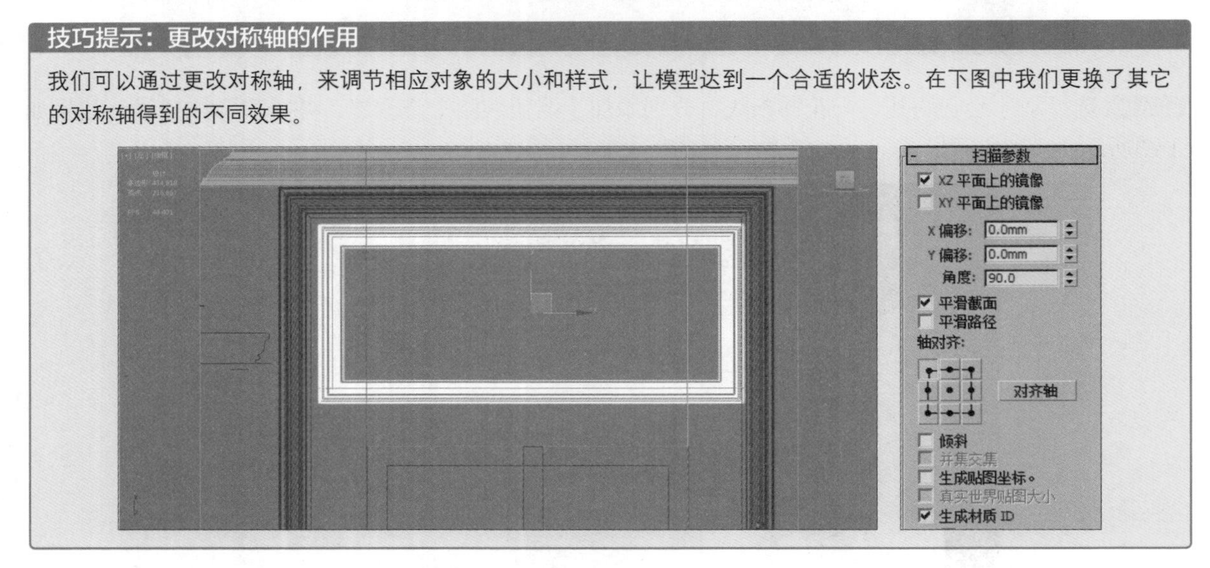

Step 03 选中刚才绘制的门框线，加载【扫描】修改器，使用自定义截面并单击拾取按钮，拾取刚才绘制的曲线样条线，之后在【扫描参数】卷展栏中进行设置，如下图所示。

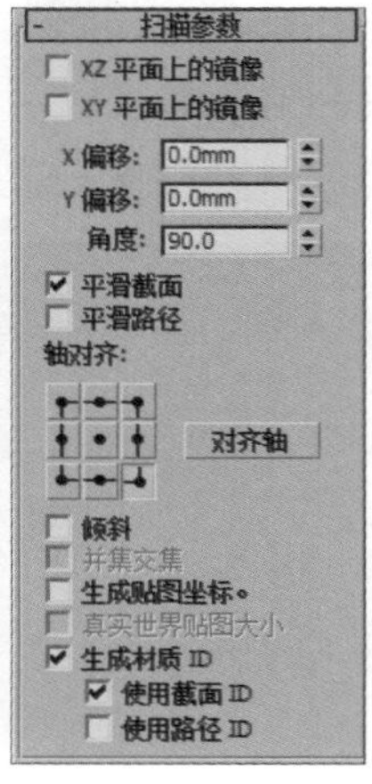

Step 04 单击 线 按钮，在【前】视图和【左】视图中绘制下图的形状。

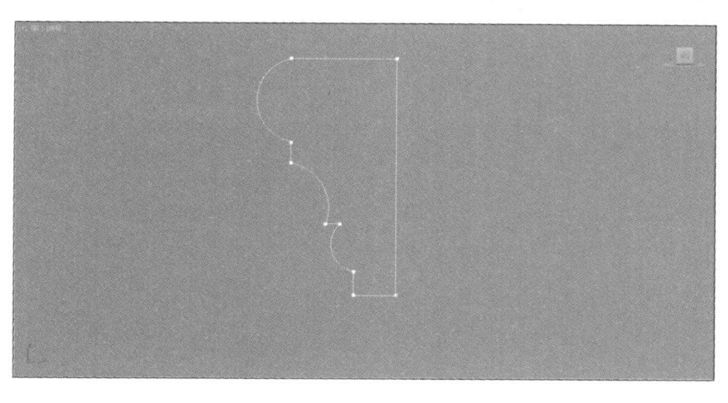

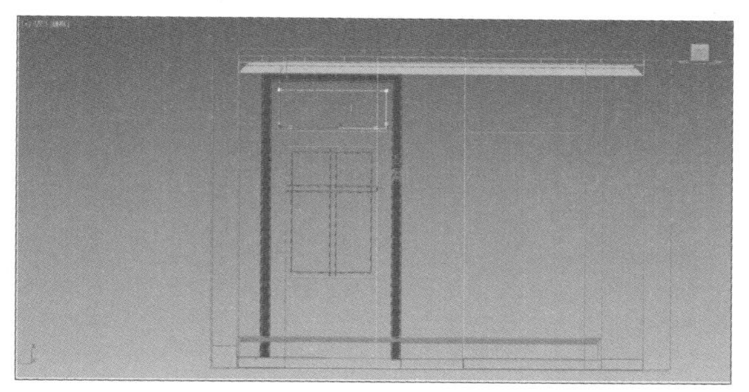

Step 05 选中刚才绘制的矩形，加载【扫描】修改器，单击 拾取 按钮，拾取刚才绘制的曲线样条线，之后在【扫描参数】卷展栏中进行设置，如下左图所示。效果如下右图所示。

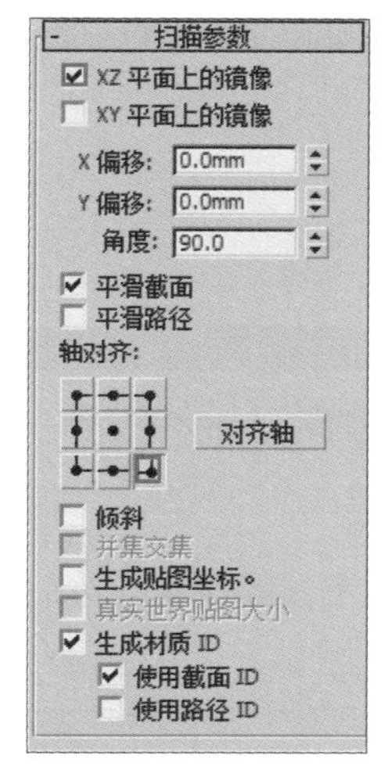

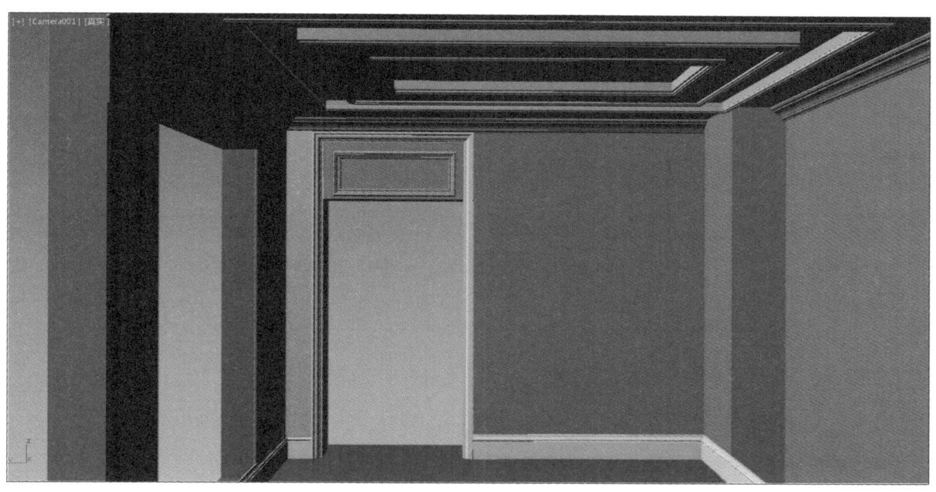

Step 06 单击 （创建）|（几何体）| 标准基本体 | 长方体 按钮，在【参数】卷展栏中设置长、宽、高的值分别为2290mm，1350mm，20mm，如下图所示。

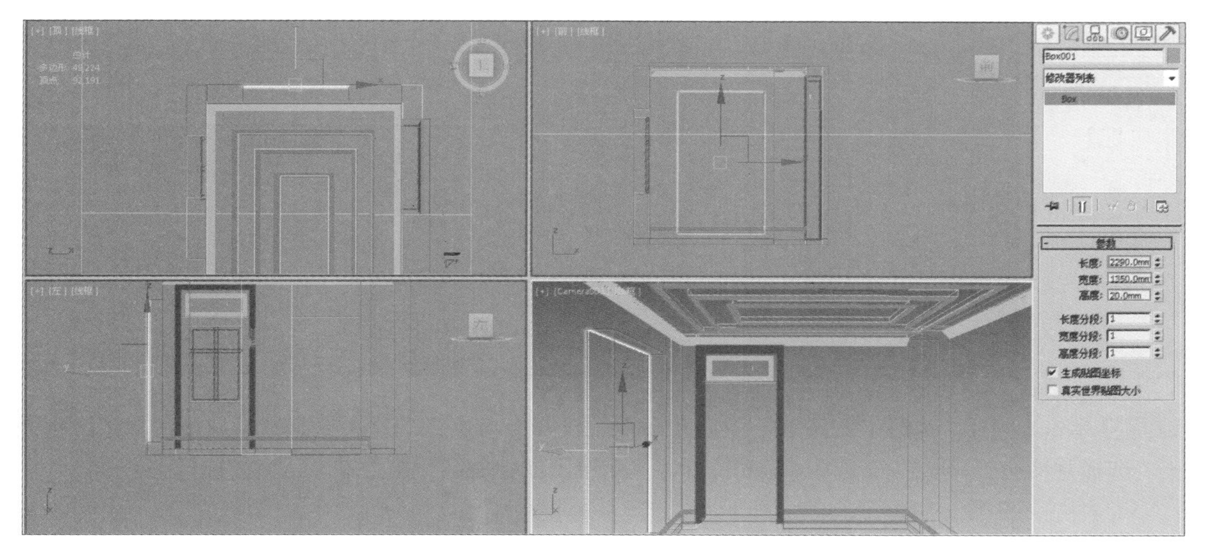

Step 07 单击 矩形 按钮，绘制一个矩形，然后单击鼠标右键，执行【转换为】|【可编辑样条线】命令，在【样条线】级别下，单击 轮廓 按钮并设置数值为50mm，如下左图所示。得到下右图所示的图形。

技巧提示：轮廓的使用

当我们绘制完一个线段的时候，需要再绘制一圈一样的，输入数值的时候，正数向外，负数是向内，根据绘图的需要输入相应的数值。

Step 08 然后加载【挤出】修改器，在【修改】面板中设置【数量】为25mm，如下左图所示。然后使用（选择并移动）工具将其移动到合适的位置，如下右图所示。

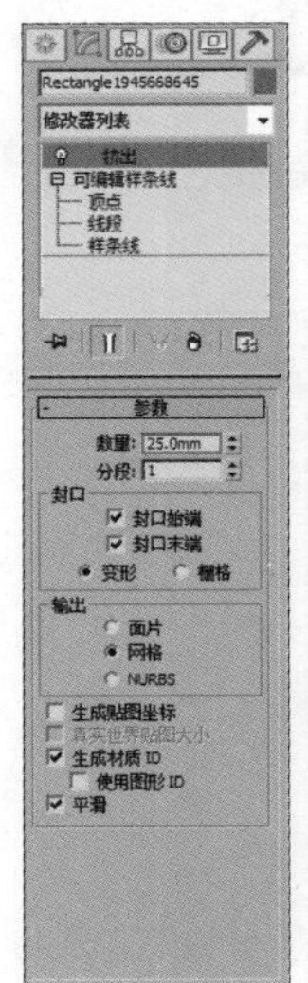

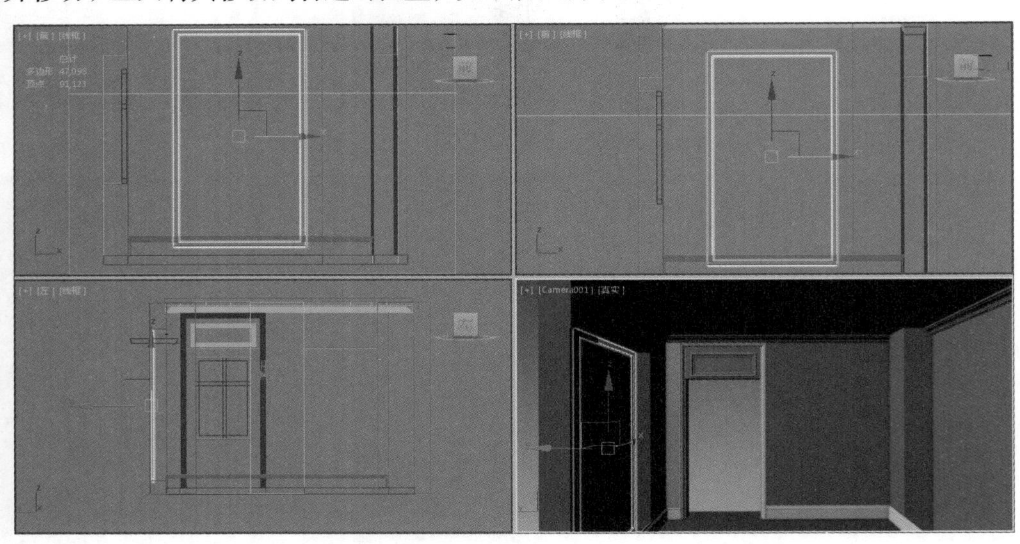

Step 09 单击图标，执行【文件】|【导入】命令，打开【场景文件/玄关镂空造型.dwg】文件，使用（选择并移动）移动到如下图所示的位置。然后单击鼠标右键，执行【冻结当前选择】命令。

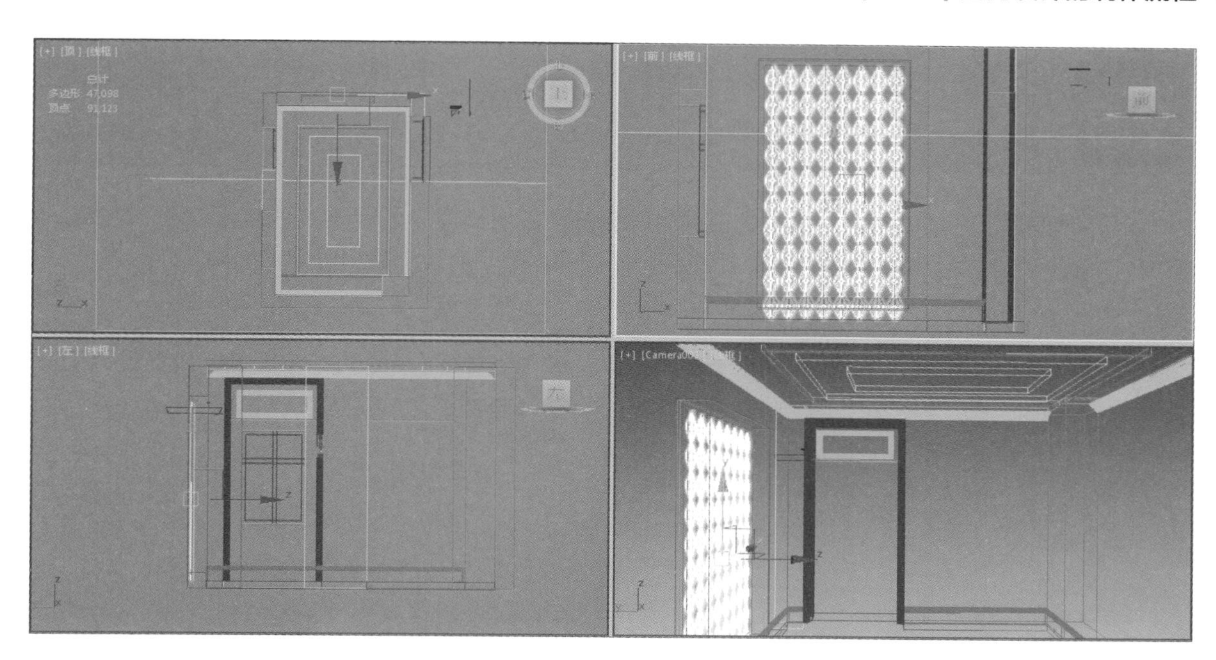

Step 10 单击 线 按钮，在【前】视图中按照冻结的对象绘制一组形状，如下左图所示。按住Shift键同时使用 （选择并移动）工具按照冻结的对象复制相同数量的形状，并移动到相应的位置，如下右图所示。

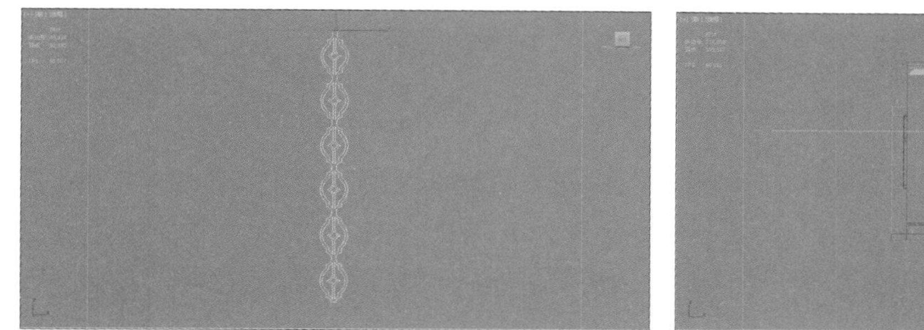

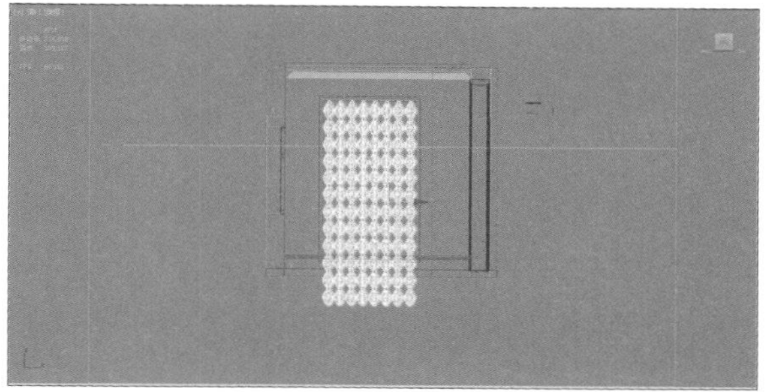

Step 11 然后选中所有的镂空图案，加载【挤出】修改器，设置挤出值为10mm，如下图所示。

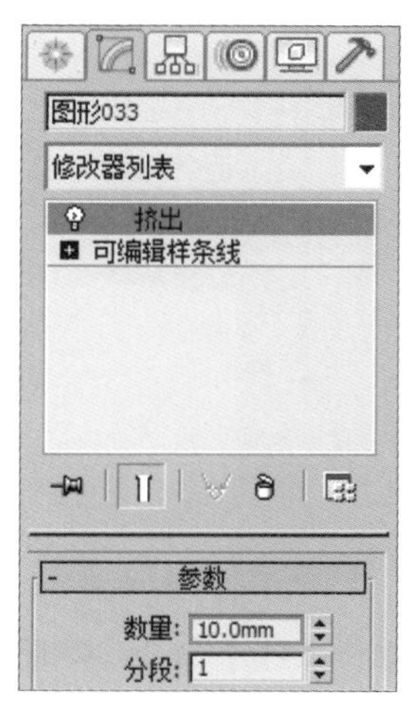

Section 2.5 家具模型的制作

前面的步骤中，已经将室内模型的空间自装完毕。室内模型除了框架外还包括家具、装饰品等模型。定制的家具由于尺寸的特殊性，需要进行模型的创建，而装饰品一般则直接导入即可。

1. 制作柜子

Step 01 为了避免太多造型，使操作变得卡顿，所以新建一个文档，并进行单位设置，如下图所示。

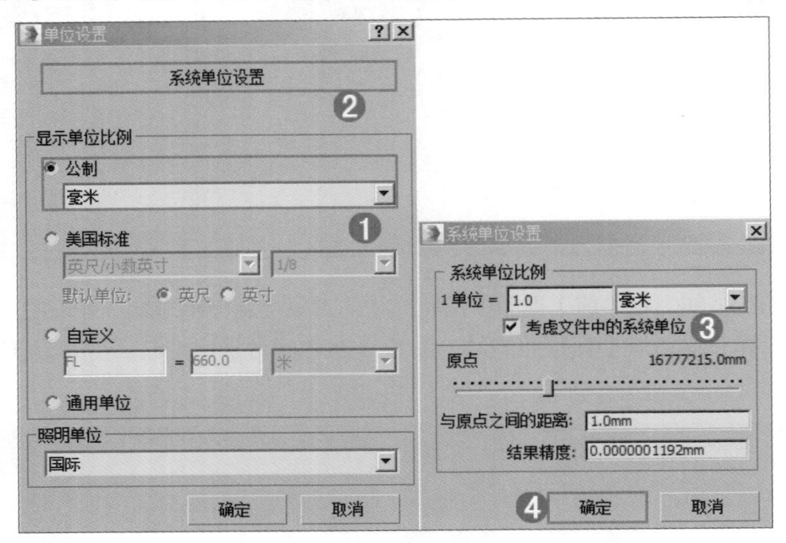

Step 02 然后单击（创建）|（图形）| 样条线 | 矩形 按钮，绘制一个矩形，如下图所示。

Step 03 选择刚才绘制的矩形并单击鼠标右键，执行【转换为】|【转换为可编辑样条线】命令。然后加载【挤出】修改器，设置【数量】为353mm，如下图所示。

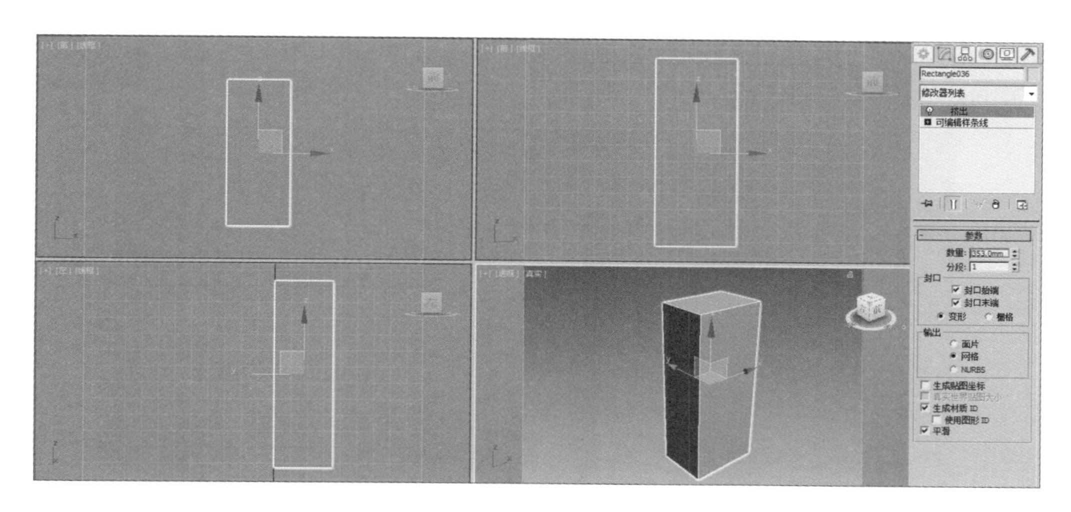

Step 04 然后单击鼠标右键，执行【转换为】|【转换为可编辑多边形】命令。进入【多边形】级别，选择前面的面，单击 倒角 按钮后面的（设置）按钮，设置【倒角高度】为10mm，【倒角轮廓】为-5mm，单击（确定）按钮，如下图所示。

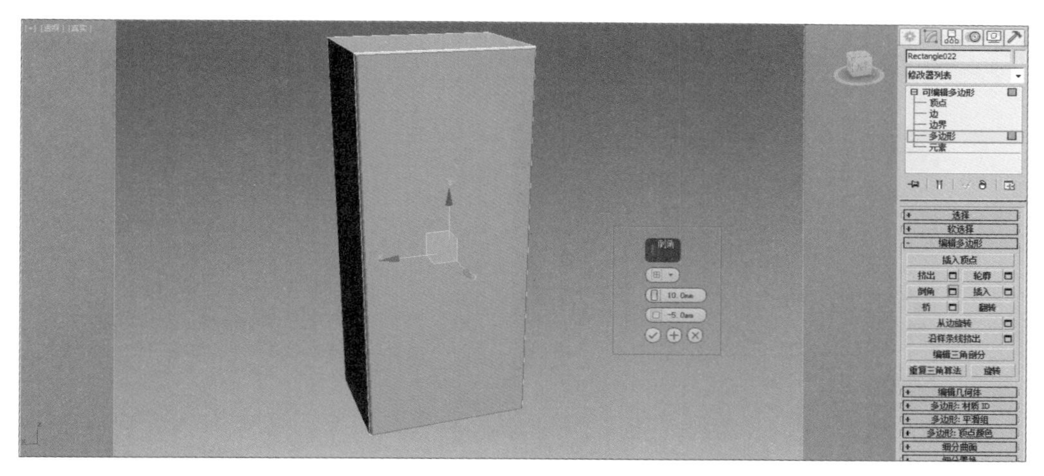

Step 05 接着点击前面的面，然后单击 插入 按钮后面的（设置）按钮，设置【插入数量】为50mm，如下图所示。

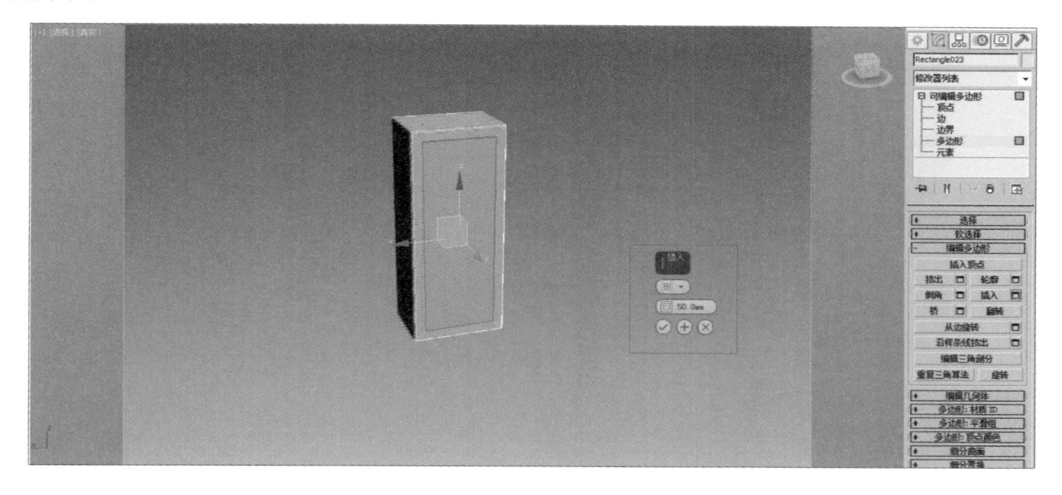

Step 06 保持最前面的面为选中状态，接着单击 倒角 按钮后面的▫（设置）按钮，然后设置【倒角高度】为-10mm，【倒角轮廓】为-10mm，单击☑（确定）按钮，如下图所示。

Step 07 接着单击前面的面，然后单击 插入 按钮后面的▫（设置）按钮，设置【插入数量】为10mm，如下图所示。

Step 08 保持最前面的面为选中状态，接着单击 倒角 按钮后面的▫（设置）按钮，然后设置【倒角高度】为-10mm，【倒角轮廓】为-20mm，单击☑（确定）按钮，如下图所示。

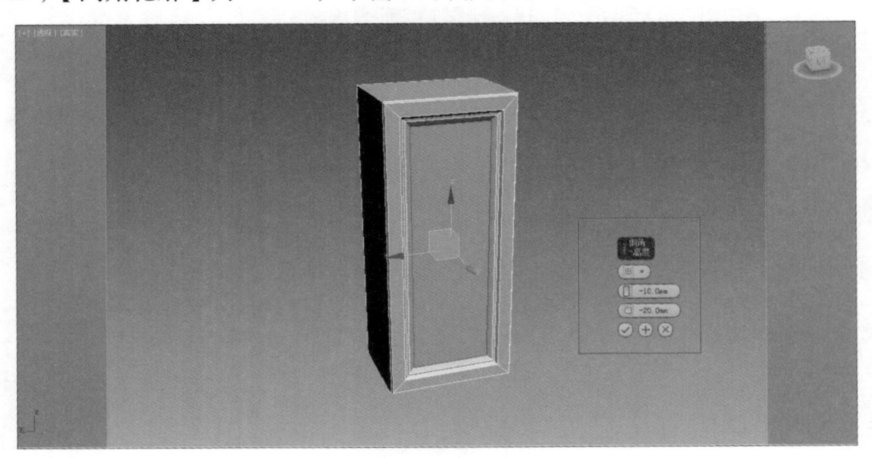

Step 09 选中下左图中单独的柜体，在【前】视图中使用 （移动并选择）工具并按住Shift键，复制三个柜体，如下图所示。

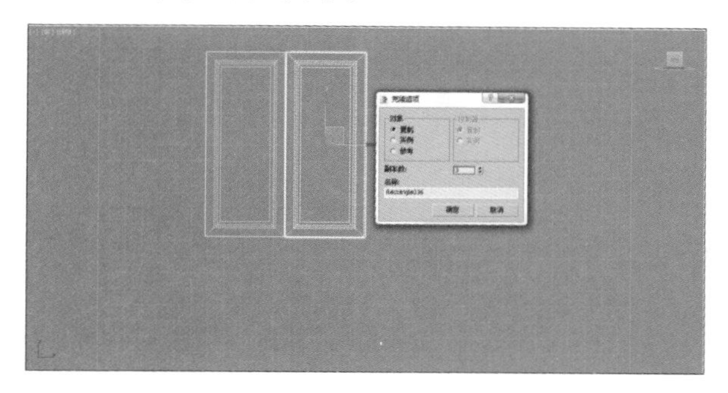

Step 10 单击 矩形 按钮，在【前】视图上绘制一个矩形，参数设置如下图所示。

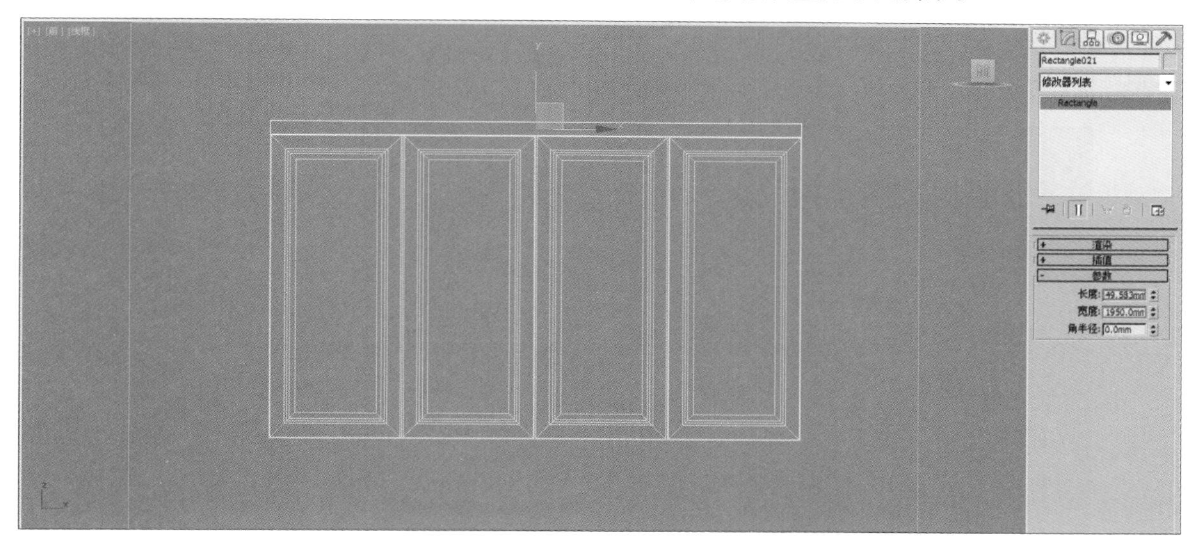

Step 11 加载【倒角】修改器，在【倒角值】卷展栏中设置【级别1】的【高度】为353mm。勾选【级别2】复选框，设置【高度】值为2mm，【轮廓】值为-3mm，如下图所示。

Step 12 单击 矩形 按钮，在【前】视图上绘制一个矩形，位置及参数设置如下图所示。

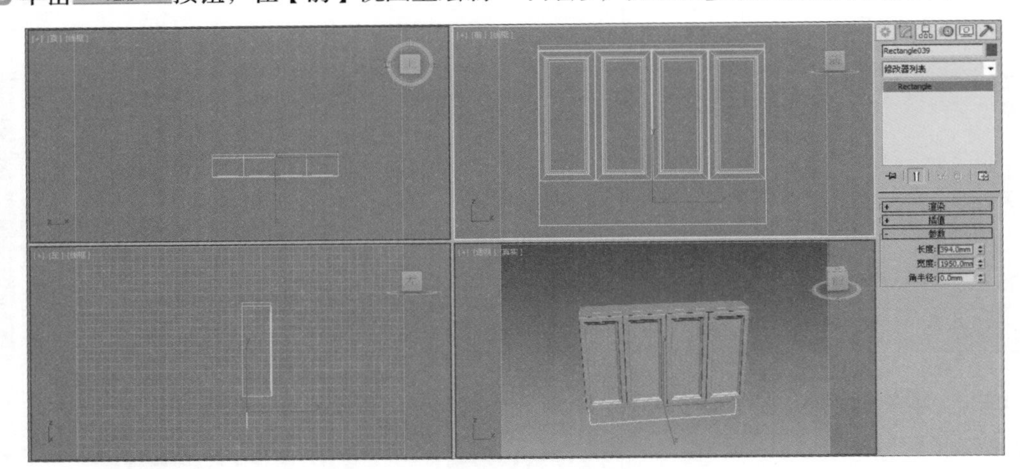

Step 13 加载【挤出】修改器，设置【数量】值为50mm，如下图所示。

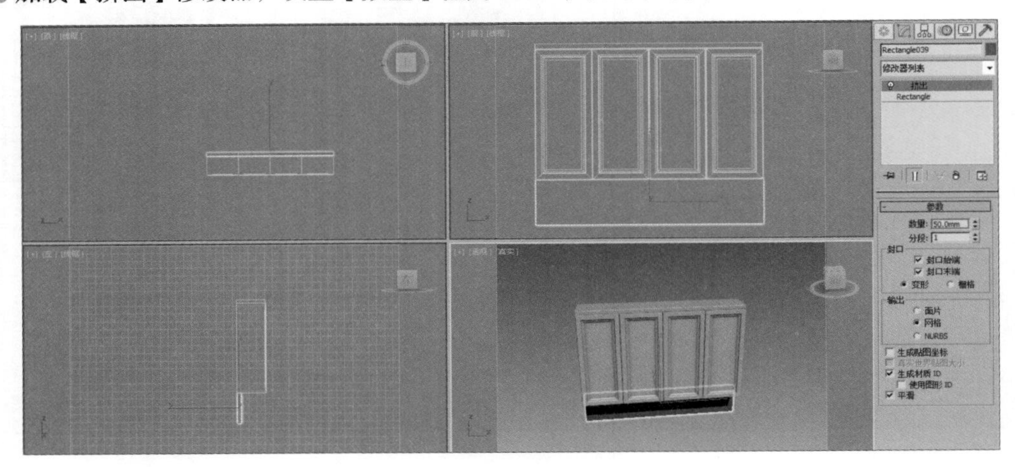

Step 14 在【前】视图中选中刚才绘制的倒角长方体，使用（移动并选择）工具按住Shift键复制一个，如下图所示。

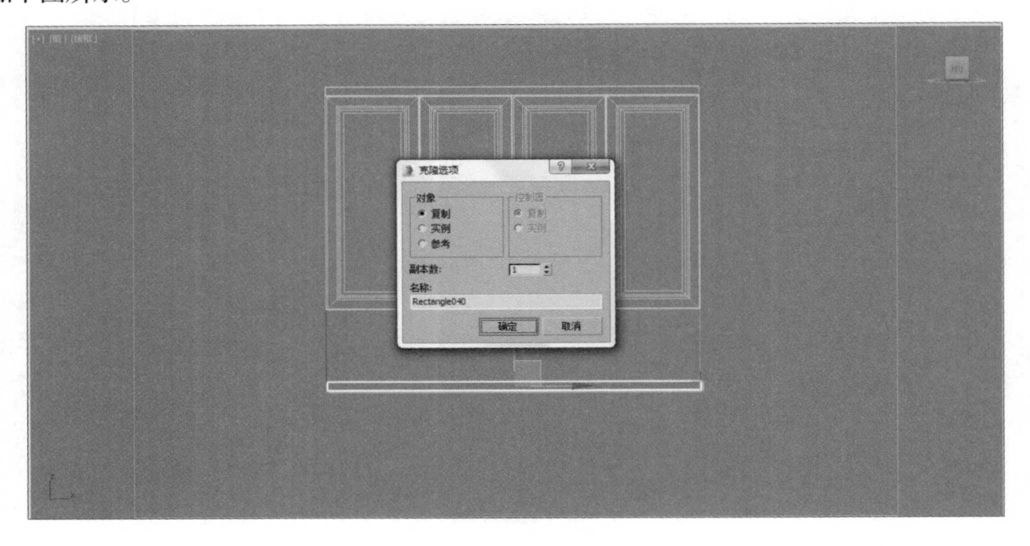

Step 15 选中制作的柜门，按住Shift键的同时，使用（移动并选择）工具复制一个柜门。在（点）级别下选中下面的所有点，在（移动并选择）工具上单击鼠标右键，在弹出的【旋转变换输入】面板中设置Y值为340mm，如下图所示。

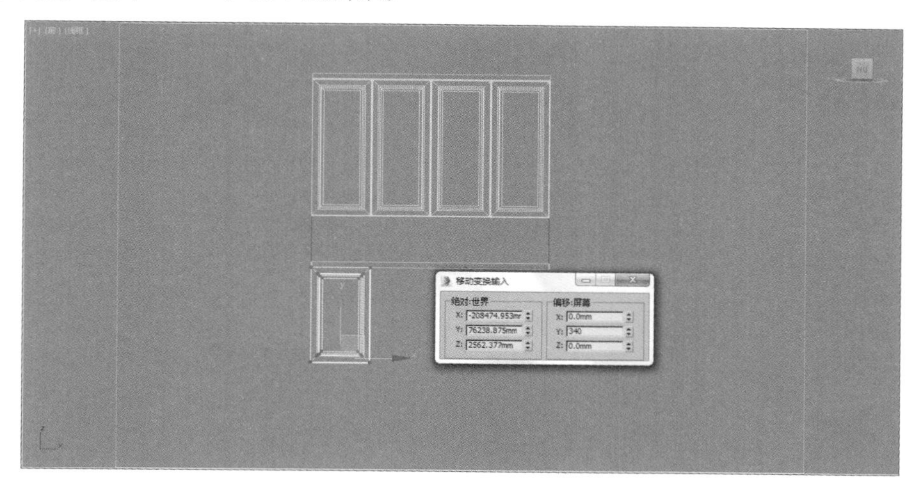

Step 16 选中修改后的柜门，按住Shift键的同时，使用（移动并选择）工具复制三个柜门，如下图所示。

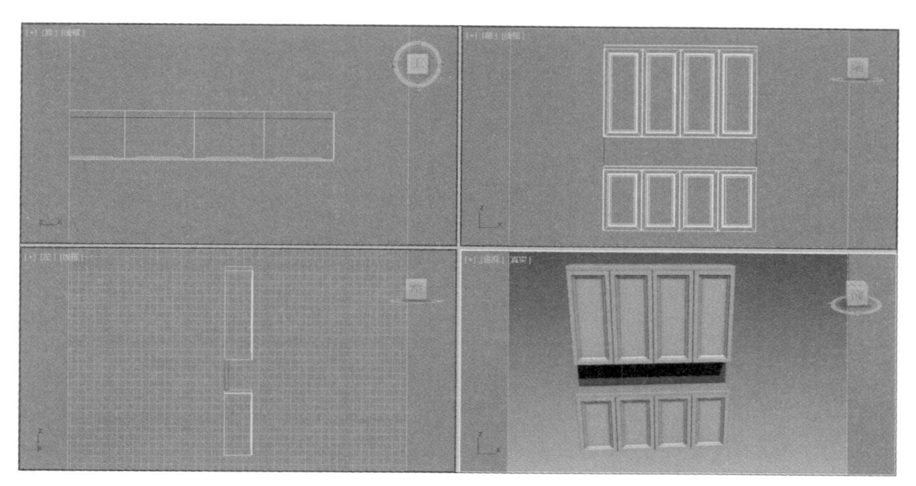

Step 17 单击 矩形 按钮，在【前】视图上绘制一个矩形，位置和参数设置如下图所示。

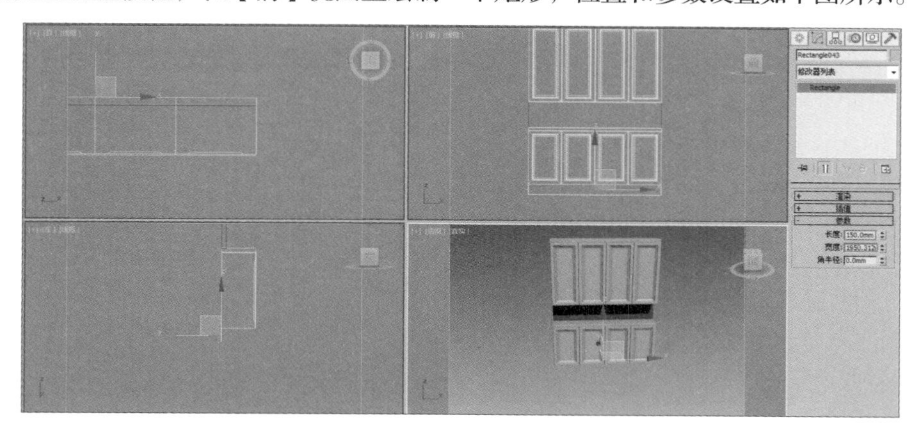

Step 18 加载【挤出】修改器，设置【数量】为353mm，如下图所示。这样一个柜子就完成了，使用快捷键Ctrl+S进行保存操作，保存文件名为【玄关柜子.max】。

Step 19 回到刚才工作的文档中，单击图标，在打工的列表中单击后面的按钮，选择选项，在弹出的对话框中选择【场景文件】|【玄关柜子.max】文件，在弹出的【合并】对话框中单击全部(A)按钮后，单击确定按钮，如右图所示。

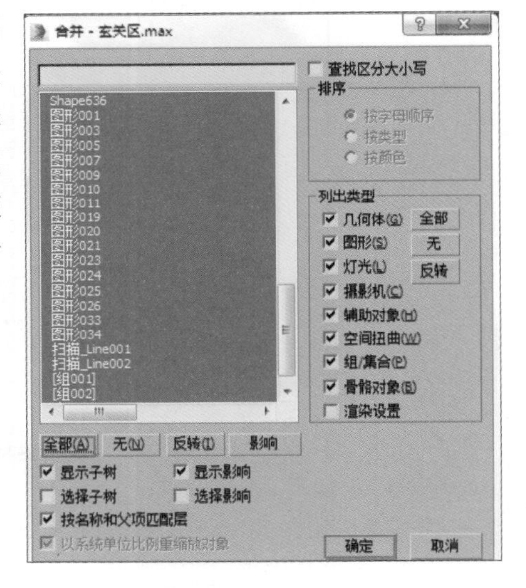

Step 20 然后使用（移动并选择）工具将合并进来的柜子模型移动到相应位置，最终效果如右图所示。

Section 2.6 为模型赋予相应的材质

依次制作模型中所需要的墙体、地面、天花、柜子、隔断等材质，并给这些物体赋予材质，最终效果如下图所示。后期我们可以通过渲染的效果，对模型进行细节性的修改。

Section 2.7 根据设计方案导入装饰模型

接下来我们依次合并其它装饰模型，首先打开配套光盘【场景文件/玄关装饰.max】文件，然后在弹出的合并对话框中单击【全部】按钮，如下左图所示。完成模型的建立，之后可以通过渲染的效果，对灯光位置和参数进行适当的更改。如下右图所示。

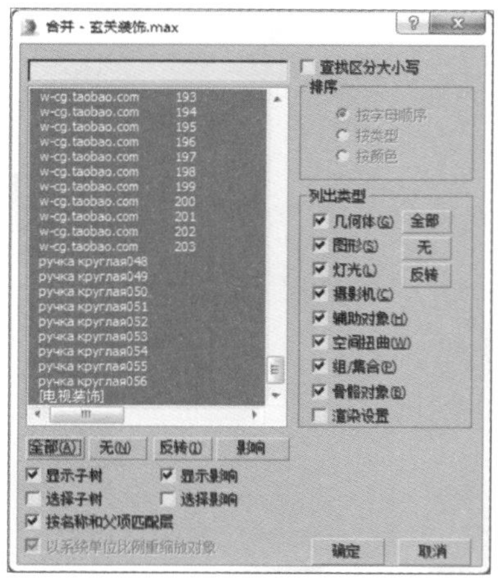

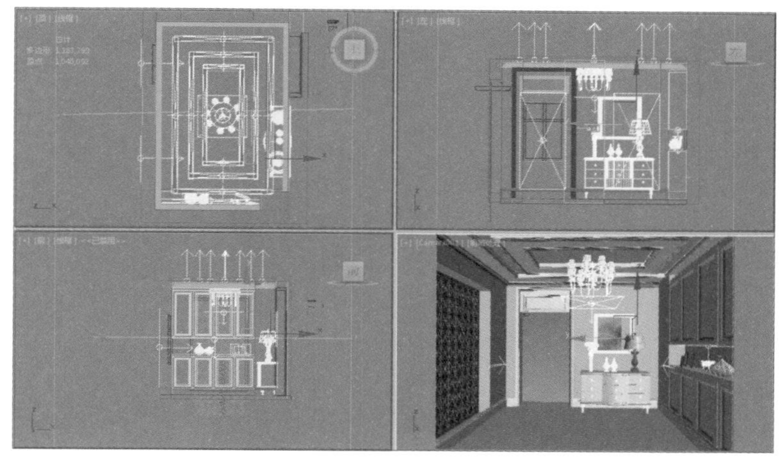

Section 2.8 渲染及后期处理

- **渲染阶段：**在室内模型、摄影机、材质、灯光都创建完成后，需要对最终3ds Max文件进行渲染，从而得到最终的作品。渲染后的效果如下图所示。

- **后期处理：**一般在3ds Max中渲染完成后，图形会比较灰暗，缺少色彩，并且有时候渲染的图形会比较灰，对比度不强。那么就需要为最终渲染的图像进行后期处理，通常我们使用Photoshop进行后期处理，对图像的对比度、亮度和色彩平衡等参数进行调节，使得图像的色彩更加绚丽。同时还可以根据需要修缮作品中的瑕疵，最终效果如下图所示。

Chapter 3 3ds Max & VRay & Photoshop

现代风格厨房

▌目标灯光 ▌现代风格的色彩特点 ▌封闭空间灯光的搭配

场景文件	03.max
案例文件	现代风格厨房.max
视频教学	现代风格厨房.flv
难易指数	★★★★☆
技术掌握	掌握目标灯光、VR灯光、VRayMtl材质、衰减贴图的应用

实例介绍

本例介绍的是一个现代风格的厨房场景，室内明亮的灯光表现主要是使用目标灯光和VR灯光来制作，并使用VRayMtl来制作本案例的主要材质。

Section 3.1 VRay渲染器的设置

Step 01 打开本书实例文件【第3章 现代风格厨房/03.max】，如下图所示。

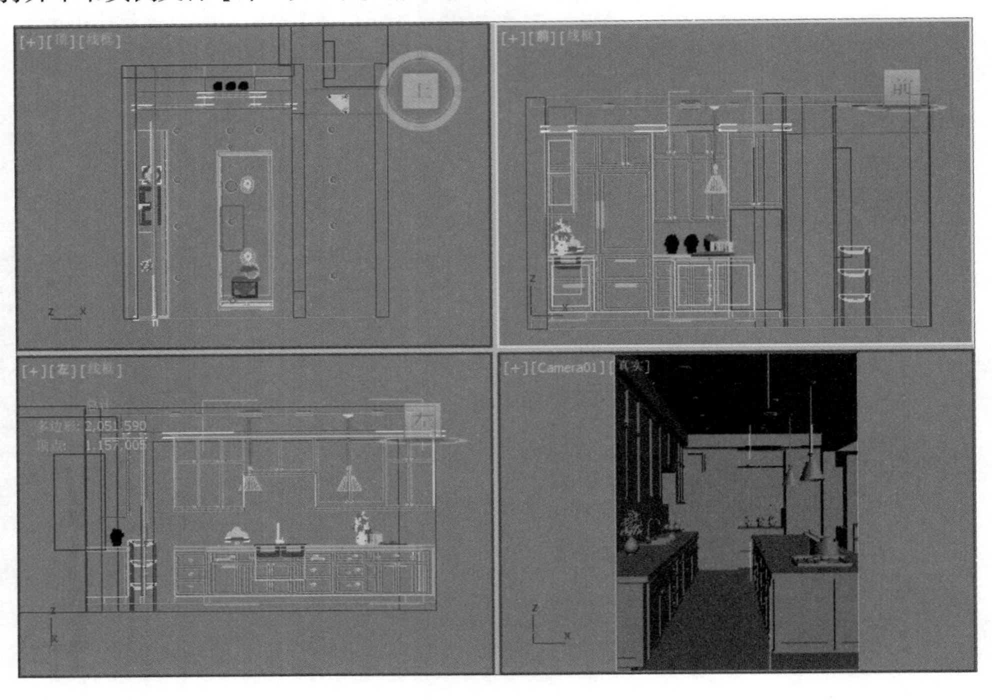

Step 02 按F10键，打开【渲染设置】面板，选择【公用】选项卡，在【指定渲染器】卷展栏下单击 ... 按钮，在弹出的【选择渲染器】对话框中选择【V-Ray Adv 3.00.07】选项，如下左图所示。

Step 03 此时在【指定渲染器】卷展栏中的【产品级】后面显示了【V-Ray Adv 3.00.07】，【渲染设置】面板中出现了【V-Ray】、【GI】、【设置】选项卡，如下右图所示。

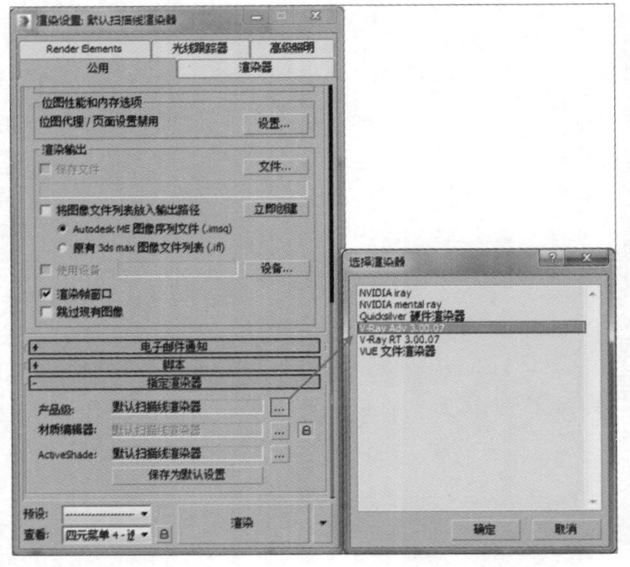

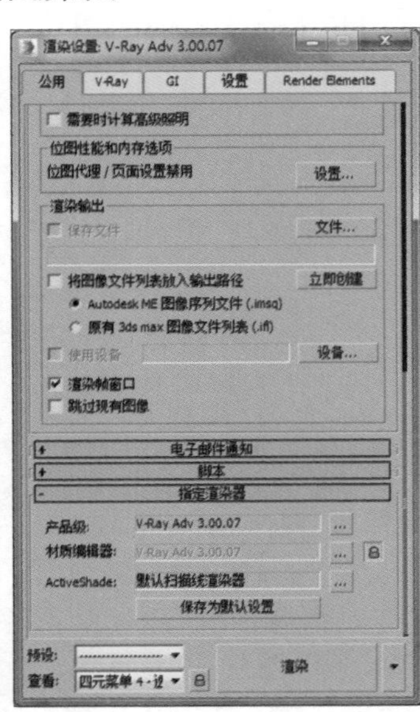

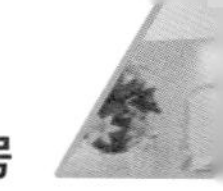

Section 3.2 材质的制作

下面就来讲述场景中主要材质的调节方法，包括地板、橱柜、顶棚、大理石、灯罩和柜门材质等，效果如右图所示。

3.2.1 地板材质的制作

Step 01 按M键，打开【材质编辑器】面板，选择第一个材质球，单击 Standard （标准）按钮，在弹出的【材质/贴图浏览器】对话框中选择【VRayMtl】选项，如下图所示。

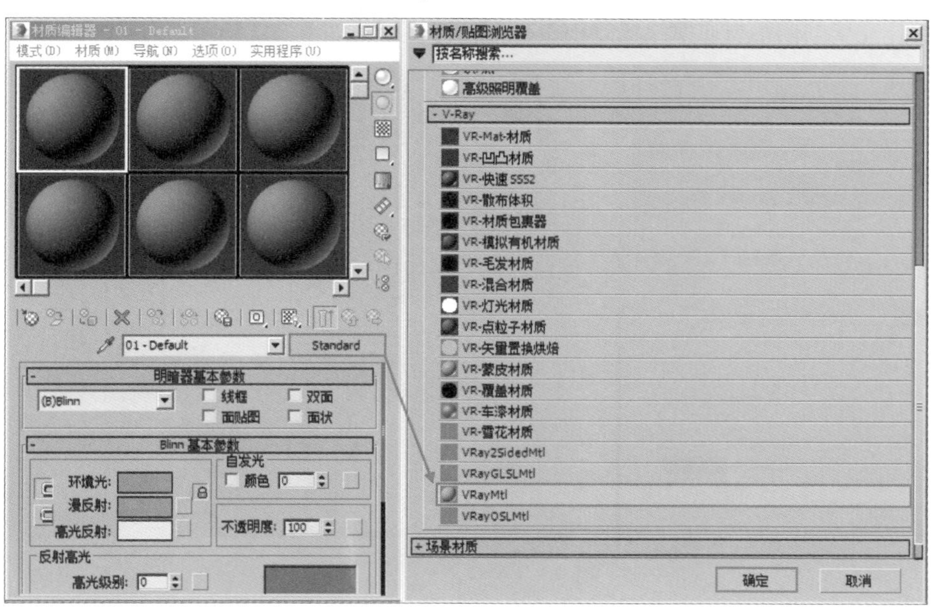

Step 02 将其命名为【地板】，在【漫反射】后面的通道上加载【深色地板.jpg】贴图文件，设置【反射】颜色为浅灰色（红：206绿：206蓝：206），勾选【菲涅耳反射】复选框，设置【反射光泽度】为0.9，【细分】为24，如下左图所示。

Step 03 将制作完毕的地板材质赋给场景中地面部分的模型，如下右图所示。

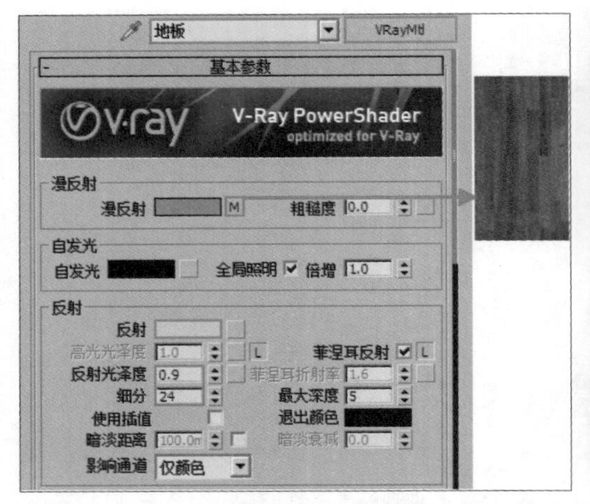

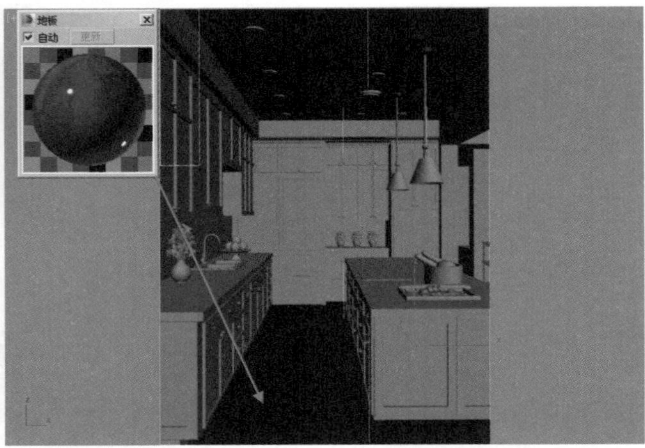

技巧提示：木质地板材质设置

木质地板没有瓷砖那么强的反射，因此在调节反射数值时不能过高，否者会让木质地板失去真实效果，其它木质模型设计也是如此。

3.2.2 橱柜材质的制作

Step 01 选择一个空白材质球，然后将【材质类型】设置为【VRayMtl】材质，将其命名为【橱柜】，设置【漫反射】颜色为白色（红：255绿：255蓝：255），【反射】颜色为浅灰色（红：183绿：183蓝：183），勾选【菲涅耳反射】复选框，【最大深度】为3，设置【反射光泽度】为0.9，【细分】为20，如下左图所示。

Step 02 将制作完毕的橱柜材质赋给场景中橱柜部分的模型，如下右图所示。

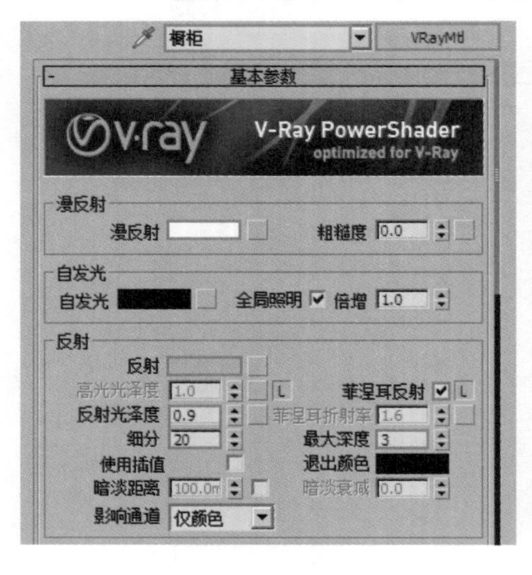

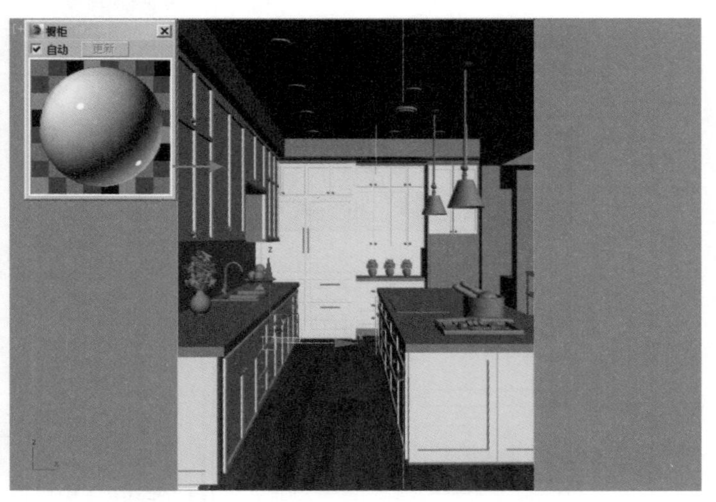

3.2.3 顶棚材质的制作

Step 01 选择一个空白材质球，然后将【材质类型】设置为【VRayMtl】材质，将其命名为【顶棚】，设置【漫反射】颜色为白色（红：255 绿：255蓝：255），如右图所示。

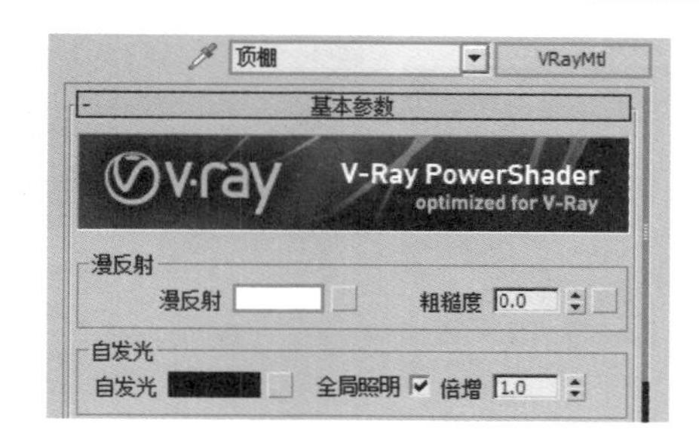

Step 02 将制作完毕的顶棚材质赋给场景中顶棚部分的模型，如下图所示。

3.2.4 大理石材质的制作

Step 01 选择一个空白材质球，然后将【材质类型】设置为【VRayMtl】，将其命名为【大理石】，在【漫反射】后面的通道上加载【001.jpg】贴图文件，展开【坐标】卷展栏，设置【瓷砖U】为0.2。设置【反射】颜色为浅灰色（红：203绿：203蓝：203），勾选【菲涅耳反射】复选框，设置【反射光泽度】为0.8，【细分】为24，如下图所示。

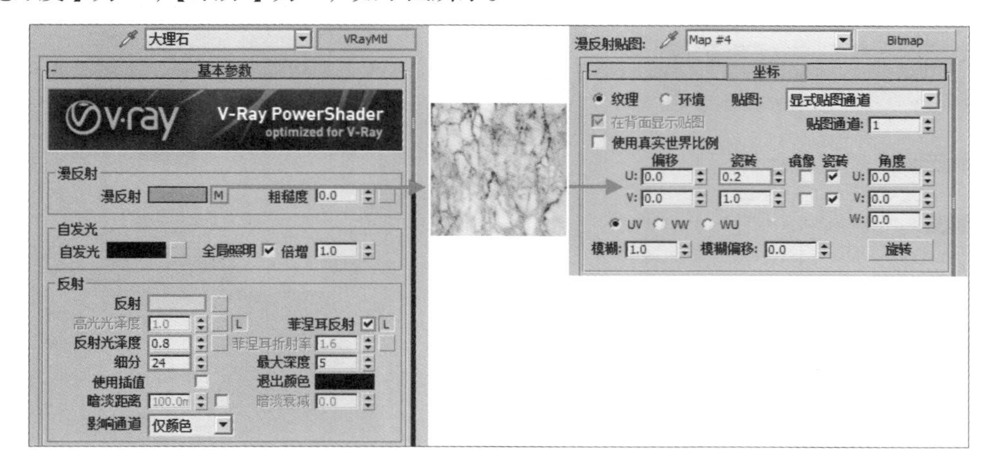

Step 02 将制作完毕的大理石材质赋给场景中大理石部分的模型，如下图所示。

技巧提示：VRayMtl材质中的反射光泽度作用

【VRayMtl】材质中的【反射光泽度】是用来控制反射的模糊程度，数值越大模糊程度越弱，数值越小模糊程度越强。一般来说，表面反射质感光滑的材质可以将【反射光泽度】数值增大。

3.2.5 灯罩材质的制作

Step 01 选择一个空白材质球，然后将【材质类型】设置为【VRayMtl】材质，将其命名为【灯罩】，设置【漫反射】颜色为黑色（红：23绿：21蓝：8），【反射】颜色为浅灰色（红：116绿：116蓝：116），设置【反射光泽度】为0.8，【细分】为24，如下左图所示。

Step 02 将制作完毕的灯罩材质赋给场景中灯罩部分的模型，如下右图所示。

3.2.6 柜门材质的制作

Step 01 选择一个空白材质球，然后将【材质类型】设置为【VRayMtl】材质，将其命名为【柜门】，在【漫反射】后面的通道上加载【无标题-2.jpg】贴图文件。设置【反射】颜色为灰色（红：32绿：32蓝：32），勾选【菲涅耳反射】复选框，设置【反射光泽度】为0.8，【细分】为24，如下左图所示。

Step 02 将制作完毕的柜门材质赋给场景中的柜门部分模型，如下右图所示。

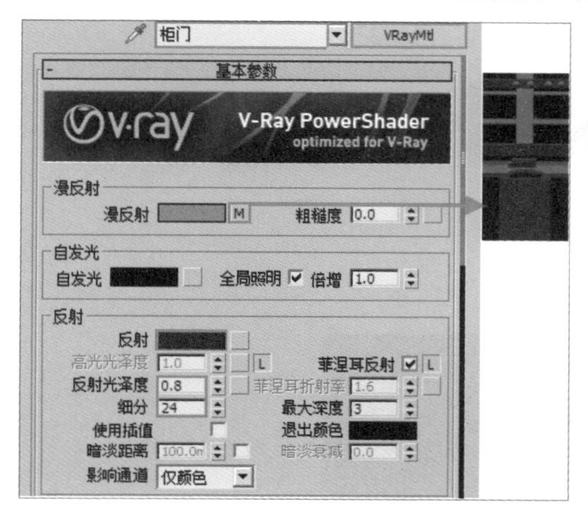

技巧提示：【菲涅尔反射】的作用

【菲涅尔反射】主要是模拟真实世界中的一种反射现象，反射强度与摄影机的视点和具有反射功能的物体的角度有关。当角度值接近0时，反射最强；当光线垂直于表面时，反射功能最弱，这也是物理世界中的现象。

3.2.7 面包材质的制作

Step 01 选择一个空白材质球，然后将【材质类型】设置为【VRayMtl】材质，将其命名为【面包】。在【漫反射】后面的通道上加载【archmodels76_015_baguette-diff.jpg】贴图文件，然后在【反射】后面的通道上加载【衰减】程序贴图，并设置【衰减类型】为【Fresnel】。最后设置【反射光泽度】为0.78，【细分】为12，如下图所示。

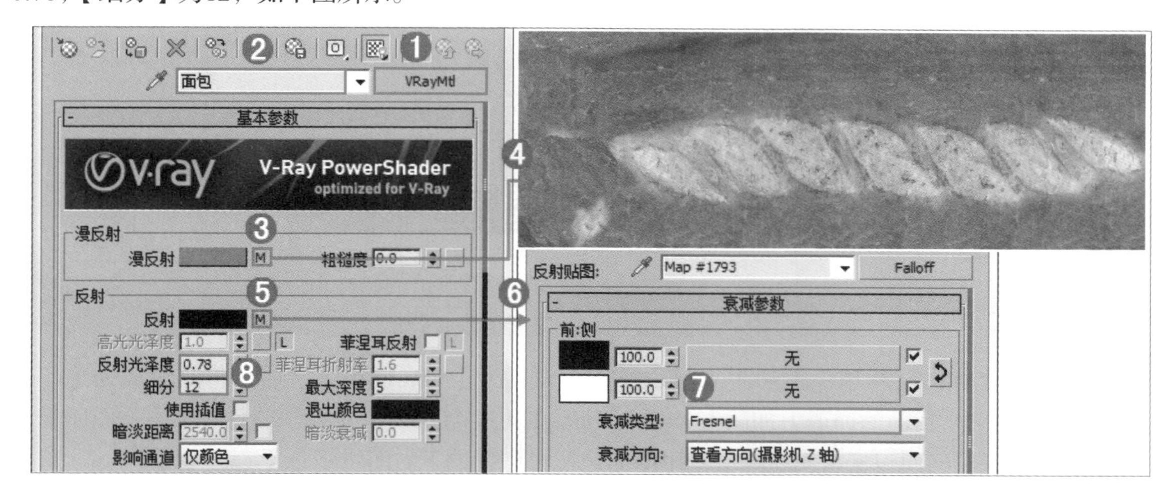

Step 02 展开【贴图】卷展栏，并在【凹凸】后面的通道上加载【archmodels76_015_baguette-bump.jpg】贴图文件，然后设置【凹凸】为25，如下图所示。

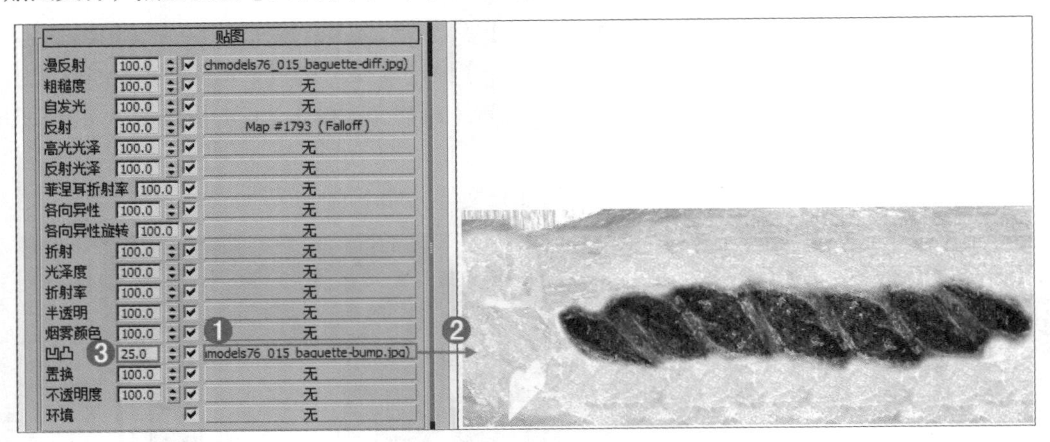

Step 03 将制作完毕的面包材质赋给场景中的面包部分模型，如下图所示。

3.2.8 面包篮材质的制作

Step 01 选择一个空白材质球，然后将【材质类型】设置为【VRayMtl】材质，将其命名为【面包篮】。在【漫反射】后面的通道上加载【stylephotographs100700052.jpg】贴图文件，如下左图所示。

Step 02 将制作完毕的面包篮材质赋给场景中的面包篮模型，如下右图所示。

3.2.9 瓷花瓶材质的制作

Step 01 选择一个空白材质球，然后将【材质类型】设置为【VRayMtl】材质，将其命名为【瓷花瓶】。设置【漫反射】颜色为浅黄色（红：253，绿：249，蓝：221），【反射】颜色为白色（红：255，绿：255，蓝：255），然后设置【反射光泽度】为1，【细分】为20，如下左图所示。

Step 02 将制作完毕的瓷花瓶材质赋给场景中的瓷花瓶模型，如下右图所示。

3.2.10 电磁炉材质的制作

Step 01 选择一个空白材质球，然后将【材质类型】设置为【VRayMtl】材质，将其命名为【电磁炉】。在【漫反射】后面的通道上加载【9427640.jpg】贴图文件，然后勾选【应用】复选框，单击【查看图像】按钮，如下图所示。

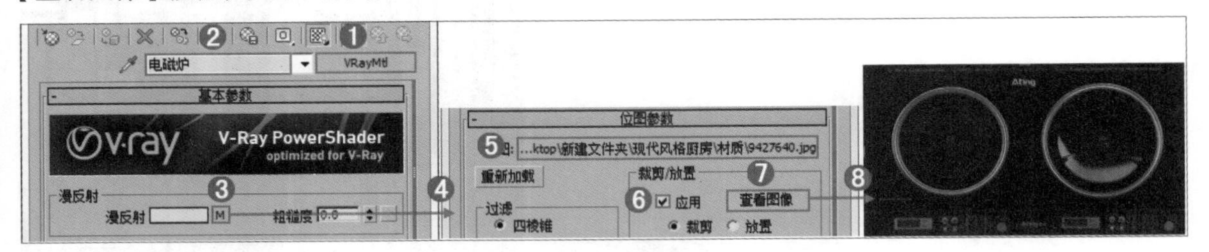

Step 02 然后设置【反射】颜色为白色（红：255，绿：255，蓝：255），【反射光泽度】为0.8，【细分】为24，如下左图所示。

Step 03 将制作完毕的电磁炉材质赋给场景中的电磁炉模型，如下右图所示。

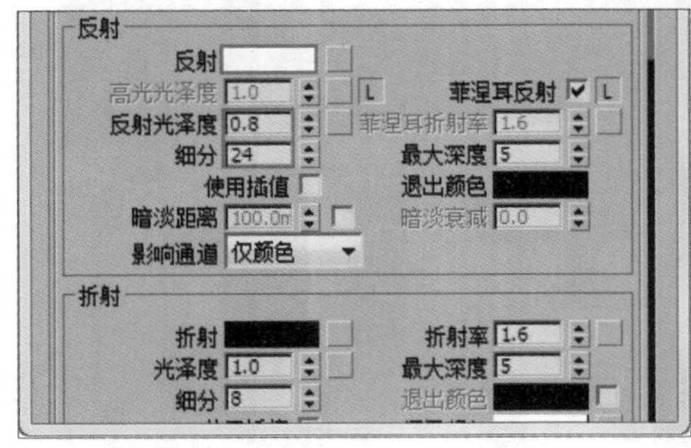

3.2.11 金属水池材质的制作

Step 01 选择一个空白材质球，然后将【材质类型】设置为【VRayMtl】材质，将其命名为【金属水池】。在【漫反射】后面的通道加载【JS024.jpg】贴图文件，然后设置【反射】颜色为浅灰色（红：156，绿：156，蓝：156），【细分】为15，如下左图所示。

Step 02 将制作完毕的金属水池材质赋给场景中的金属水池模型，如下右图所示。

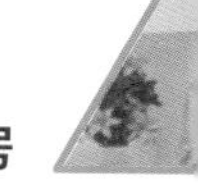

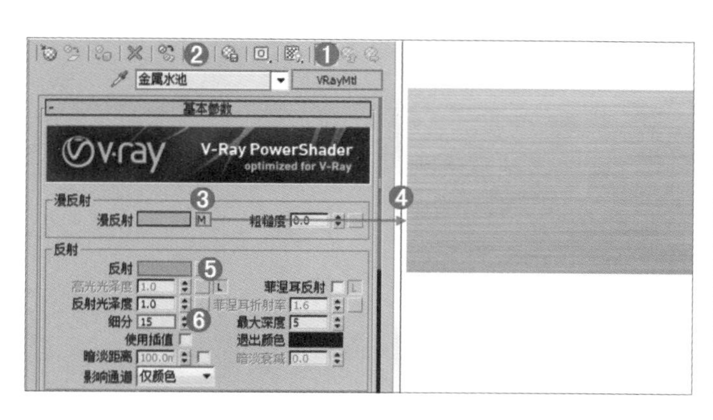

3.2.12 柜门圆把手材质的制作

Step 01 选择一个空白材质球，然后将【材质类型】设置为【VRayMtl】材质，将其命名为【柜门圆把手】。然后设置【漫反射】颜色为墨绿色（红：140，绿：129，蓝：86），【反射】颜色为深灰色（红：45，绿：45，蓝：45），然后再设置【反射光泽度】为0.8，【细分】为24，如下左图所示。

Step 02 将制作完毕的柜门圆把手材质赋给场景中的柜门把手，如下右图所示。

Section 3.3 摄影机设置

Step 01 单击（创建）|（摄影机）| 目标 按钮，如下左图所示。

Step 02 在顶视图中按住鼠标左键拖曳进行创建，如下右图所示。

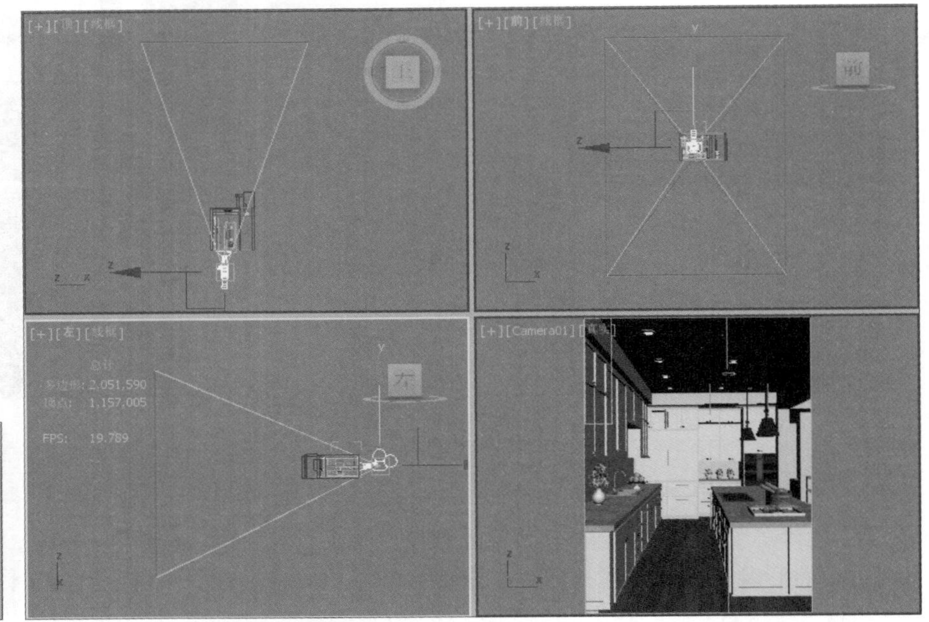

Step 03 选择刚创建的摄影机，进入【修改】面板，并设置【镜头】为51，【视野】为39，最后设置【目标距离】为5462mm，如下左图所示。

Step 04 选择刚创建的摄影机，并单击鼠标右键，执行【应用摄影机校正修改器】命令，如下右图所示。

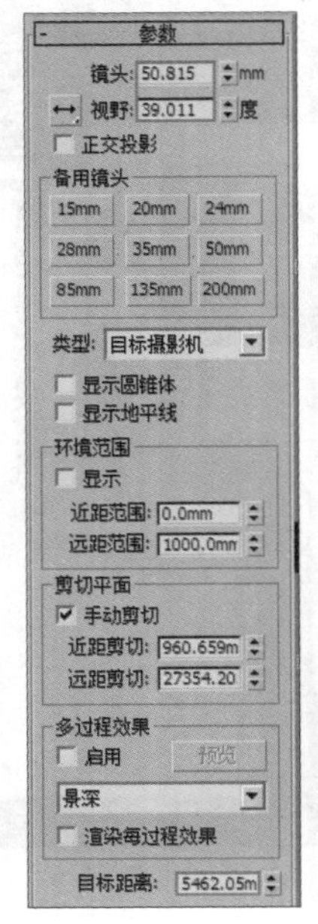

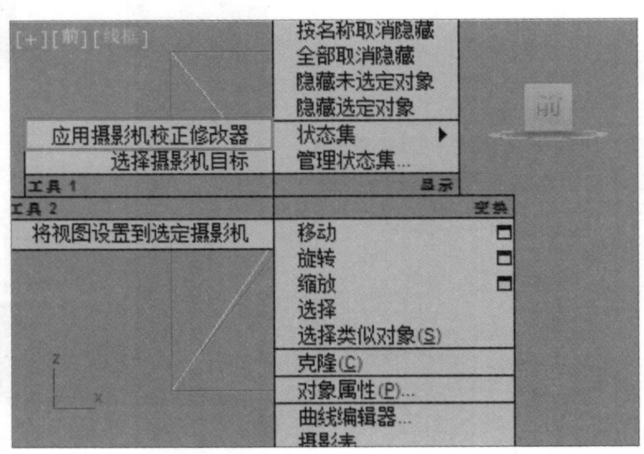

Step 05 此时我们看到【摄影机校正】修改器被加载到了摄影机上，最后设置【数量】为1.4，【角度】为90，如下左图所示。

Step 06 此时的摄影机视图效果，如下右图所示。

技巧提示：【摄影机校正】修改器的作用

调节【摄影机校正】修改器中的参数，可以更好的调节摄像机视角。

Section 3.4 灯光设置和草图渲染

在该厨房场景中，使用了两部分灯光照明来表现，一部分使用环境光效果，另一部分使用室内灯光的照明。也就是说想得到好的效果，必须配合室内的一些照明，最后设置一下辅助光源就可以了。

3.4.1 目标灯光的设置

Step 01 在【创建】面板下单击【灯光】按钮，并设置【灯光类型】为【光度学】，最后单击【目标灯光】按钮，如下图所示。

Step 02 使用【目标灯光】在前视图中创建14盏灯光，如下图所示。

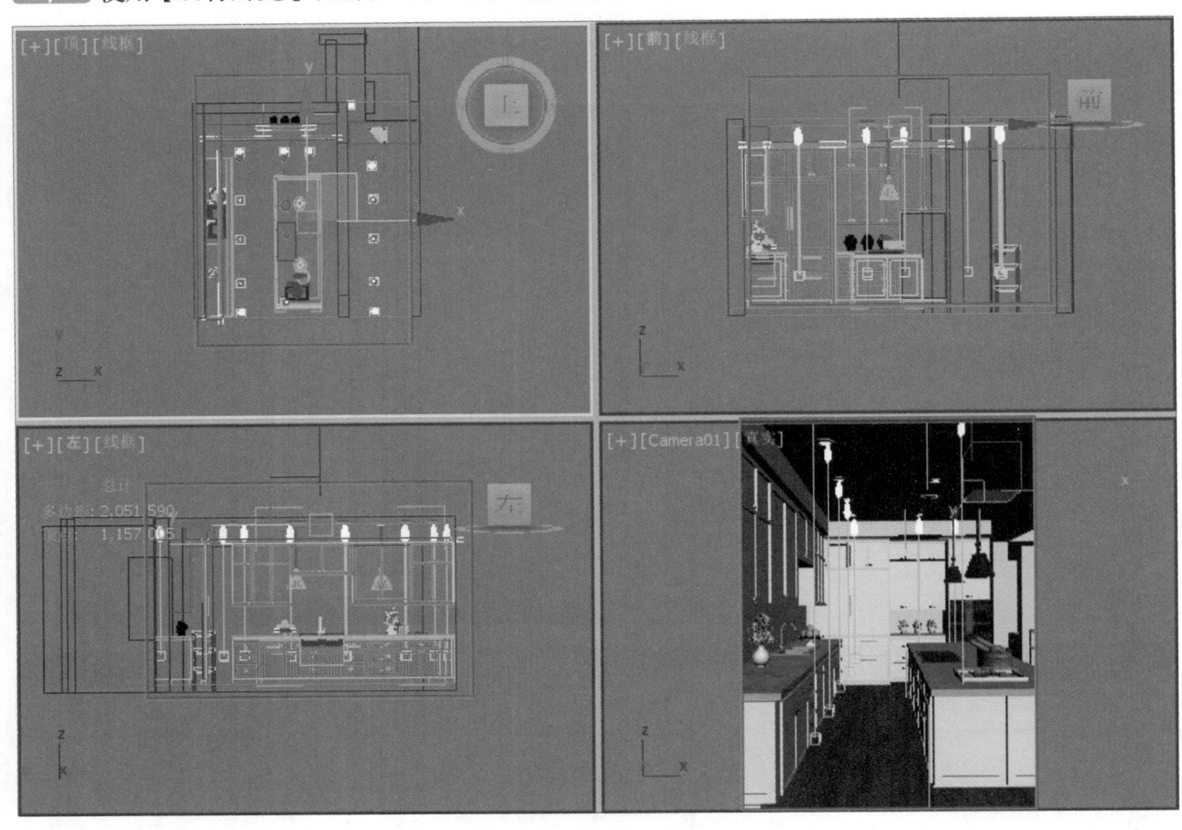

Step 03 选择上一步创建的目标灯光，然后在【阴影】选项组下勾选【启用】复选框，并设置【阴影类型】为【VRay阴影】，设置【灯光分布（类型）】为【光度学Web】。接着展开【分布（光度学Web）】卷展栏，并在通道上加载【SD006.IES】文件。在【强度/颜色/衰减】卷展栏中设置【颜色】为浅黄色（红：255绿：247蓝：232），【强度】为12000，勾选【VRay阴影参数】卷展栏中的【区域阴影】复选框，设置【UVW大小】为100mm，如右图所示。

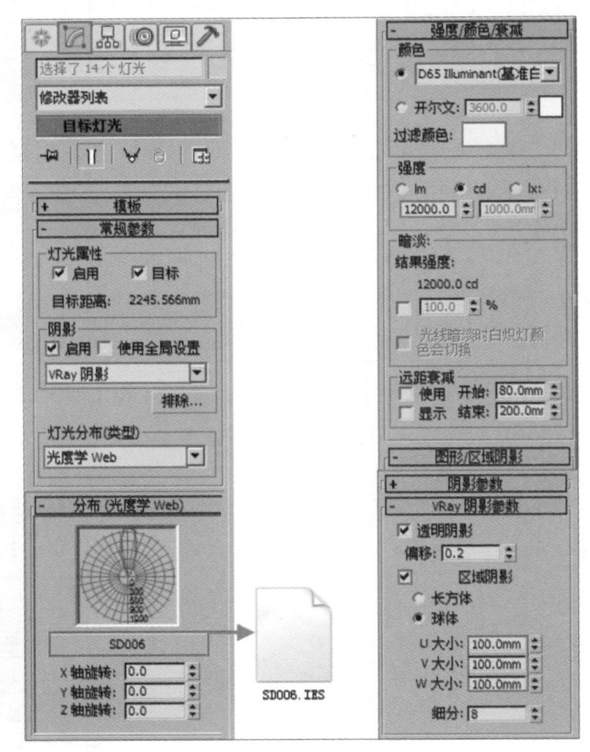

技巧提示：光度学

【光度学】灯光是用来模拟现实生活里的真实灯光，如点光源、面光源和线光源，【点光源】和【面光源】应用较为广泛。

Step 04 继续使用【目标灯光】在前视图中创建2盏灯光，如下图所示。

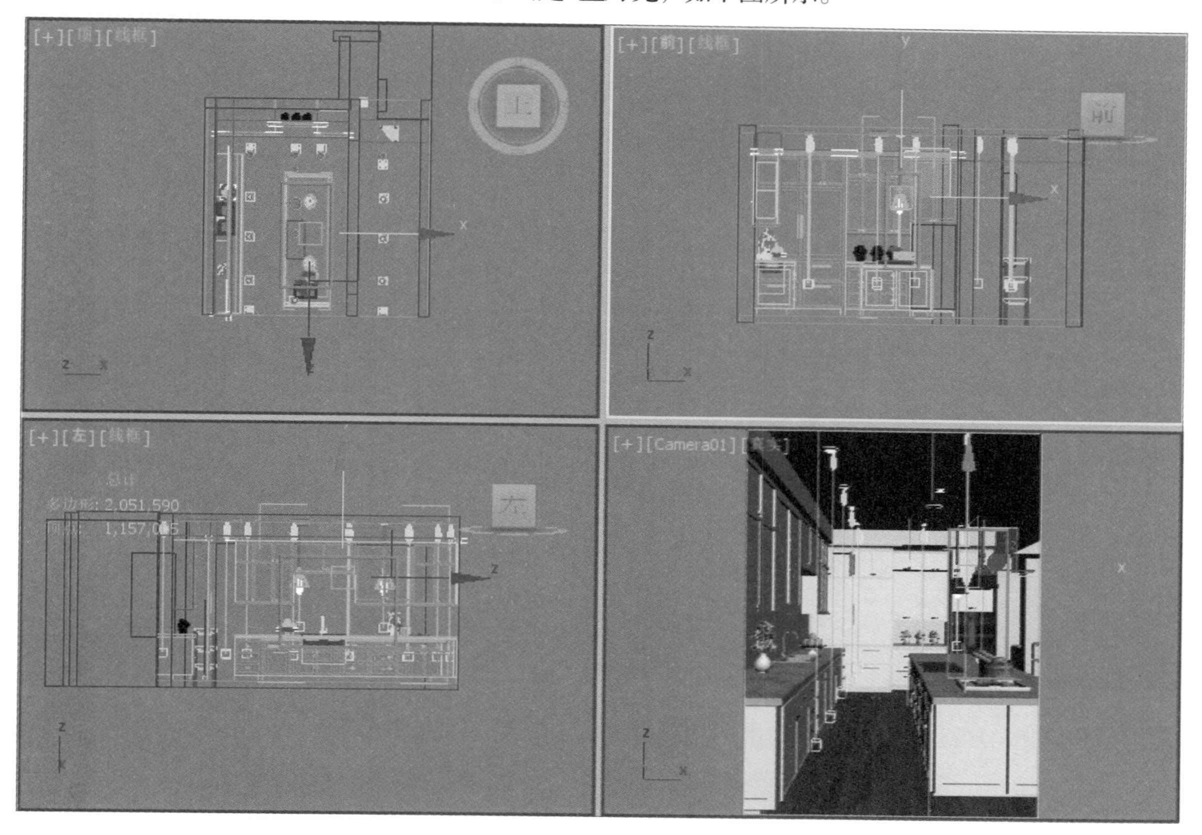

Step 05 选择上一步创建的目标灯光，然后在【阴影】选项组下勾选【启用】复选框，并设置【阴影类型】为【阴影贴图】，设置【灯光分布（类型）】为【光度学Web】，接着展开【分布（光度学Web）】卷展栏，并在通道上加载【SD006.IES】文件。在【强度/颜色/衰减】卷展栏中设置【颜色】为黄色（红：254绿：255蓝：153），设置【强度】为6000，如右图所示。

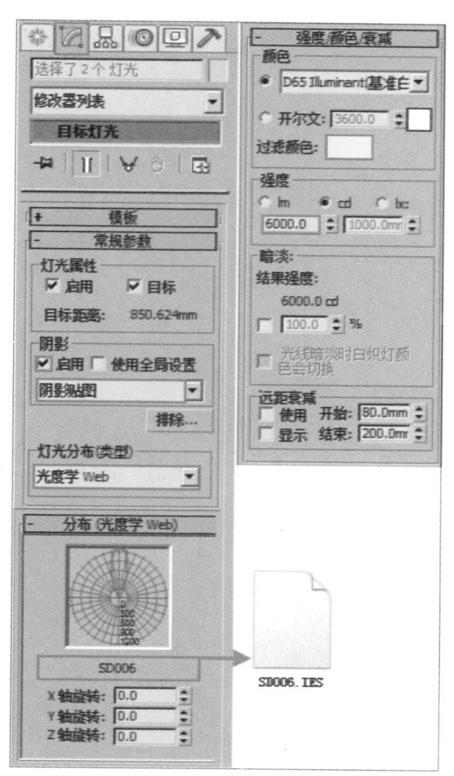

Step 06 按F10键，打开【渲染设置】面板。首先设置一下【VRay】和【GI】选项卡下的参数，此时设置的是一个草图效果，目的是进行快速渲染，来观看整体效果，参数设置如下图所示。

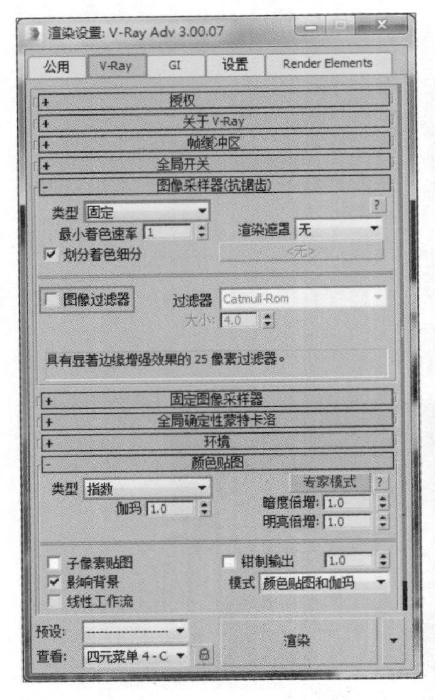

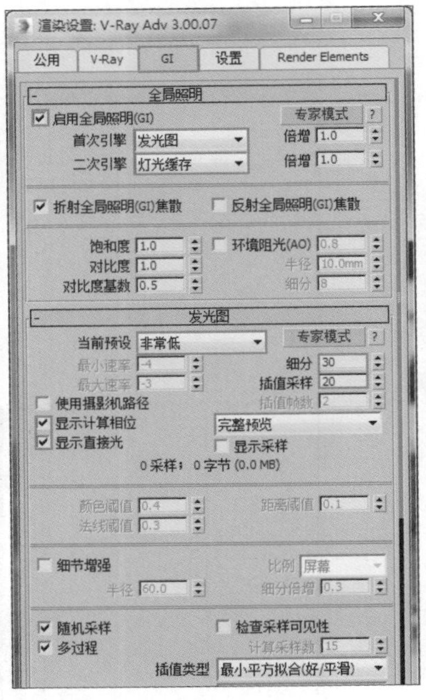

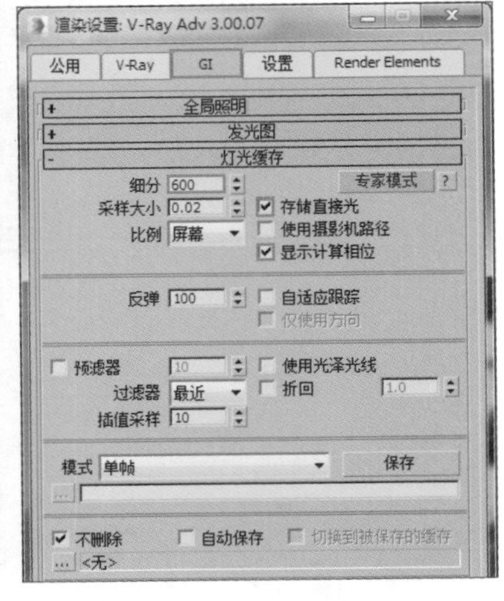

Step 07 按Shift+Q组合键，快速渲染摄影机视图，其渲染的效果如下图所示。

3.4.2 VR灯光的设置

Step 01 在【创建】面板下单击【灯光】按钮，并设置【灯光类型】为【VRay】，最后单击【VR灯光】按钮，如下左图所示。

Step 02 在顶视图中按住鼠标左键拖曳，创建1盏VR灯光，如下右图所示。

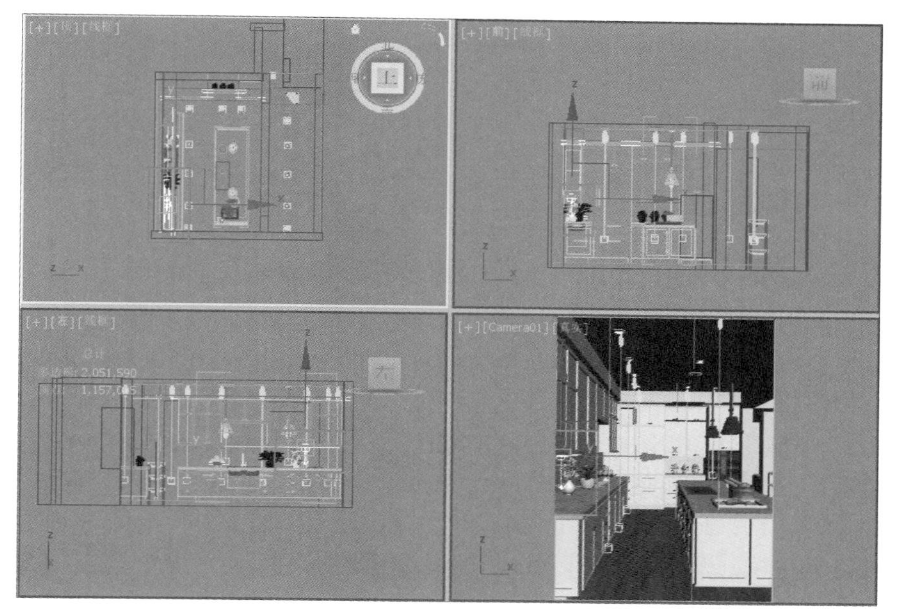

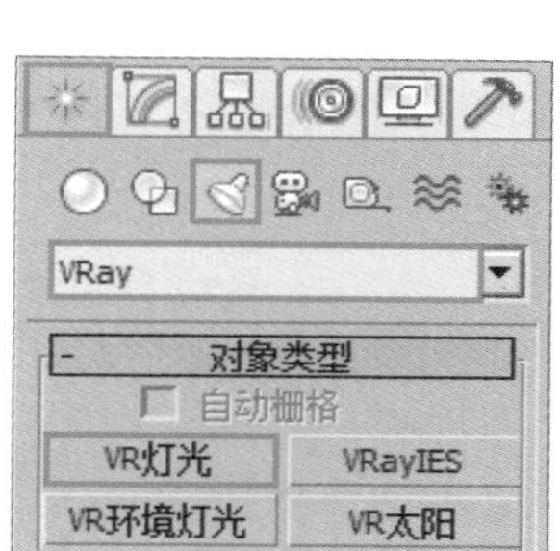

Step 03 选择上一步创建的VR灯光，然后设置【类型】为【平面】，设置【倍增器】为3，设置【颜色】为黄色（红：254，绿：255，蓝：183），设置【1/2长】为781mm，【1/2宽】为95mm。勾选【不可见】复选框，如右图所示。

技巧提示：VR灯光类型介绍

【VR灯光】有四种类型，在这里用的是【平面】类型，一般用来模拟真实场景中的漫射光源、辅助灯光和灯槽灯带。

Step 04 继续在顶视图中创建1盏VR灯光，如下左图所示。

Step 05 选择上一步创建的VR灯光，然后设置【类型】为【平面】，设置【倍增器】为4，设置【颜色】为黄色（红：254，绿：255，蓝：183），设置【1/2长】为487mm，【1/2宽】为90mm。勾选【不可见】复选框，如下右图所示。

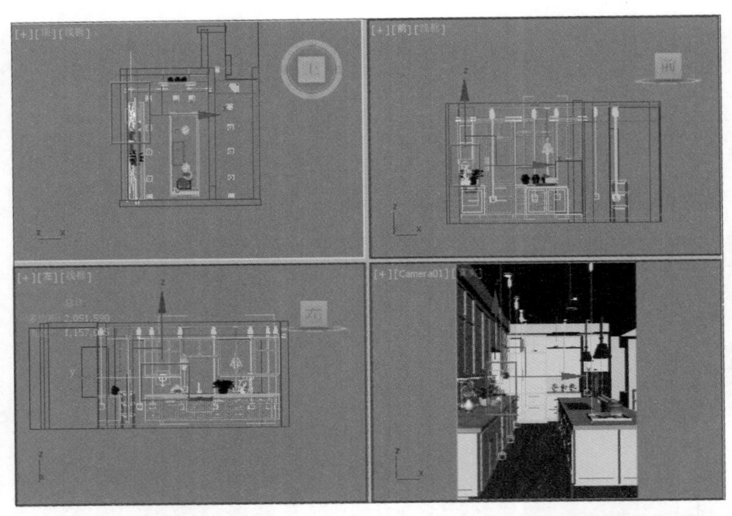

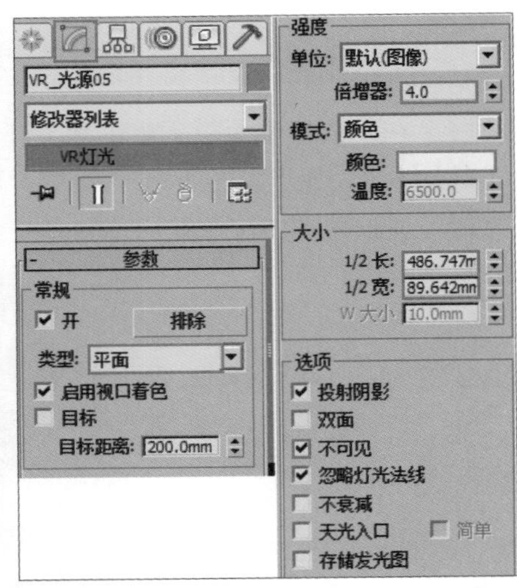

技巧提示：勾选【不可见】复选框作用

勾选不可见，意味着灯光在渲染时，对摄像机不可见，渲染也就没有灯光形体，只有灯光光线的作用表现。

Step 06 继续在顶视图中创建1盏VR灯光，如下左图所示。

Step 07 选择上一步创建的VR灯光，然后设置【类型】为【平面】，设置【倍增器】为4.5，【颜色】为黄色（红：252，绿：231，蓝：197），设置【1/2长】为327mm，【1/2宽】为117mm。勾选【不可见】复选框，设置【细分】为24，如下右图所示。

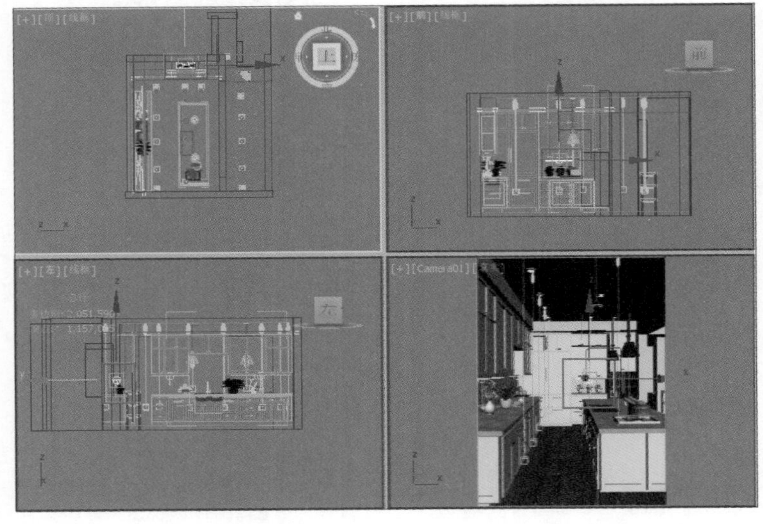

Step 08 继续在顶视图中创建1盏VR灯光，如下左图所示。

Step 09 选择上一步创建的VR灯光，然后设置【类型】为【平面】，设置【倍增器】为0.85，【颜色】为黄色（红：251，绿：225，蓝：185），设置【1/2长】为2233mm，【1/2宽】为2236mm，勾选【不可见】复选框，设置【细分】为24，如下右图所示。

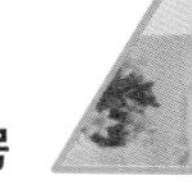

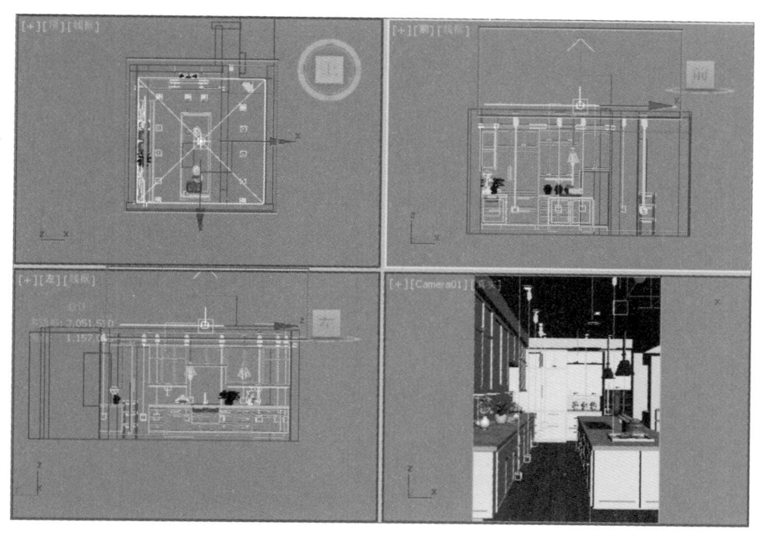

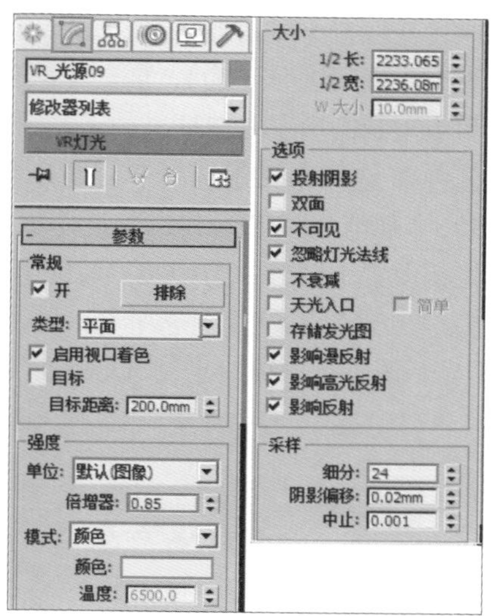

Step 10 继续在前视图中创建1盏VR灯光，如下左图所示。

Step 11 选择上一步创建的VR灯光，然后设置【类型】为【平面】，设置【倍增器】为0.5，【颜色】为黄色（红：251，绿：229，蓝：195），设置【1/2长】为2533mm，【1/2宽】为1511mm，勾选【不可见】复选框，设置【细分】为24，如下右图所示。

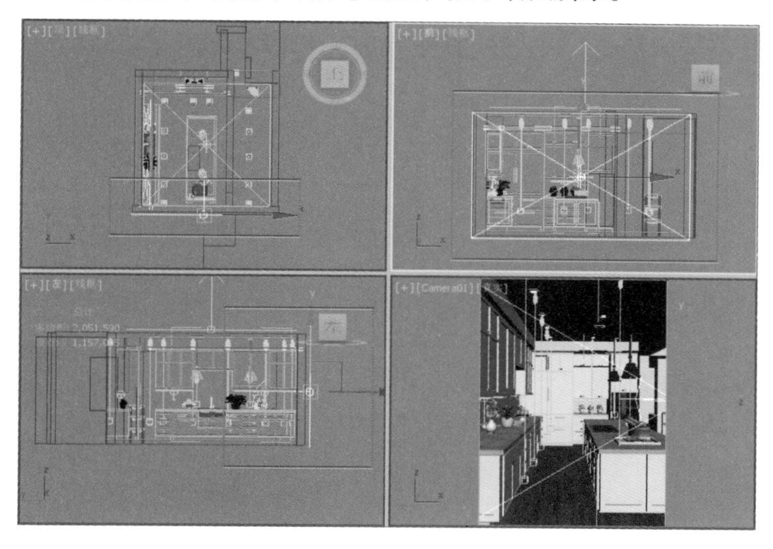

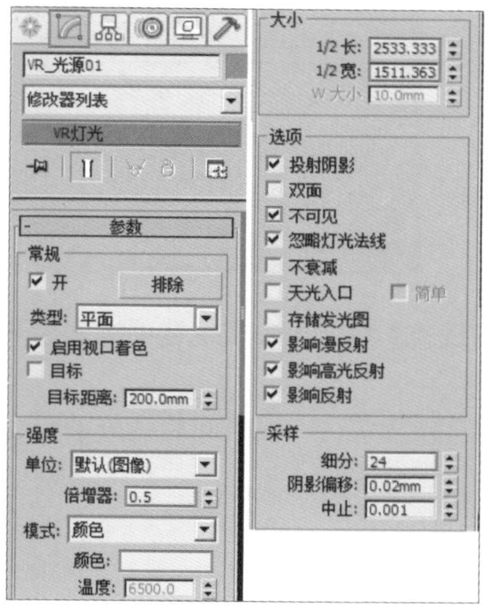

Section 3.5 成图渲染参数设置

经过了前面的操作，已经将大量繁琐的工作做完了，下面需要做的就是把渲染的参数设置高一些，再进行渲染输出。

Step 01 重新设置一下渲染参数，按F10键，在打开的【渲染设置】面板中，选择【V-Ray】选项卡，展开【图像采样器（抗锯齿）】卷展栏，设置【类型】为【自适应】，接着勾选【图像过滤器】复选框，并设置【过滤器】为【Catmull-Rom】。展开【自适应图像采样器】卷展栏，设置【最小细分】为1，【最大细分】为4，展开【颜色贴图】卷展栏，设置【类型】为【指数】，勾选【子像素贴图】和【钳制输出】复选框，如下左图所示。

Step 02 选择【GI】选项卡，展开【发光图】卷展栏，设置【当前预设】为【低】，设置【细分】为50，【插值采样】为20，勾选【显示计算相位】和【显示直接光】复选框，展开【灯光缓存】卷展栏，设置【细分】为1000，勾选【存储直接光】和【显示计算相位】复选框，如下中图所示。

Step 03 选择【设置】选项卡，展开【系统】卷展栏，设置【序列】为【三角剖分】，最后取消勾选【显示消息日志窗口】复选框，如下右图所示。

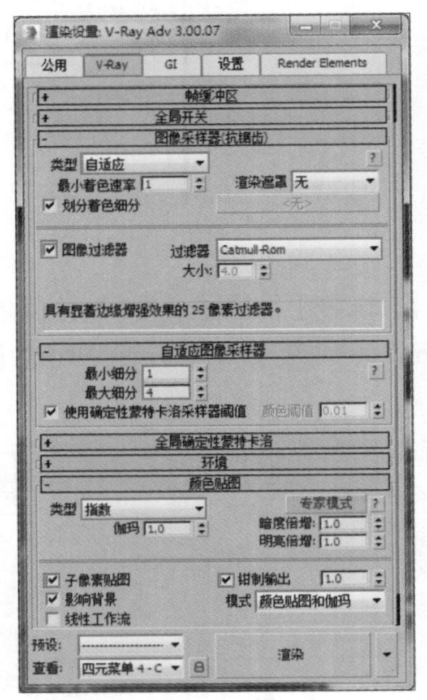

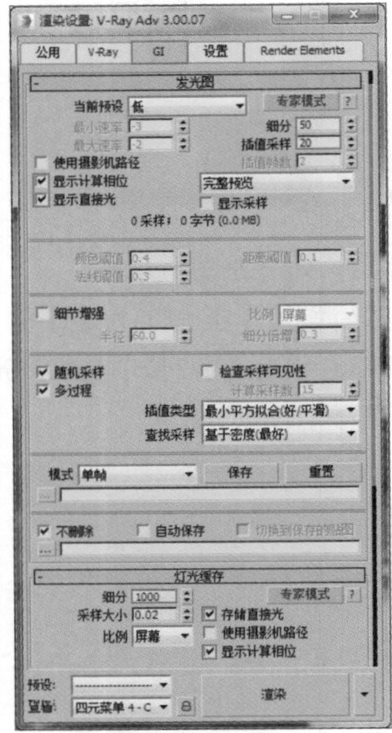

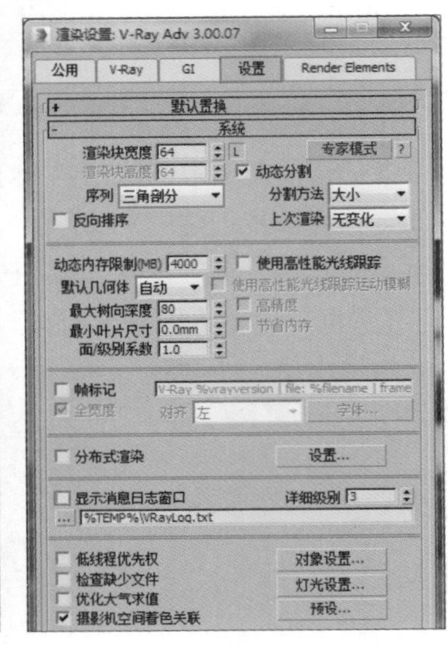

Step 04 单击【公用】选项卡，展开【公用参数】卷展栏，设置输出的尺寸为1200×1472，如下左图所示。

Step 05 等待一段时间后就渲染完成了，最终的效果如下右图所示。

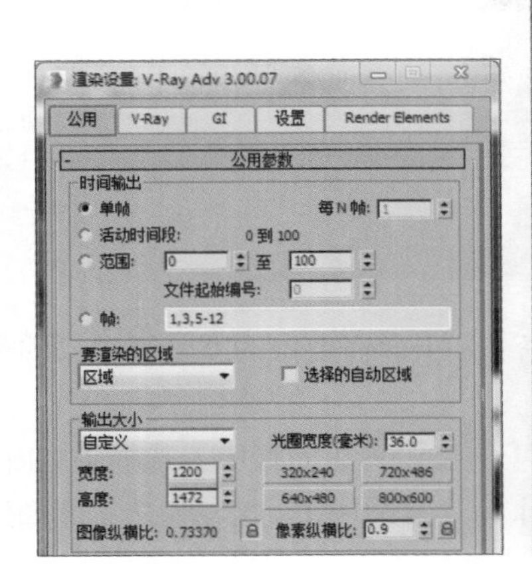

Section 3.6 Photoshop后期处理

Step 01 在Photoshop软件里打开本书实例文件【现代风格厨房效果图.jpg】，如下图所示。可以看到图像中屋里灯光的对比度比较弱，下面我们将解决这个问题。

Step 02 先来调节图像的明亮程度，选中【背景】图层，执行【图层】|【新建调整图层】|【亮度/对比度】命令，在弹出的亮度/对比度属性面板中设置【亮度】值为23，【对比度】值为70，如下左图所示。这样这个图像的后期处理就完成了，最终效果如下右图所示。

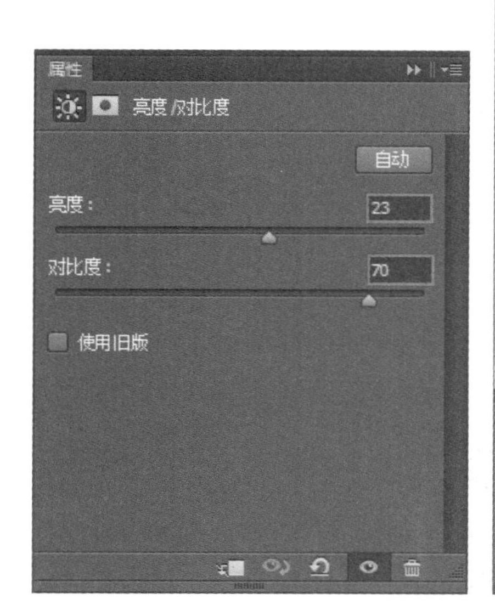

Chapter 4 3ds Max & VRay & Photoshop

简约风格卫生间

▌全瓷砖空间材质把握　▌柔和灯光　▌多维/子对象材质应用

场景文件	04.max
案例文件	简约时尚风格卫生间.max
视频教学	简约时尚风格卫生间.flv
难易指数	★★★★☆
技术掌握	掌握目标灯光、VR灯光、VRayMtl材质、衰减贴图的应用

实例介绍

本例介绍的是一个简约风格的卫生间场景，室内明亮灯光表现主要使用了目标灯光和VR灯光来制作，并使用VRayMtl来制作本案例的主要材质。

Section 4.1 VRay渲染器设置

Step 01 打开本书实例文件【第4章 简约时尚风格卫生间/04.max】，如下图所示。

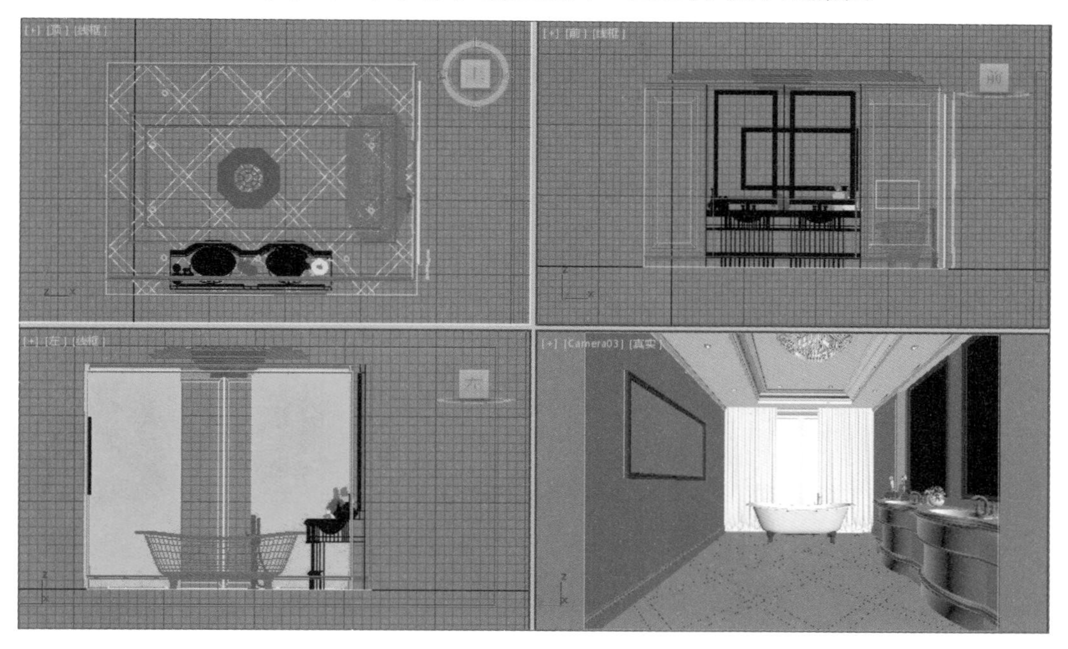

Step 02 按F10键，打开【渲染设置】面板，选择【公用】选项卡，在【指定渲染器】卷展栏下单击...按钮，在弹出的【选择渲染器】对话框中选择【V-Ray Adv 3.00.08】选项。此时在【指定渲染器】卷展栏中，【产品级】后面显示了【V-Ray Adv 3.00.08】，【渲染设置】面板中出现了【V-Ray】、【GI】、【设置】选项卡，如下图所示。

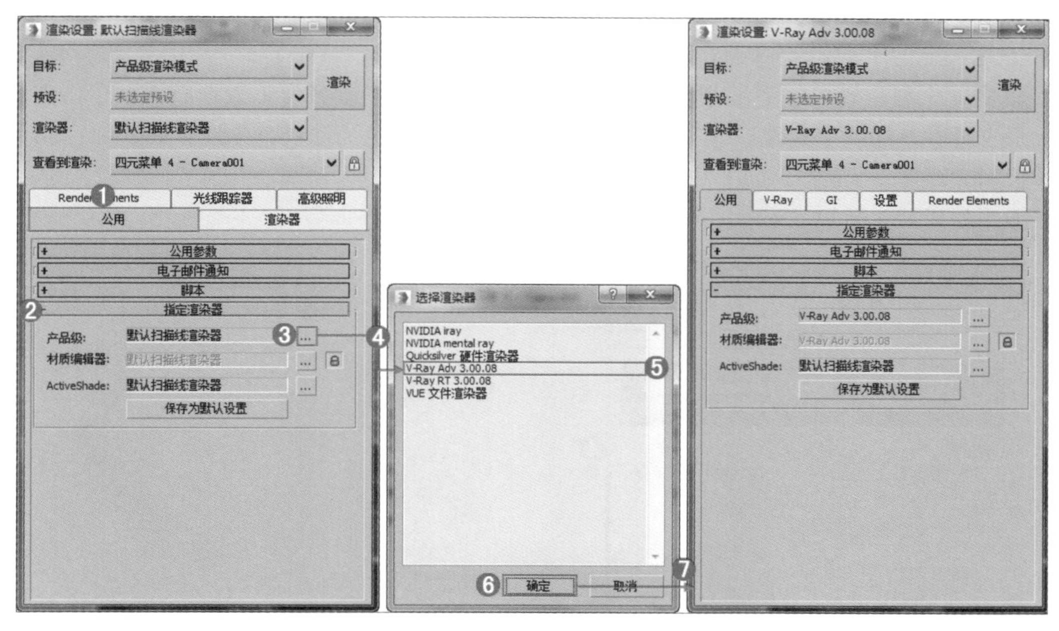

Section 4.2 材质的制作

下面就来讲述场景中主要材质的调节方法，包括大理石墙面、大理石地面、大理石洗手台、白色烤漆、窗帘、油画、窗外风景、不锈钢水龙头、水晶灯坠、灯饰金属骨架，效果如下图所示。

4.2.1 大理石墙面的制作

Step 01 单击一个材质球，设置材质类型为【VRayMtl】材质，命名为【大理石墙面】。在【漫反射】后面的通道上加载【大理石.jpg】贴图。设置【反射】颜色为深灰色（红：26，绿：26，蓝：26），【反射光泽度】为0.95，如下左图所示。

Step 02 双击材质球，效果如下右图所示。

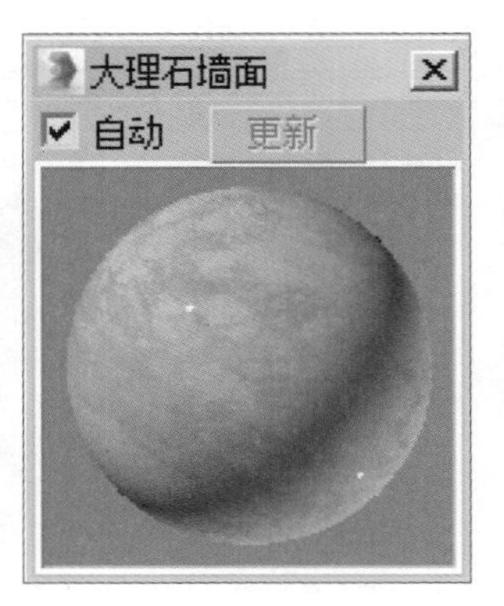

Step 03 选择墙面模型，单击（将材质指定给选定对象）按钮，将制作完毕的大理石墙面材质赋给场景中的墙面模型，如下图所示。

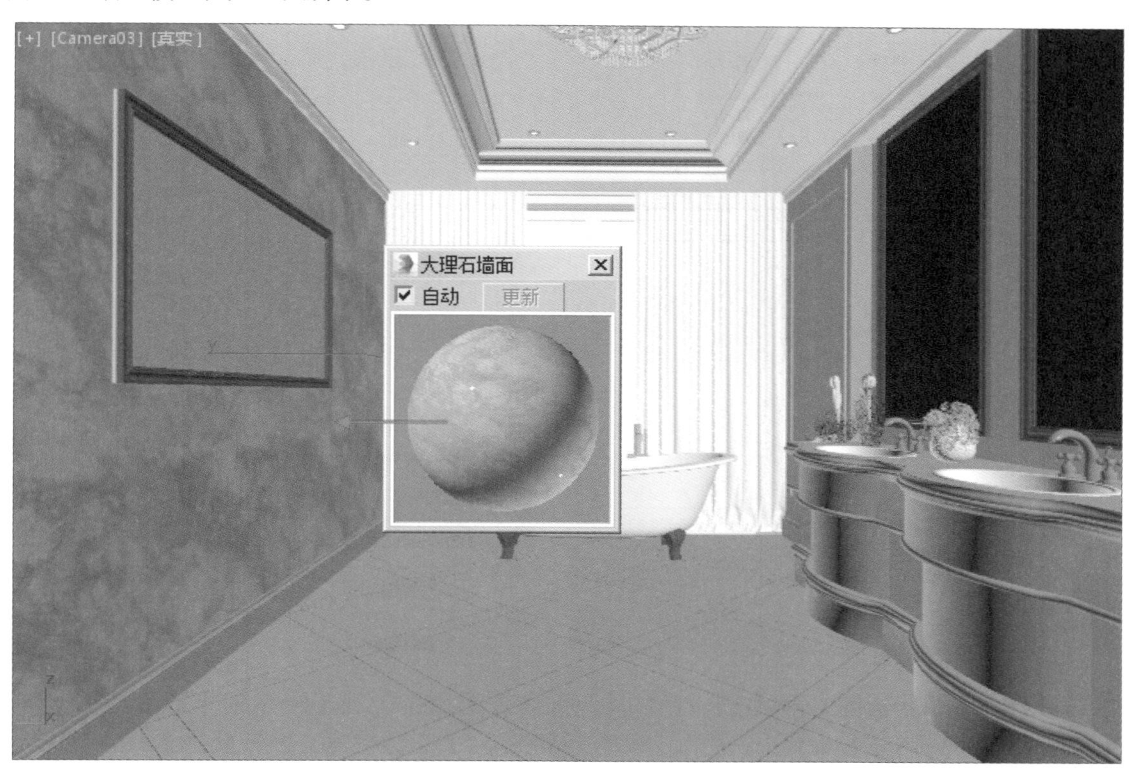

4.2.2 大理石地面的制作

Step 01 单击一个材质球，设置材质类型为【多维/子对象】材质，并命名为【大理石地面】，如下左图所示。单击【设置数量】，设置【材质数量】为2，单击【确定】按钮，如下右图所示。

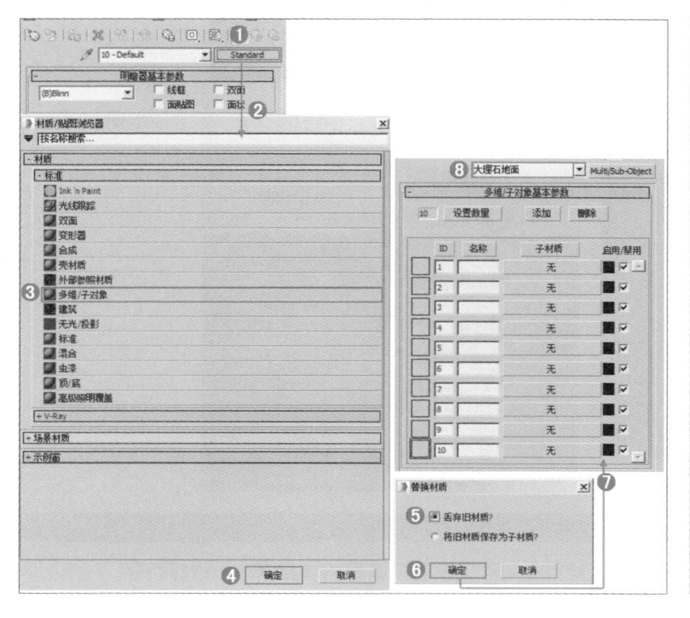

Step 02 在ID1后面的通道上加载【VRayMtl】材质，如下左图所示。然后设置【漫反射】颜色为深灰色（红：7，绿：7，蓝：7），【反射】颜色为黑色（红：0，绿：0，蓝：0），如下右图所示。

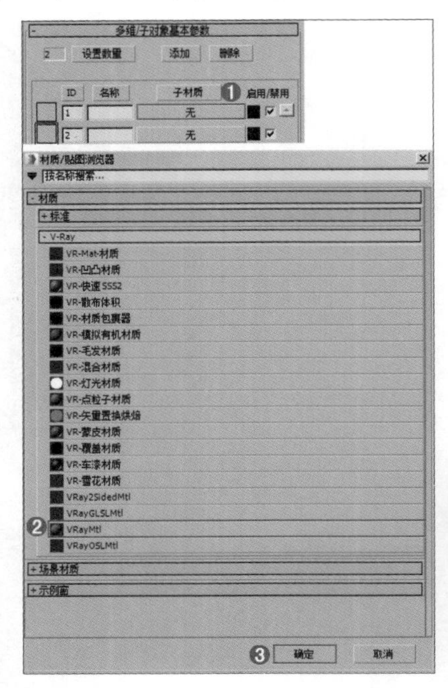

Step 03 在ID2后面的通道加载【VRayMtl】，如下左图所示。在【漫反射】后面的通道加载【2009116172656dd1.jpg】贴图，设置【反射】为深灰色（红：26，绿：26，蓝：26），【反射光泽度】为0.95，如下右图所示。

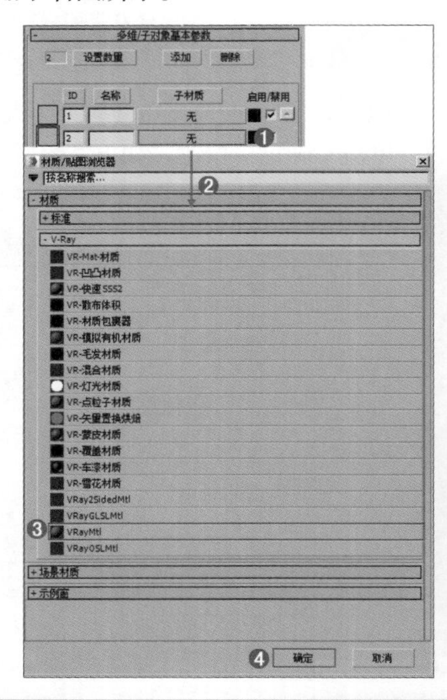

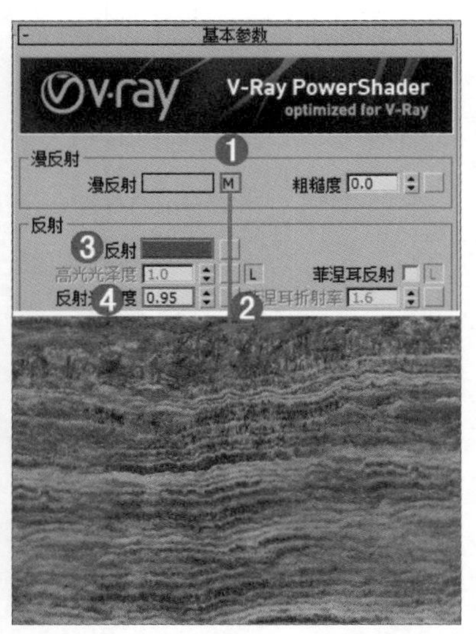

技巧提示：【多维/子对象】的作用

【多维/子对象】材质可以模拟出一个物体多种材质效果，通常用于制作复杂的模型材质，如汽车、计算机等。

Step 04 双击材质球，效果如下左图所示。

Step 05 选择地面模型，单击（将材质指定给选定对象）按钮，将制作完毕的大理石地面材质赋给场景中的该模型，如下右图所示。

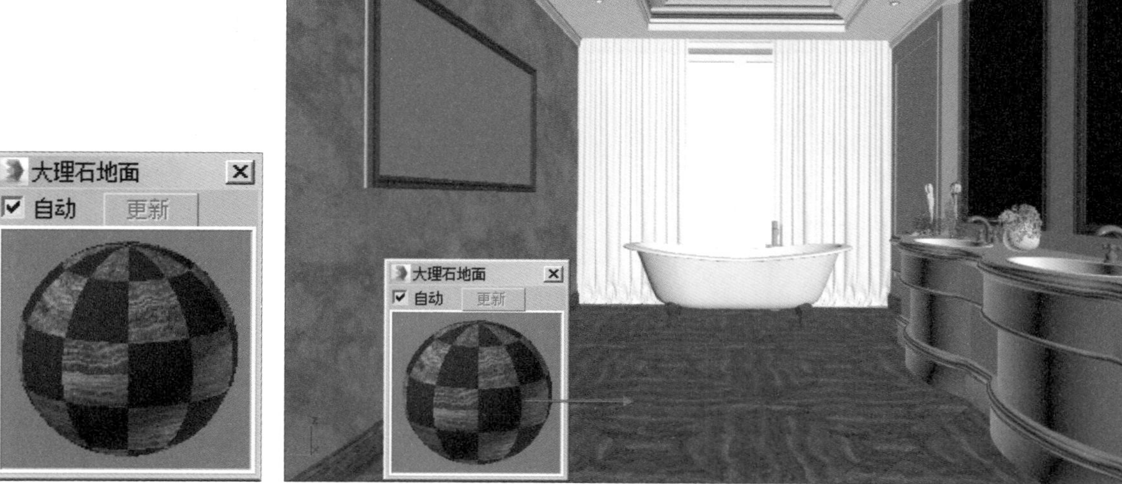

4.2.3 大理石洗手台的制作

Step 01 单击一个材质球，设置材质类型为【VRayMtl】材质，命名为【大理石洗手台】。在【漫反射】后面的通道上加载【大理石.jpg】贴图，设置【反射】为深灰色（红：26，绿：26，蓝：26），【反射光泽度】为0.95，如下左图所示。

Step 02 双击材质球，效果如下右图所示。

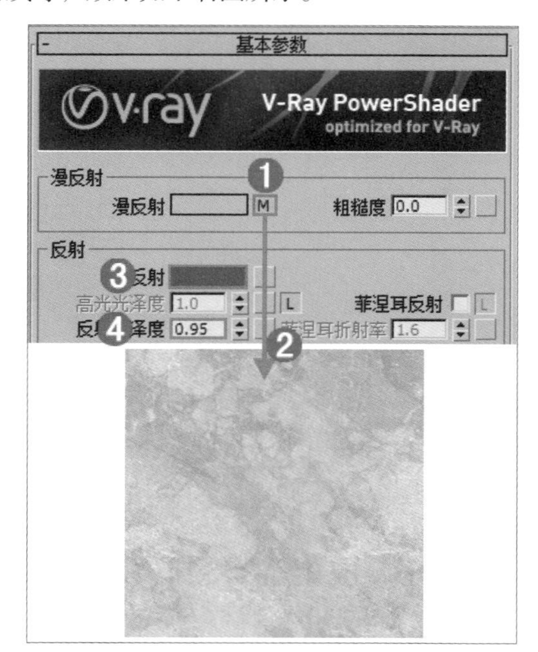

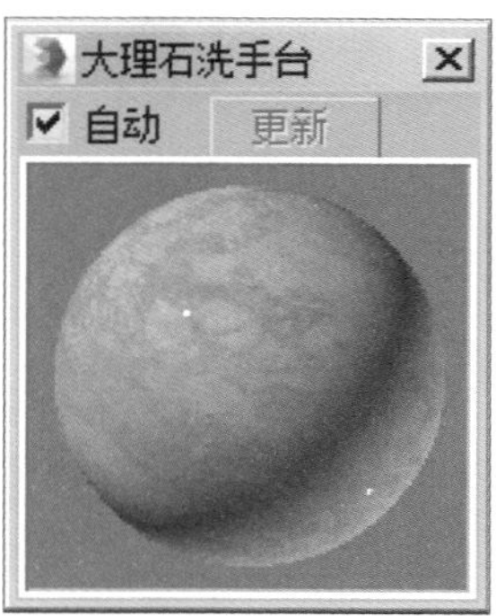

Step 03 选择洗手台模型，单击（将材质指定给选定对象）按钮，将制作完毕的大理石洗手台材质赋给场景中的洗手台模型，如下图所示。

4.2.4 白色烤漆的制作

Step 01 单击一个材质球，设置材质类型为【VRayMtl】材质，命名为【白色烤漆】。设置【漫反射】颜色为白色，在【反射】后面的通道加载【衰减】程序贴图，将颜色设置为【深灰色】和【白色】，设置【衰减类型】为【Fresnel】。在返回设置【高光光泽度】为0.85，【反射光泽度】为0.9，【细分】为8，如下左图所示。

Step 02 双击材质球，效果如下右图所示。

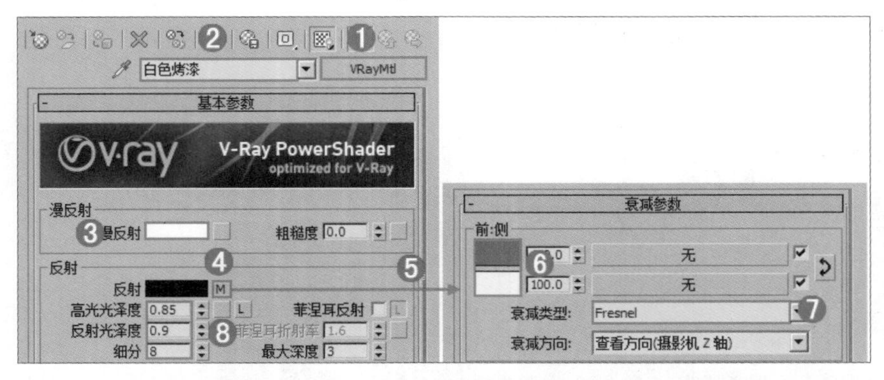

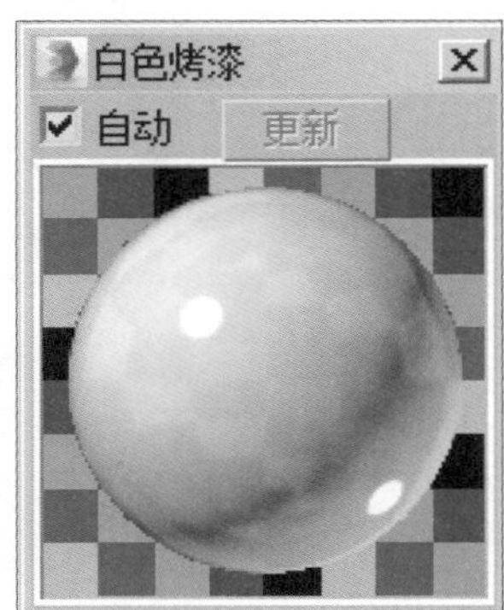

技巧提示：【Fresnel（菲涅耳）】衰减模式

在【衰减类型】中，我们选择【Fresnel（菲涅耳）】模式，是为了得到更真实的效果。

Step 03 选择浴缸模型，单击（将材质指定给选定对象）按钮，将制作完毕的白色烤漆材质赋给场景中的该模型，如下图所示。

4.2.5 窗帘的制作

Step 01 单击一个材质球，设置材质类型为【VRayMtl】材质，命名为【窗帘】。设置【漫反射】颜色为白色（红：254，绿：254，蓝：254），在【折射】后面的通道加载【衰减】程序贴图，设置颜色为【浅灰色】和【黑色】，【衰减类型】为【垂直/平行】，然后返回设置折射【光泽度】为0.75，【细分】为8，如下左图所示。

Step 02 双击材质球，效果如下右图所示。

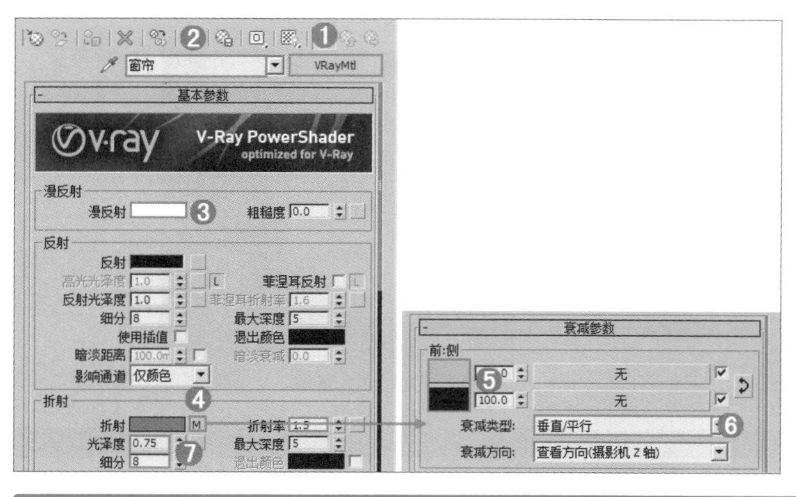

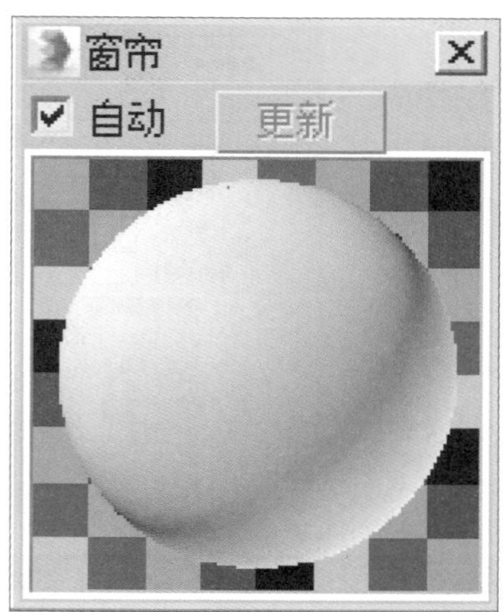

技巧提示：制作效果常用的折射率

真空折射率是1，水的折射率是1.33，冰的折射率是1.309，水晶折射率是1.55，金刚石折射率是2.42，玻璃的折射率1.5，水晶的折射率是2，砖石的折射率是2.4等。

Step 03 选择窗帘模型，单击（将材质指定给选定对象）按钮，将制作完毕的窗帘材质赋给场景中的窗帘模型，如下图所示。

4.2.6 油画的制作

Step 01 单击一个材质球，设置材质类型为【标准】材质，命名为【油画】。在【漫反射】后面的通道加载【装饰画275.jpg】贴图，如下左图所示。

Step 02 双击材质球，效果如下右图所示。

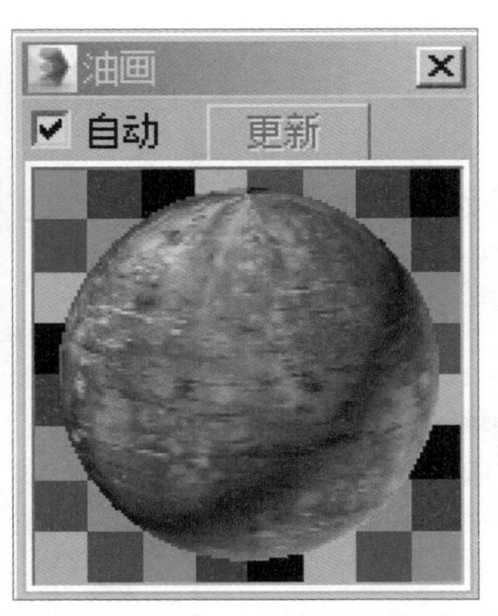

技巧提示：标准材质的重要性

标准材质是3ds Max最原始、最经典的材质，即使不安装VRay渲染器，也可以使用，并且在所有的渲染器下都可以使用该材质，由此可见标准材质的重要性。但是，有些用户在使用VRay渲染器后，发现【VRayMtl】材质使用更方便，而忽略了标准材质。但是使用标准材质仍然可以制作出很多漂亮的材质效果，要记住学习3ds Max材质，一定要从标准材质开始学起，这样才会更好的理解材质。

Step 03 选择油画模型，单击（将材质指定给选定对象）按钮，将制作完毕的油画材质赋给场景中的油画模型，如下图所示。

4.2.7 窗外风景的制作

Step 01 单击一个材质球，设置材质类型为【VR-灯光材质】材质，命名为【窗外风景】。在【颜色】后面的通道加载【Archexteriors07_04_S22ky 拷贝.jpg】贴图，设置【颜色】为7，如下图所示。

Step 02 双击材质球，如下左图所示。

Step 03 选择相应模型，单击（将材质指定给选定对象）按钮，将制作完毕的窗外风景材质赋给场景中的窗外风景模型，如下右图所示。

4.2.8 不锈钢水龙头的制作

Step 01 单击一个材质球，设置材质类型为【VRayMtl】材质，命名为【不锈钢水龙头】。设置【漫反射】颜色为深灰色（红：63，绿：63，蓝：63），【反射】颜色为浅灰色（红：219，绿：219，蓝：219），【高光光泽度】为0.9，【反射光泽度】为0.85，【细分】为15，如右图所示。

Step 02 双击材质球，如下左图所示。

Step 03 选择水龙头模型，单击（将材质指定给选定对象）按钮，将制作完毕的金属水龙头材质赋给场景中的进水水龙头模型，如图4-31所示，如下右图所示。

4.2.9 水晶灯坠的制作

Step 01 单击一个材质球，设置材质类型为【VRayMtl】材质，命名为【水晶灯坠】。设置【漫反射】颜色为白色（红：255，绿：255，蓝：255），在【反射】后面的通道加载【衰减】程序贴图，设置颜色为【黑色】和【白色】，设置【衰减类型】为【Fresnel】。然后返回设置【高光光泽度】为0.85，【反射光泽度】为1，【细分】为8，如下左图所示。

Step 02 在【折射】后面的通道加载【衰减】程序贴图，设置颜色为【白色】和【浅灰色】，设置【衰减类型】为【垂直/平行】，如下中图所示。

Step 03 双击材质球，如下右图所示。

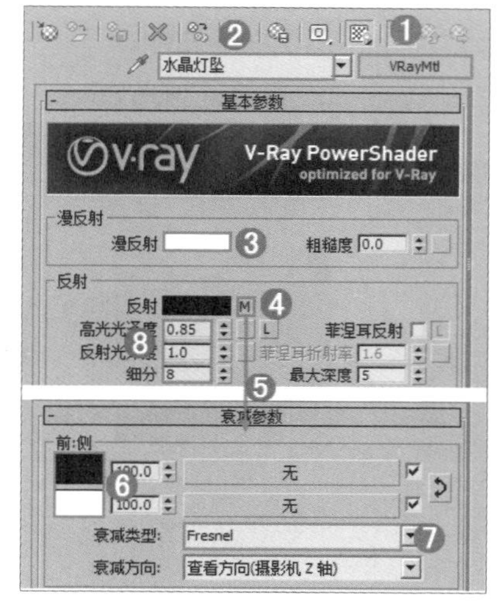

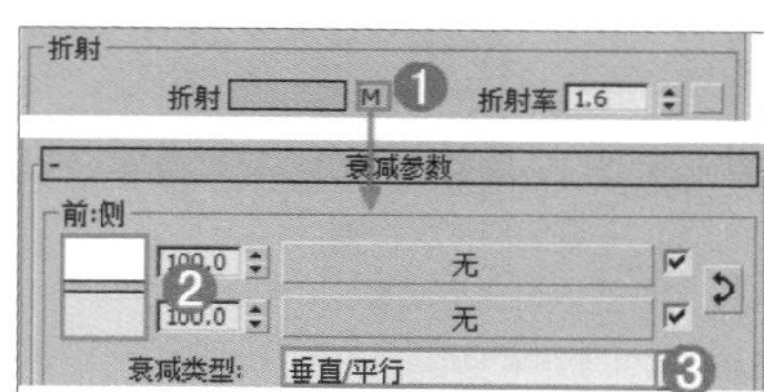

技巧提示：【衰减】参数的作用

加入衰减参数除了可以控制材质的反射强度，还可以直观地通过调整曲线来观察物体的反射效果。

Step 04 选择水晶灯坠模型，单击（将材质指定给选定对象）按钮，将制作完毕的水晶灯坠材质赋给场景中的该模型，如下图所示。

4.2.10 灯饰金属骨架的制作

Step 01 单击一个材质球，设置材质类型为【VRayMtl】材质，命名为【灯饰金属骨架】，在【漫反射】后面的通道加载【bvsdba1aaadaaa3.jpg】贴图，如下左图所示。

Step 02 在【反射】后面的通道加载【bvsdba1aaadaaa3.jpg】贴图，然后设置【高光光泽度】为0.55，【反射光泽度】为0.6，如下中图所示。

Step 03 双击材质球，如下右图所示。

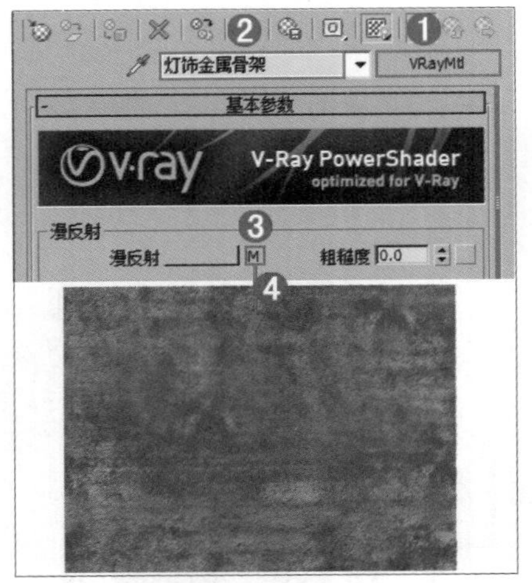

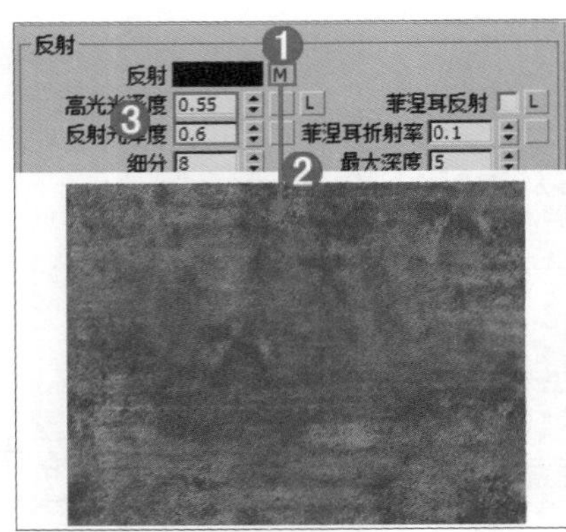

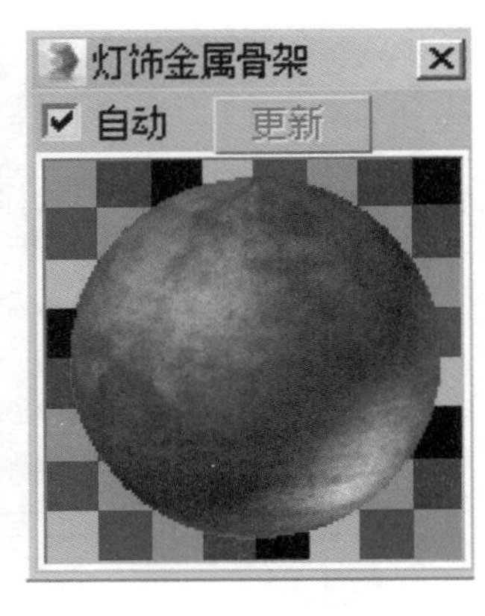

Step 04 选择灯饰金属骨架模型，单击（将材质指定给选定对象）按钮，将制作完毕的灯饰金属骨架材质赋给场景中的金属骨架模型，如下图所示。

Section 4.3 灯光的制作

下面主要讲述室内灯光的制作方法，包括窗户灯光、室内射灯和VR-太阳。

4.3.1 窗户处灯光的创建

使用【VR-灯光】，在左视图中创建1盏VR-灯光，放置在一个窗户的外面，如下左图所示。在【修改】面板中，设置【类型】为【平面】，【倍增】为2，【颜色】为白色，【1/2长】1400mm，【1/2宽】为1200mm，勾选【不可见】复选框，设置【细分】为15，如下右图所示。

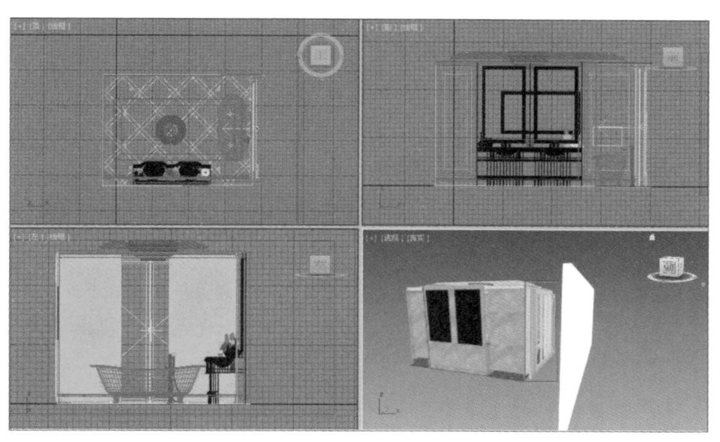

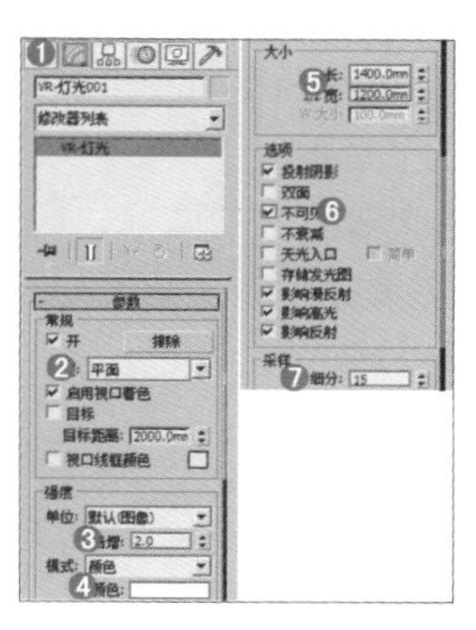

4.3.2 室内射灯的创建

使用【目标灯光】，在前视图中创建6盏VR-灯光，再在顶视图适当地调整位置，如下左图所示。在【修改】面板中，勾选【启用】复选框，设置【灯光分布（类型）】为【光度学Web】，为其添加光域网文件【28.ies】，在【强度/颜色/衰减】卷展栏中设置【过滤颜色】为浅黄色，【强度】为1844.71。在【VRay阴影参数】卷展栏下勾选【区域阴影】复选框，设置【U/V/W大小】为100mm，【细分】为8，如下右图所示。

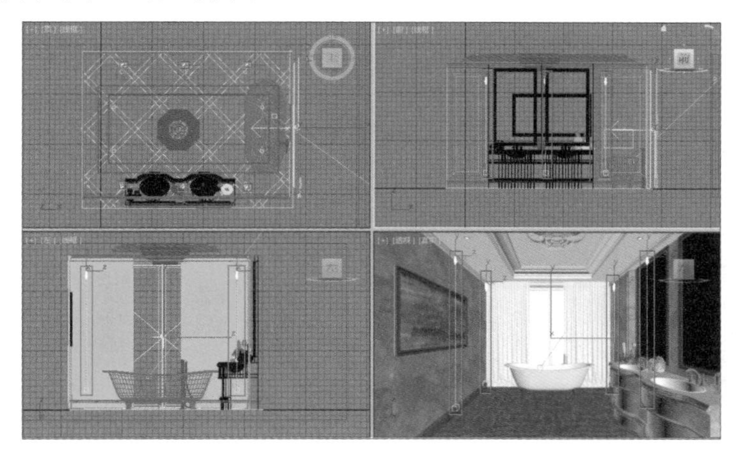

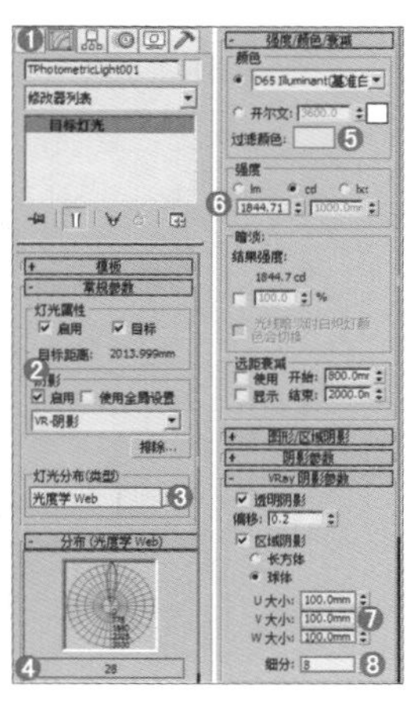

4.3.3 VR-太阳的创建

Step 01 在【创建】面板下，单击【灯光】按钮，并设置灯光类型为【VRay】，单击【VR-太阳】按钮，然后在左视图按住鼠标左键拖曳创建一盏【VR-太阳】，再进行适当地调整，如下左图所示。

Step 02 单击【修改】面板，展开【VR太阳参数】卷展栏，设置【强度倍增】为0.04，【大小倍增】为10，【阴影细分】为10，如下右图所示。

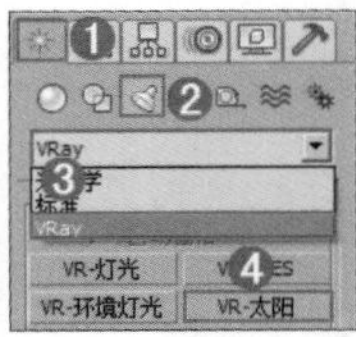

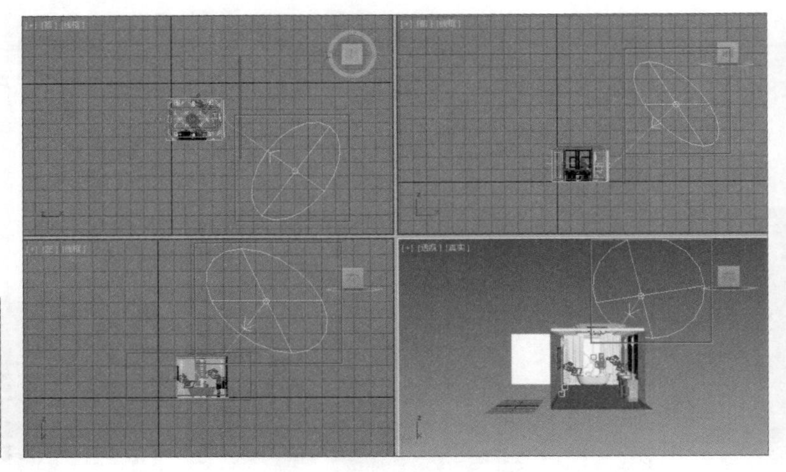

Section 4.4 摄影机的制作

本案例中的摄影机主要有两种，一种是目标摄影机，另一种是物理摄影机，下面将分别进行介绍。

4.4.1 主要摄影机视角的创建

Step 01 使用【目标摄影机】，在前视图中按住鼠标左键由左向右拖曳创建1台【目标摄影机】，再进行适当地调整，如下图所示。

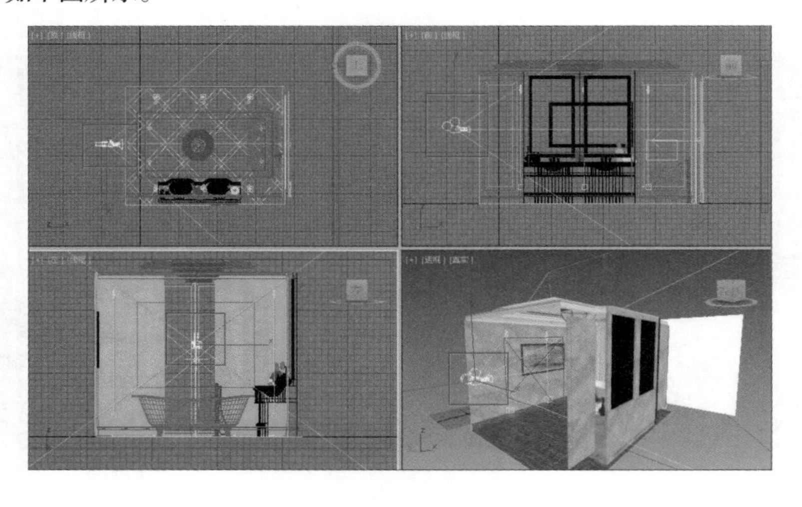

Step 02 单击【修改】面板，展开【参数】卷展栏，设置【镜头】为20，【视野】为83.974，【目标距离】为4704，【采样半径】为1，如下图所示。

Step 03 在透视图中按快捷键C，切换到摄影机视图，如下图所示。

Step 04 选择摄影机，单击鼠标右键，执行【应用摄影机校正修改器】命令，如下图所示。

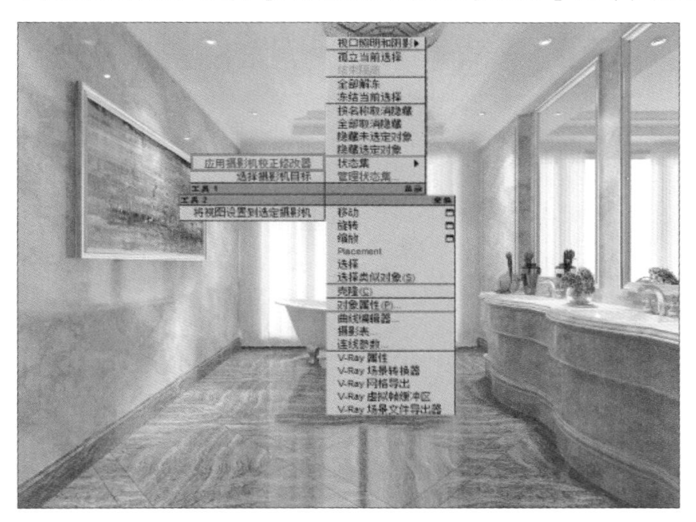

4.4.2 物理摄影机的创建

Step 01 在【创建】面板下，单击【摄影机】按钮，并设置摄影机类型为【标准】，单击【物理】摄影机按钮，如下左图所示。然后在左视图按住鼠标左键拖曳创建两台【物理摄影机】，再进行适当地调整，如下右图所示。

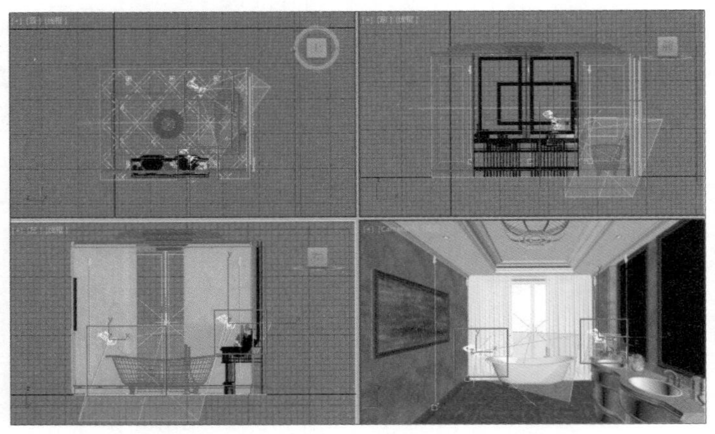

Step 02 在【修改】面板中，展开【基本】卷展栏，设置【目标距离】为1331.68，如下图所示。

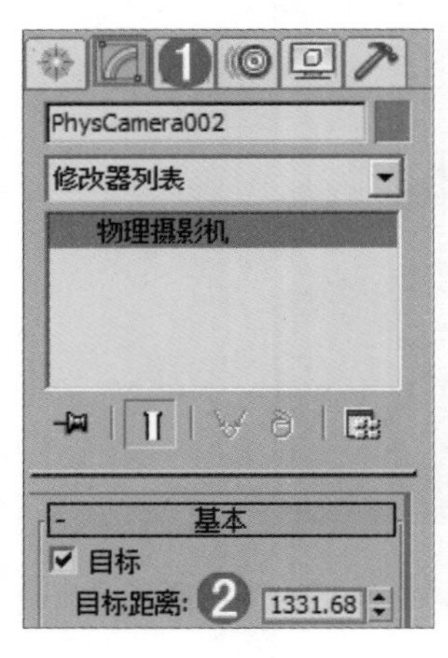

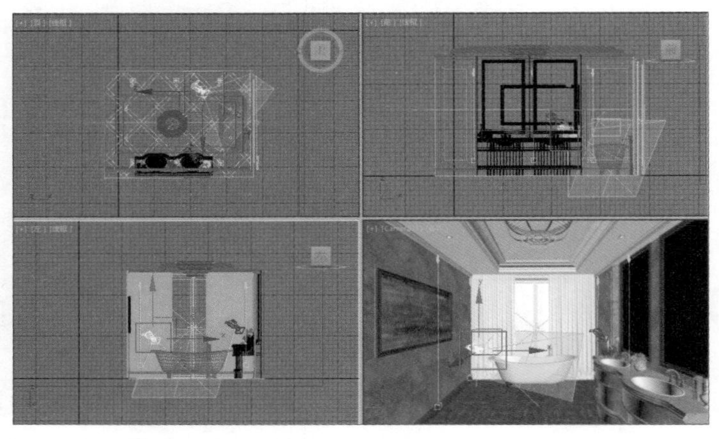

Step 03 在【修改】面板中，展开【基本】卷展栏，设置【目标距离】为475.572，如下图所示。

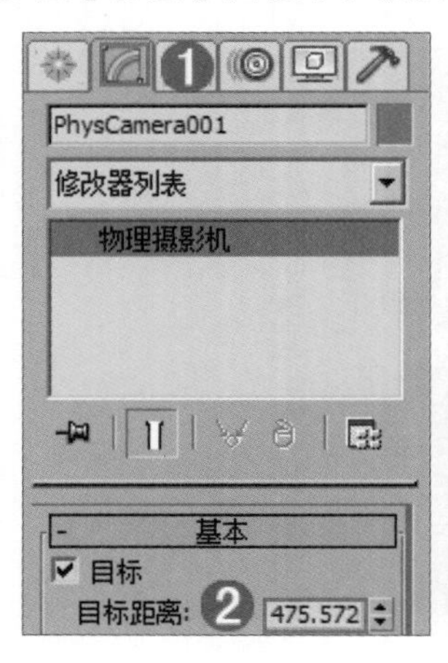

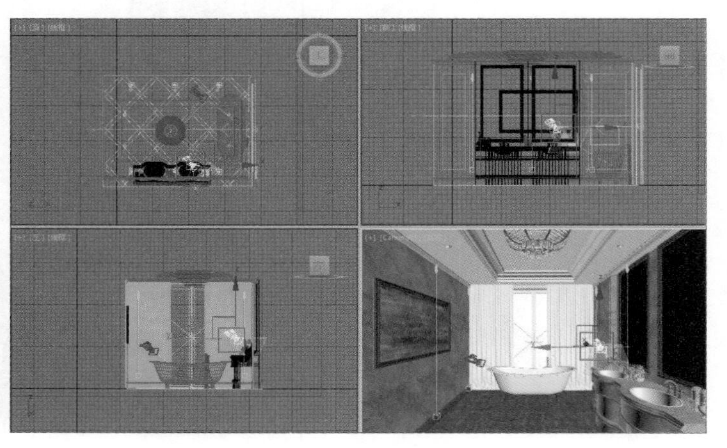

Step 04 在透视图中按快捷键C，切换到摄影机视图，如下图所示。

Step 05 选择摄影机，单击鼠标右键，执行【应用摄影机校正修改器】命令，如下图所示。

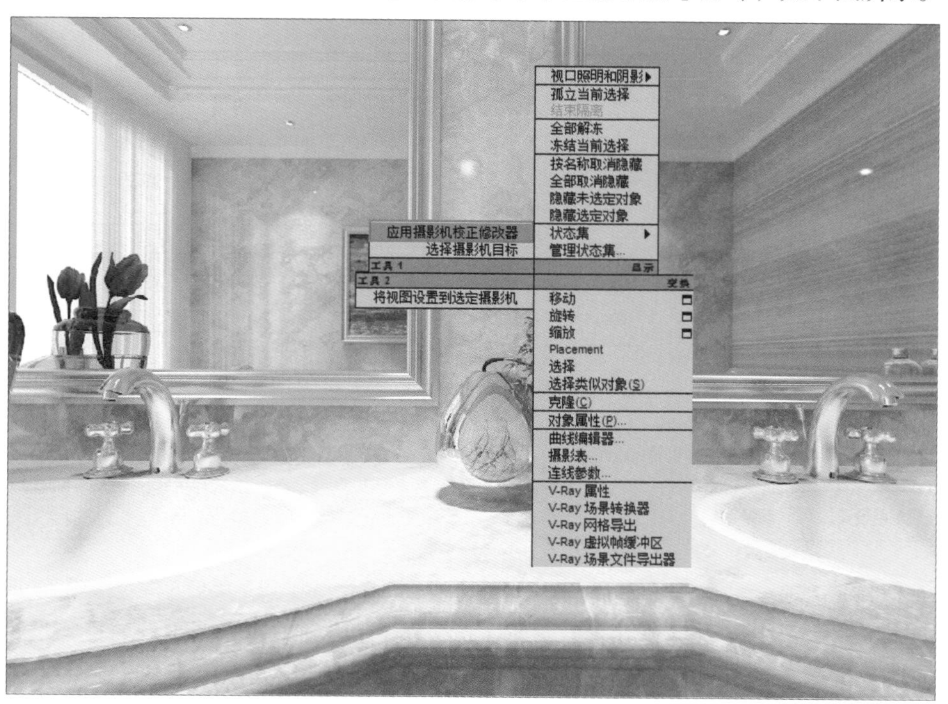

技巧提示：显示最终渲染尺寸比例效果

为了在视图中显示出最终渲染的尺寸比例效果，可以按Shift+F打开或关掉安全框，在安全框以内的区域将是最终渲染的区域。

Section 4.5 渲染器参数设置

Step 01 下面将设置最终渲染的渲染器参数，首先单击主工具栏中的（渲染设置）按钮，会自动弹出设置面板，选择【公用】选项卡，设置【输出大小】中的【宽度】为640，【高度】为480，如下左图所示。

Step 02 选择【V-Ray】选项卡，设置【类型】为【自适应】，勾选【图像过滤器】复选框，【过滤器】设置为【Catmull-Rom】。然后展开【颜色贴图】卷展栏，设置【类型】为【指数】，如下右图所示。

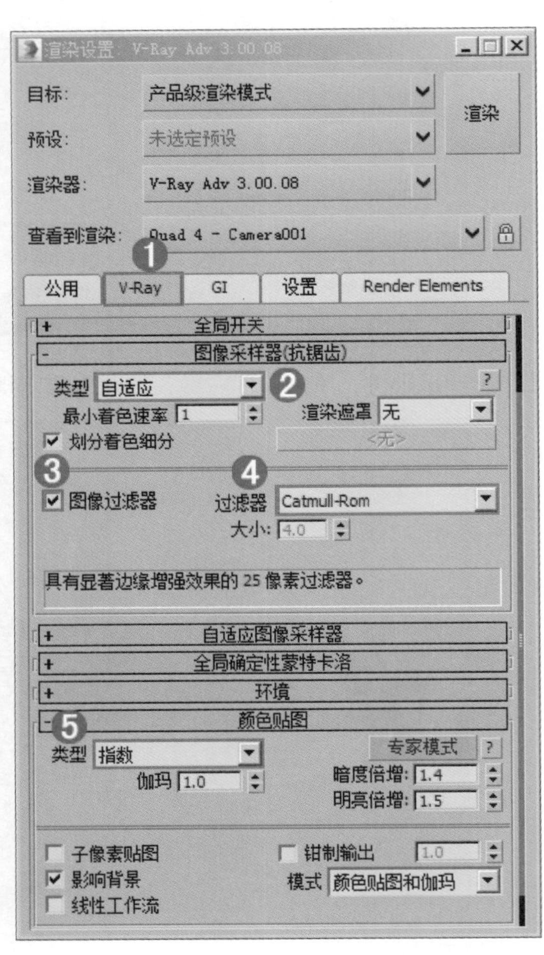

Step 03 选择【GI】选项卡，展开【全局照明】卷展栏，勾选【启用全局照明（GI）】复选框，设置【首次引擎】为【发光图】，【二次引擎】为【灯光缓存】；展开【发光图】卷展栏，设置【当前预设】为【低】，【细分】为50和【插值采样】为20，勾选【显示计算相位】和【显示直接光】卷展栏；展开【灯光缓存】卷展栏，设置【细分】为1000，如下图所示。

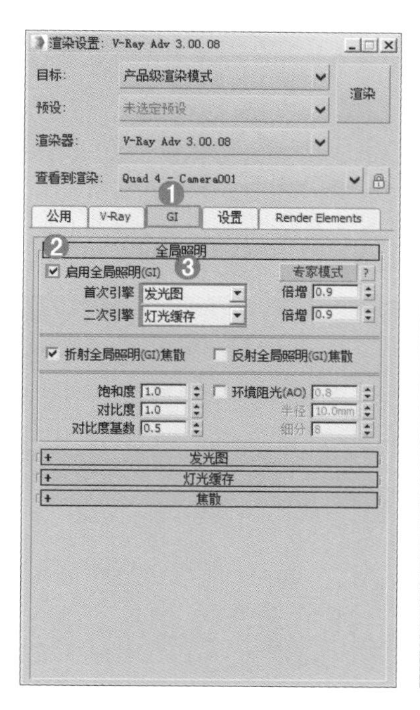

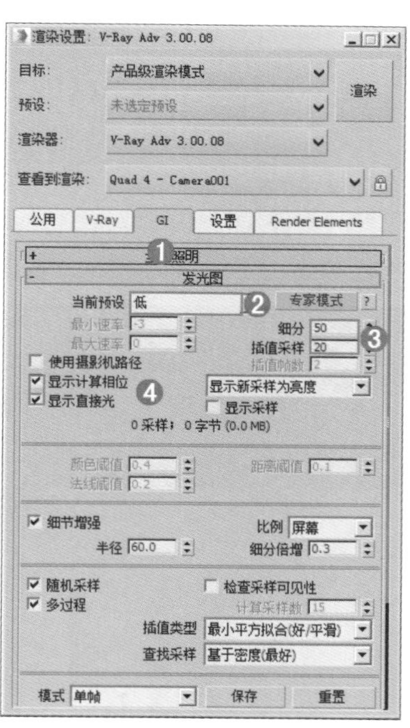

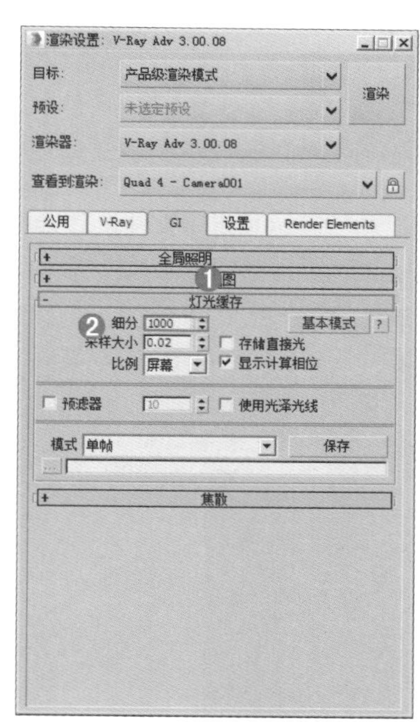

Step 04 选择【设置】选项卡，展开【系统】卷展栏，取消勾选【显示消息日志窗口】复选框，如下左图所示。

Step 05 选择【Render Elements】选项卡，单击【添加】按钮并选择【VRayWireColor】选项，如下右图所示。

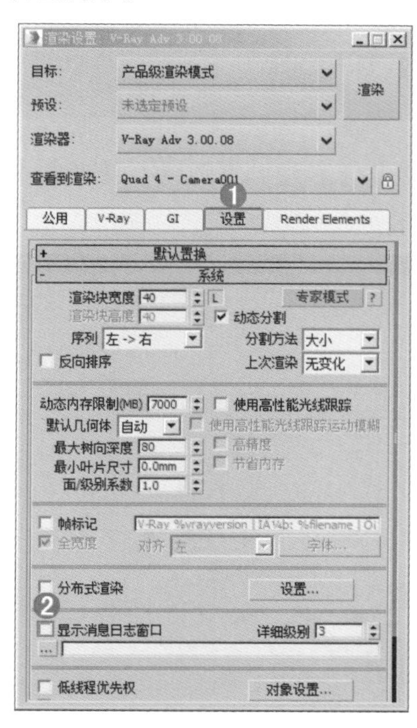

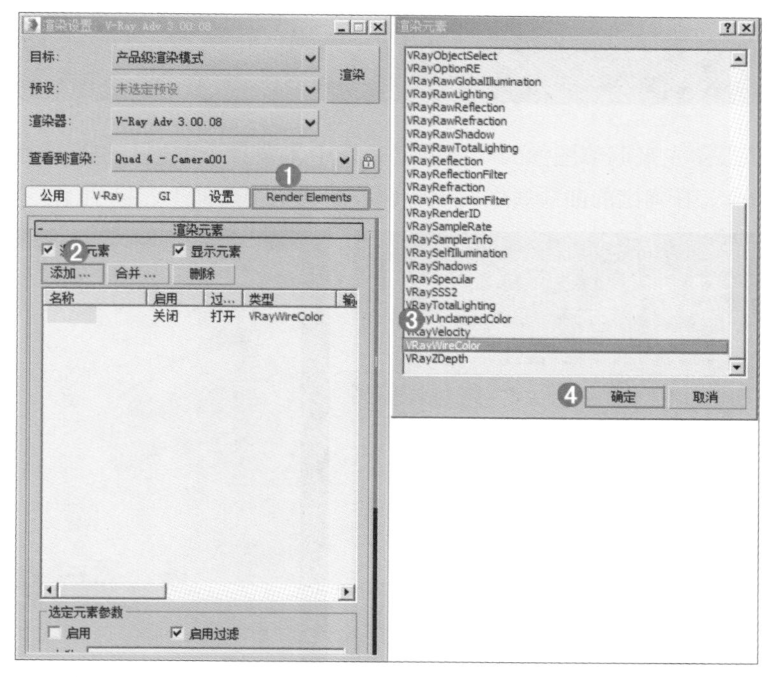

技巧提示：选择渲染方式

在渲染图时，可以根据不同的场景来选择不一样的渲染方式。对于较大的场景可以采取先渲染尺寸稍小的光子图，然后通过载入渲染的光子图渲染来加快速度，此案例中的场景比较小，就不需要渲染光子图，直接渲染图即可。

Section 4.6 Photoshop后期处理

Step 01 在Photoshop软件里打开本书实例文件【卫生间效果图.jpg】，如下图所示。可以看到图像中屋里灯光的层次不够明显，室内也不过明亮，下面我们将解决这些问题。

Step 02 先来调节图像的明亮程度，选中【背景】图层，执行【图层】|【新建调整图层】|【曲线】命令，在弹出的曲线属性面板中调节曲线状态，如下左图所示，效果如下右图所示。

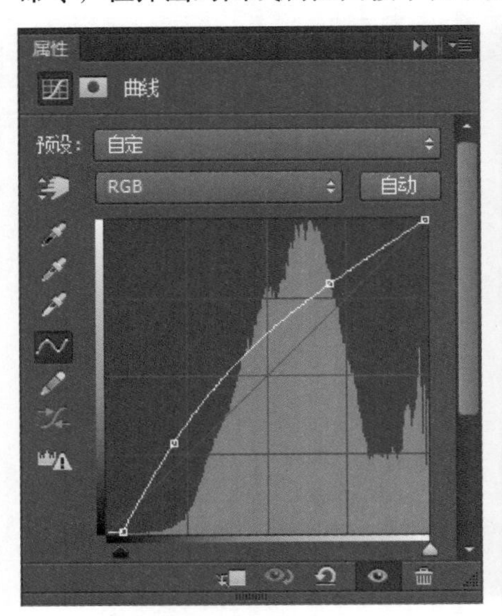

Step 03 再次执行【曲线】命令，在曲线属性面板上调整曲线状态，如下左图所示，效果如下右图所示。

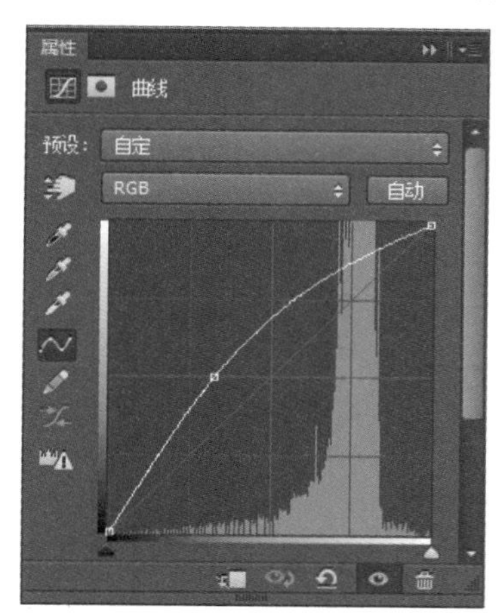

Step 04 单击【图层蒙版缩览图】，设置前景色为黑色，使用快捷键Alt+Delete键进行前景色填充，如下左图所示。然后设置前景色为白色，使用白色的柔角画笔涂抹，效果如下右图所示的位置。

Step 05 接着调节图像的颜色，执行【图层】|【新建调整图层】|【自然饱和度】命令，在弹出的自然饱和度属性面板中设置【自然饱和度】的数值为100，【饱和度】的数值为46，如下左图所示。这样这张图像的后期处理就完成了，如下右图所示。

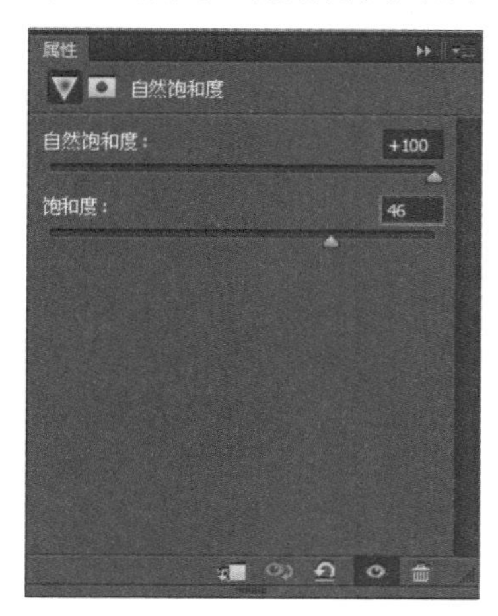

Chapter 5 3ds Max & VRay & Photoshop

后现代风格大型餐厅

▌作品层次的把握 ▌灯光气氛的营造 ▌VRayMtl材质

场景文件	05.max
案例文件	后现代风格大型餐厅.max
视频教学	后现代风格大型餐厅.flv
难易指数	★★★★☆
技术掌握	掌握目标灯光、VR灯光、VRayMtl材质以及衰减贴图的应用

实例介绍

本例介绍的是一个后现代风格的大型餐厅场景，室内明亮的灯光表现主要使用了目标灯光和VR灯光来制作，并使用VRayMtl来制作本案例的主要材质。

Section 5.1 VRay渲染器设置

Step 01 打开本书实例文件【第5章 后现代风格大型餐厅/05.max】，如下图所示。

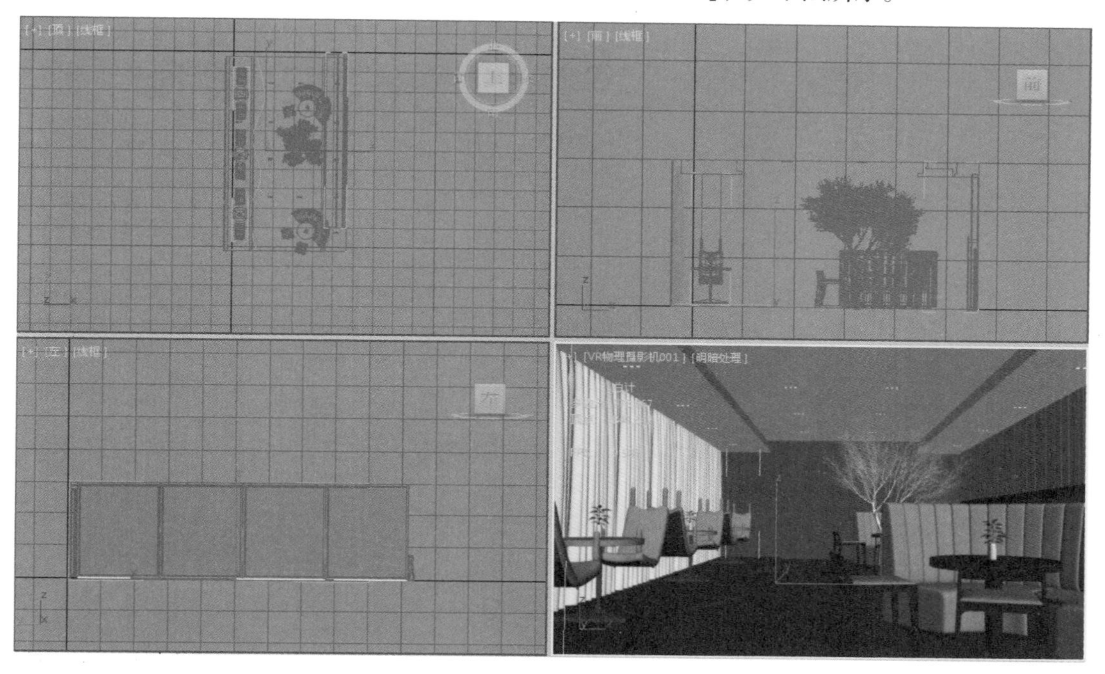

Step 02 按F10键，打开【渲染设置】面板，选择【公用】选项卡，在【指定渲染器】卷展栏下单击 ... 按钮，在弹出的【选择渲染器】对话框中选择【V-Ray Adv 3.00.08】选项，如下左图所示。

Step 03 此时在【指定渲染器】卷展栏中，【产品级】后面显示了【V-Ray Adv 3.00.08】，【渲染设置】面板中出现了【V-Ray】、【GI】和【设置】选项卡，如下右图所示。

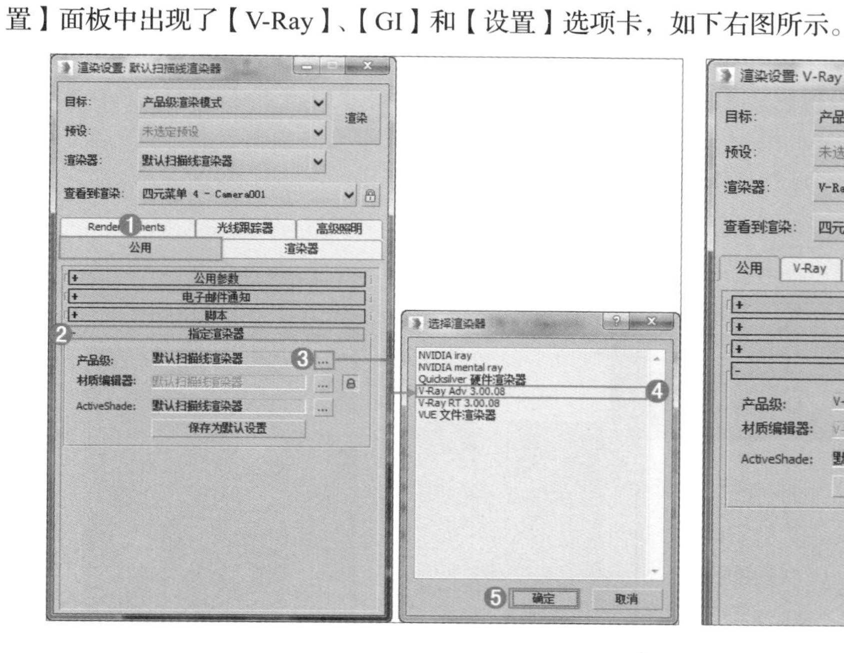

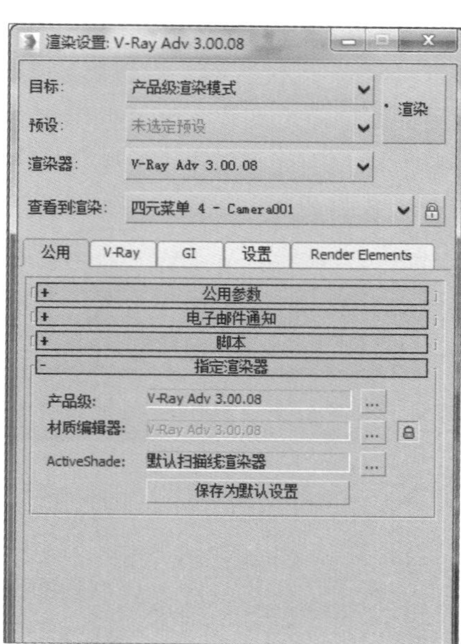

Section 5.2 材质的制作

下面就来讲述场景中主要材质的调节方法，包括大理石瓷砖、大理石凸台、墙面、镜面、沙发、沙发旁餐桌、窗前餐桌、金属桌腿、吊椅和花瓶材质的制作，效果如下图所示。

5.2.1 大理石瓷砖材质的制作

Step 01 单击一个材质球，设置材质类型为【VRayMtl】材质，命名为【大理石瓷砖】。在【漫反射】后面的通道上加载【fwefweffw本.jpg】贴图，然后设置【反射】为浅灰色（红：82，绿：82，蓝：82），【反射光泽度】为0.9，【细分】为20，如下左图所示。

Step 02 双击材质球，效果如下右图所示。

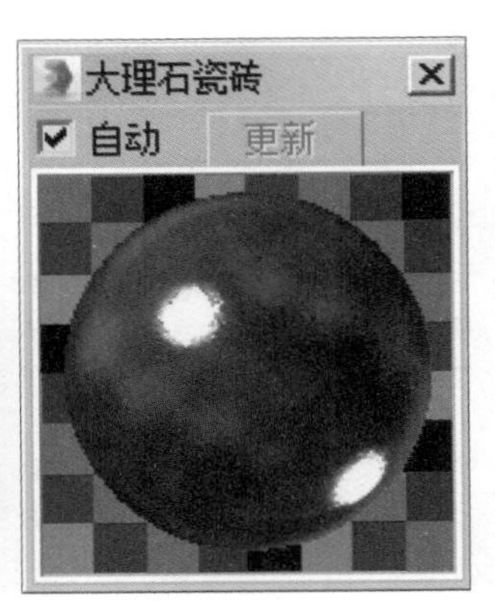

Step 03 选择地面模型，单击（将材质指定给选定对象）按钮，将制作完毕的大理石瓷砖材质赋给场景中的地面模型，如下图所示。

5.2.2 大理石凸台材质的制作

Step 01 单击一个材质球，设置材质类型为【VRayMtl】材质，命名为【大理石凸台】。在【漫反射】后面的通道上加载【咖啡-014.jpg】贴图，设置【反射】颜色为白色（红：255，绿：255，蓝：255），【反射光泽度】为0.9，【细分】为20，如下左图所示。

Step 02 双击材质球，效果如下右图所示。

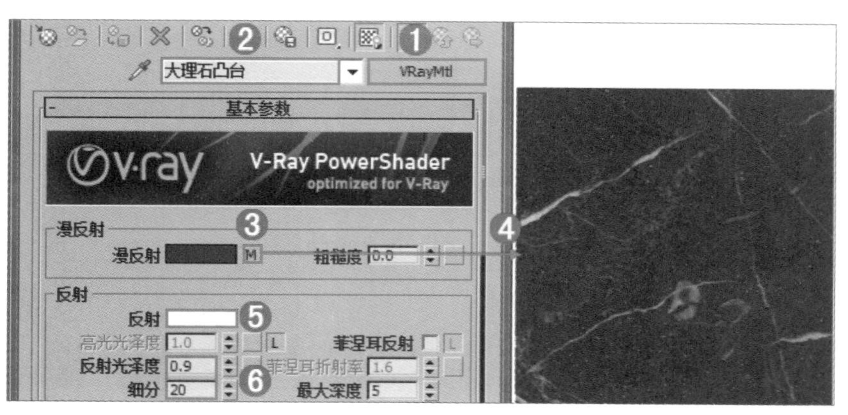

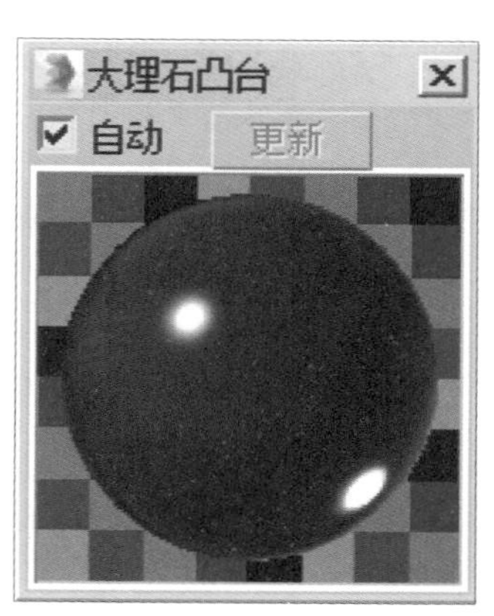

Step 03 选择凸台模型，单击（将材质指定给选定对象）按钮，将制作完毕的大理石凸台材质赋给场景中的凸台模型，如下图所示。

5.2.3 墙面材质的制作

Step 01 单击一个材质球，设置材质类型为【VRayMtl】材质，命名为【墙面】。在【漫反射】后面的通道上加载【091.jpg】贴图，然后返回设置【反射】颜色为深灰色（红：50，绿：50，蓝：50），【高光光泽度】为0.4，如下左图所示。

Step 02 双击材质球，效果如下右图所示。

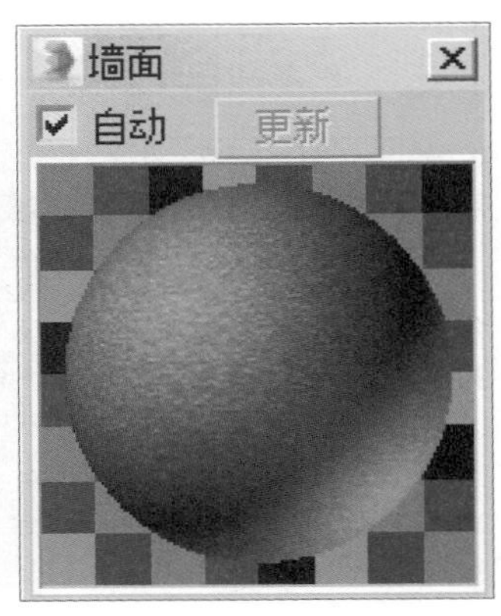

Step 03 选择墙面模型，单击（将材质指定给选定对象）按钮，将制作完毕的墙面材质赋给场景中的墙面模型，如图5-13所示。

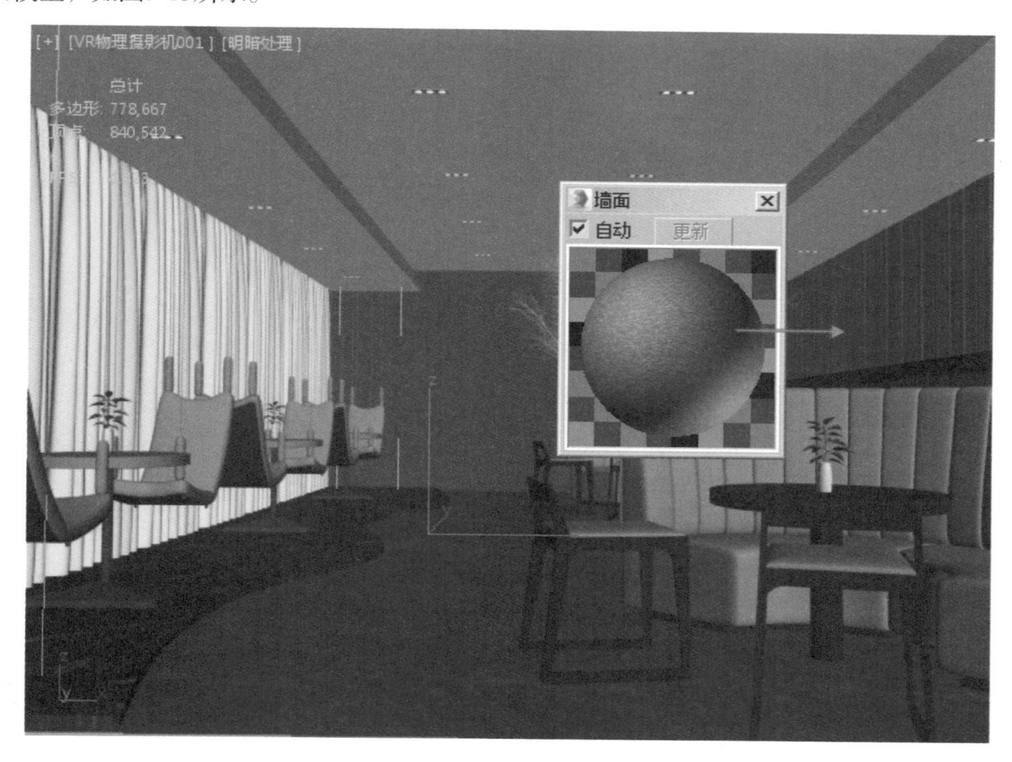

5.2.4 镜面材质的制作

Step 01 单击一个材质球，设置材质类型为【VRayMtl】材质，命名为【镜面】，设置【漫反射】颜色为深褐色（红：64，绿：59，蓝：54），【反射】颜色为浅灰色（红：143，绿：143，蓝：143），【细分】为30，如下左图所示。

Step 02 双击材质球，效果如下右图所示。

技巧提示：镜面设计

在这里将镜面的反射颜色设置为浅灰色（红：143，绿：143，蓝：143），并没有将颜色调成白色是为了让镜面的效果更加丰富，反射的影响更清晰。

Step 03 选择镜面模型，单击（将材质指定给选定对象）按钮，将制作完毕的镜面材质赋给场景中的镜面模型，如下图所示。

5.2.5 沙发材质的制作

Step 01 单击一个材质球，设置材质类型为【VRayMtl】材质，命名为【沙发】。在【漫反射】后面的通道加载【衰减】程序贴图，分别在【黑色】和【白色】后面的通道加载【暖调-丝绒银3.jpg】和【暖调-丝绒银2.jpg】贴图，然后设置【反射】为深灰色（红：20，绿：20，蓝：20），【高光光泽度】为0.23，如下图所示。

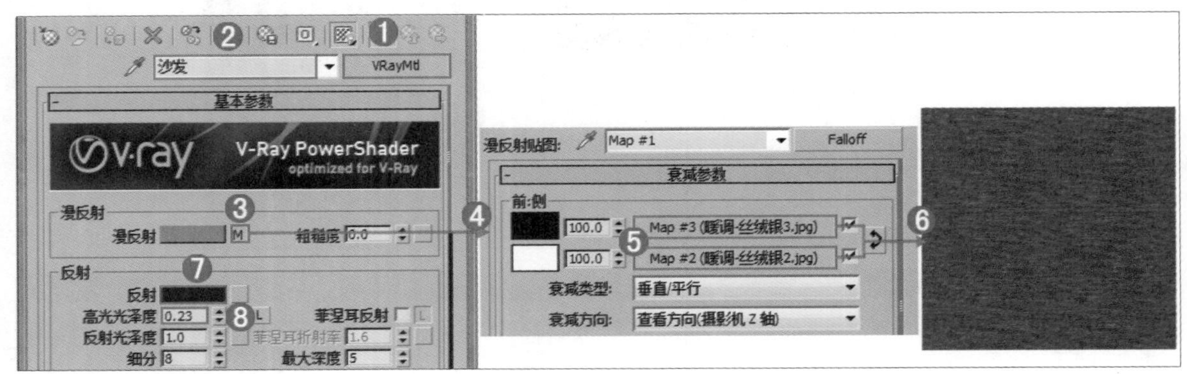

Step 02 双击材质球，如下左图所示。

Step 03 选择沙发模型，单击（将材质指定给选定对象）按钮，将制作完毕的沙发材质赋给场景中的沙发模型，如下右图所示。

5.2.6 沙发旁餐桌材质的制作

Step 01 单击一个材质球，设置材质类型为【VRayMtl】材质，命名为【沙发旁餐桌】。在【漫反射】后面的通道加载【089a.jpg】，如下图所示。

Step 02 在【反射】后面的通道加载【衰减】程序贴图，【衰减类型】为Fresnel。然后返回设置【高光光泽度】为0.7，【反射光泽度】为0.85，【细分】为40，如下左图所示。

Step 03 双击材质球，如下右图所示。

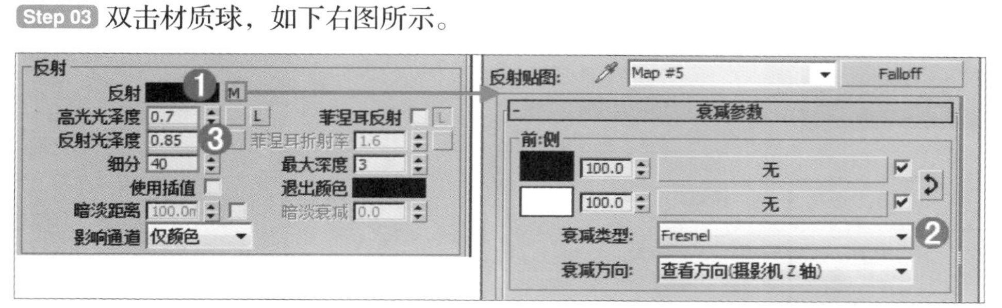

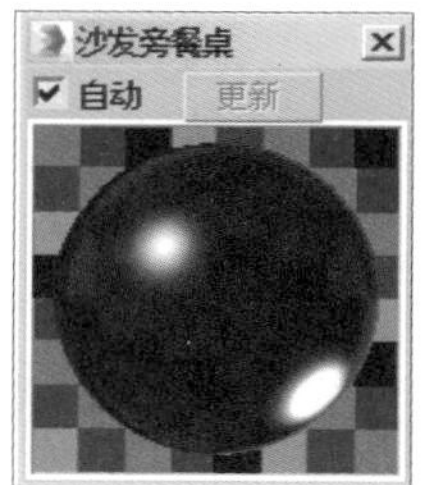

Step 04 选择沙发旁的餐桌模型，单击（将材质指定给选定对象）按钮，将制作完毕的沙发旁餐桌材质赋给场景中的沙发旁餐桌模型，如下图所示。

5.2.7 窗前餐桌材质的制作

Step 01 单击一个材质球，设置材质类型为【VRayMtl】材质，命名为【窗前餐桌】。设置【漫反射】颜色为灰色（红：128，绿：128，蓝：128），在【反射】后面的通道加载【衰减】程序贴图，设置【衰减类型】为【Fresnel】。然后设置【高光光泽度】为0.75，【反射光泽度】为0.85，【细分】为30，如下左图所示。

Step 02 双击材质球，如下右图所示。

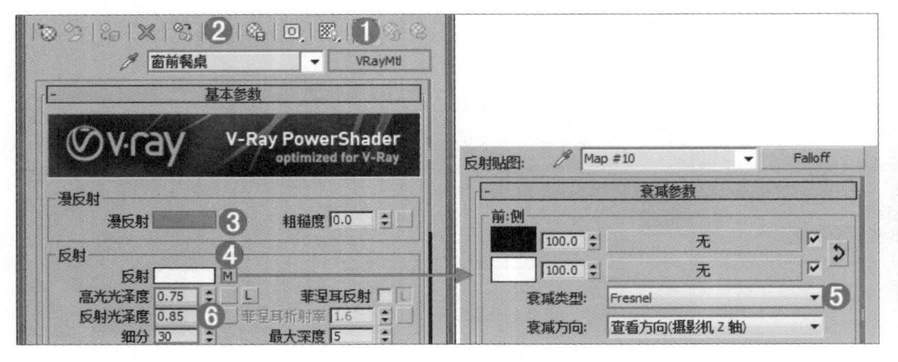

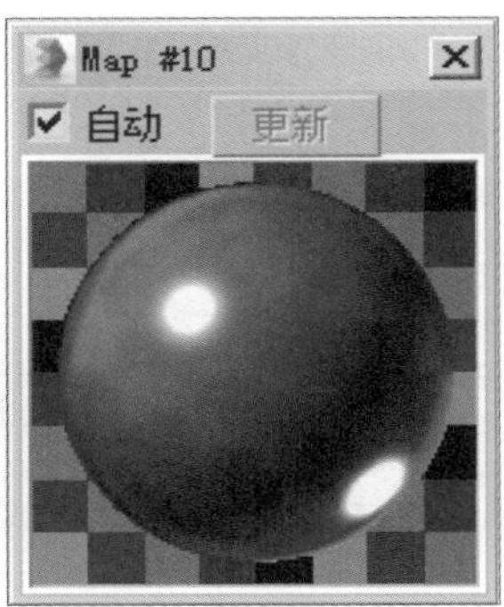

Step 03 选择窗前的餐桌模型，单击（将材质指定给选定对象）按钮，将制作完毕的窗前餐桌材质赋给场景中的窗前餐桌模型，如下图所示。

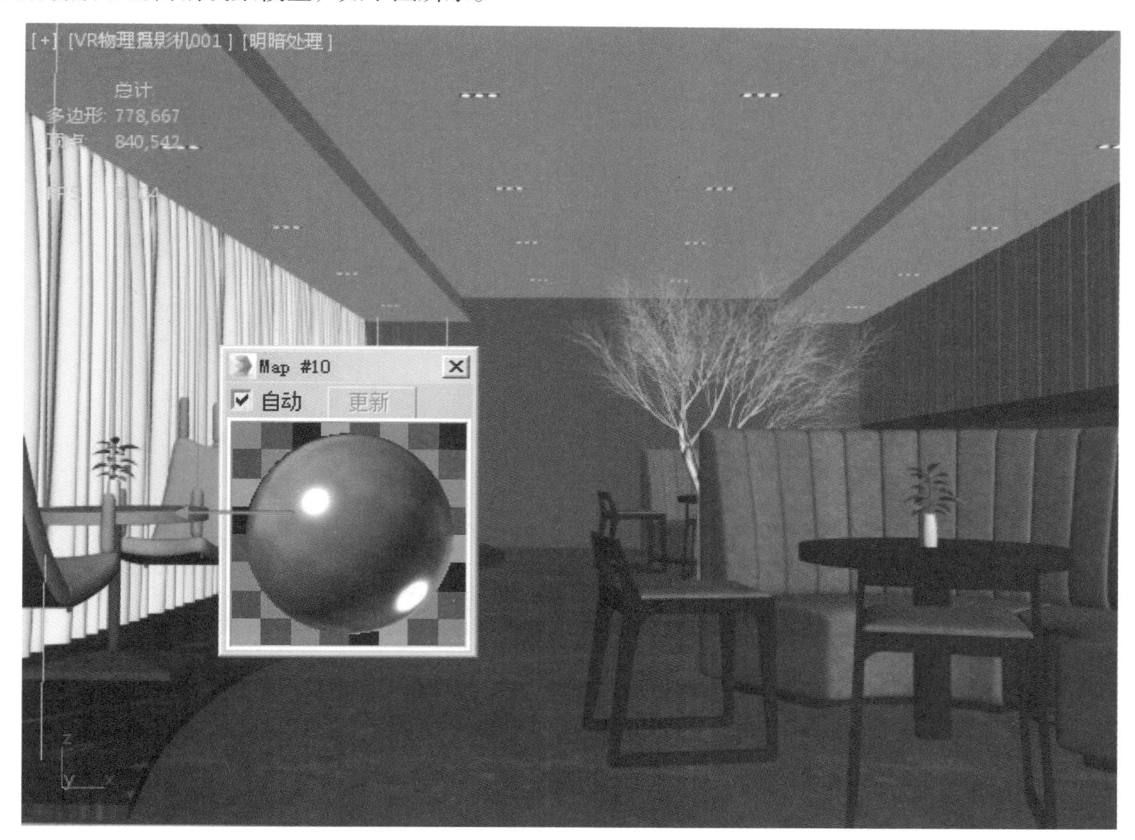

5.2.8 金属桌腿材质的制作

Step 01 单击一个材质球，设置材质类型为【VRayMtl】材质，命名为【金属桌腿】。设置【漫反射】颜色为深灰色（红：50，绿：50，蓝：50），【反射】颜色为灰色（红：120，绿：120，蓝：120），【高光光泽度】为0.6，【反射光泽度】为0.9，【细分】为30，如下左图所示。

Step 02 双击材质球，如下右图所示。

Step 03 选择下图所示的桌腿模型，单击（将材质指定给选定对象）按钮，将制作完毕的金属桌腿材质赋给场景中的桌腿模型，如下图所示。

5.2.9 吊椅材质的制作

Step 01 单击一个材质球，设置材质类型为【多维/子对象】材质，命名为【吊椅】，如下图所示。

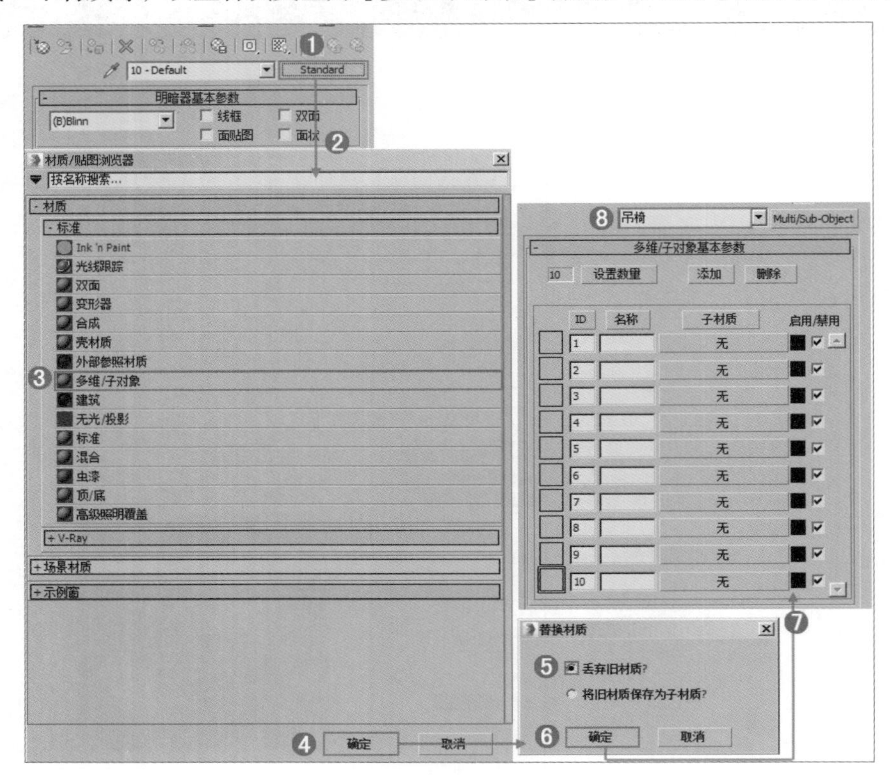

Step 02 单击【设置数量】按钮，设置【材质数量】为2，单击【确定】按钮，如下左图所示。

Step 03 在ID1后面的通道加载【VRayMtl】材质，如下右图所示。

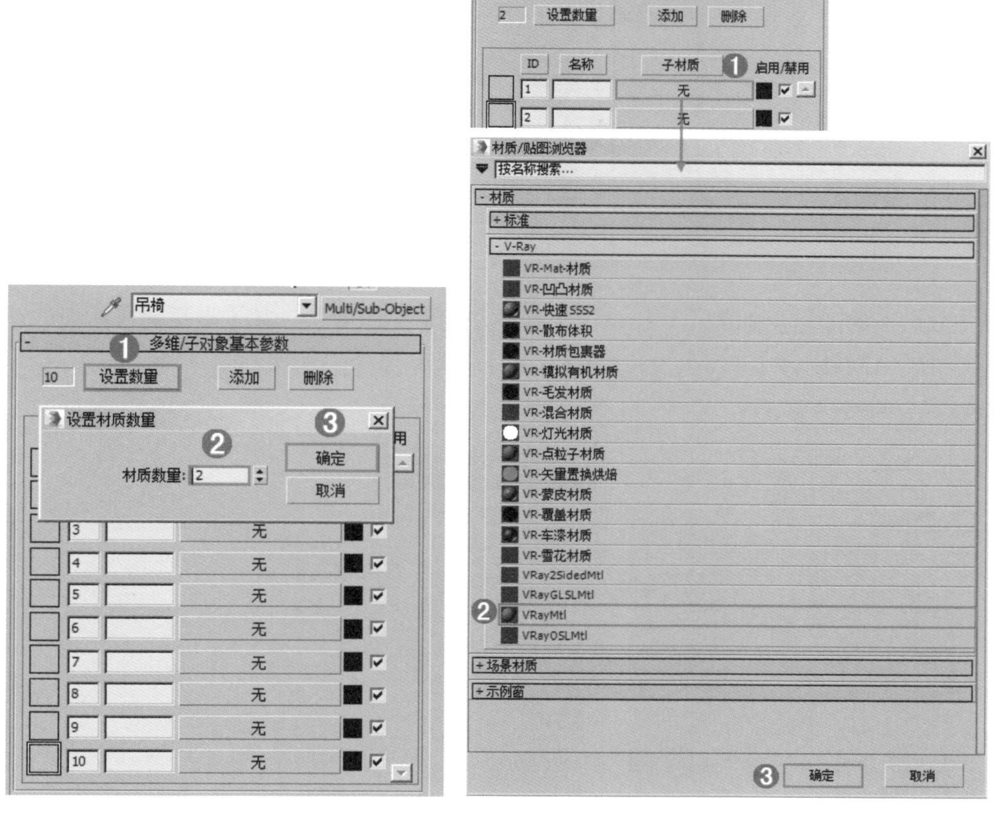

Step 04 在【漫反射】后面的通道加载【衰减】程序贴图，然后在黑色后面的通道加载【dsa2.jpg】，设置【瓷砖】的【U/V】为5，然后设置【衰减类型】为【Fresnel】，如下图所示。

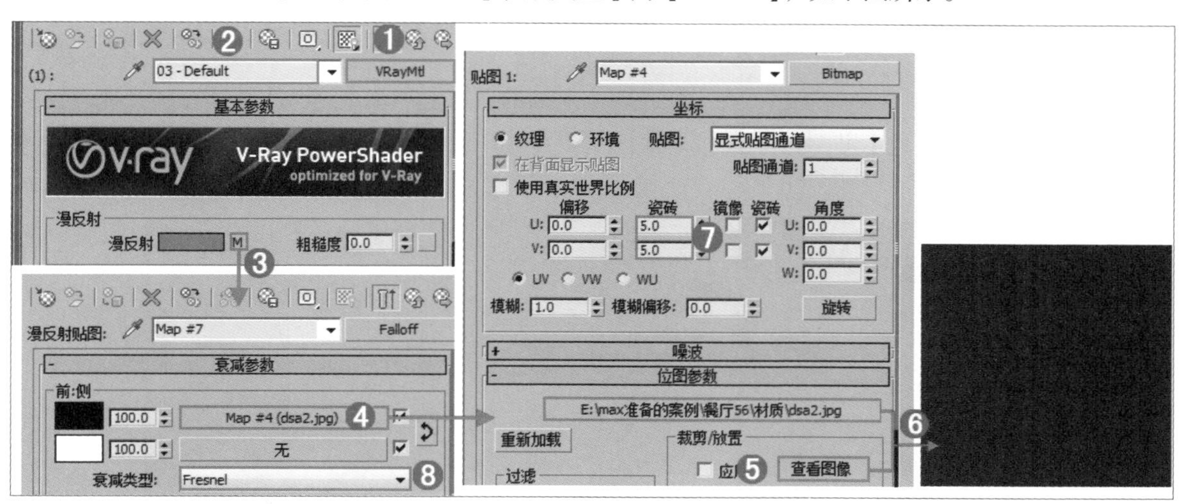

技巧提示：【U/V】参数设置的含义

在这里将贴图【瓷砖】的【U/V】参数设置为5，表示重复设置贴图5次。

Step 05 然后展开【贴图】卷展栏，在【凹凸】后面的通道上加载【cloth_07.jpg】贴图，单击【查看图像】按钮，设置【瓷砖】值为5，再返回设置【凹凸】为44，如下图所示。

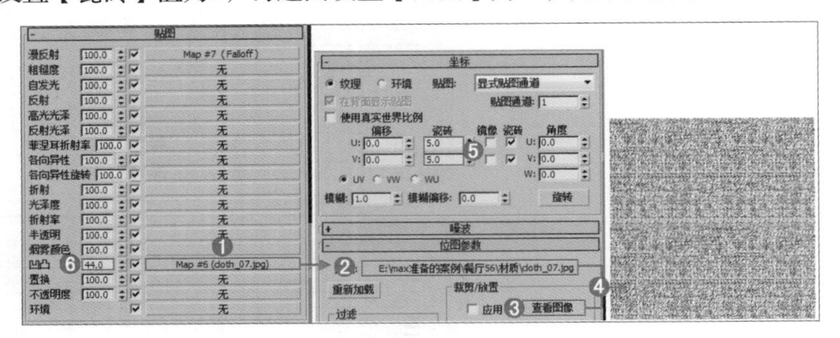

Step 06 在ID2后面的通道上加载【VRayMtl】材质，如下左图所示。在【漫反射】后面的通道加载【棋盘格】贴图，设置瓷砖【U/V】为3，角度【W】为45，如下右图所示。

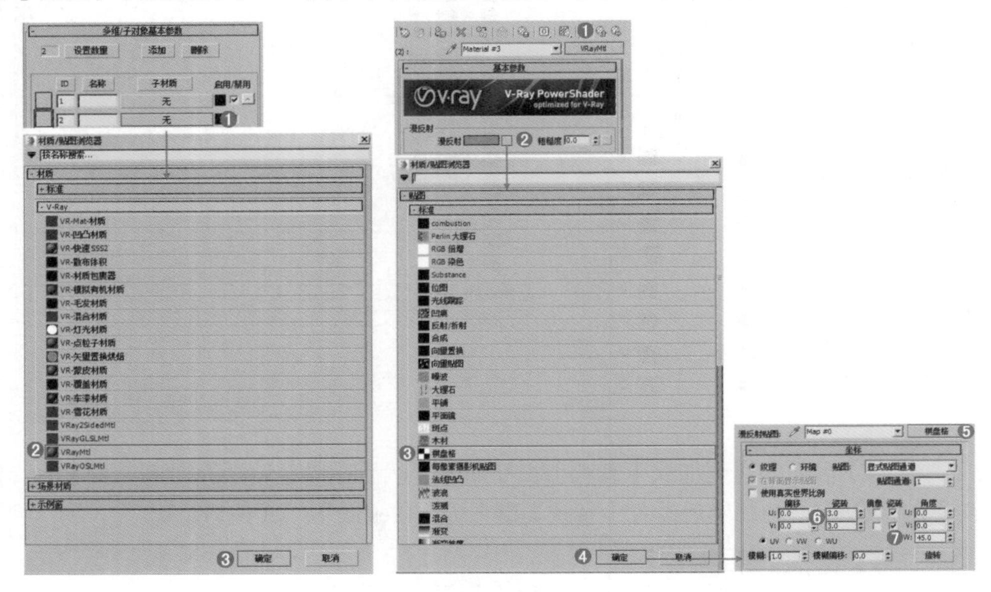

Step 07 展开【棋盘格参数】卷展栏，在【颜色#1】后面的通道上加载【衰减】程序贴图，在黑色后面的通道上加载【dsa.jpg】贴图，设置【瓷砖】为5，单击【查看图像】按钮，然后返回设置【衰减类型】为【Fresnel】，如下图所示。

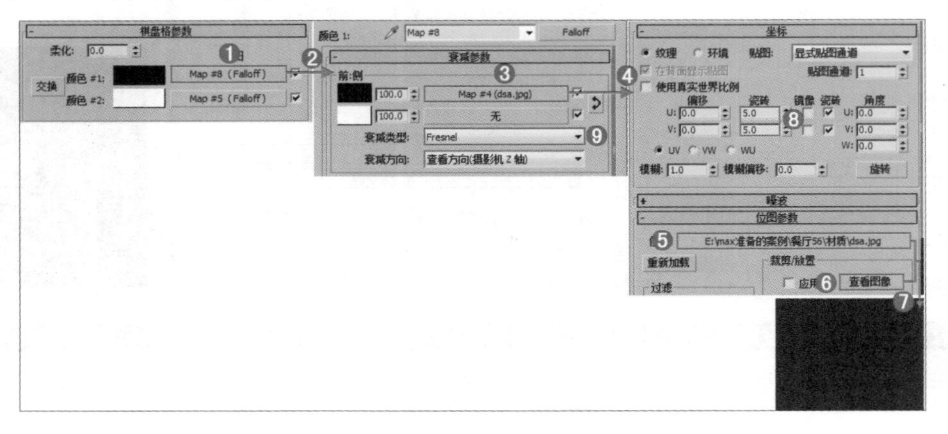

Step 08 在【颜色#2】后面的通道上加载【衰减】程序贴图，在黑色后面的通道上加载【s46.jpg】贴图，单击【查看图像】按钮，设置【瓷砖】为5，然后返回设置【衰减类型】为【Fresnel】，如下图所示。

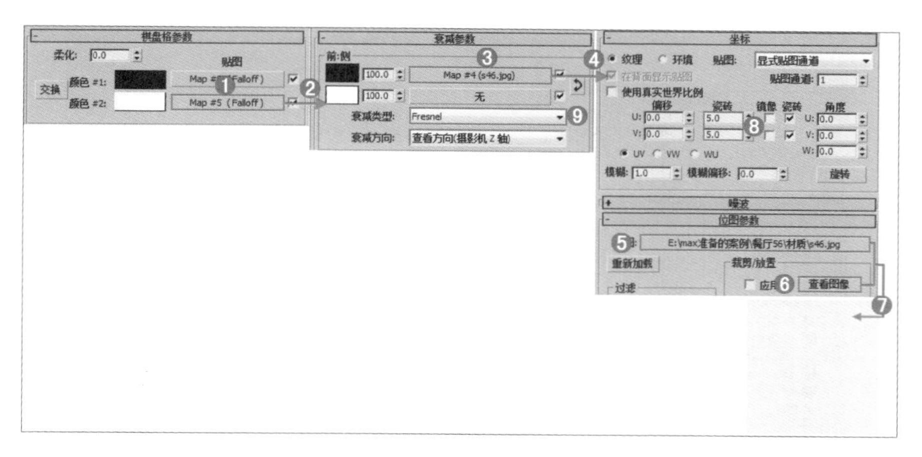

Step 09 然后展开【贴图】卷展栏，在【凹凸】后面的通道上加载【cloth_07.jpg】贴图，单击【查看图像】按钮，设置【瓷砖】为5，再返回【贴图】卷展栏，设置【凹凸】值为44，如下图所示。

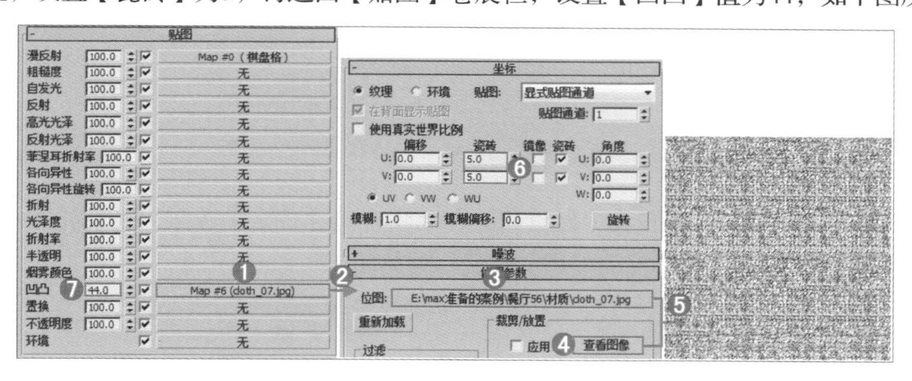

Step 10 双击材质球，效果如下左图所示。

Step 11 选择吊椅模型，单击（将材质指定给选定对象）按钮，将制作完毕的吊椅材质赋给场景中的吊椅模型，如下右图所示。

5.2.10 花瓶材质的制作

Step 01 单击一个材质球，设置材质类型为【多维/子对象】材质，命名为【花瓶】，如下图所示。

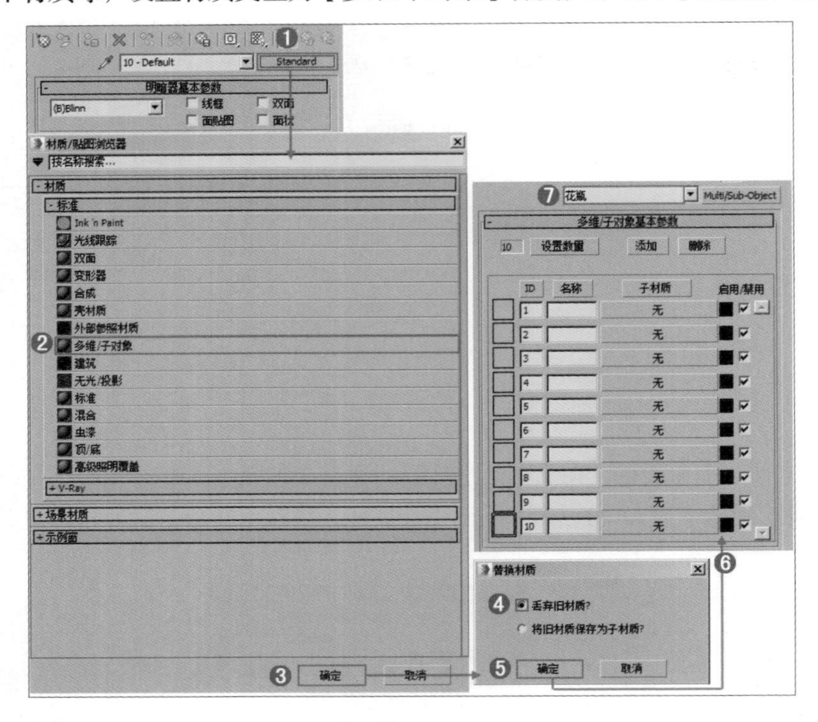

Step 02 单击【设置数量】按钮，设置【材质数量】为2，单击【确定】按钮，如下左图所示。

Step 03 在ID1后面的通道上加载【VRayMtl】材质，如下右图所示。

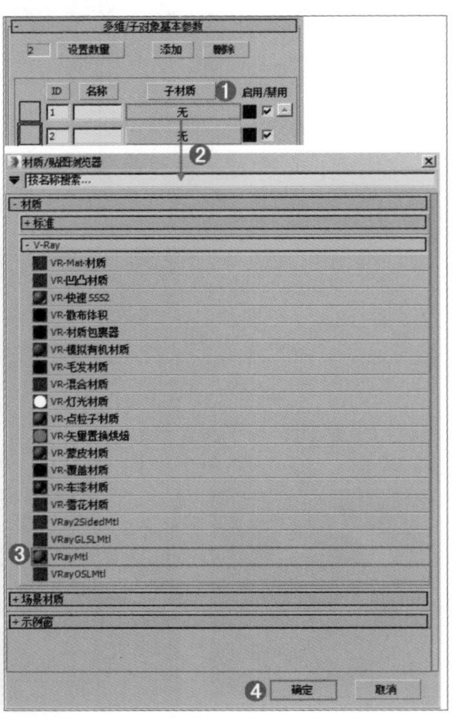

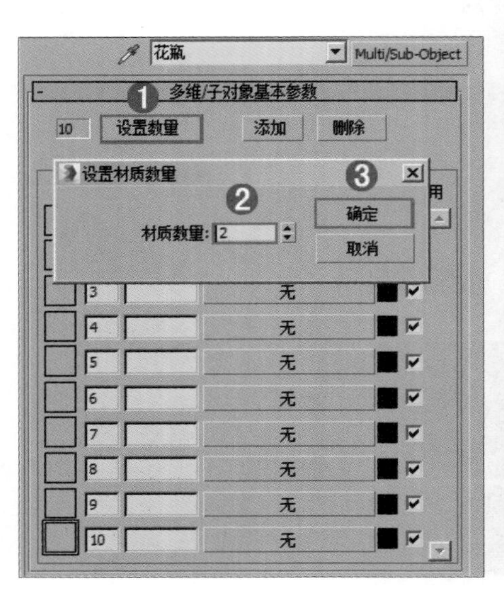

Step 04 设置【漫反射】为淡灰色（红：228，绿：228，蓝：228），【反射】为深灰色（红：80，绿：80，蓝：80），【反射光泽度】为0.7，【细分】为30，如右图所示。

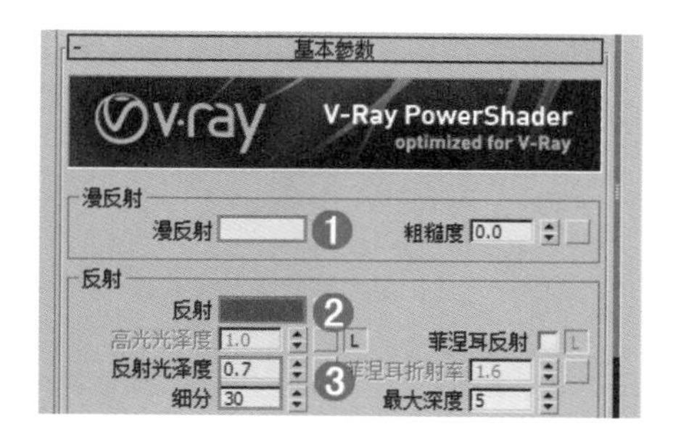

Step 05 在ID2后面的通道上加载【VRayMtl】材质，如下左图所示。

Step 06 在【漫反射】后面的通道上加载【Archmodels66_dirt_1.jpg】贴图，单击【查看图像】按钮，再设置【反射】颜色为黑色，如下右图所示。

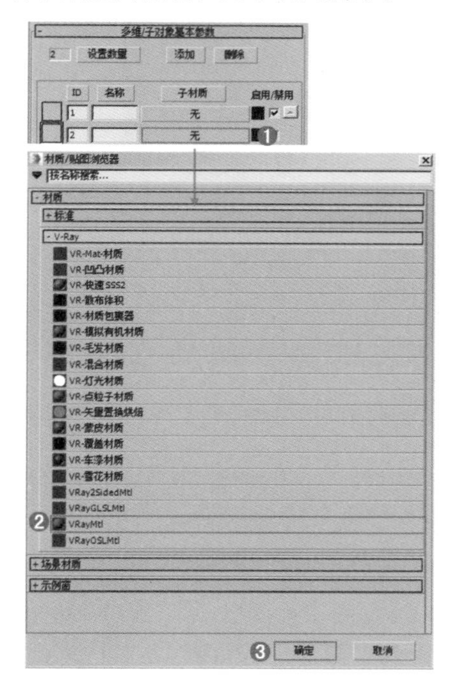

Step 07 展开【贴图】卷展栏，在【凹凸】后面的通道上加载【Archmodels66_dirt_1bump.jpg】贴图，然后再返回设置【凹凸】值为60，如下左图所示。

Step 08 双击材质球，如下右图所示。

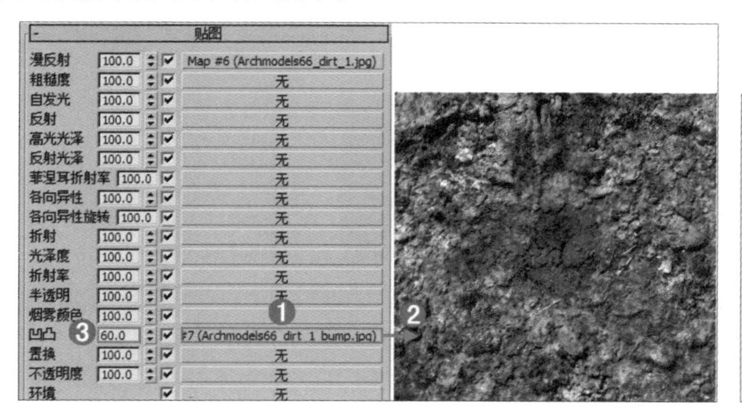

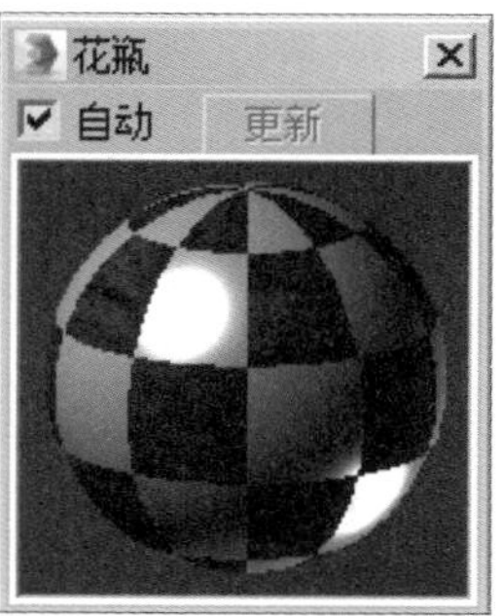

Step 09 选择花瓶模型，单击（将材质指定给选定对象）按钮，将制作完毕的花瓶材质赋给场景中的花瓶模型，如下图所示。

Section 5.3 灯光的制作

下面主要讲述室内灯光的制作，包括窗户灯光、室内射灯、目标聚光灯和室内的辅助灯光。

5.3.1 窗外灯光的创建

使用【VR-灯光】，在左视图中创建1盏VR-灯光，放置在窗户的外面，如下左图所示。在【修改】面板中，设置【类型】为【平面】，【倍增】为3，【颜色】为蓝色，【1/2长】5500mm，【1/2宽】为1600mm，勾选【不可见】复选框，设置【细分】为20，如下右图所示。

技巧提示：灯光【类型】的应用场景

将灯光【类型】设置为【平面】比较适合窗户处的灯光和灯带，若是将【类型】设置为【球体】比较适合于灯罩内的光照效果。

5.3.2 室内射灯的创建

使用【目标灯光】，在前视图中创建19盏【目标灯光】，再在顶视图中适当地调整灯光位置，如下左图所示。在【修改】面板中，勾选【启用】复选框，设置方式为【VR-阴影】，设置【灯光分布（类型）】为【光度学Web】，为其添加光域网文件【7.ies】，在【强度/颜色/衰减】卷展栏中设置【过滤颜色】为浅黄色，【强度】为19011。在【VRay阴影参数】卷展栏下勾选【区域阴影】复选框，设置【U/V/W大小】为50mm，【细分】为20，如下右图所示。

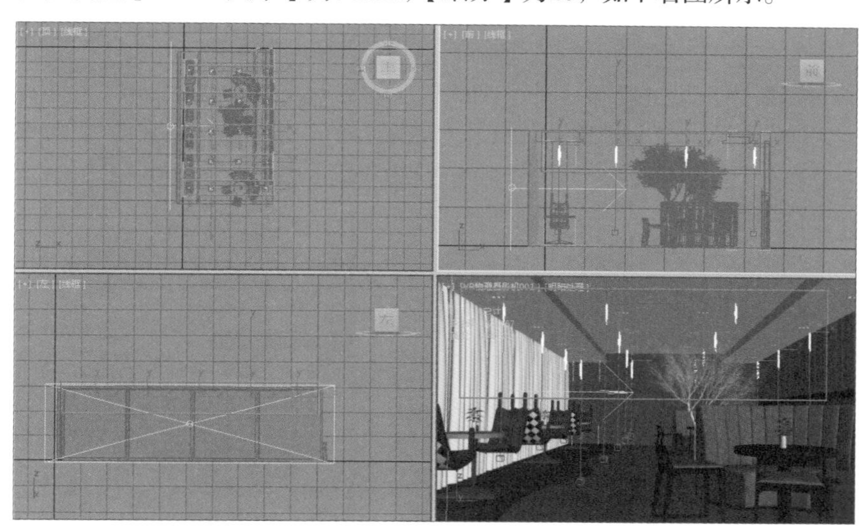

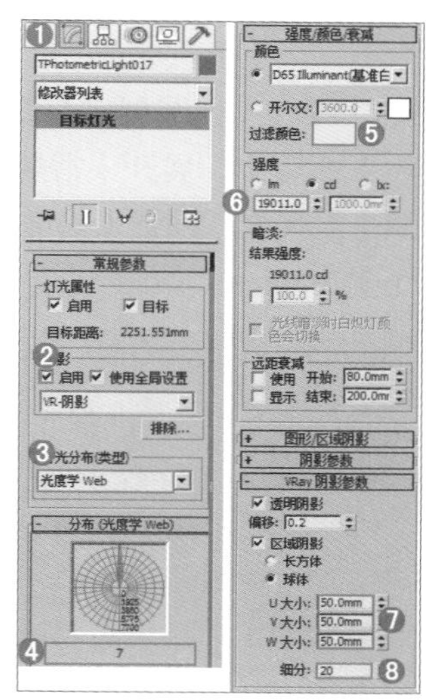

5.3.3 目标聚光灯的创建

Step 01 在左视图创建一盏【目标聚光灯】，由上至下的照射在装饰树上，如下图所示。

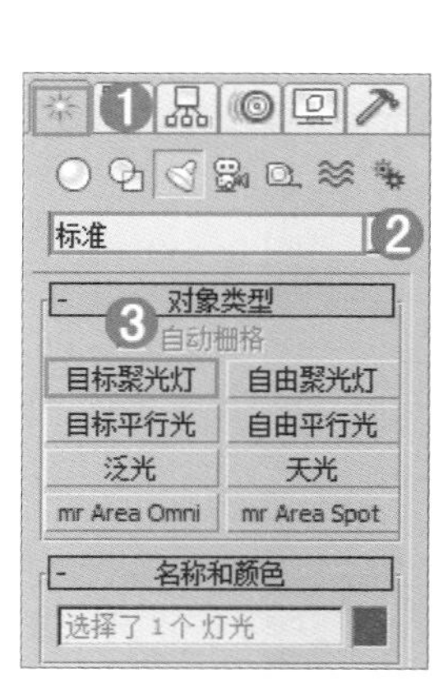

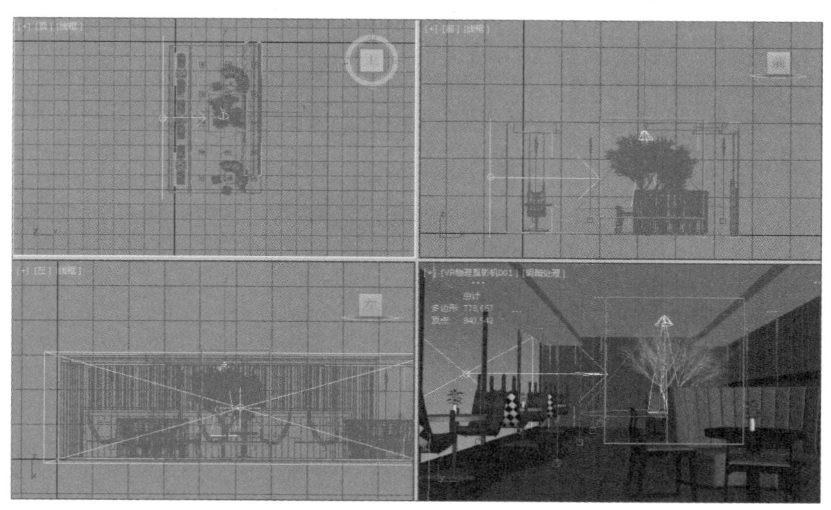

技巧提示：复制灯光的好处

在同一个场景中采用复制灯光的方法创建灯光，可以提高创建灯光的效率。

Step 02 展开【常规参数】卷展栏，在【阴影】下勾选【启用】复选框。展开【强度/颜色/衰减】卷展栏，设置【倍增】为0.5，颜色为淡黄色。展开【VRay阴影参数】卷展栏，设置【U/V/W大小】为50mm，【细分】为20，如右图所示。

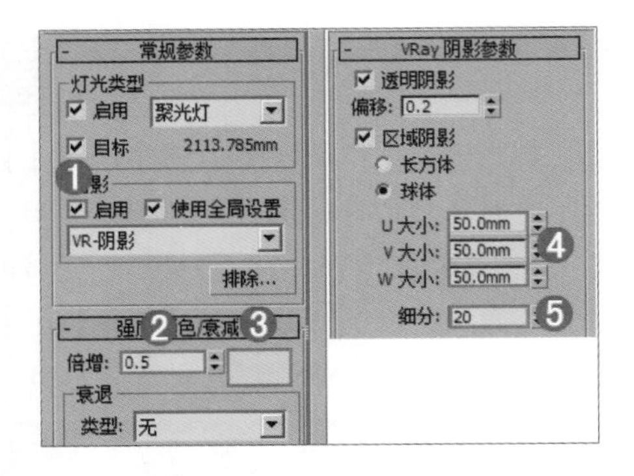

Step 03 在左视图创建两盏【目标聚光灯】，由上至下的分别照射在餐桌上，如下左图所示。在【修改】面板中，展开【常规参数】卷展栏，在【阴影】下勾选【启用】复选框。展开【强度/颜色/衰减】卷展栏，设置【倍增】为0.6，颜色为淡黄色。展开【VRay阴影参数】卷展栏，设置【U/V/W大小】为50mm，【细分】为20，如下右图所示。

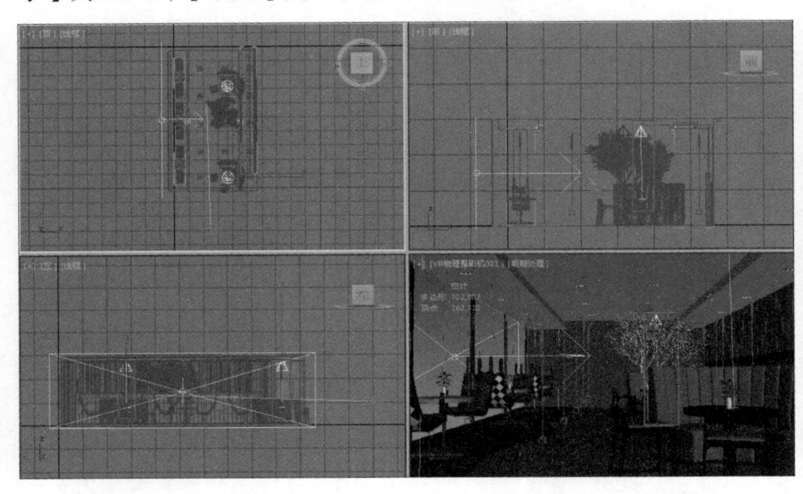

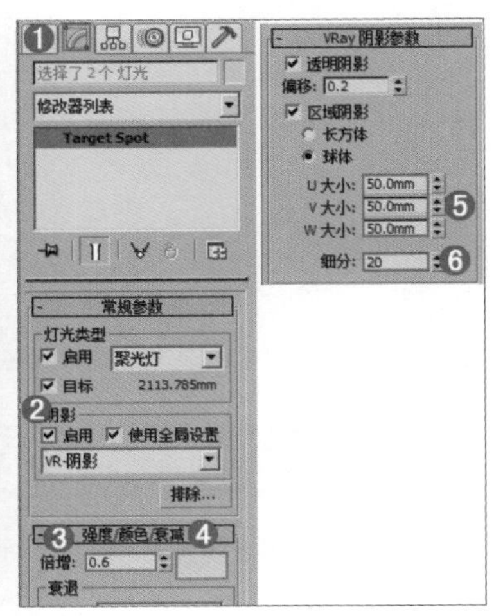

5.3.4 室内辅助灯光的创建

Step 01 使用【VR-灯光】，在顶视图中创建2盏VR-灯光，由下至上照射，如下图所示。

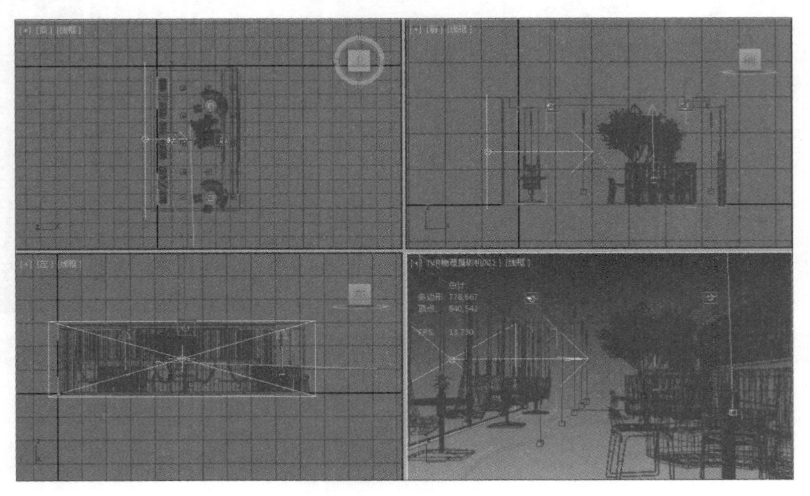

Step 02 在【修改】面板中，设置【类型】为【平面】,【倍增】为2,【颜色】为浅黄色,【1/2长】90mm,【1/2宽】为50mm，勾选【不可见】复选框，设置【细分】为8，如下图所示。

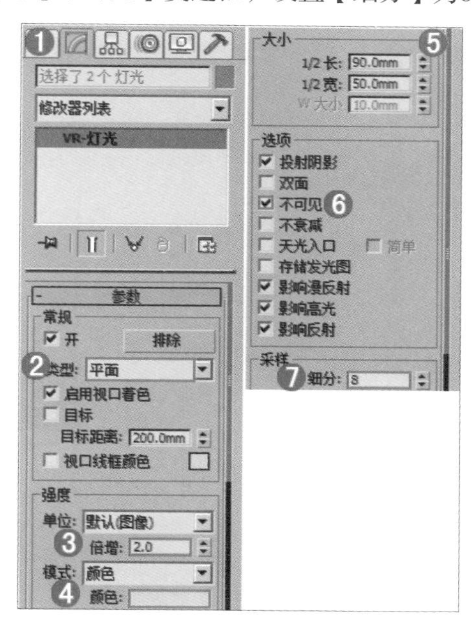

Section 5.4 摄影机的制作

本小节案例主要是以VR-物理摄影机为主，介绍摄影机的创建方法。

Step 01 使用标准物理摄影机，如下左图所示，在左视图创建1台【物理】摄影机，再适当地进行调整，如下右图所示。

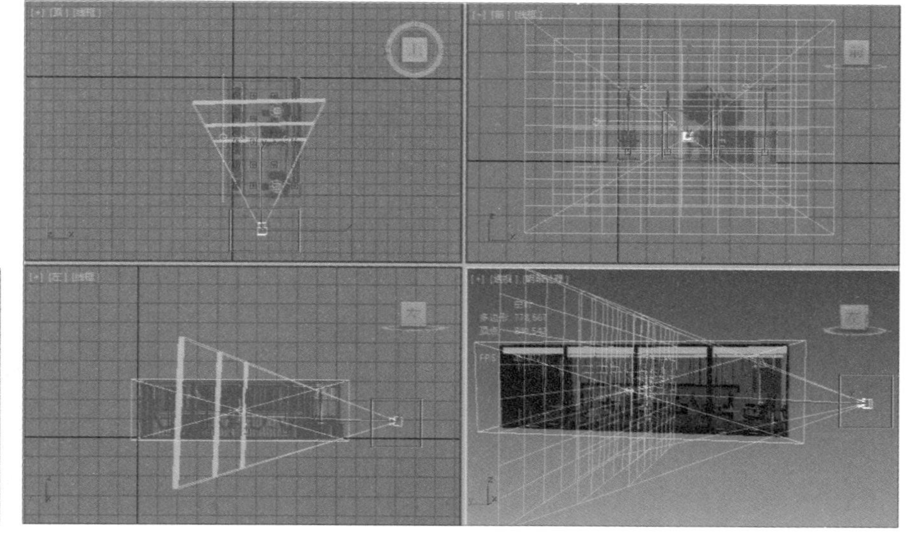

Step 02 在【修改】面板中设置【胶片规格】为36，【焦距】为36，【光圈数】为1，如下图所示。

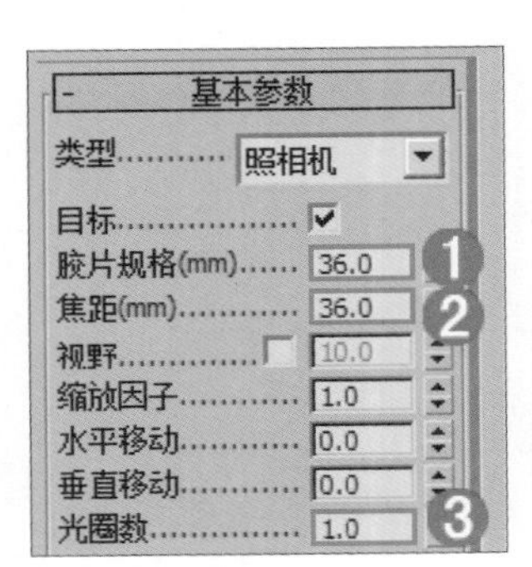

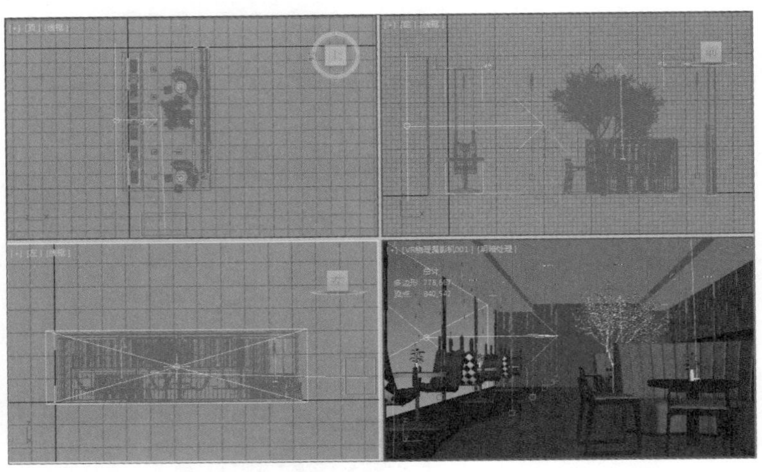

Step 03 在透视图中按快捷键C，切换到摄影机视图，如下图所示。

Step 04 选择摄影机，单击鼠标右键，执行【应用摄影机校正修改器】命令，如下图所示。

Section 5.5 渲染器参数设置

Step 01 要设置最终渲染的渲染器参数，则单击（渲染设置）按钮，将自动弹出设置面板，选择【公用】选项卡，设置【输出大小】选项区域中的【宽度】为1400，【高度】为1000，如下左图所示。

Step 02 选择【V-Ray】选项卡，设置【类型】为【自适应】，勾选【图像过滤器】复选框，【过滤器】设置为【Catmull-Rom】，然后展开【颜色贴图】卷展栏，设置【类型】为【指数】，如下右图所示。

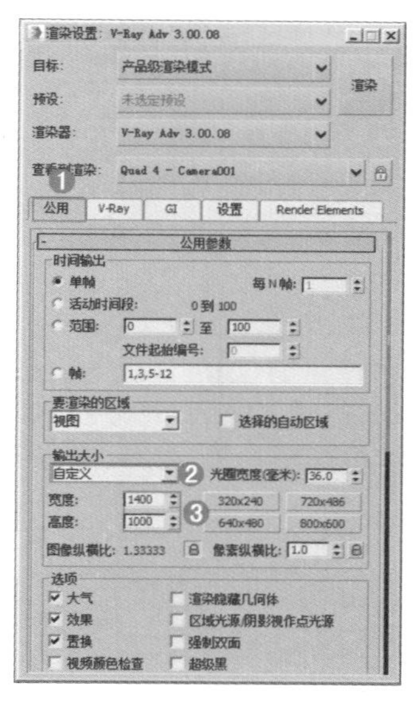

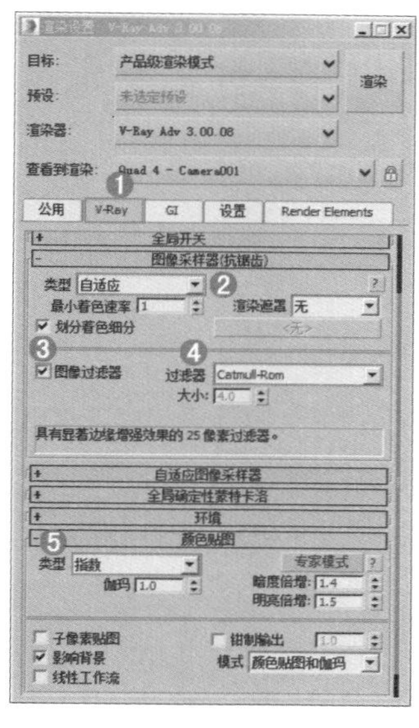

Step 03 选择【GI】选项卡，展开【全局照明】卷展栏，勾选【启用全局照明（GI）】复选框，设置【首次引擎】为【发光图】，【二次引擎】为【灯光缓存】；展开【发光图】卷展栏，【当前预设】为【高】，【细分】为50和【插值采样】为20，勾选【显示计算相位】和【显示直接光】复选框；展开【灯光缓存】卷展栏，【细分】为1000，如下图所示。

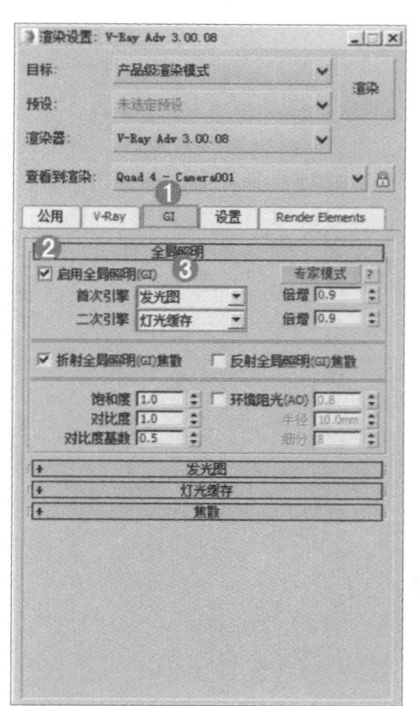

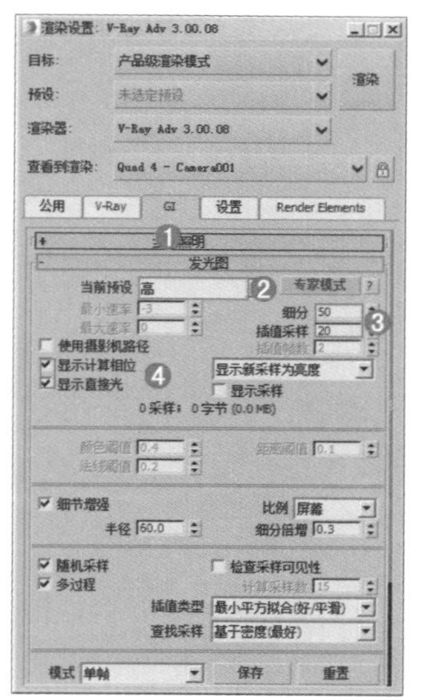

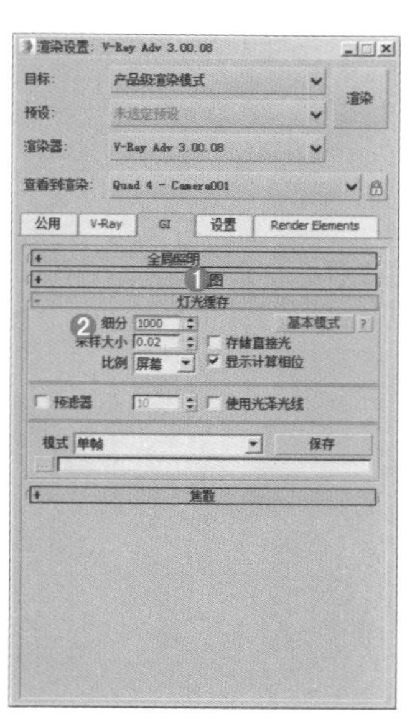

Step 04 选择【设置】选项卡，展开【系统】卷展栏，取消勾选【显示消息日志窗口】复选框，如下左图所示。

Step 05 选择【Render Elements】选项卡，单击【添加】按钮，选择【VRayWireColor】选项，如下右图所示。

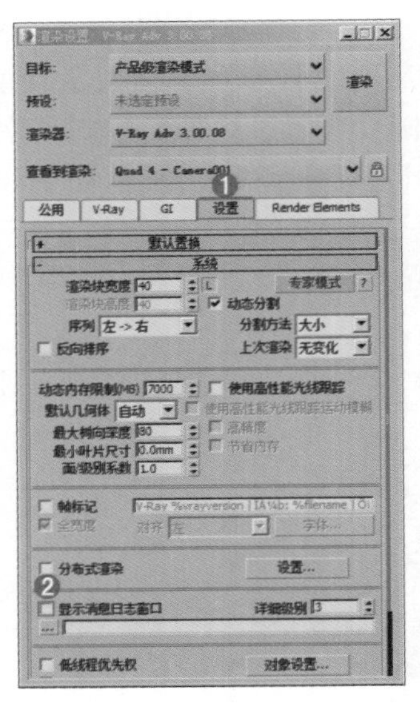

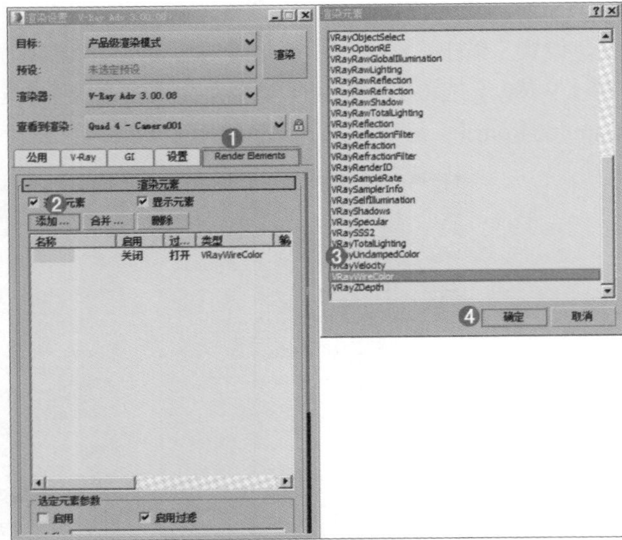

Section 5.6 Photoshop后期处理

Step 01 在Photoshop软件里执行【文件】|【打开】命令，打开本书实例文件【餐厅效果图.jpg】，如下图所示。认真观察渲染出来的效果图，餐厅的光不够明亮，使得餐厅显得特别阴暗，让人觉得冷清，所以下面我们需要解决这些问题。

Step 02 首先选中【背景】图层，执行【图像】|【调整】|【阴影/高光】命令，在弹出的【阴影/高光】对话框中设置【阴影】的数量为40%，单击【确定】按钮，完成调节，效果如下图所示。

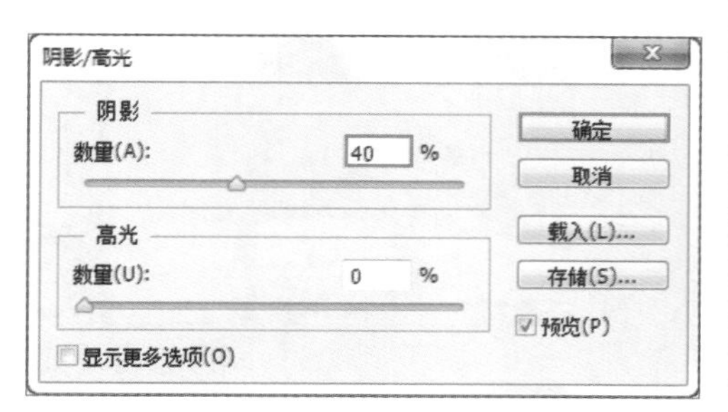

Step 03 接着执行【图层】|【新建调整图层】|【曲线】命令，在弹出的曲线属性面板中调节曲线状态，如下左图所示。

Step 04 这样这张图像的后期处理就完成了，如下右图所示。

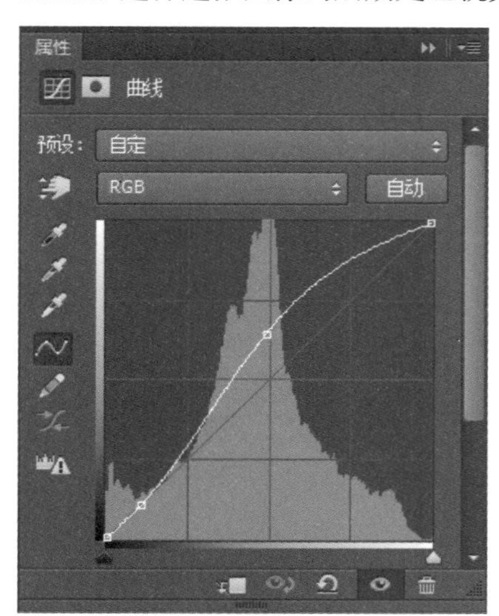

Chapter 6 3ds Max & VRay & Photoshop

夜景中式风格休息室

▌中式风格色彩搭配　▌对称式设计　▌VR-灯光模拟夜景

场景文件	06.max
案例文件	夜景中式风格休息室.max
视频教学	夜景中式风格休息室.flv
难易指数	★★★★☆
技术掌握	掌握目标灯光、VR灯光、VRayMtl材质、衰减贴图的应用

实例介绍

本例介绍的是一个夜景中的中式风格休息室场景，室内明亮的灯光表现，主要使用了目标灯光和VR灯光来制作，并使用VRayMtl来制作本案例的主要材质。

Section 6.1 VRay渲染器设置

Step 01 打开本书实例文件【第6章 夜景中式风格休息室/06.max】，如下图所示。

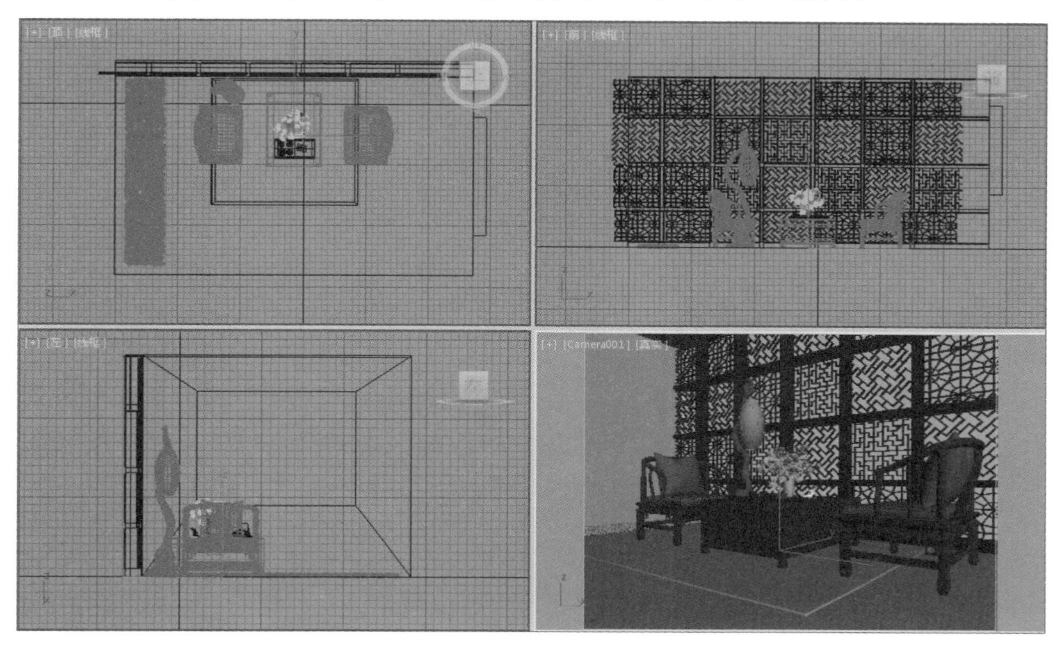

Step 02 按F10键，打开【渲染设置】面板，选择【公用】选项卡，在【指定渲染器】卷展栏下单击 ... 按钮，在弹出的【选择渲染器】对话框中选择【V-Ray Adv 3.00.08】选项。此时在【指定渲染器】卷展栏中的【产品级】后面显示了【V-Ray Adv 3.00.08】，【渲染设置】面板中出现了【V-Ray】、【GI】、【设置】选项卡，如下图所示。

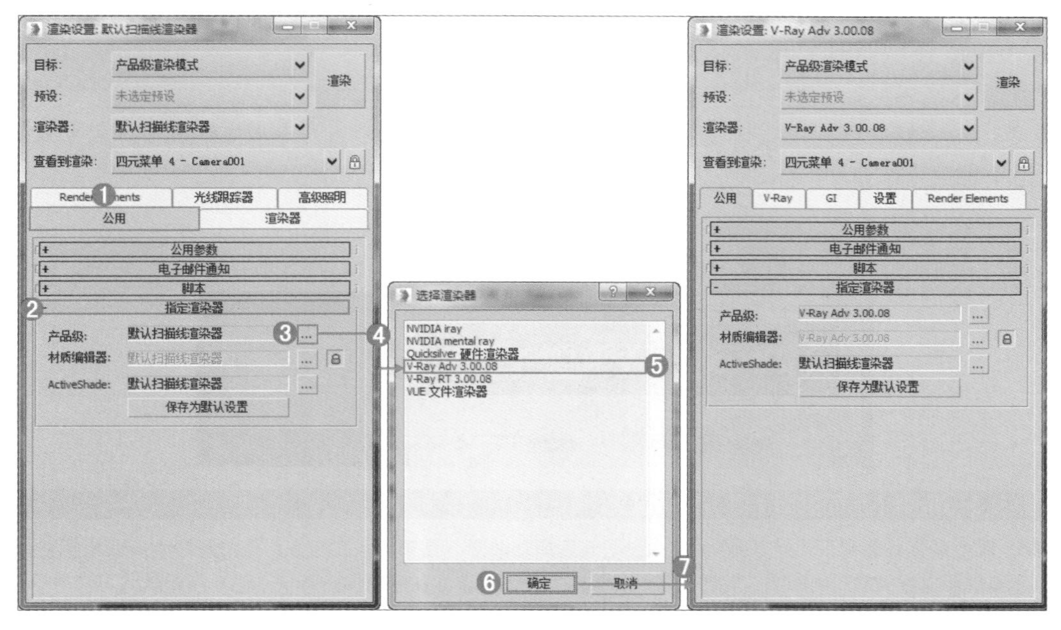

Section 6.2 材质的制作

下面就来讲述场景中主要材质的调节方法，包括木质地板、地毯、中式木材、抱枕、茶几、壁画、坐垫、落地灯灯杆、茶具和灯罩材质的制作，效果如下图所示。

6.2.1 木地板材质的制作

Step 01 单击一个材质球，设置材质类型为【VRayMtl】材质，命名为【木质地板】。在【漫反射】后面通道上加载【fr1.jpg】贴图，如下图所示。

技巧提示：【漫反射】后面的M（M）表示意义

【漫反射】颜色后面如果显现出M（M），那么说明其后加载贴图，且颜色不在起作用，如果后面显现的是空白方块（ ），那么说明没有加载任何贴图，此时设置颜色会起到作用，其它效果后面的方块（ ）均如此。

Step 02 在【反射】后面通道加载【衰减】程序贴图，设置【衰减类型】为【Fresnel】，然后设置【高光光泽度】为0.6，【反射光泽度】为0.8，【细分】为40，如下左图所示。

Step 03 双击材质球，效果如下右图所示。

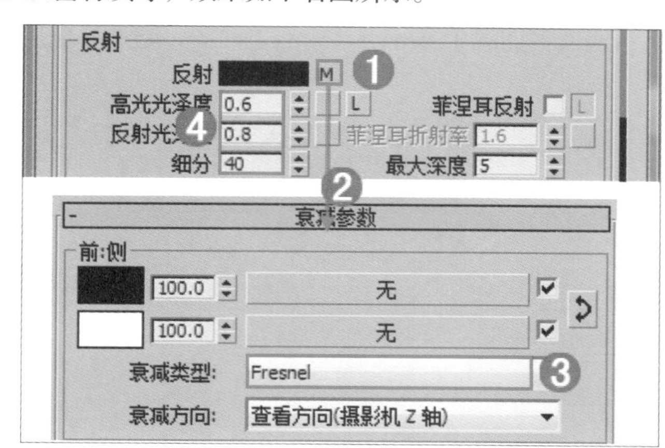

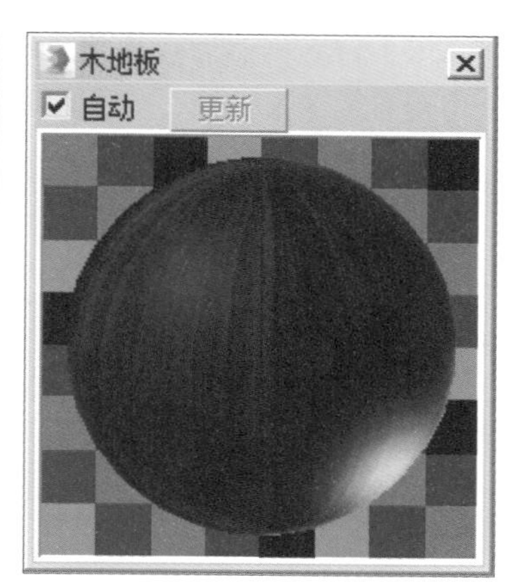

Step 04 选择地面部分模型，单击（将材质指定给选定对象）按钮，将制作完毕的木地板材质赋给场景中的地面部分模型，如下图所示。

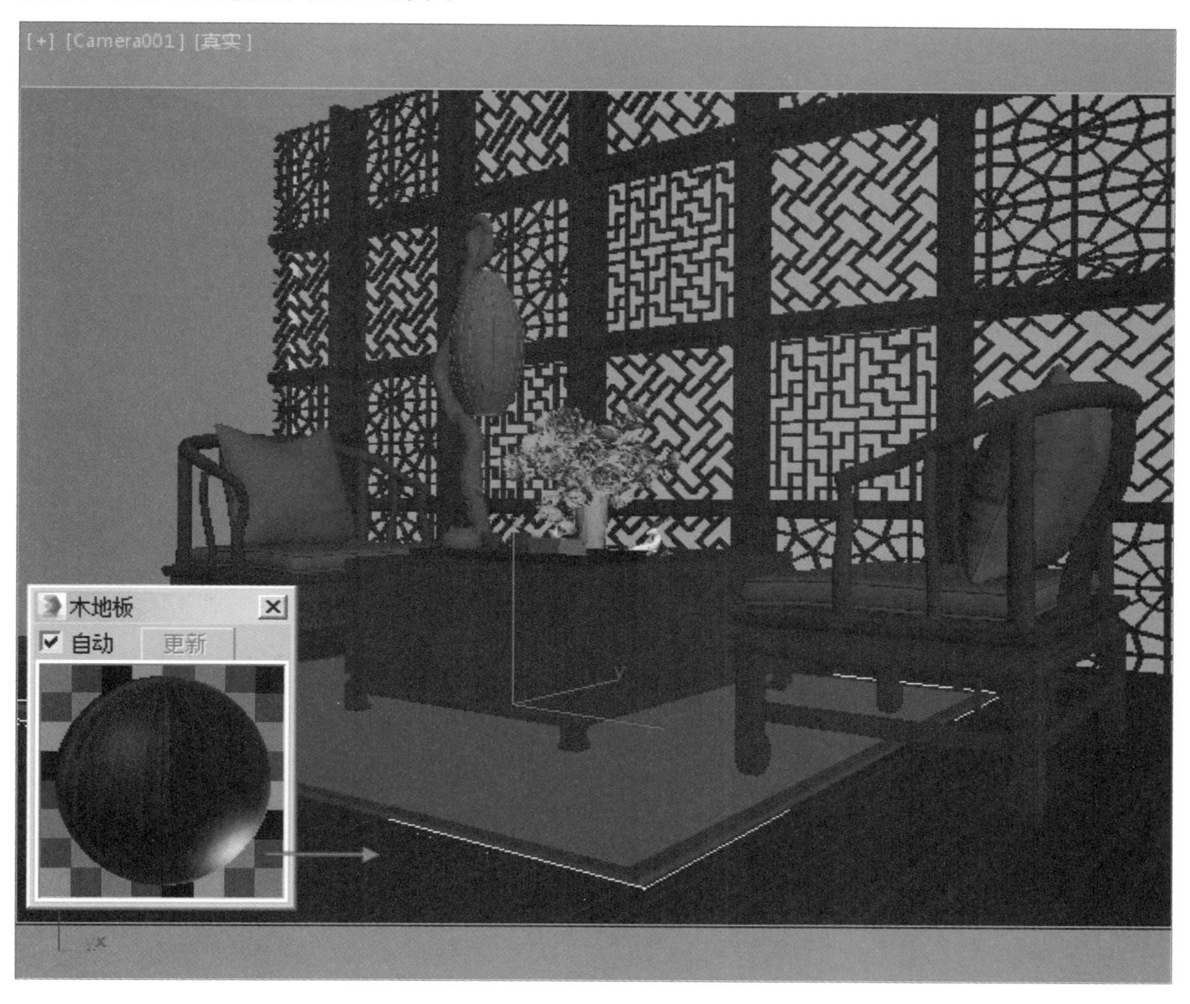

6.2.2 地毯材质的制作

Step 01 单击一个材质球，设置材质类型为多维/子对象材质，命名为【地毯】。在ID1后面通道上加载【VRayMtl】材质，然后在【漫反射】后通道上加载【2alpaca-15.jpg】贴图，勾选【应用】复选框，单击【查看图像】按钮，如下图所示。

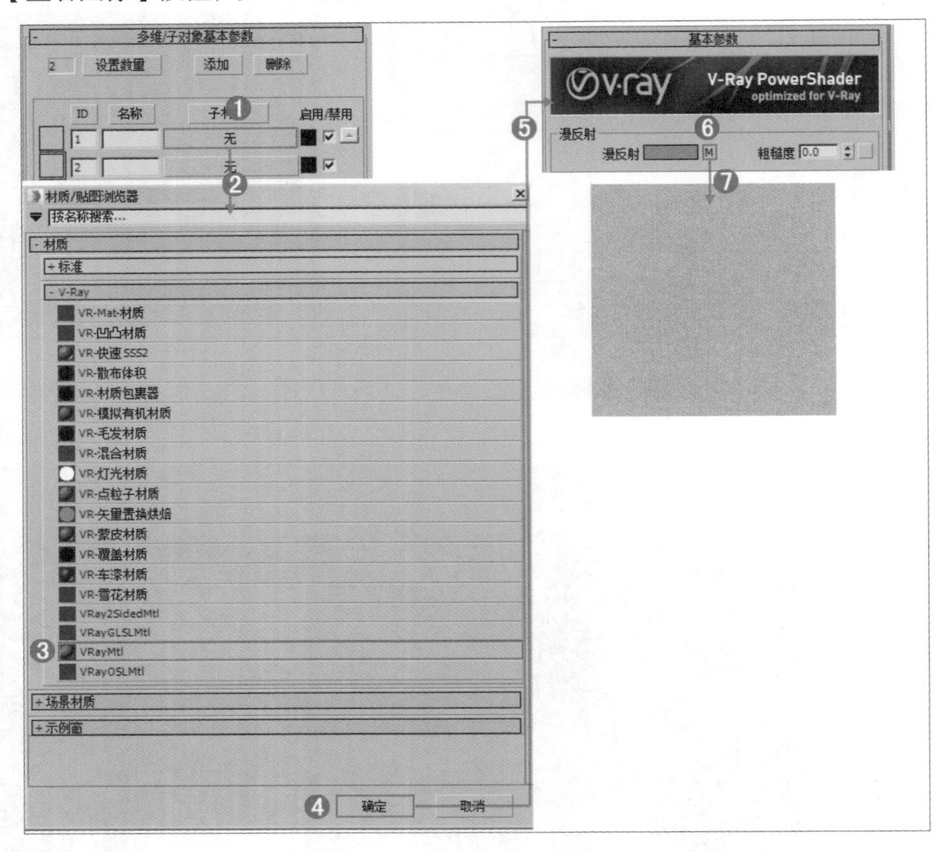

Step 02 展开【贴图】卷展栏，在【凹凸】后面的通道上加载【arch25_fabric_gbump.jpg】贴图，然后再返回设置【凹凸】为30，如下图所示。

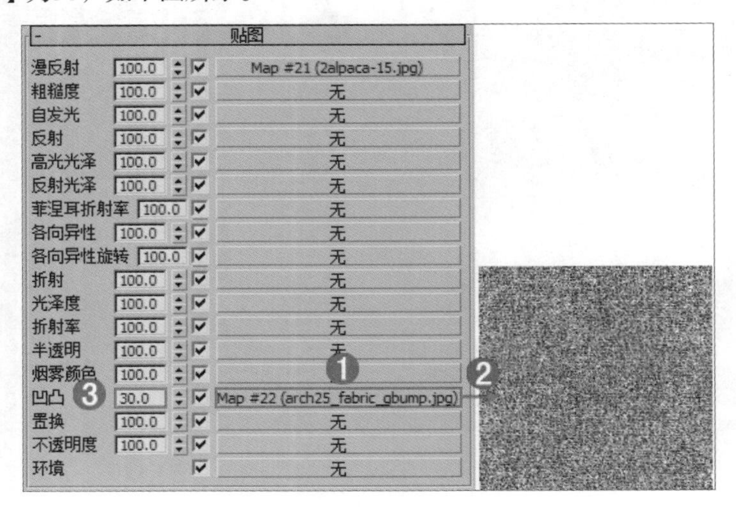

Step 03 在ID2后面通道加载【VRayMtl】材质，然后在【漫反射】后面通道上加载【43806副本1aa.jpg】贴图，如下左图所示。

Step 04 双击材质球，如下右图所示。

Step 05 选择地毯模型，单击（将材质指定给选定对象）按钮，将制作完毕的地毯材质赋给场景中的地毯模型，如下图所示。

技巧提示:【多维/子对象】材质的作用

【多维/子对象】材质可以给一个物体加多种材质，默认是10种材质。

6.2.3 中式木材质的制作

Step 01 单击一个材质球，设置材质类型为【VRayMtl】材质，命名为【中式木】。设置【漫反射】颜色为深灰色（红：15，绿：15，蓝：15），【反射】颜色为深灰色（红：32，绿：32，蓝：32），【高光光泽度】为0.65，【反射光泽度】为0.85，【细分】为40，如下左图所示。

Step 02 双击材质球，如下右图所示。

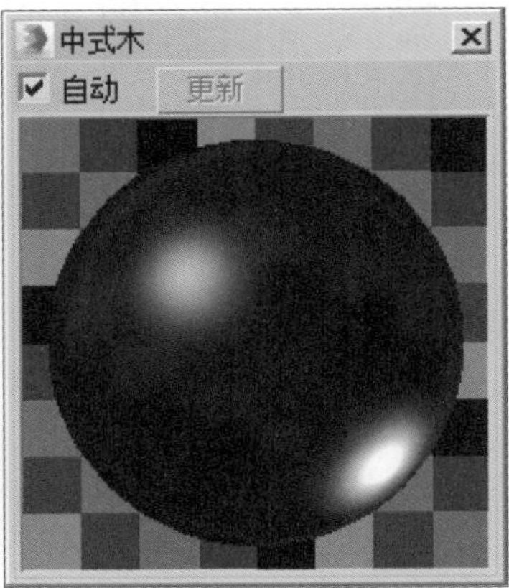

Step 03 选择中式木模型，单击（将材质指定给选定对象）按钮，将制作完毕的中式木材质赋给场景中的中式木模型，如下图所示。

6.2.4 抱枕材质的制作

Step 01 单击一个材质球，设置材质类型为【VRayMtl】材质，命名为【抱枕】。在【漫反射】后面通道上加载【衰减】程序贴图，【衰减类型】为【垂直/平行】，在【黑色】和【白色】后面的通道加载【s37dda.jpg】贴图，如下左图所示。

Step 02 双击材质球，如下右图所示。

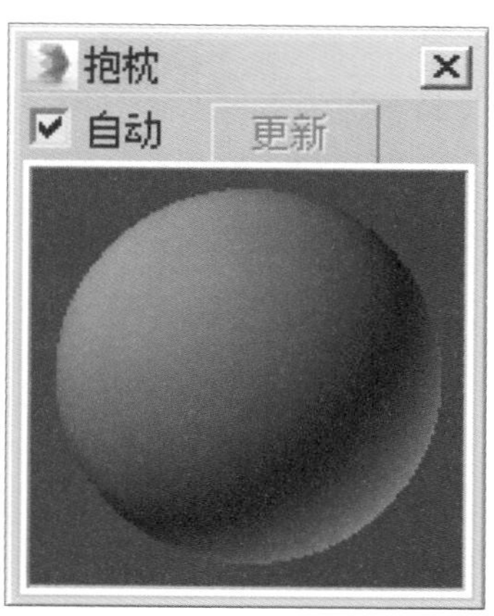

Step 03 选择抱枕模型，单击（将材质指定给选定对象）按钮，将制作完毕的抱枕材质赋给场景中的抱枕模型，如下图所示。

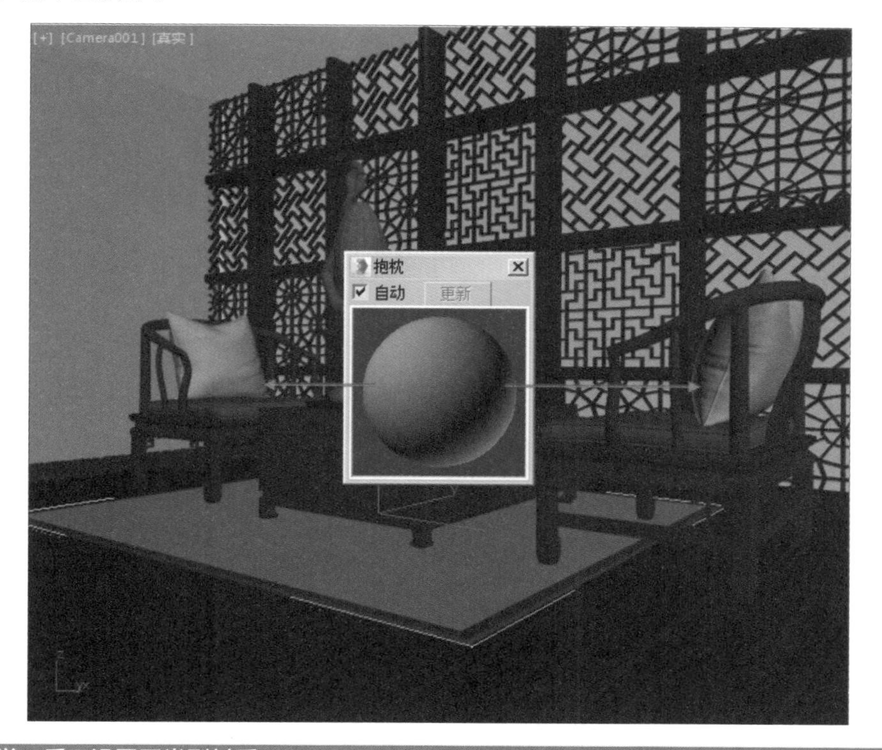

技巧提示：举一反三设置同类型材质

现实生活中我们会发现有很多种布料，有棉织物、丝织物等，大家可以仔细地观察不同布料的特征，再以案例中模型材质的设置为例，举一反三的进行设计。

6.2.5 茶几材质的制作

Step 01 单击一个材质球，设置材质类型为【VRayMtl】材质，命名为【茶几】。在【漫反射】后面通道上加载【2011110211437410[1]aaa.jpg】贴图，单击【查看图像】按钮，然后设置【角度】的【W】值为90，如下图所示。

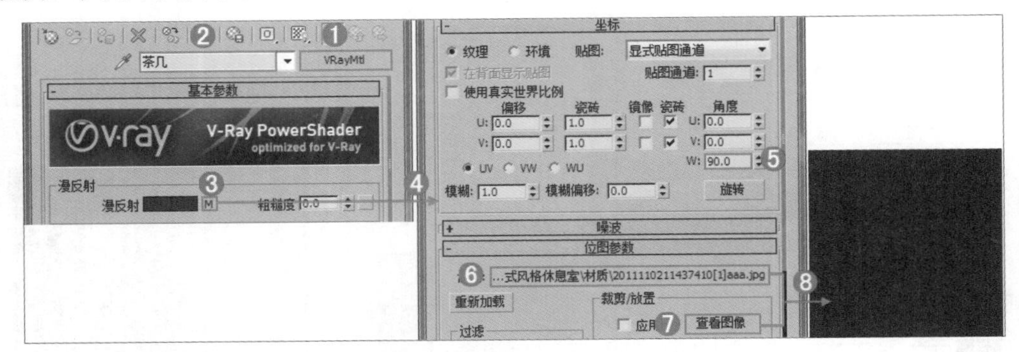

Step 02 然后在【反射】后面通道上加载【衰减】程序贴图，【衰减类型】为【Fresnel】。再返回设置【反射光泽度】为0.7，【细分】为40，如下左图所示。

Step 03 双击材质球，如下右图所示。

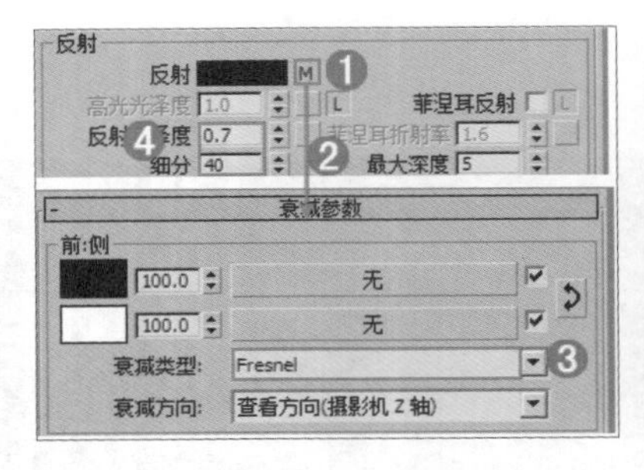

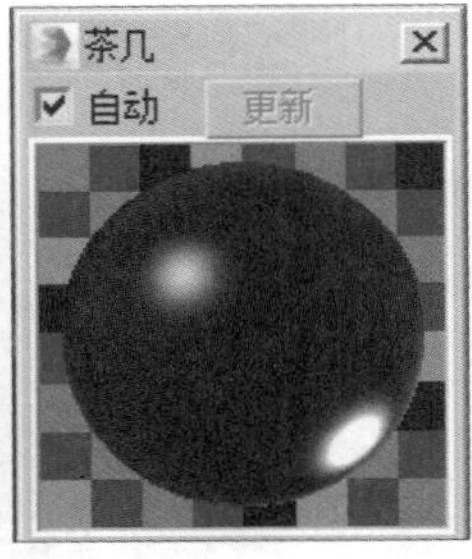

Step 04 选择茶几模型，单击（将材质指定给选定对象）按钮，将制作完毕的茶几材质赋给场景中的茶几模型，如下图所示。

6.2.6 壁画材质的制作

Step 01 单击一个材质球，设置材质类型为【标准】材质，命名为【壁画】。在【漫反射】后面通道加载【20121128161342537 82.jpg】贴图，单击【查看图像】按钮，然后设置【偏移】的【U】为0.23，【瓷砖】的【U】为2，如下图所示。

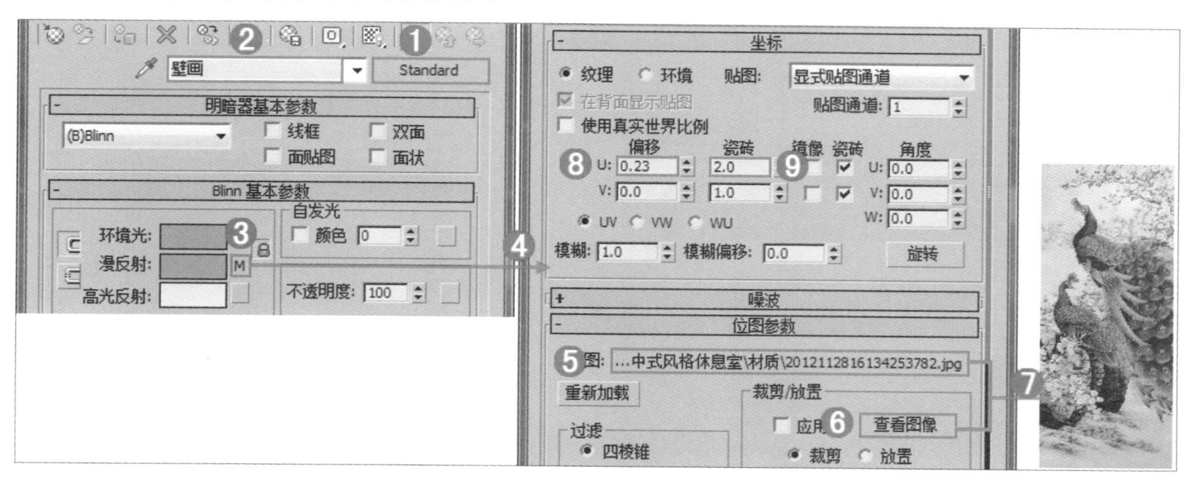

Step 02 双击材质球，如下左图所示。

Step 03 选择壁画模型，单击（将材质指定给选定对象）按钮，将制作完毕的壁画材质赋给场景中的壁画模型，如下右图所示。

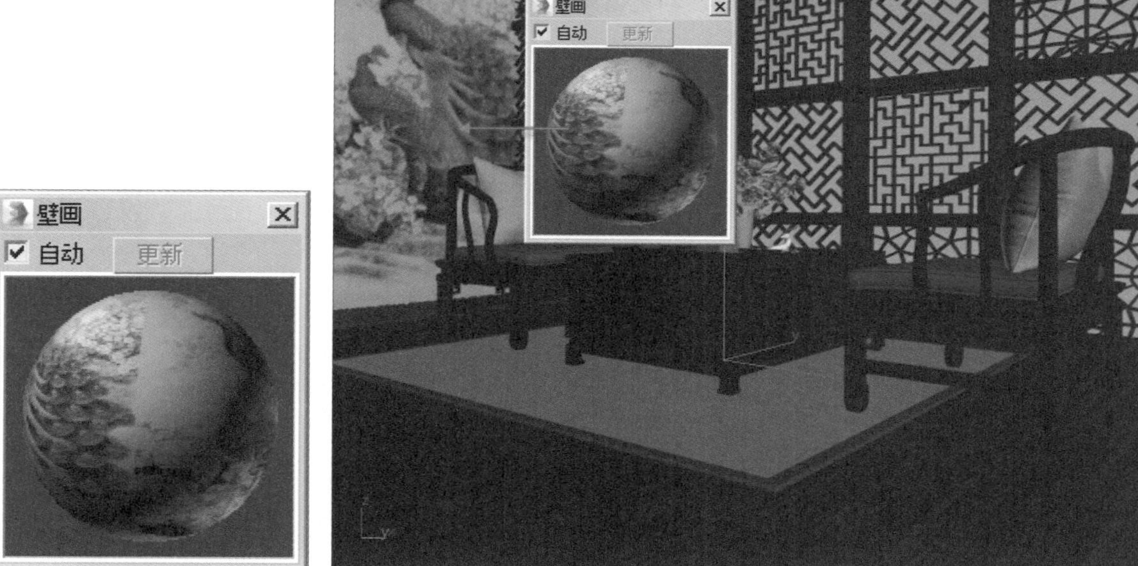

6.2.7 坐垫材质的制作

Step 01 单击一个材质球，设置材质类型为【VRayMtl】材质，命名为【坐垫】。在【漫反射】后面通道加载【衰减】程序贴图，【衰减类型】为【垂直/平行】，在黑色后面通道加载【43801副本a.jpg】贴图，在白色后面的通道加载【43801副本a3.jpg】贴图，如下左图所示。

Step 02 双击材质球，如下右图所示。

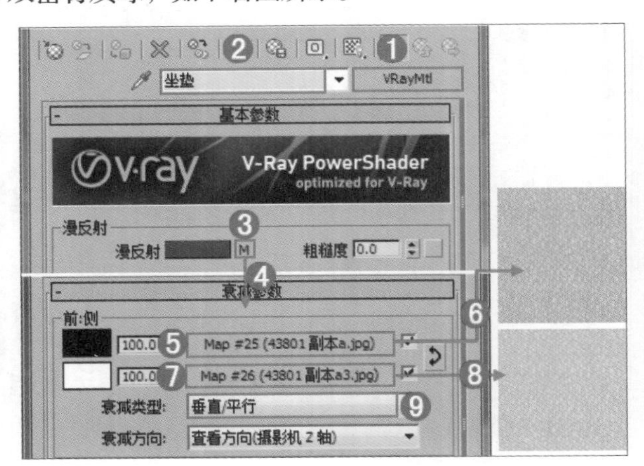

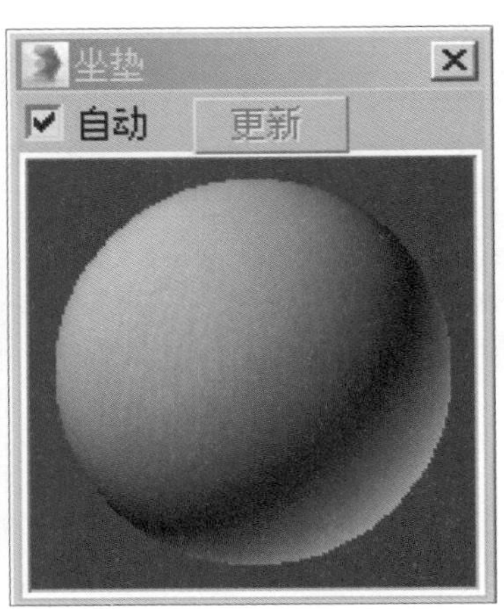

Step 03 选择坐垫模型，单击（将材质指定给选定对象）按钮，将制作完毕的坐垫材质赋给场景中的坐垫模型，如下图所示。

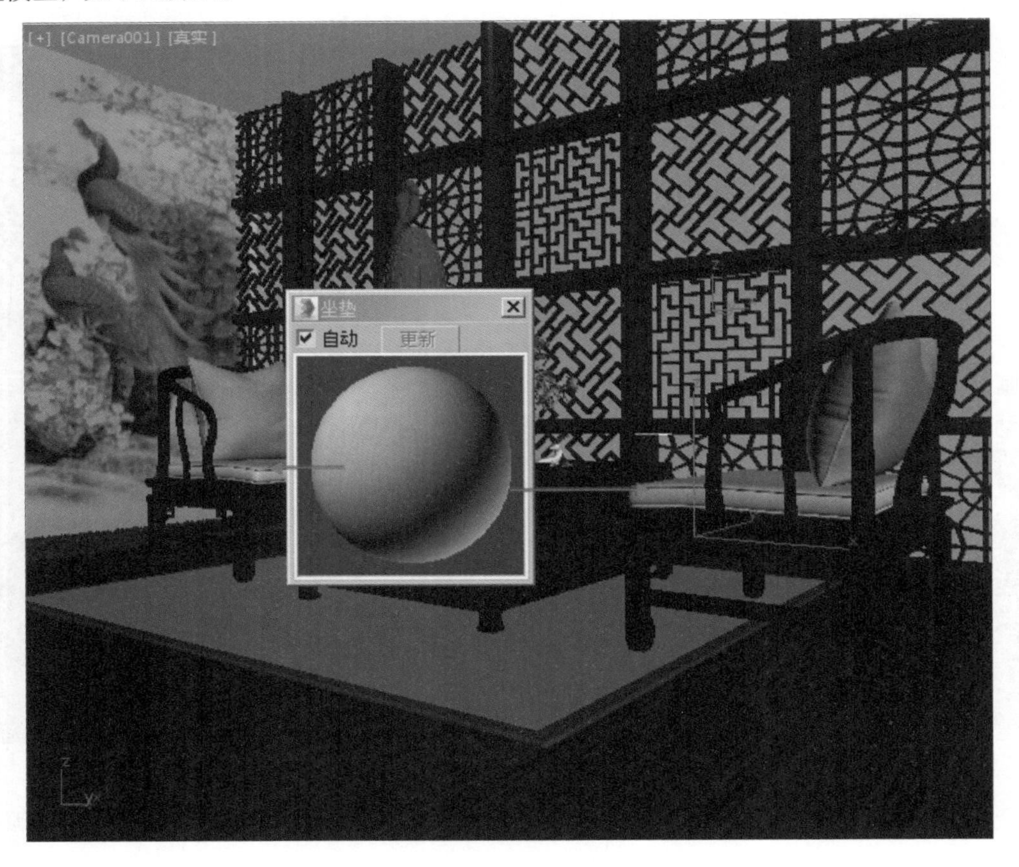

6.2.8 落地灯灯杆材质的制作

Step 01 单击一个材质球，设置材质类型为【VRayMtl】材质，命名为【落地灯灯杆】。在【漫反射】后面通道加载【20080414_89ae005081eb13d18e323B1L2WjXYHcW1.jpg】贴图，如下左图所示。

Step 02 然后在【反射】后面通道加载【衰减】程序贴图，【衰减类型】为【Fresnel】。再返回勾选【菲涅耳反射】复选框，设置【菲涅耳反射率】为0.5，设置【反射光泽度】为0.65，【细分】为40，如下右图所示。

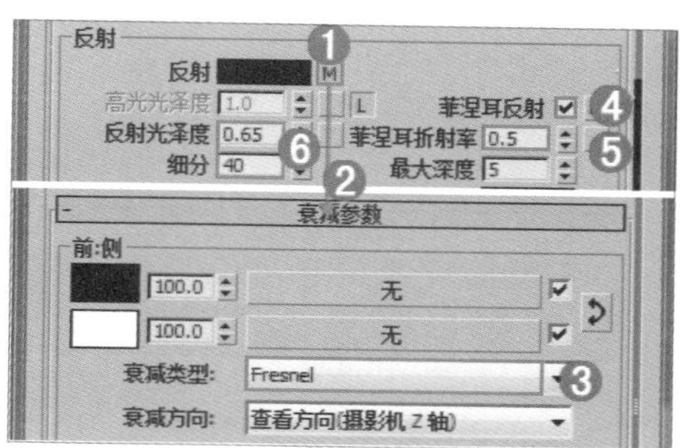

Step 03 双击材质球，如下左图所示。

Step 04 选择落地灯灯杆模型，单击（将材质指定给选定对象）按钮，将制作完毕的落地灯灯杆材质赋给场景中的落地灯灯杆模型，如下右图所示。

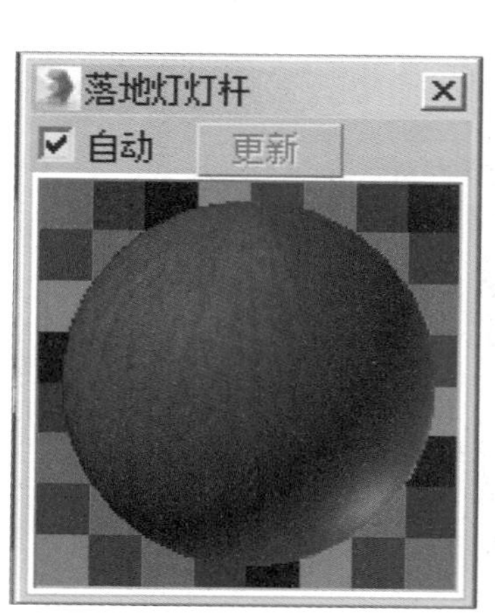

技巧提示：【涅菲尔反射】的作用

菲涅尔反射可以模拟现实反射中的一种效果，在材质球中主要用于控制反射角度，勾选【菲涅尔反射】复选框，会以一种固定方式进行反射的衰减，一般默认数值为1.6。

6.2.9 茶具材质的制作

Step 01 单击一个材质球，设置材质类型为【VRayMtl】材质，命名为【茶具】。在【漫反射】后面通道加载【s1d.jpg】贴图，如下左图所示。

Step 02 然后在【反射】后面通道加载【衰减】程序贴图，【衰减类型】为【Fresnel】。再返回设置【高光光泽度】为0.85，【反射光泽度】为0.9，【细分】为50，如下右图所示。

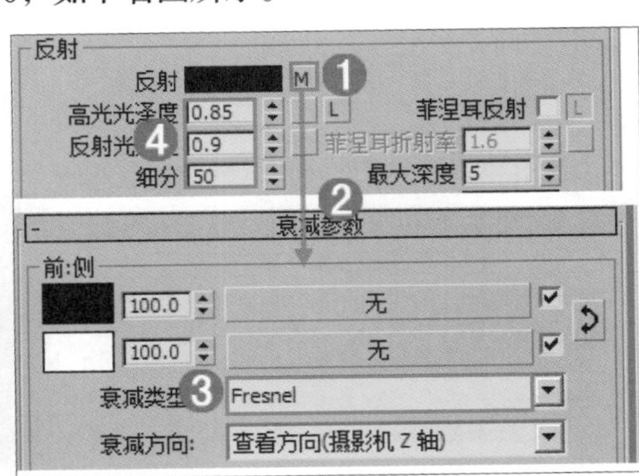

Step 03 双击材质球，如下左图所示。

Step 04 选择茶具模型，单击（将材质指定给选定对象）按钮，将制作完毕的茶具材质赋给场景中的茶具模型，如下右图所示。

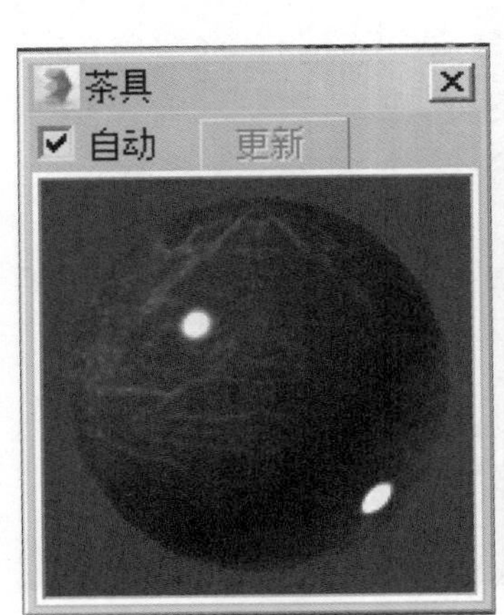

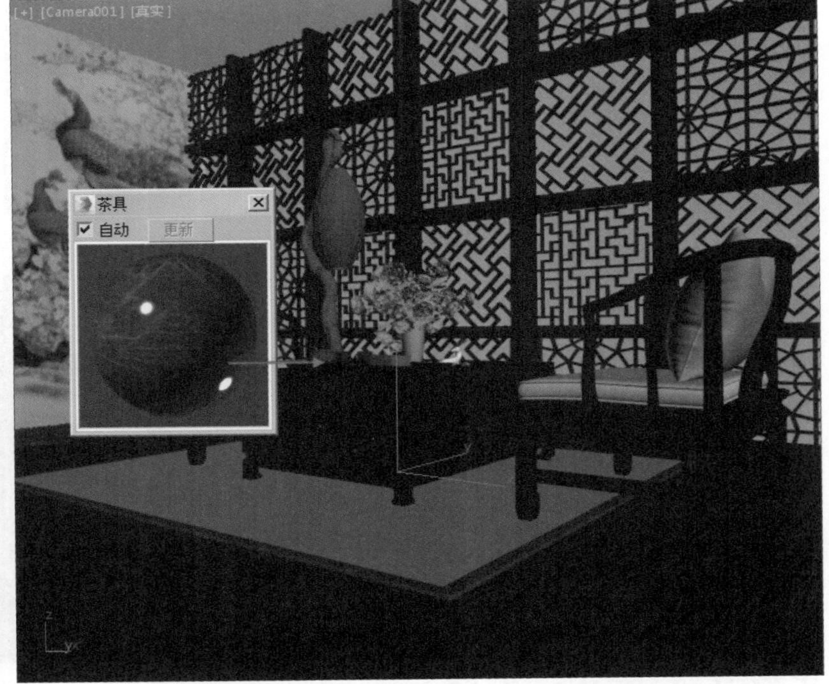

技巧提示：反射和折射细分的作用

反射和折射细分主要用来渲染精度非常高的图片，但在有的情况下不一定细分越大就越好，有时细分值过大会使画面变得过于细腻而且渲染速度非常慢。

6.2.10 灯罩材质的制作

Step 01 单击一个材质球，设置材质类型为混合材质，命名为【灯罩】。在【材质1】后面通道上加载【VRayMtl】材质，在【漫反射】后面通道加载【43801sa3ab.jpg】贴图，单击【查看图像】按钮，然后设置【瓷砖】的【U/V】为3，如下图所示。

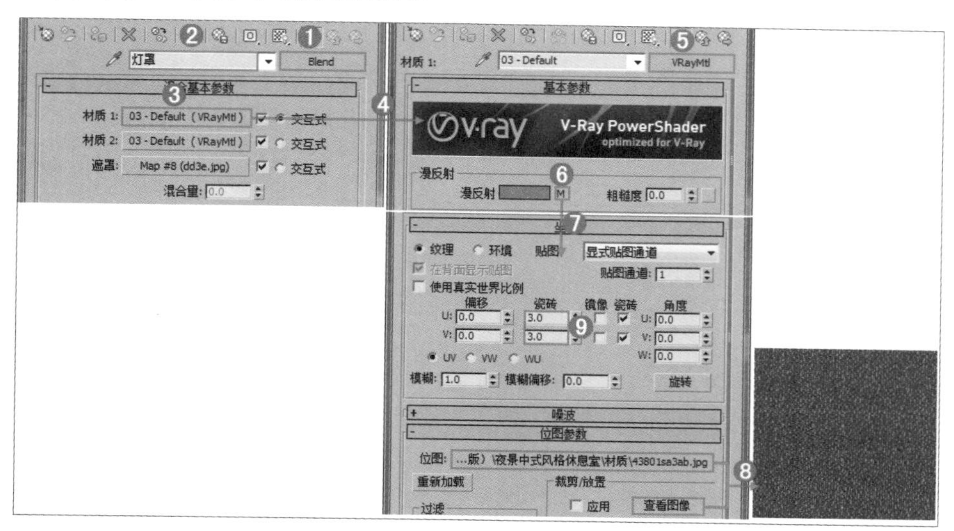

Step 02 然后在【折射】后面通道加载【衰减】程序贴图，将颜色设置为【深灰色】（红：60，绿：60，蓝：60）和【黑色】（红：0，绿：0，蓝：0），【衰减类型】为【Fresnel】，再返回设置【光泽度】为0.65，如右图所示。

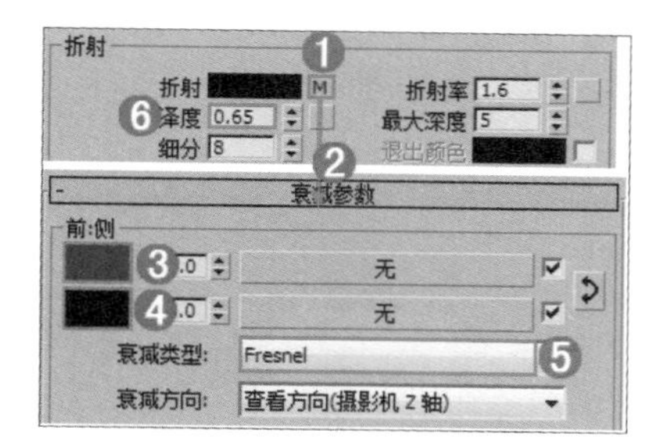

Step 03 在【材质2】后面通道上加载【VRayMtl】材质，在【漫反射】后面通道上加载【43801副本b12.jpg】贴图，单击【查看图像】按钮，然后设置【瓷砖】为3，如下图所示。

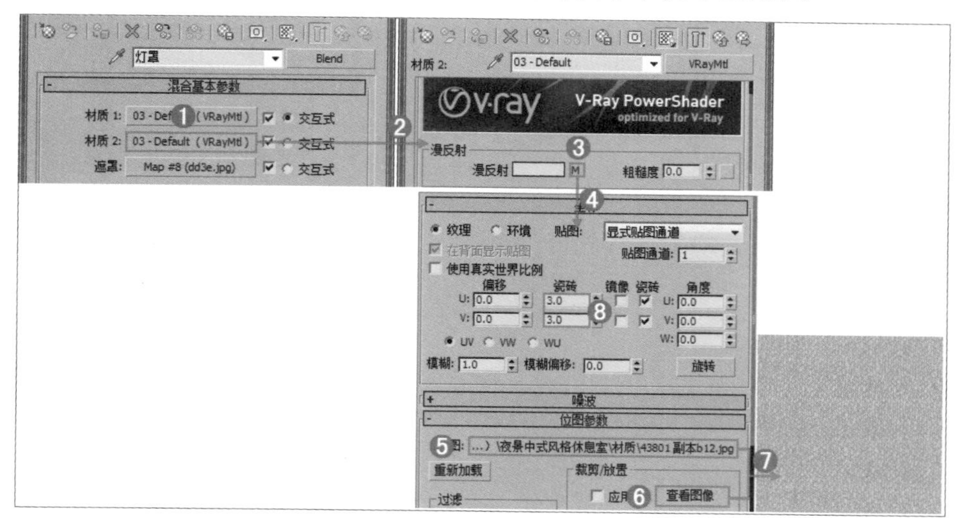

Step 04 然后在【折射】后面通道加载【衰减】程序贴图，将颜色设置为【深灰色】（红：60，绿：60，蓝：60）和【黑色】（红：0，绿：0，蓝：0），【衰减类型】为【Fresnel】，再返回设置【光泽度】为0.65，如右图所示。

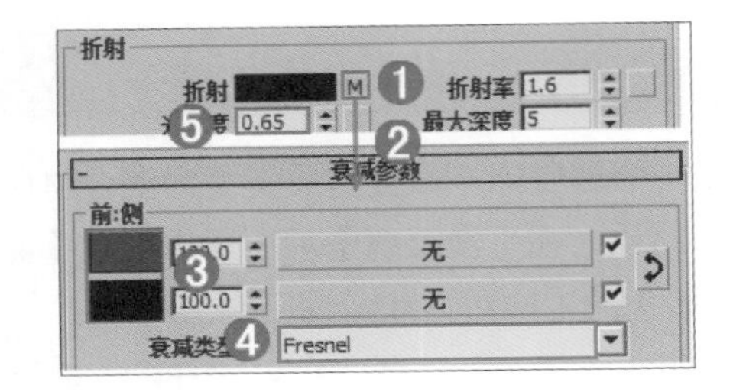

Step 05 在【遮罩】后面通道上加载【dd3e.jpg】贴图，勾选【应用】复选框，单击【查看图像】按钮，然后设置【偏移】的【V】为-0.01，【瓷砖】的【U/V】为0.9，如下左图所示。

Step 06 双击材质球，如下右图所示。

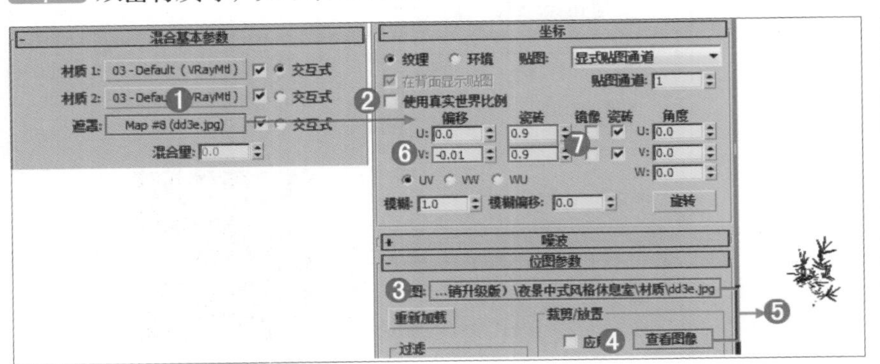

Step 07 选择灯罩模型，单击（将材质指定给选定对象）按钮，将制作完毕的灯罩材质赋给场景中的灯罩模型，如下图所示。

Section 6.3 灯光的制作

下面主要讲述室内灯光的制作，包括户外位置灯光、室内射灯、落地灯和室内辅助灯。

6.3.1 窗户位置灯光的制作

使用【VR-灯光】，在左视图中创建1盏VR-灯光，并将其放置在窗户的外面，如下左图所示。在【修改】面板中，设置【类型】为【平面】，【倍增】为30，【颜色】为蓝色，【1/2长】1000mm，【1/2宽】为700mm，勾选【不可见】复选框，【细分】设置为30，如下右图所示。

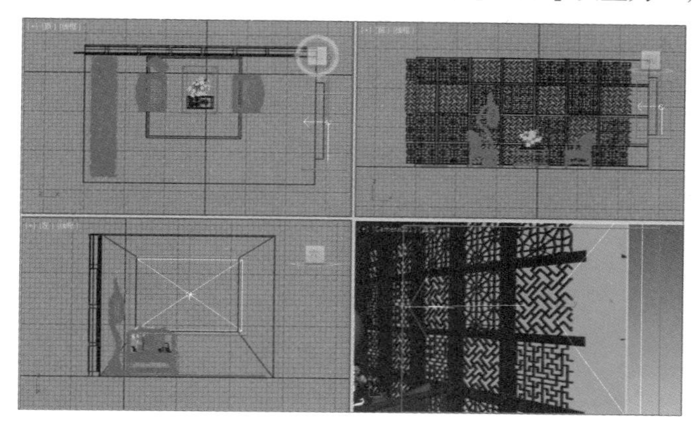

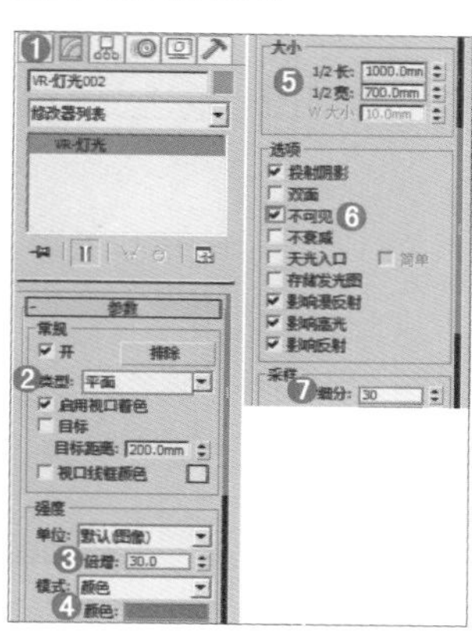

6.3.2 室内射灯的制作

使用【目标灯光】，在前视图中创建9盏目标灯光，如下左图所示。在【修改】面板中的【阴影】选项组下勾选【启用】复选框，设置方式为【VR-阴影】，设置【灯光分布（类型）】为【光度学Web】，为其添加光域网文件【1.ies】；展开【强度/颜色/衰减】卷展栏，设置【过滤颜色】为浅橙色，【强度】为8100。在【VRay阴影参数】卷展栏下勾选【区域阴影】复选框，设置【U/V/W大小】为10mm，【细分】为20，如下右图所示。

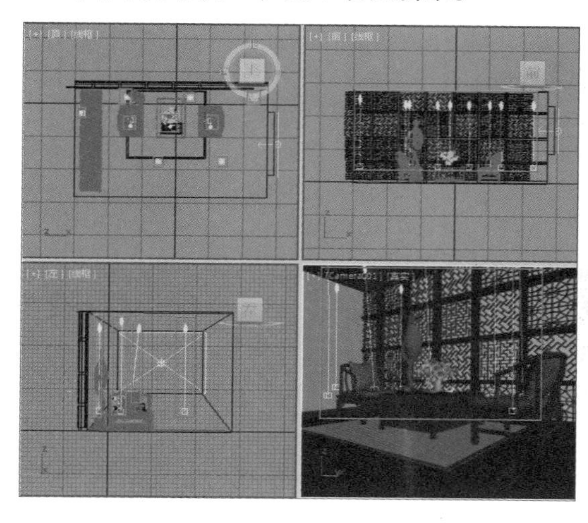

技巧提示：射灯的作用?

射灯是典型的无主灯、无定规模的现代流派照明，能营造室内照明气氛，若将一排小射灯组合起来，光线能变幻出奇妙的图案。射灯光线柔和，雍容华贵，也可局部采光，烘托气氛。

6.3.3 落地灯的制作

使用【VR-灯光】，在前视图中创建1盏VR-灯光，如下左图所示。在【修改】面板中，设置【类型】为【球体】，【倍增】为200，【颜色】为浅红色，【半径】为60，【细分】为8，如下右图所示。

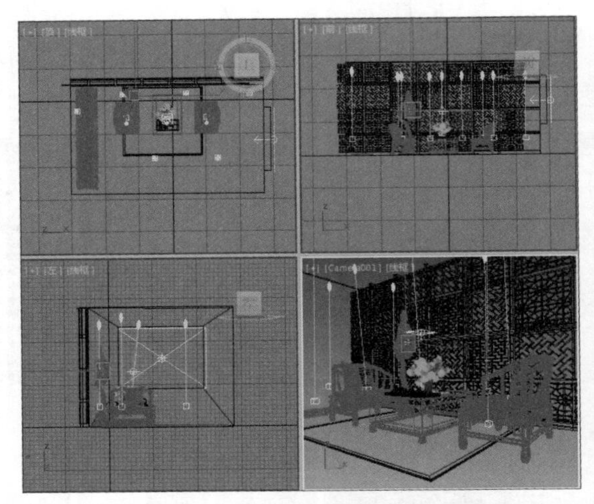

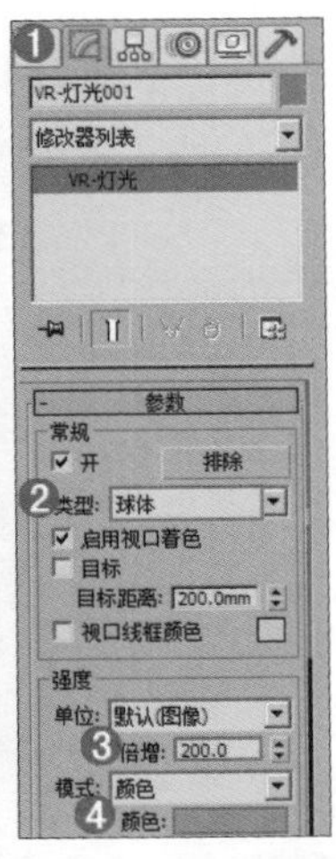

技巧提示：【半径】参数的作用

设置灯光【半径】主要是为了控制灯光的发光范围，半径越大灯光在场景中的能量就越强。

6.3.4 室内辅助灯的制作

使用【VR-灯光】，在顶视图中创建1盏VR-灯光，放在室内，平行照向茶几上方，作为辅助光源，如下左图所示。在【修改】面板中，设置【类型】为【平面】，【倍增】为30，【颜色】为淡橙色，【1/2长】150mm，【1/2宽】为150mm，勾选【不可见】复选框，【细分】设置为30，如下右图所示。

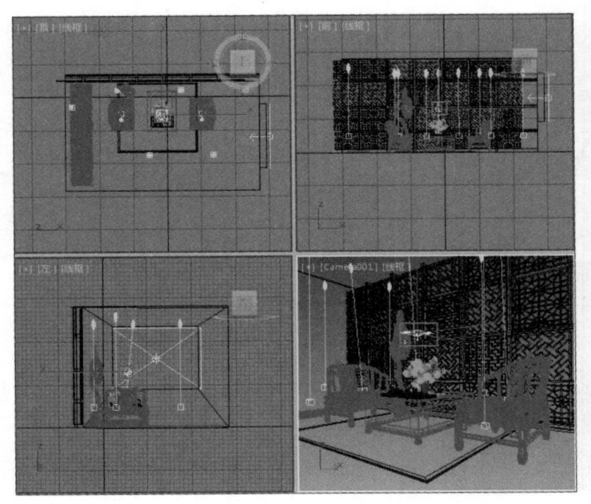

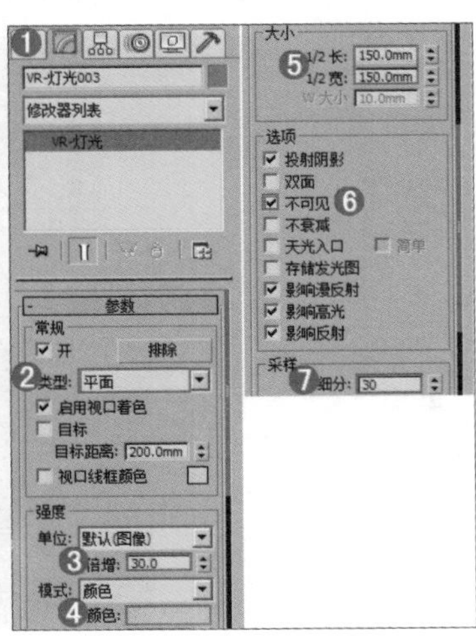

技巧提示：设置灯光【细分】参数的作用

提高灯光【细分】能有效地去除画面颗粒，细分越大，图像越细腻，但渲染时间也会随之增加，需要斟酌使用。

Section 6.4 摄影机的制作

本案例中的摄像机以两种视角创建，一种是以一台目标摄像机作为空间的主体摄像机，起到对空间整体照射的作用；另一种是以两台目标摄像机对某个物品进行局部照射，可以起到突出表现的作用。

6.4.1 主要摄影机视角的创建

Step 01 在左视图按住鼠标左键由右向左拖曳创建1台【目标】摄像机，再进行适当地调整，如下图所示。

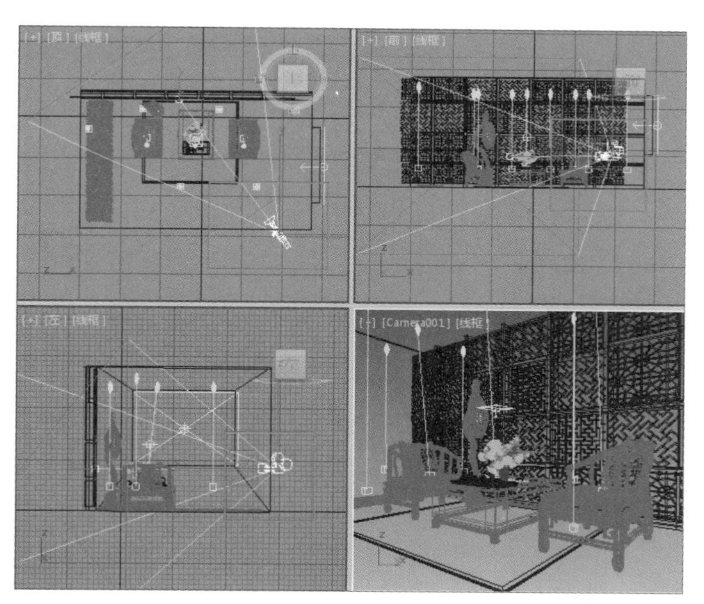

Step 02 在【修改】面板中，设置【镜头】为31.959，【视野】为58.779，勾选【手动剪切】复选框，设置【近距剪切】为800，【远距剪切】为6000，【目标距离】为4258.601，如右图所示。

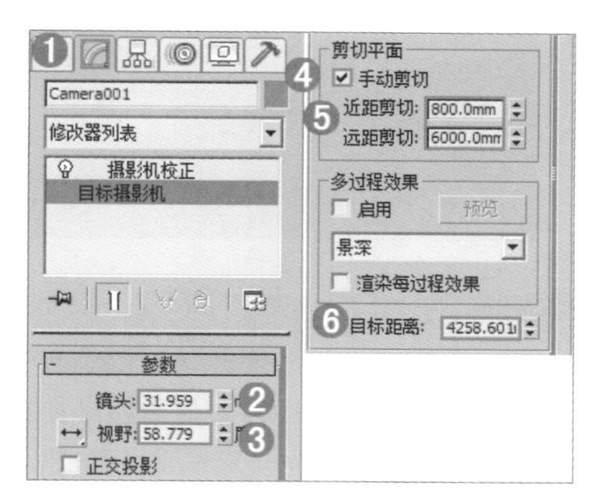

Step 03 在透视图中按快捷键C，切换到摄影机视图，如下图所示。

Step 04 选择摄影机，单击鼠标右键，执行【应用摄影机校正修改器】命令，如下图所示。

6.4.2 局部摄影机视角的创建

Step 01 在左视图创建1台【目标】摄像机照向茶几，再适当地进行调整，如下左图所示。在【修改】面板中，设置【镜头】为43.456，【视野】为45，【目标距离】为1000.879，如下右图所示。

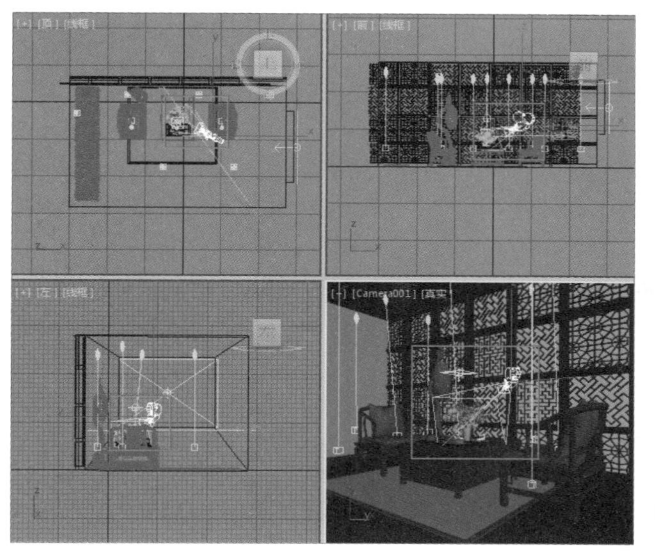

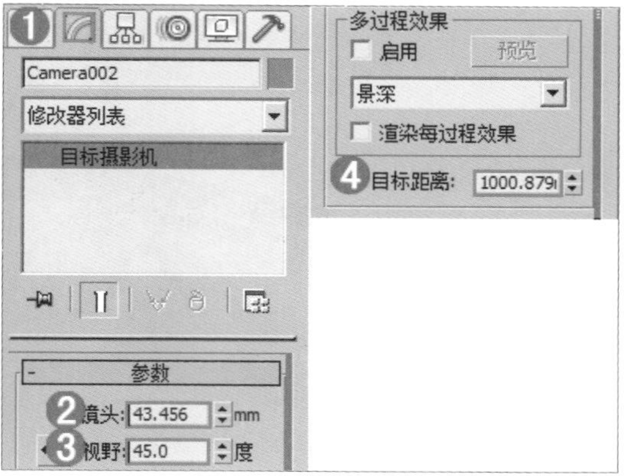

Step 02 在左视图创建1台【目标】摄像机照向立式台灯，再适当地进行调整，如下左图所示。在【修改】面板中，设置【镜头】为43.456，【视野】为45，【目标距离】为1000.879，如下右图所示。

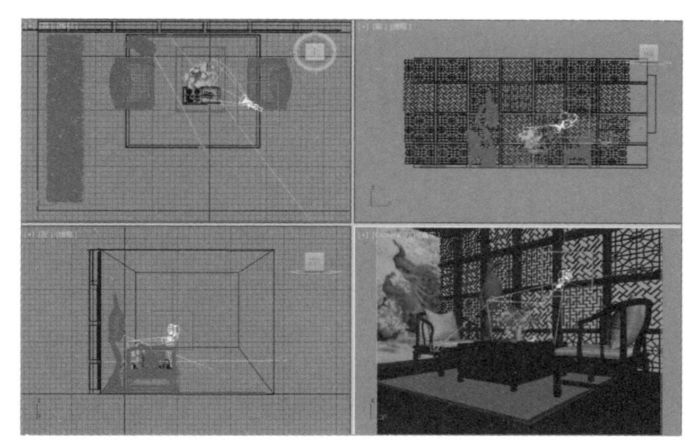

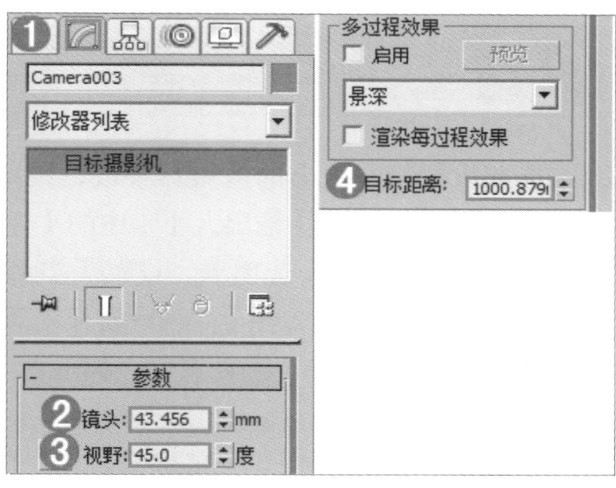

Step 03 在透视图中按快捷键C，切换到摄影机视图，如下图所示。

Step 04 选择摄影机，单击鼠标右键，执行【应用摄影机校正修改器】命令，如下图所示。

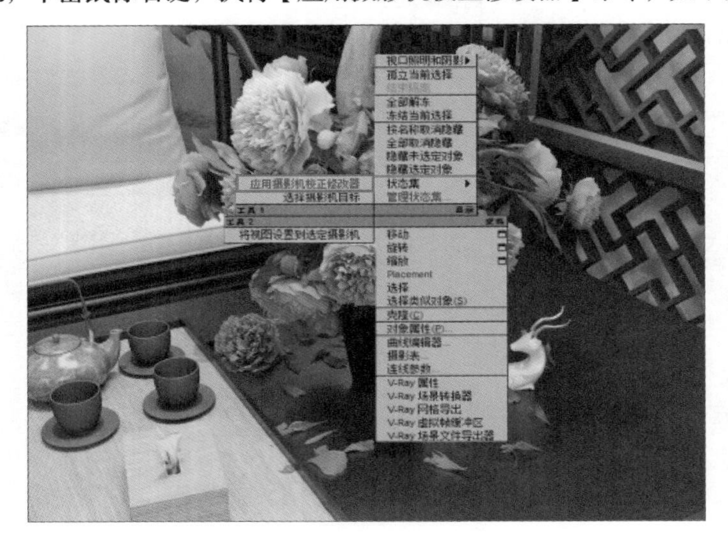

Section 6.5 渲染器参数设置

Step 01 要设置最终渲染的渲染器参数，则单击（渲染设置）按钮，会自动弹出设置面板，选择【公用】选项卡，设置【输出大小】中的【宽度】为1500，【高度】为1125，如下左图所示。

Step 02 选择【V-Ray】选项卡，设置【类型】为【自适应】，勾选【图像过滤器】复选框，【过滤器】设置为【Catmull-Rom】。然后展开【颜色贴图】卷展栏，设置【类型】为【指数】，勾选【子像素贴图】和【钳制输出】复选框，如下右图所示。

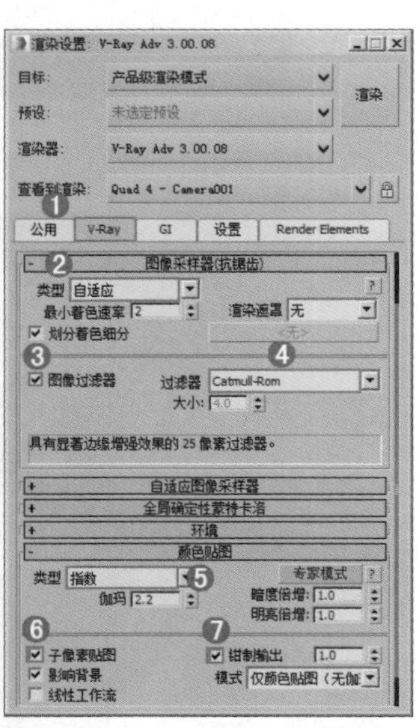

技巧提示：渲染图像的宽度和高度

设置小参数值是为了节约渲染光子贴图和灯光贴图的时间，测试场景时也能够提高工作效率。

Step 03 选择【GI】选项卡，展开【全局照明】卷展栏，勾选【启用全局照明（GI）】复选框，设置【首次引擎】为【发光图】，【二次引擎】为【灯光缓存】；展开【发光图】卷展栏，将【当前预设】设置为【中】，【细分】为50和【插值采样】为20，勾选【显示计算相位】和【显示直接光】复选框；展开【灯光缓存】卷展栏，【细分】为1500，如下图所示。

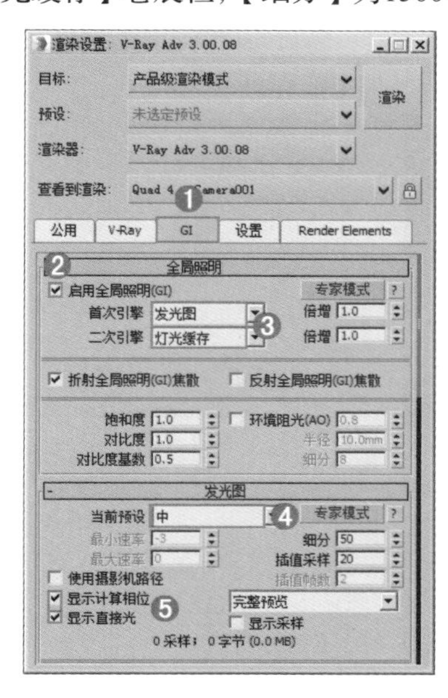

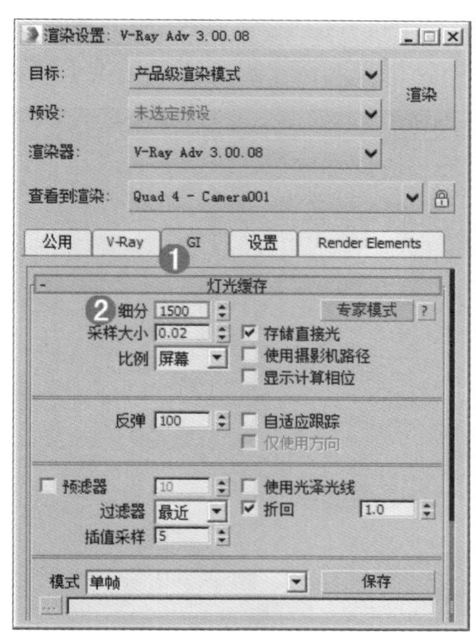

Step 04 选择【设置】选项卡，展开【系统】卷展栏，取消勾选【显示消息日志窗口】复选框，如下左图所示。

Step 05 选择【Render Elements】选项卡，单击【添加】按钮并选择【VRayWireColor】选项，如下右图所示。

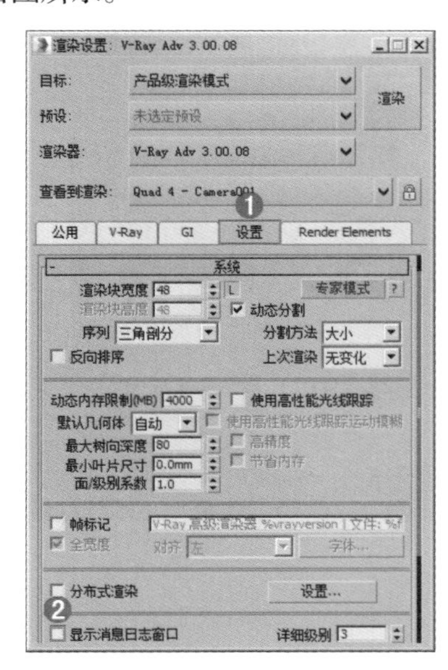

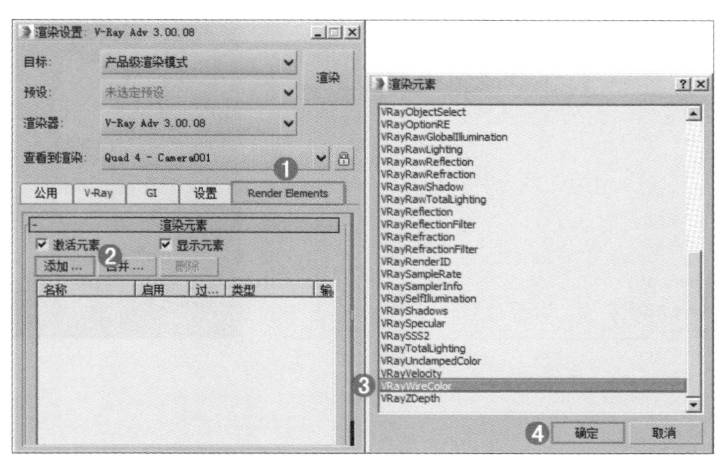

技巧提示：【灯光缓存】参数设置

【细分】的默认值为1000，最大可以设置为65000。由于【灯光缓存】放置在【二次引擎】中，所以这个数值在预渲染时一般设置为100至300之间，最终渲染时可以提高到1500。

Section 6.6 Photoshop后期处理

Step 01 在Photoshop中打开渲染出的效果图，如下左图所示，执行【图像】|【调整】|【阴影/高光】命令，在弹出的对话框中勾选【显示更多选项】复选框，如下右图所示。

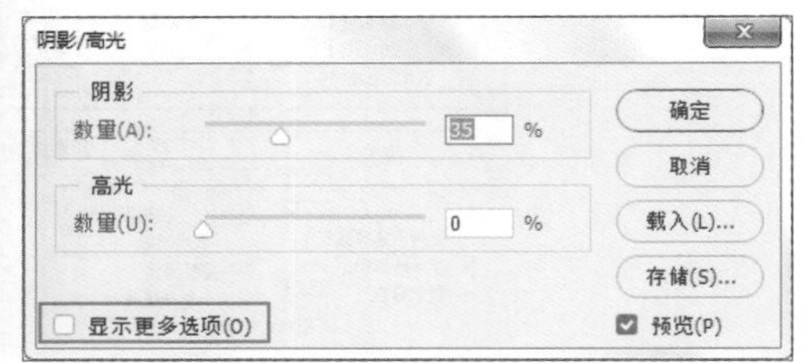

Step 02 在【阴影/高光】对话框中设置【阴影】的【数量】为35%，【色调】为60%，【半径】为30像素。设置【高光】的【色调】为50%，【半径】为30像素。设置【颜色】为100，【中间调】为40，如下左图所示，效果如下右图所示。

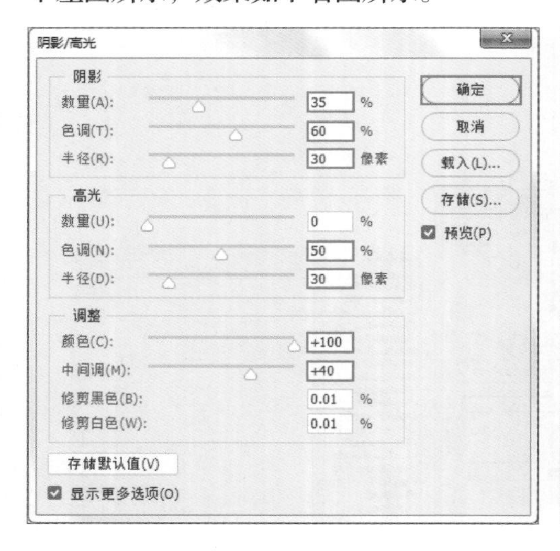

Chapter 7 3ds Max & VRay & Photoshop

美式风格餐厅

▎美式风格的色彩特点　▎VR-太阳制作阳光　▎创建更突出的摄影机视角

场景文件	07.max
案例文件	美式风格餐厅.max
视频教学	美式风格餐厅.flv
难易指数	★★★★☆
技术掌握	掌握目标灯光、VR灯光、VRayMtl材质、衰减贴图的应用

实例介绍

本例介绍的是一个美式风格的餐厅场景，室内明亮的灯光表现主要使用了目标灯光和VR灯光来制作，并使用VRayMtl来制作本案例的主要材质。

Section 7.1 VRay渲染器的设置

Step 01 打开本书实例文件【第7章 美式风格餐厅/07.max】，如下图所示。

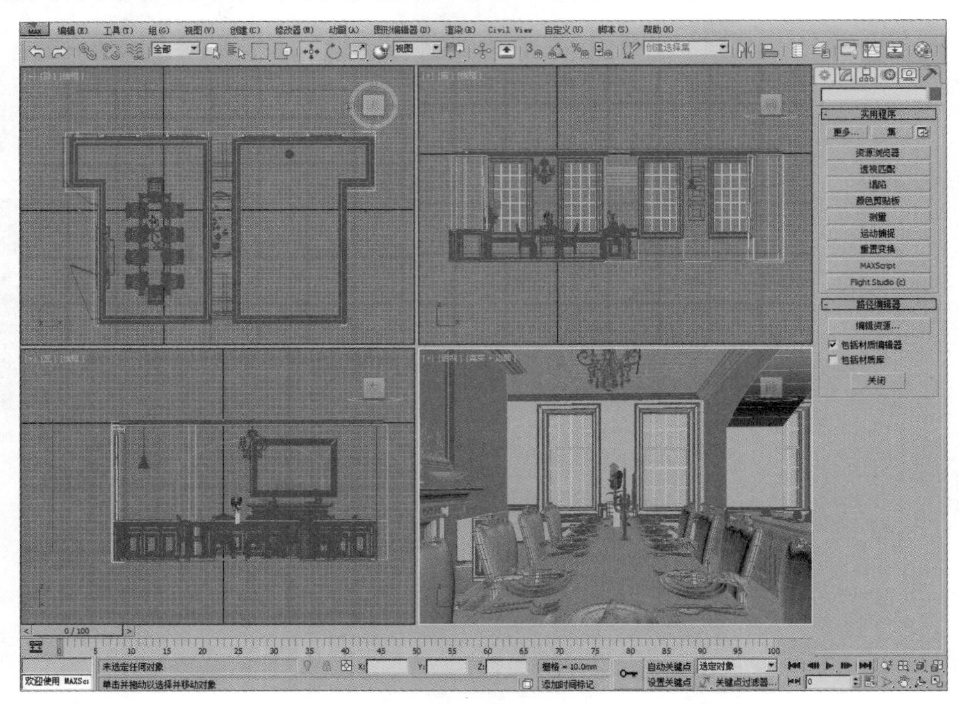

Step 02 按F10键，打开【渲染设置】面板，选择【公用】选项卡，在【指定渲染器】卷展栏下单击...按钮，在弹出的【选择渲染器】对话框中选择【V-Ray Adv 3.00.08】选项。此时在【指定渲染器】卷展栏中的【产品级】后面显示了【V-Ray Adv 3.00.08】，【渲染设置】面板中出现了【V-Ray】、【GI】、【设置】选项卡，如下图所示。

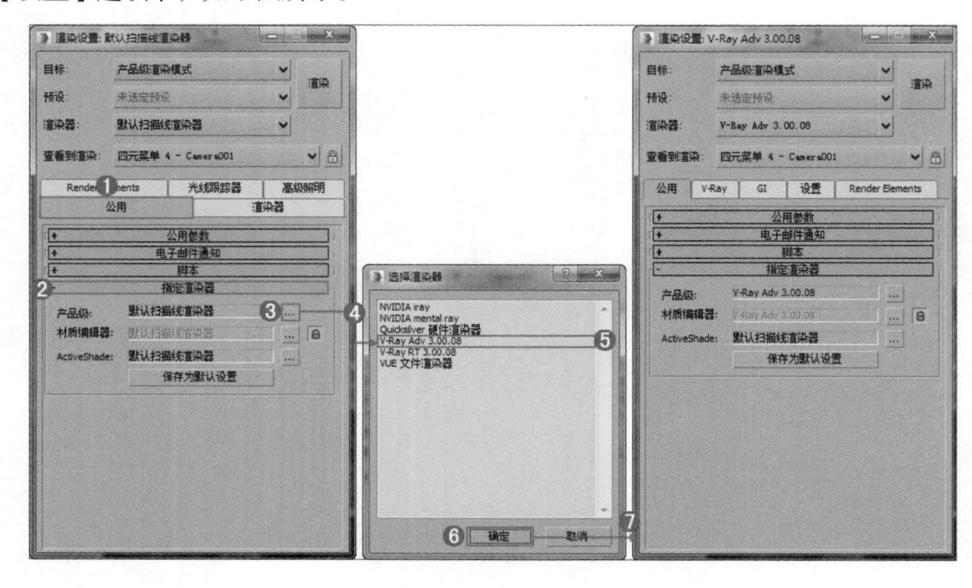

Section 7.2 材质的制作

下面就来讲述场景中主要材质的调节方法，包括瓷砖、墙、白色柜子、木纹柜子、椅子靠背、茶几腿、茶几桌面、地毯、背景、瓷盘、金属叉子、吊灯材质的制作，效果如下图所示。

7.2.1 瓷砖材质的制作

Step 01 单击一个材质球，设置材质类型为【VRayMtl】材质，命名为【瓷砖】。在【漫反射】后面的通道上加载【超白洞石.jpg】贴图，单击【查看图像】按钮，并设置【瓷砖】的【U/V】为3和1。设置【反射】为深灰色（红：50，绿：50，蓝：50），【细分】为20，如下图所示。

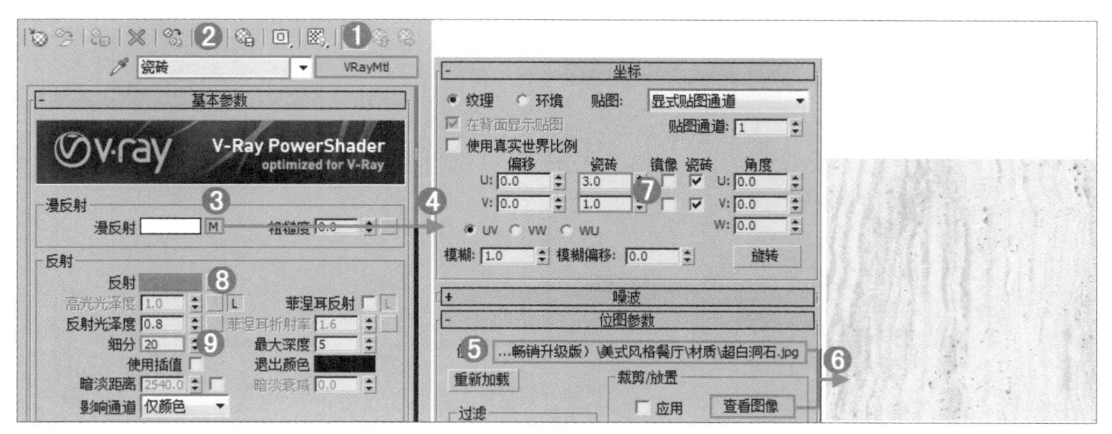

Step 02 双击材质球，效果如下左图所示。

Step 03 选择地面部分的模型，单击（将材质指定给选定对象）按钮，将制作完毕的瓷砖材质赋给场景中的地面部分模型，如下右图所示。

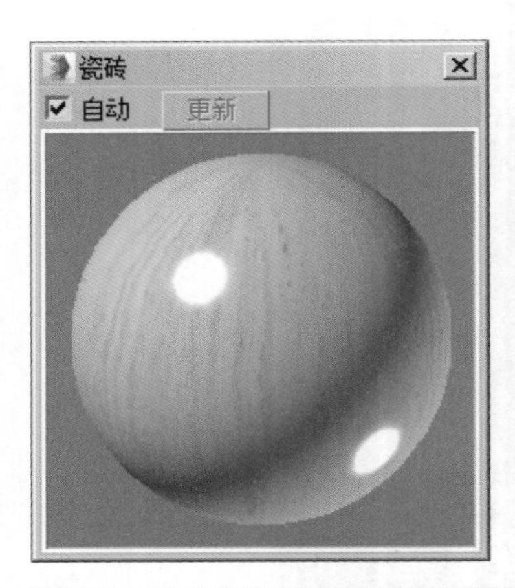

技巧提示：如何调节瓷砖贴图

瓷砖模型加载贴图后不匹配，可以在【修改器列表】加载【UVW贴图】修改器，选择【长方形】，然后在适度调节参数。

7.2.2 墙材质的制作

Step 01 单击一个材质球，设置材质类型为【VRayMtl】材质，命名为【墙】。设置【漫反射】为浅绿色（红：65，绿：86，蓝：37），【反射】为深灰色（红：8，绿：8，蓝：8），【反射光泽度】为0.65，【细分】为30，如下左图所示。

Step 02 双击材质球，效果如下右图所示。

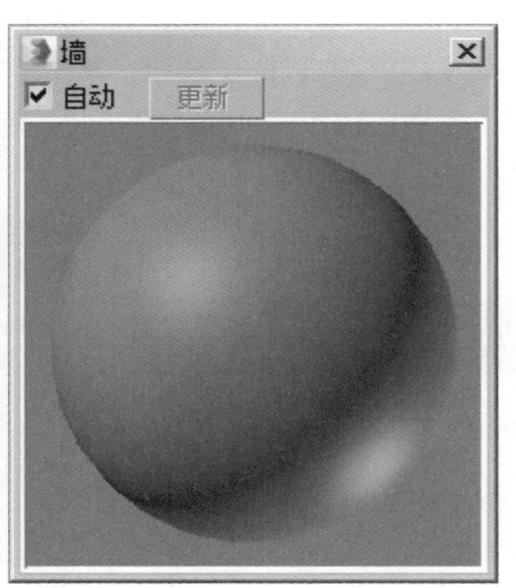

Step 03 选择墙面部分模型，单击（将材质指定给选定对象）按钮，将制作完毕的墙面材质赋给场景中的墙面部分模型，如下图所示。

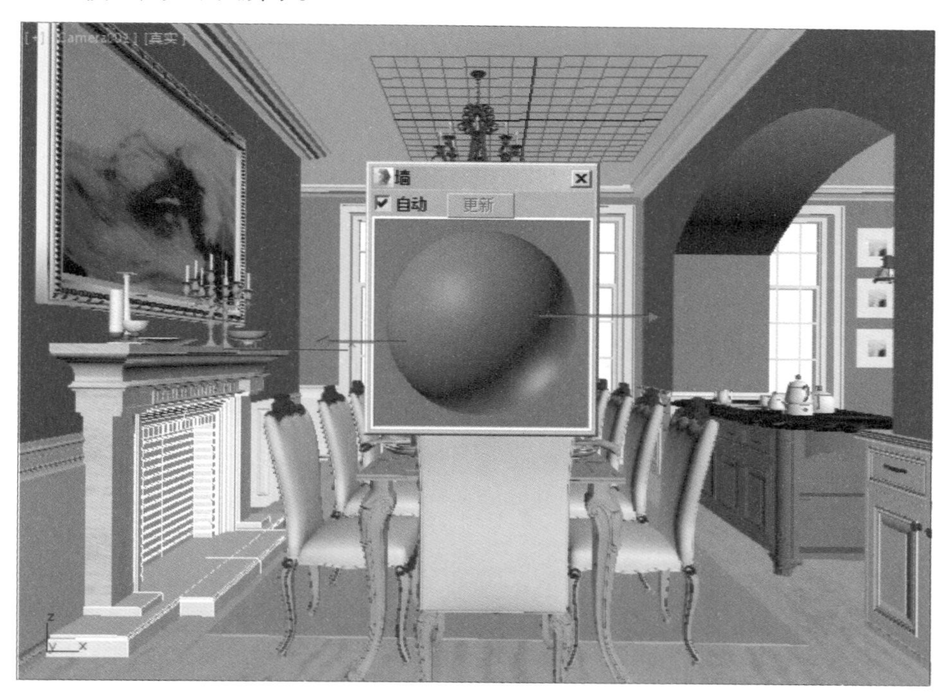

7.2.3 白色柜子材质的制作

Step 01 单击一个材质球，设置材质类型为【VRayMtl】材质，命名为【白色柜子】。设置【漫反射】为浅灰色（红：230，绿：230，蓝：230），设置【反射】为浅灰色（红：208，绿：208，蓝：208），勾选【菲涅耳反射】复选框，设置【反射光泽度】为0.9，【细分】为15，如下左图所示。

Step 02 双击材质球，如下右图所示。

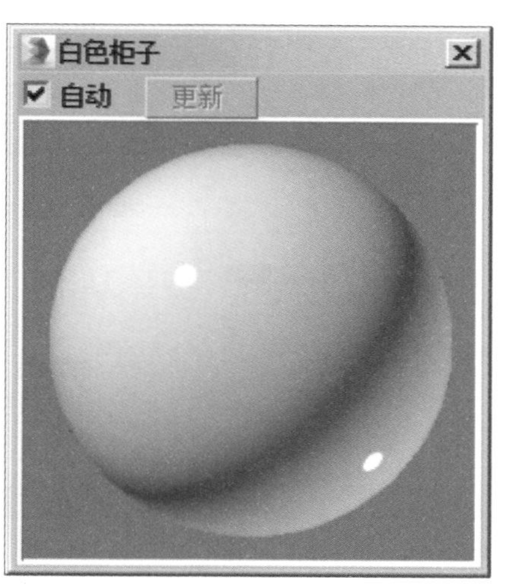

技巧提示：【菲涅耳反射】复选框使用

设置反射颜色，然后再勾选【菲涅耳反射】复选框后，反射的强度会大大减弱，会产生过渡柔和的反射效果。

Step 03 选择部分柜子模型，单击（将材质指定给选定对象）按钮，将制作完毕的白色柜子材质赋给场景中被选的柜子部分模型，如下图所示。

7.2.4 木纹柜子材质的制作

Step 01 单击一个材质球，设置材质类型为【VRayMtl】材质，命名为【木纹柜子】。在【漫反射】后面的通道上加载【衰减】程序贴图，并在第一个颜色通道上加载【s2.jpg】贴图，在第二个颜色通道上加载【旧木03.jpg】贴图。在【反射】后面的通道上加载【衰减】程序贴图，设置【衰减类型】为【Fresnel】，设置【高光光泽度】为0.65，【反射光泽度】为0.7，【细分】为40，如下图所示。

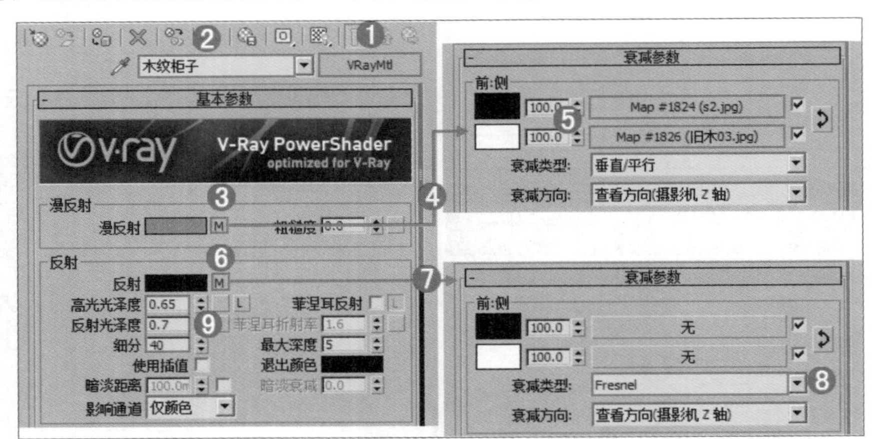

技巧提示：常用衰减类型

【衰减类型】分为五种：【朝向/背离】、【垂直/平行】、【Fresnel】、【阴影/灯光】和【距离混合】，最常用的是【垂直/平行】和【Fresnel】两种类型，【垂直/平行】类型在与衰减方向相垂直的面法线和衰减方向相平行的法线之间设置角度衰减范围，衰减范围为基于面法线方向改变 90 度（默认设置）；【Fresnel】类型基于折射率（IOR）的调整，在面向视图的曲面上产生暗淡反射，在有角的面上产生较明亮的反射，可以创建就像在玻璃面上一样的高光。

Step 02 双击材质球，效果如下左图所示。

Step 03 选择部分柜子模型，单击（将材质指定给选定对象）按钮，将制作完毕的木纹柜子材质赋给场景中的柜子部分模型，如下右图所示。

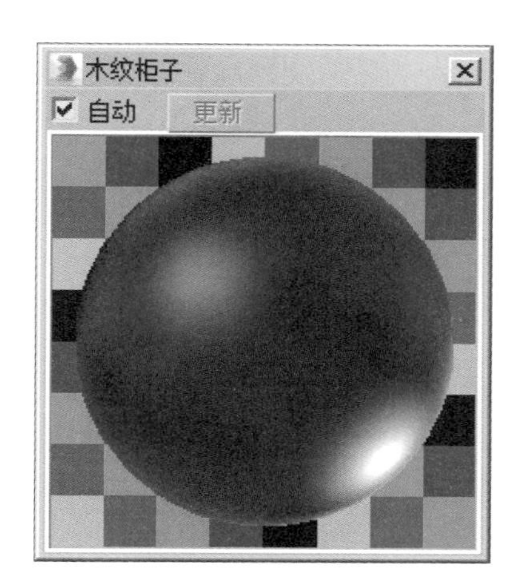

7.2.5 椅子靠背材质的制作

Step 01 单击一个材质球，设置材质类型为混合材质，命名为【椅子靠背】，如下左图所示。

Step 02 单击【材质1】后面的通道按钮，并为其加载【VRayMtl】材质。在【漫反射】后面的通道上加载【衰减】程序贴图，并设置两个颜色分别为浅黄色（红：176，绿：161，蓝：140）和浅黄色（红：218，绿：211，蓝：200）。设置【反射】为深灰色（红：50，绿：50，蓝：50），勾选【菲涅耳反射】复选框，【菲涅耳折射率】为2。设置【高光光泽度】为0.45，【反射光泽度】为0.75，【细分】为50，如下右图所示。

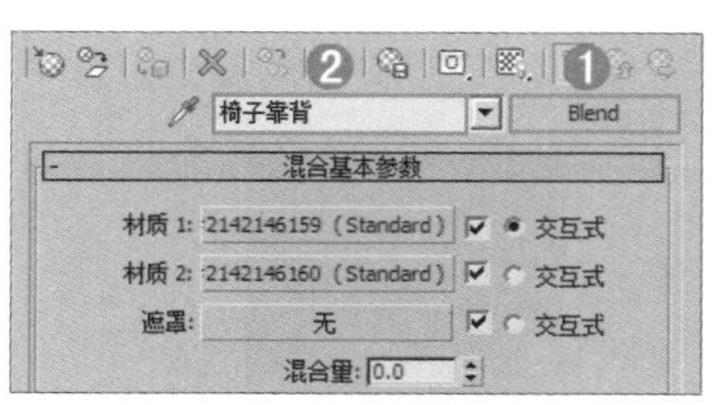

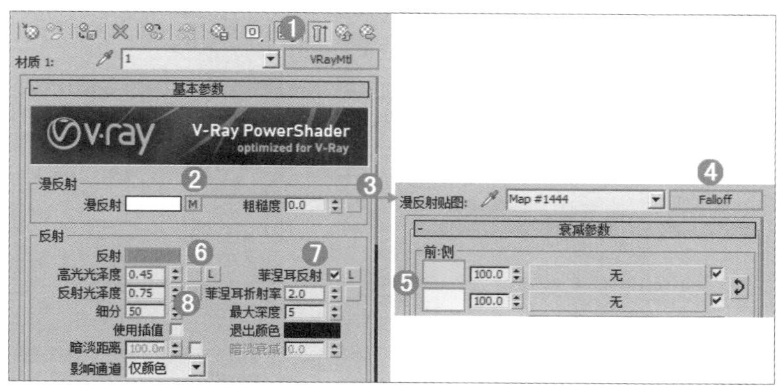

技巧提示：混合材质的详细解释

该椅子靠背采用【混合】材质，通过蒙版效果来控制材质的黑色和白色，在这里【材质1】控制蒙版贴图的黑色，【材质2】控制蒙版贴图的白色。

Step 03 展开【贴图】卷展栏，在【凹凸】通道上加载【Arch30_towelbump5.jpg】贴图文件，单击【查看图像】按钮，设置【瓷砖】的【U】和【V】为2，设置【角度】的【W】为45，最后设置【凹凸】值为44，如下图所示。

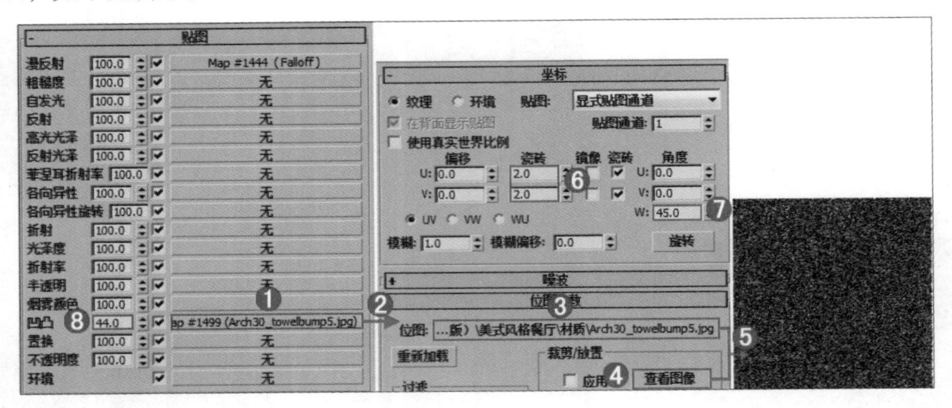

Step 04 单击【材质2】后面的通道按钮，并为其加载【VRayMtl】材质。在【漫反射】后面的通道上加载【衰减】程序贴图，并设置两个颜色分别为深褐色（红：78，绿：69，蓝：57）和深褐色（红：95，绿：85，蓝：70），【衰减类型】为【Fresnel】，如下图所示。

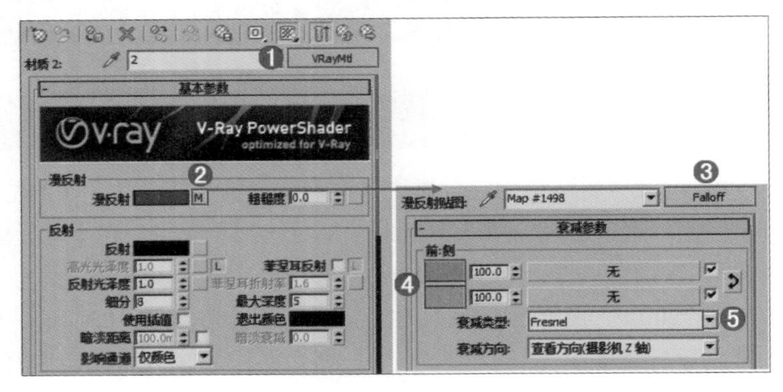

Step 05 单击【遮罩】后面的通道按钮，并为其加载【g1.jpg】贴图，设置【瓷砖】的【U】和【V】为0.5，【角度】的【V】和【W】为45，如下图所示。

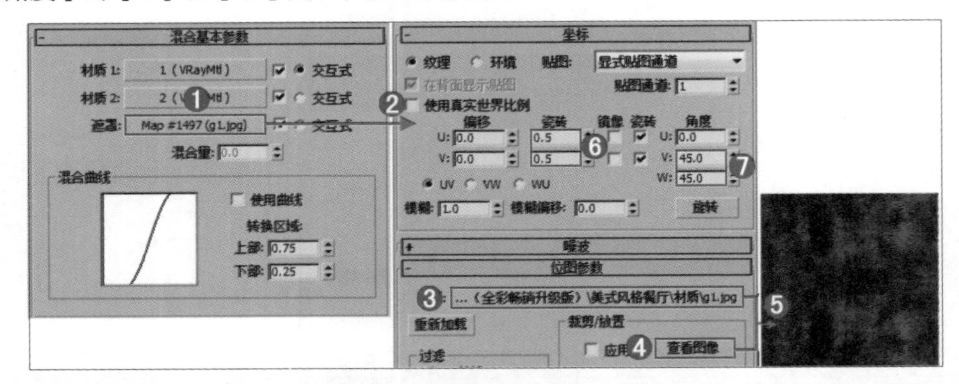

技巧提示：材质的【凹凸】设置

该材质的凹凸参数是根据物体的实际尺寸来设置，在这里我们为了得到高超效果，设置为44，大家可以根据效果自由调节。

Step 06 双击材质球，效果如下左图所示。

Step 07 选择椅子模型，单击（将材质指定给选定对象）按钮，将制作完毕的椅子靠背材质赋给场景中的椅子的坐垫和靠背部分的模型，如下右图所示。

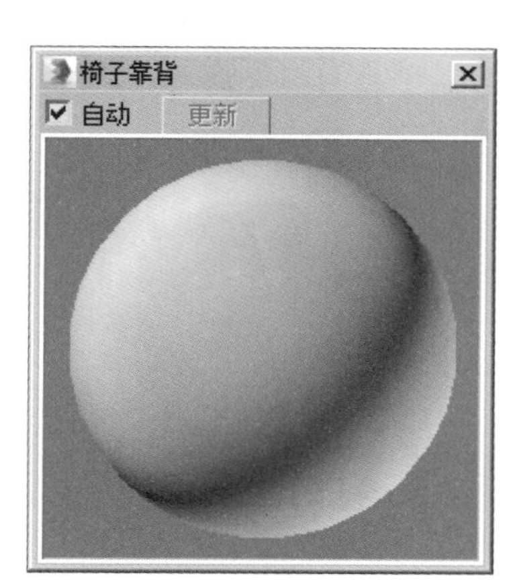

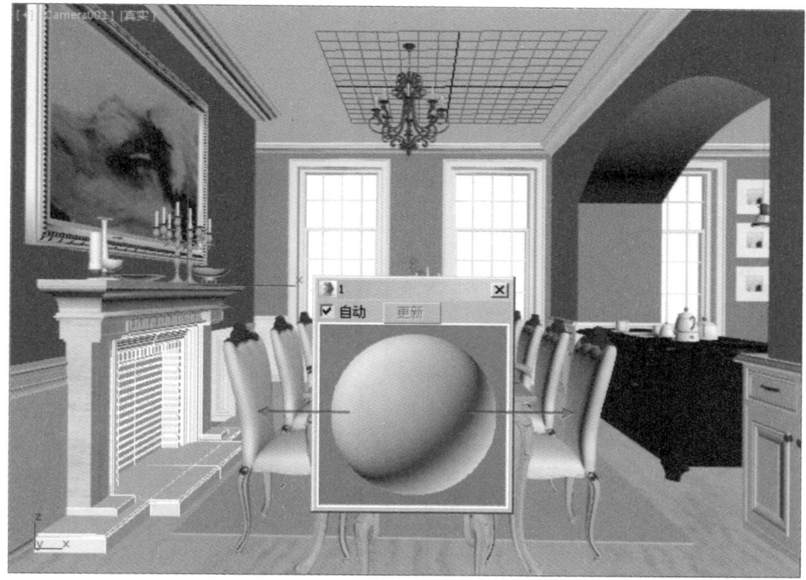

7.2.6 茶几腿材质的制作

Step 01 单击一个材质球，设置材质类型为【VRayMtl】材质，命名为【茶几腿】。在【漫反射】后面的通道上加载【旧木03.jpg】贴图。在【反射】后面的通道上加载【衰减】程序贴图，并设置【衰减类型】为【Fresnel】，勾选【菲涅耳反射】复选框，设置【菲涅耳折射率】为2.3。设置【高光光泽度】为0.75，【反射光泽度】为0.85，【细分】为50，如下图所示。

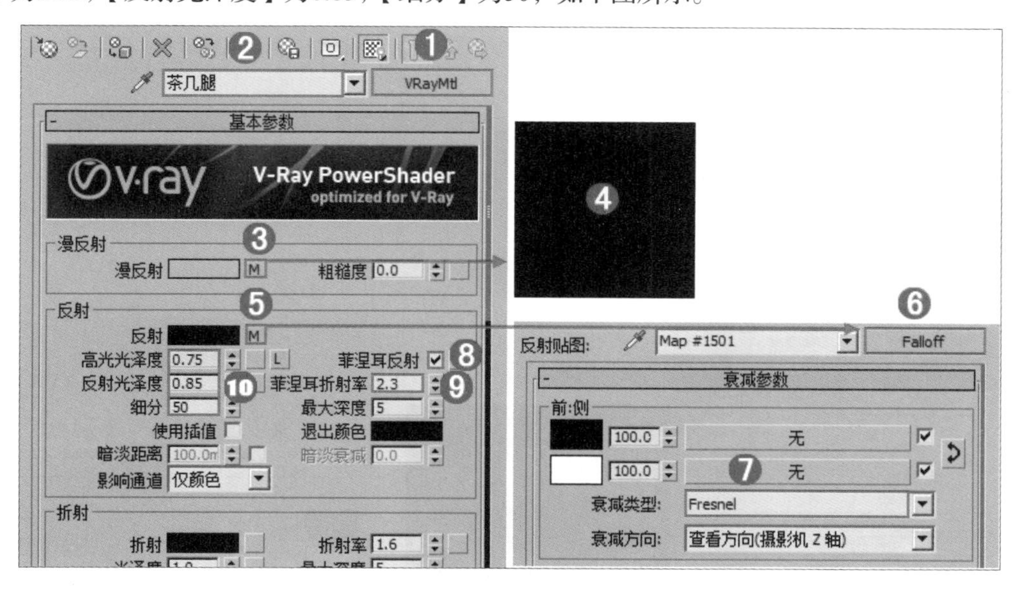

Step 02 双击材质球，效果如下左图所示。

Step 03 选择茶几腿模型，单击（将材质指定给选定对象）按钮，将制作完毕的茶几腿材质赋给场景中的茶几腿部分模型，如下右图所示。

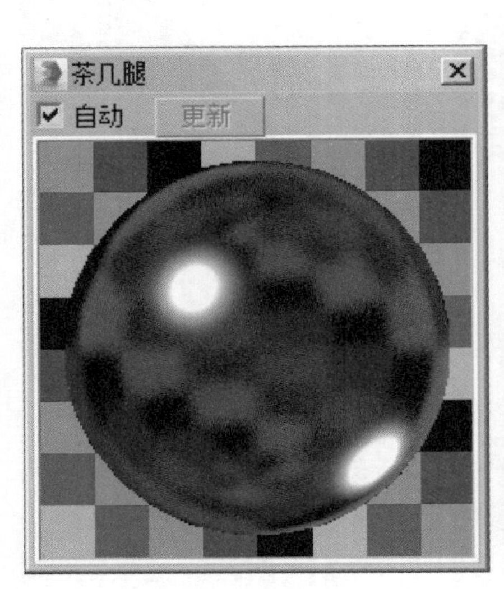

7.2.7 茶几桌面材质的制作

Step 01 单击一个材质球，设置材质类型为【VRayMtl】材质，命名为【茶几桌面】。在【漫反射】后面的通道上加载【Archmodels59_wood_0111.jpg】贴图，单击【查看图像】按钮，设置【偏移】的【U】为-1.1，【瓷砖】的【U】为0.6，【V】为0.3，【角度】的【W】为90，如下左图所示。

Step 02 在【反射】通道上加载【衰减】程序贴图，设置【衰减类型】为【Fresnel】。最后设置【高光光泽度】为0.78，【反射光泽度】为0.95，【细分】为50，如下右图所示。

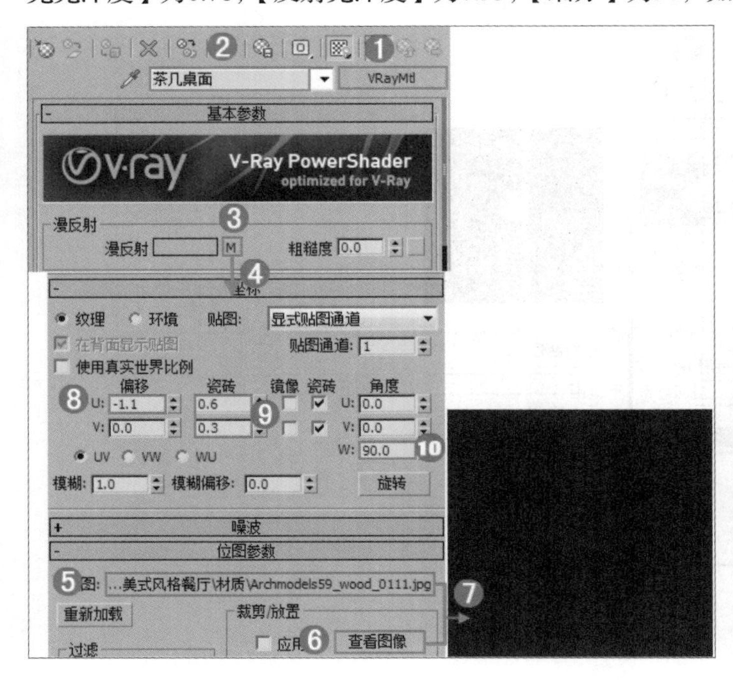

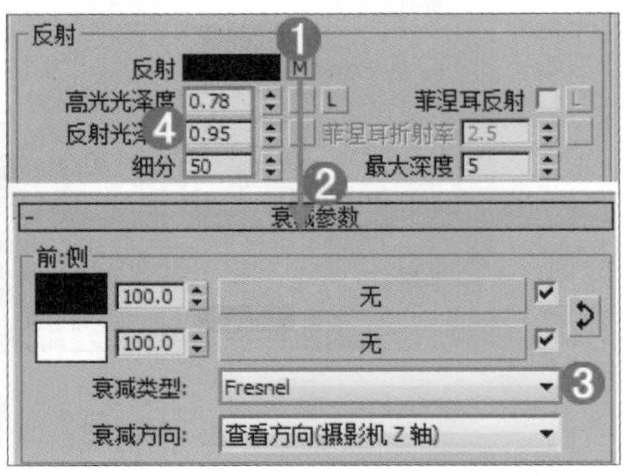

Step 03 双击材质球，效果如下左图所示。

Step 04 选择茶几桌面模型，单击（将材质指定给选定对象）按钮，将制作完毕的茶几桌面材质赋给场景中的茶几桌面部分模型，如下右图所示。

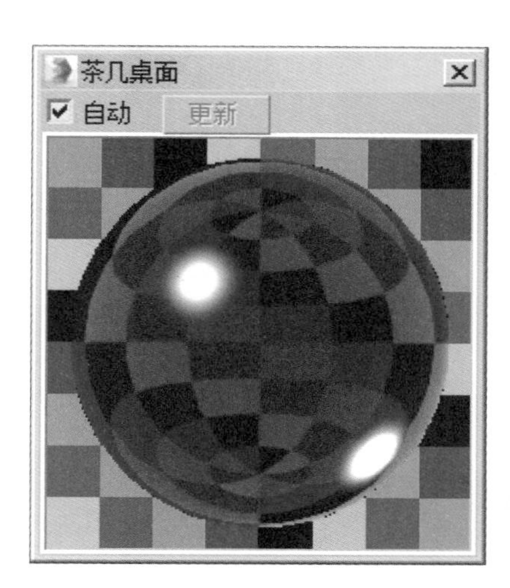

7.2.8 地毯材质的制作

Step 01 单击一个材质球，设置材质类型为【标准】材质，命名为【地毯】。在【漫反射】后面的通道上加载【框画(1).jpg】贴图，如下左图所示。

Step 02 双击材质球，效果如下右图所示。

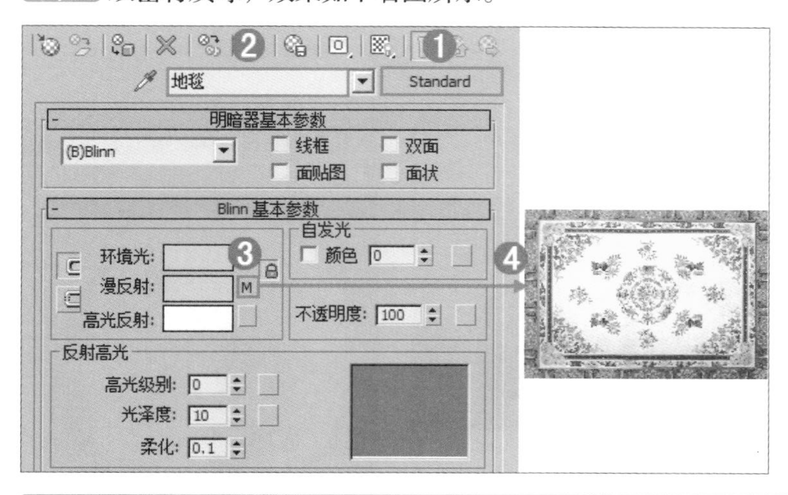

技巧提示：加载贴图的作用

在【漫反射】后面的通道上加载贴图，是为了在渲染时有着更清晰真实的效果。

Step 03 选择地毯模型，单击（将材质指定给选定对象）按钮，将制作完毕的地毯材质赋给场景中的地毯部分模型，如下图所示。

7.2.9 背景环境材质的制作

Step 01 单击一个材质球，设置材质类型为【VR-灯光材质】材质，命名为【背景环境】。设置【颜色】后的数值为2，在后面的通道上加载【archinteriors_vol6_005_background.jpg】贴图，如下左图所示。

Step 02 双击材质球，效果如下右图所示。

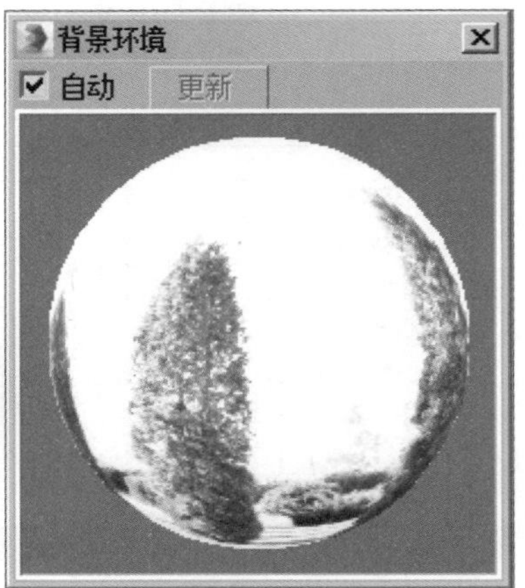

技巧提示:【VR-灯光材质】的主要作用

【VR-灯光材质】是VR材质中的一种发光材质，打开材质编辑器，选择VR灯光材质，在编辑面板上面可以看到灯光强度、颜色一级贴图选项，强度颜色不用说了，你可以编辑好一个材质球，拖入贴图通道，就可以看到效果了，一般和材质包裹器同时使用效果会好些，比如做夜景的灯箱之类。

Step 03 选择背景模型，单击 （将材质指定给选定对象）按钮，将制作完毕的背景环境材质赋给场景中的背景部分模型，如下图所示。

7.2.10 瓷盘材质的制作

Step 01 单击一个材质球，设置材质类型为【VRayMtl】材质，命名为【瓷盘】。设置【漫反射】为白色（红：240，绿：240，蓝：240），【反射】颜色为白色（红：255，绿：255，蓝：255），勾选【菲涅耳反射】复选框，设置【反射光泽度】为0.9，【细分】为20，如下左图所示。

Step 02 双击材质球，效果如下右图所示。

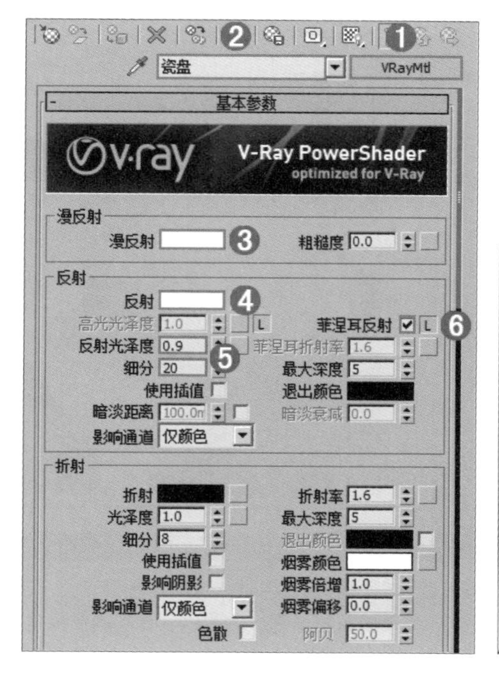

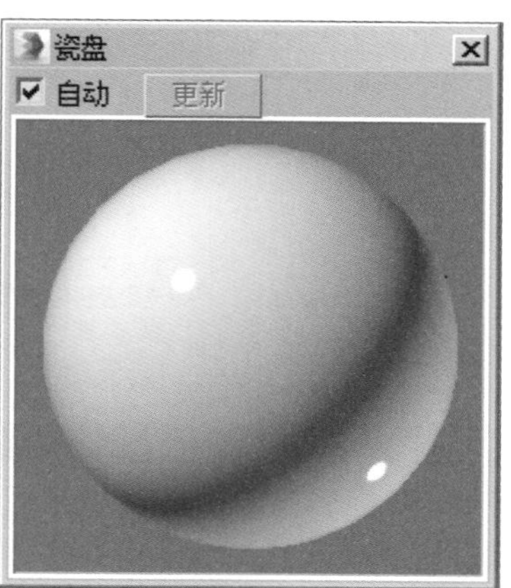

Step 03 选择盘子模型，单击（将材质指定给选定对象）按钮，将制作完毕的瓷盘材质赋给场景中的盘子模型，如下图所示。

7.2.11 金属叉子材质的制作

Step 01 单击一个材质球，设置材质类型为【VRayMtl】材质，命名为【金属叉子】。设置【漫反射】为深灰色（红：70，绿：70，蓝：70），【反射】颜色为浅灰色（红：180，绿：180，蓝：180），设置【高光光泽度】为0.6，【反射光泽度】为0.95，【细分】为30，如下左图所示。

Step 02 双击材质球，效果如下右图所示。

技巧提示：瓷盘材质设置难点

在制作瓷盘材质时，难点在于设置【反射】的数值。当设置反射颜色为白色时，渲染会起到完全反射的效果，会使得材质看起来像镜面，而不是瓷盘，因此必须要勾选【菲涅耳反射】复选框，才能达到真实的反射效果。

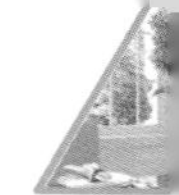

Step 03 选择叉子模型，单击（将材质指定给选定对象）按钮，将制作完毕的金属叉子材质赋给场景中的叉子模型，如下图所示。

技巧提示：金属反射调节

白金属反射虽强，但我们所看到的真实金属多少会有一定的衰减，因此在这里将【反射】颜色设为浅灰色，【高光光泽度】为0.6，【反射光泽度】为0.95，【细分】为30，以此可以更好的突出金属特性。

7.2.12 吊灯材质的制作

Step 01 单击一个材质球，设置材质类型为多维/子对象材质，命名为【吊灯】。单击【设置数量】按钮，并设置【材质数量】为2，如下左图所示。

Step 02 此时面板中将出现了2个ID的效果，如下右图所示。

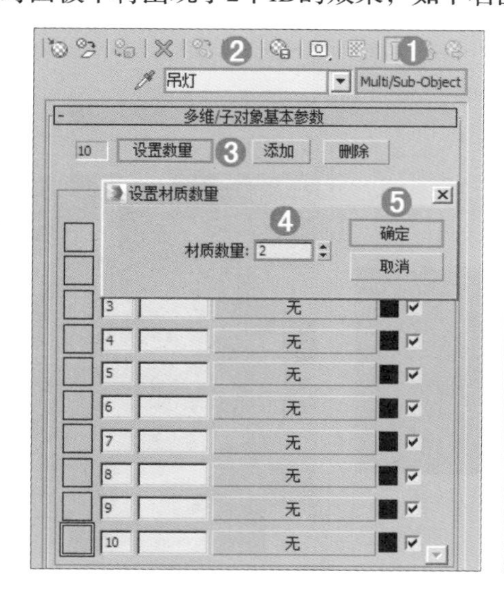

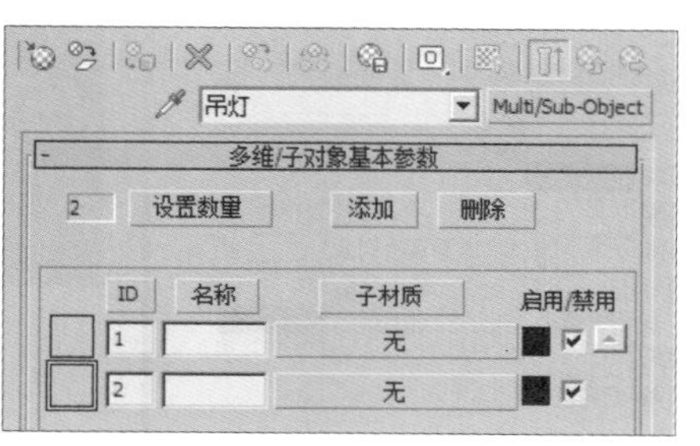

Step 03 单击ID1后面的通道按钮，并为其加载【VRayMtl】材质，命名为【吊灯水晶】。设置【漫反射】颜色为白色（红：255，绿：255，蓝：255），在【反射】后面的通道上加载【衰减】贴图，设置【衰减类型】为【Fresnel】，然后在【折射】后面的通道加载【衰减】贴图，分别设置颜色为【白色】（红：255，绿：255，蓝：255）和【浅灰色】（红：180，绿：180，蓝：180），设置【衰减类型】为【垂直/平行】，然后设置混合曲线，如下图所示。

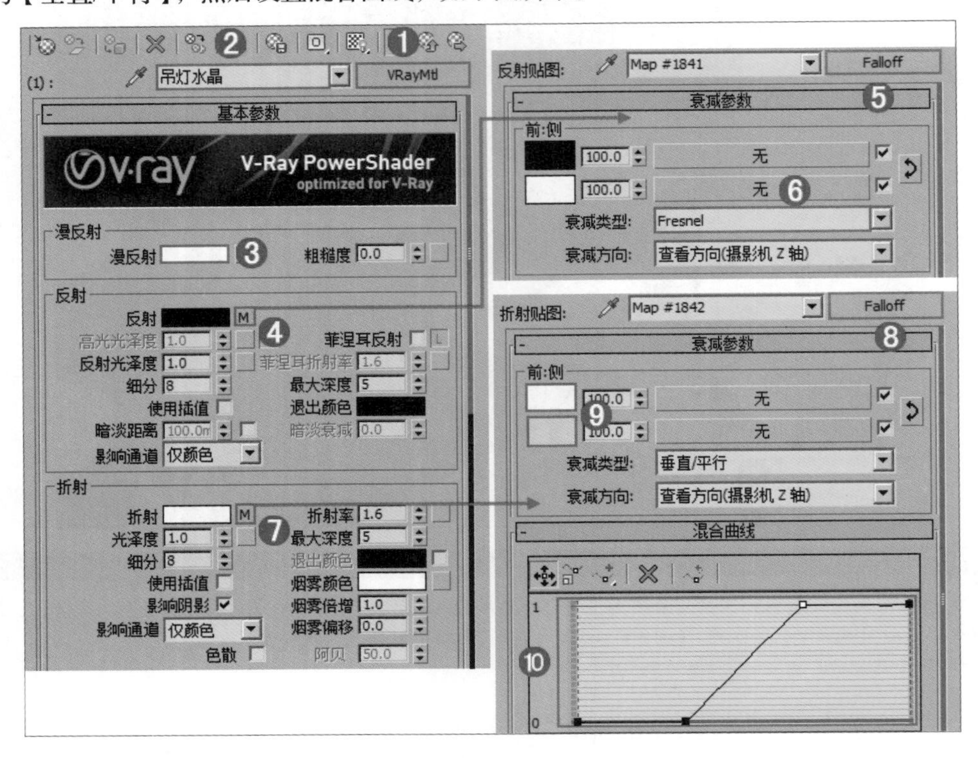

Step 04 单击ID2后面的通道按钮，并为其加载【VRayMtl】材质，命名为【吊灯金属】。在【漫反射】和【反射】通道上加载【GDC6537fad.jpg】贴图文件。设置【高光光泽度】为0.7，【反射光泽度】为0.75，【细分】为50，最后勾选【菲涅耳反射】复选框，设置【菲涅耳折射率】为3，如下左图所示。

Step 05 双击材质球，效果如下右图所示。

Step 06 选择吊灯模型，单击 （将材质指定给选定对象）按钮，将制作完毕的吊灯材质赋给场景中的吊灯模型，如下图所示。

Section 7.3 灯光的制作

本案例需要模拟白天的光照效果，要制作出比较自然的灯光效果，就需要根据白天的光照特点进行模拟。本案例可以通过创建VR-太阳、VR-灯光进行制作。

7.3.1 VR-太阳光的创建

Step 01 在视图中创建一盏【VR-太阳】，如下左图所示。

Step 02 在【修改】面板中，设置【强度倍增】为0.06，设置【大小倍增】为10，【阴影细分】为30，如下右图所示。

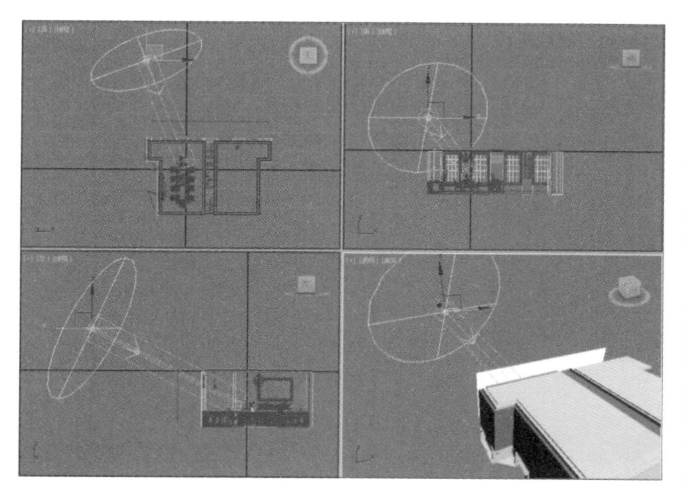

7.3.2 窗口位置灯光的创建

Step 01 在前视图中创建4盏VR-灯光，放置到窗口位置，如下左图所示。

Step 02 在【修改】面板中，设置【倍增】为1.8，【大小】的【1/2长】为35mm，【1/2宽】为70mm，勾选【不可见】复选框，【细分】为30，如下右图所示。

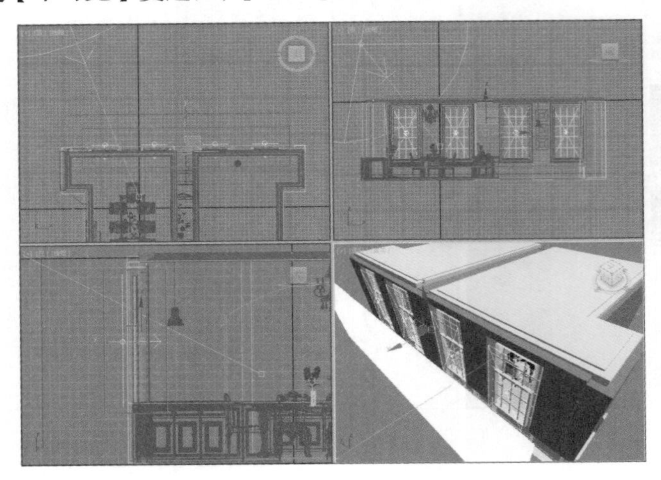

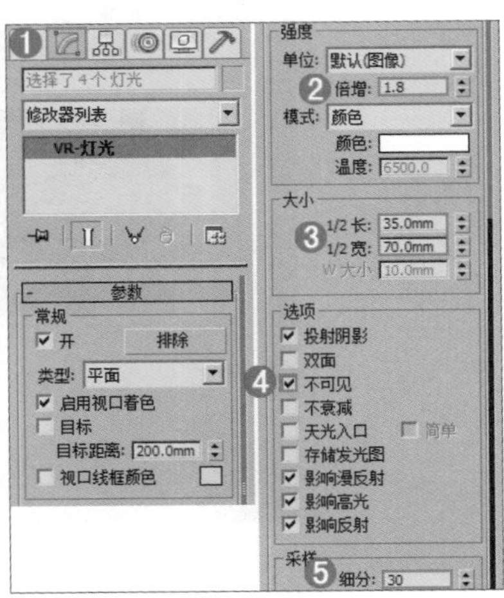

Section 7.4 目标摄影机的创建

3ds Max中的摄影机不仅可以为视图设计一个特定角度，而且还可以将视角设置的更大或更小。

7.4.1 第一个目标摄影机的创建

Step 01 在视图中创建一台目标摄影机，如下左图所示。

Step 02 在【修改】面板中，设置【镜头】为24.5，【视野】为72.56。勾选【手动剪切】复选框，设置【近距剪切】为110mm，【远距剪切】为780mm，【目标距离】为352.5mm，如下右图所示。

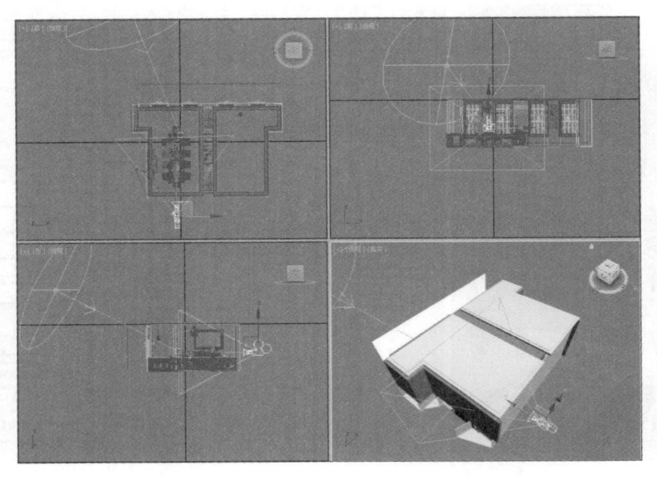

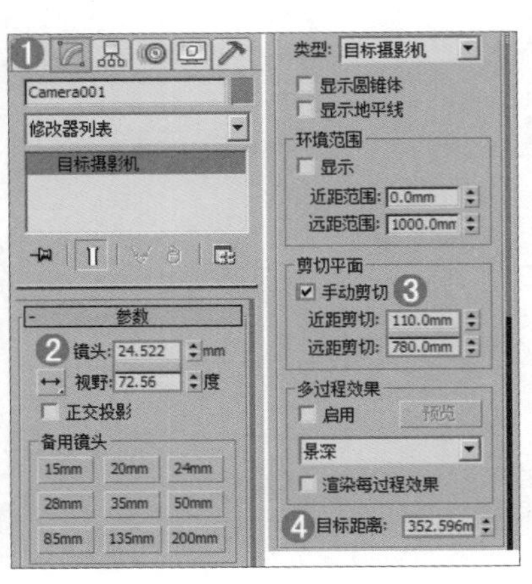

Step 03 在透视图中按快捷键C，切换到摄影机视图，如右图所示。

Step 04 选择摄影机，单击鼠标右键，执行【应用摄影机校正修改器】命令，如右图所示。

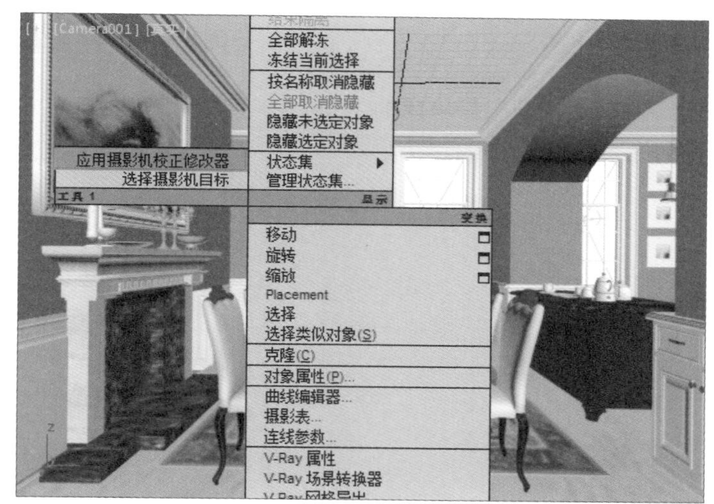

7.4.2 第二个目标摄影机的创建

Step 01 在视图中创建第2台目标摄影机，如右图所示。

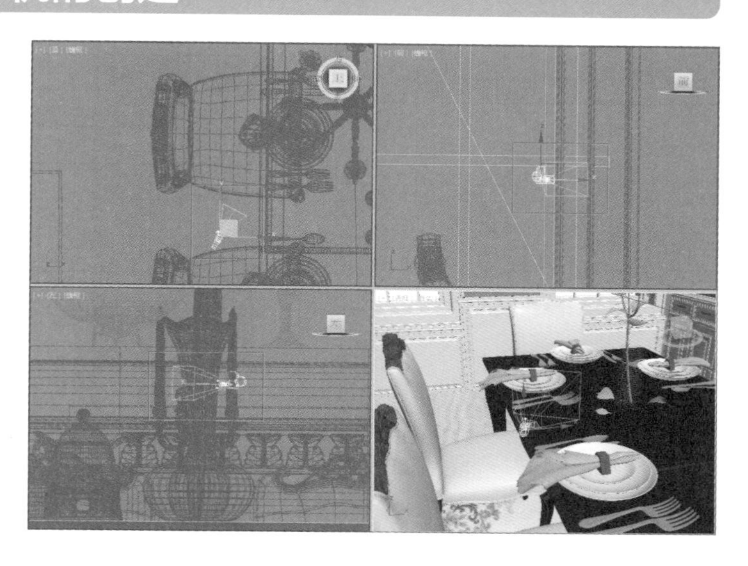

Step 02 在【修改】面板中，设置【镜头】为43.456，【视野】为45，【目标距离】为8.4mm，如右图所示。

Step 03 在透视图中按快捷键C，切换到摄影机视图，如右图所示。

Step 04 选择摄影机，单击鼠标右键，执行【应用摄影机校正修改器】命令，如右图所示。

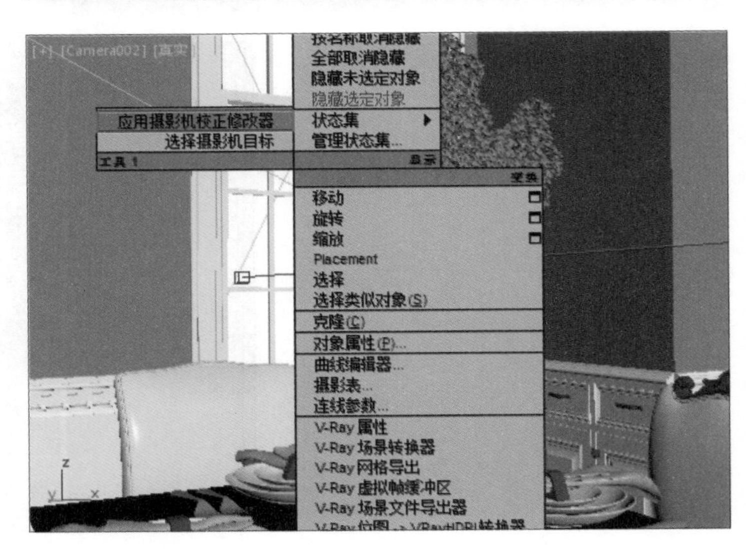

7.4.3 第三个目标摄影机的创建

Step 01 在视图中创建第3台目标摄影机，如下图所示。

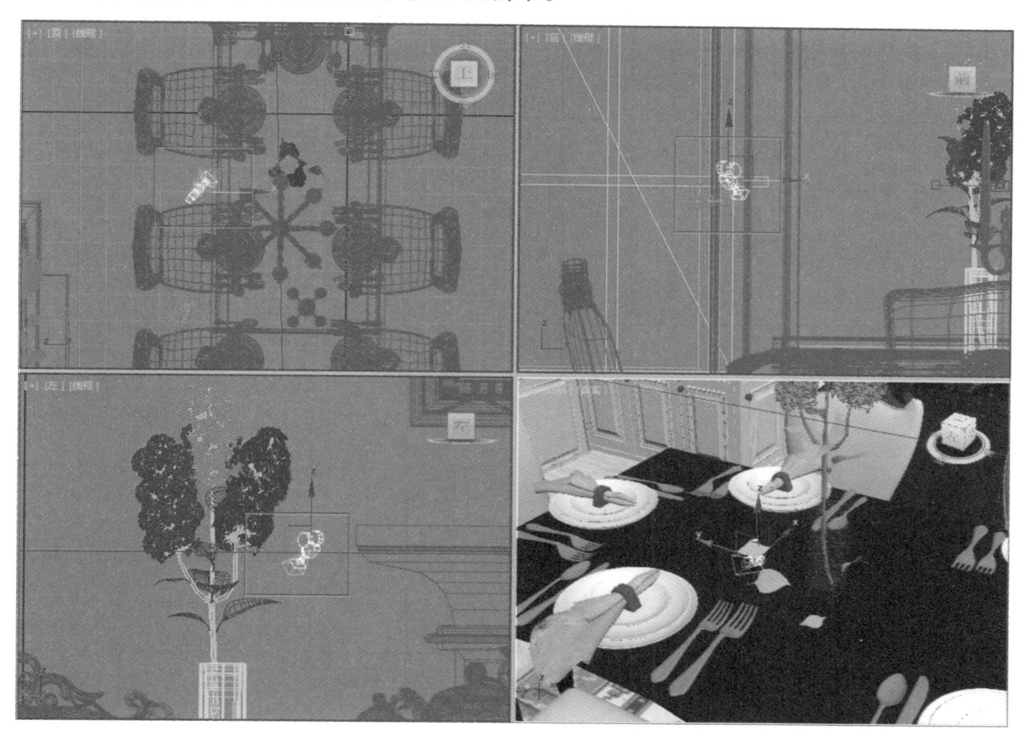

Step 02 在透视图中按快捷键C，切换到摄影机视图，如右图所示。

技巧提示：摄影机目标点的位置

摄影机目标点的位置直接决定了最终景深的效果，越接近摄影机目标点的位置将越清晰，而越远离目标的位置将越模糊。因此，摄影机的目标点一定要落到需要渲染出最清晰效果的物体上。

Section 7.5 渲染器参数设置

Step 01 要设置最终渲染的渲染器参数，则单击（渲染设置）按钮，会自动弹出设置面板，选择【公用】选项卡，设置【输出大小】,【宽度】为1500，【高度】为1125，如下左图所示。

Step 02 切换到【V-Ray】选项卡，设置【类型】为【自适应】，勾选【图像过滤器】复选框，【过滤器】设置为【Mitchell-Netravali】。然后展开【颜色贴图】卷展栏，设置【类型】为【莱因哈德】，勾选【子像素贴图】和【钳制输出】复选框，如下右图所示。

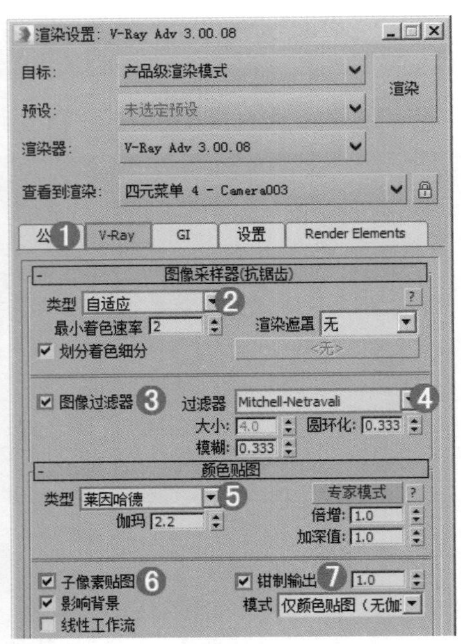

Step 03 切换至【GI】选项卡，展开【全局照明】卷展栏，勾选【启用全局照明（GI）】复选框，设置【首次引擎】为【发光图】，【二次引擎】为【灯光缓存】；展开【发光图】卷展栏，【当前预设】为【中】，勾选【显示计算相位】和【显示直接光】复选框，勾选【细节增强】复选框，设置【半径】为60；展开【灯光缓存】卷展栏，【细分】为1500，如下图所示。

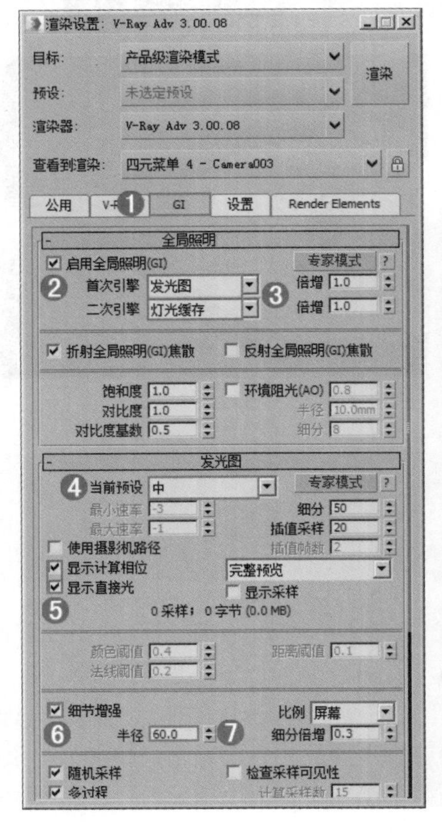

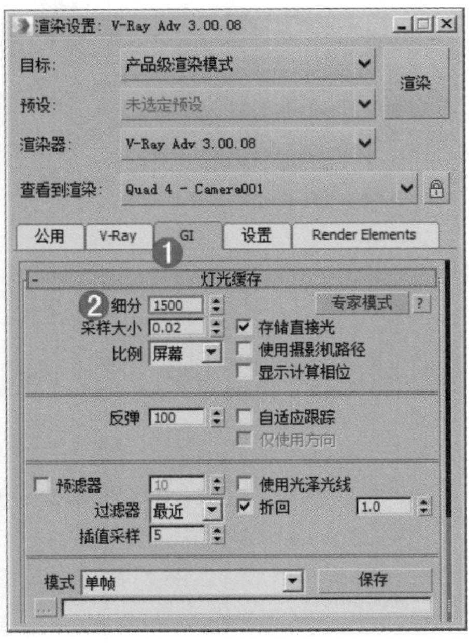

Step 04 选择【设置】选项卡，展开【系统】卷展栏，取消勾选【显示消息日志窗口】复选框，如下左图所示。

Step 05 选择【Render Elements】选项卡，单击【添加】按钮选择【VRayWireColor】选项，如下右图所示。

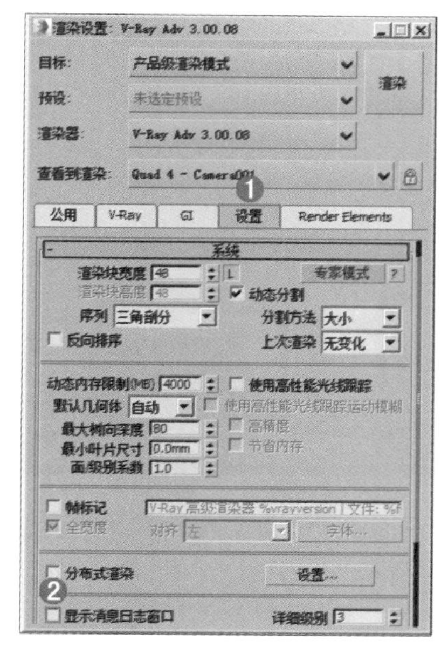

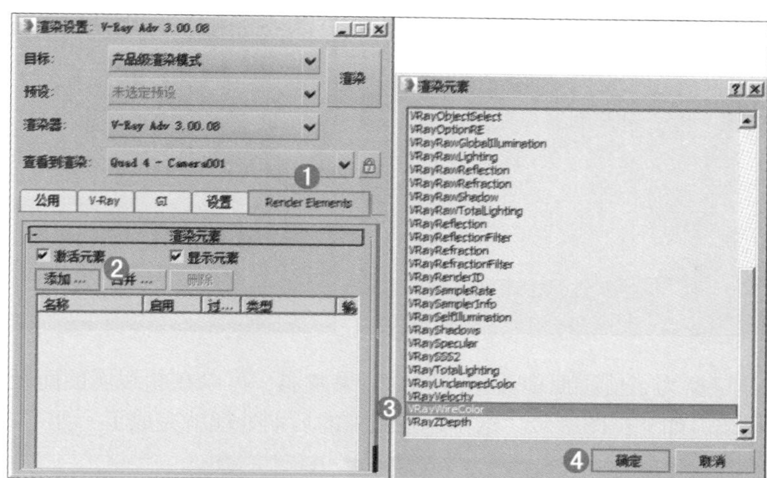

Section 7.6 Photoshop后期处理

Step 01 在Photoshop软件里打开本书实例文件【就餐区效果图.jpg】，如下图所示。在我们看到这个效果图的时候，首先想到的就是窗户的光照很充足，但是屋里的亮度却不够，而且屋里的颜色偏黄，所以在这里我们要解决这两个问题。

Step 02 执行【图层】|【新建调整图层】|【曲线】命令，在弹出的曲线属性面板中调节曲线状态，如下左图所示，调节后的图效果如下右图所示。

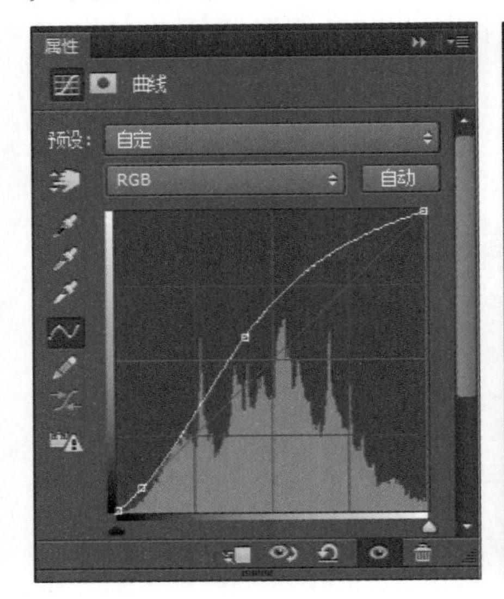

Step 03 为了使画面中黄色的视觉效果减弱，可以在曲线属性面板中将通道更改为【蓝】并调节曲线状态，如下左图所示。这样这张图像的后期处理就完成了，如下右图所示。

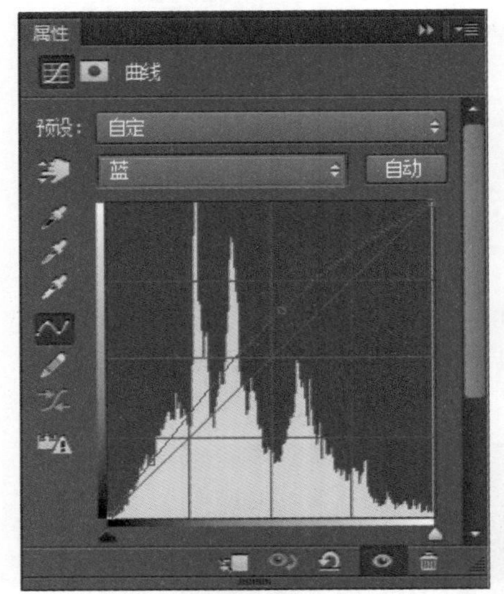

Chapter 8 3ds Max & VRay & Photoshop

欧式风格卧室

▌VRay渲染器参数设置 ▌混合材质 ▌VR-灯光材质制作背景

场景文件	08.max
案例文件	欧式风格卧室.max
视频教学	欧式风格卧室.flv
难易指数	★★★★☆
技术掌握	掌握目标灯光、VR灯光、VRayMtl材质、衰减贴图的应用

实例介绍

本例介绍的是一个欧式风格的卧室场景，室内明亮的灯光表现主要使用目标灯光和VR灯光来创建，并使用VRayMtl来制作本案例的主要材质。

Section 8.1 VRay渲染器的设置

Step 01 打开本书实例文件【第8章 欧式风格卧室/08.max】，如下图所示。

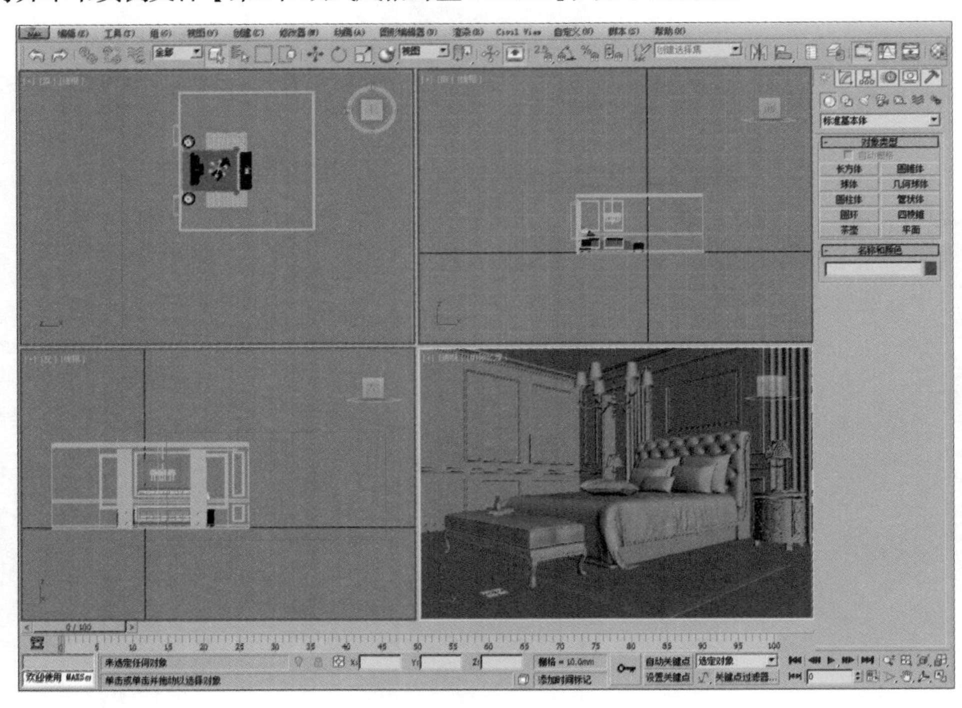

Step 02 按F10键，打开【渲染设置】面板，选择【公用】选项卡，在【指定渲染器】卷展栏下单击…按钮，在弹出的【选择渲染器】对话框中选择【V-Ray Adv 3.00.08】选项。此时在【指定渲染器】卷展栏中的【产品级】后面显示了【V-Ray Adv 3.00.08】，【渲染设置】面板中出现了【V-Ray】、【GI】和【设置】选项卡，如下图所示。

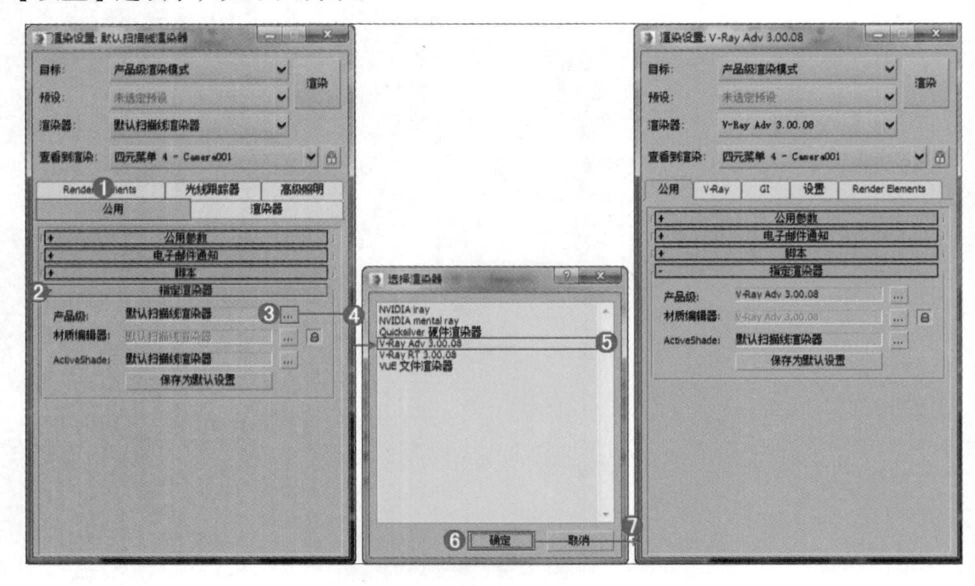

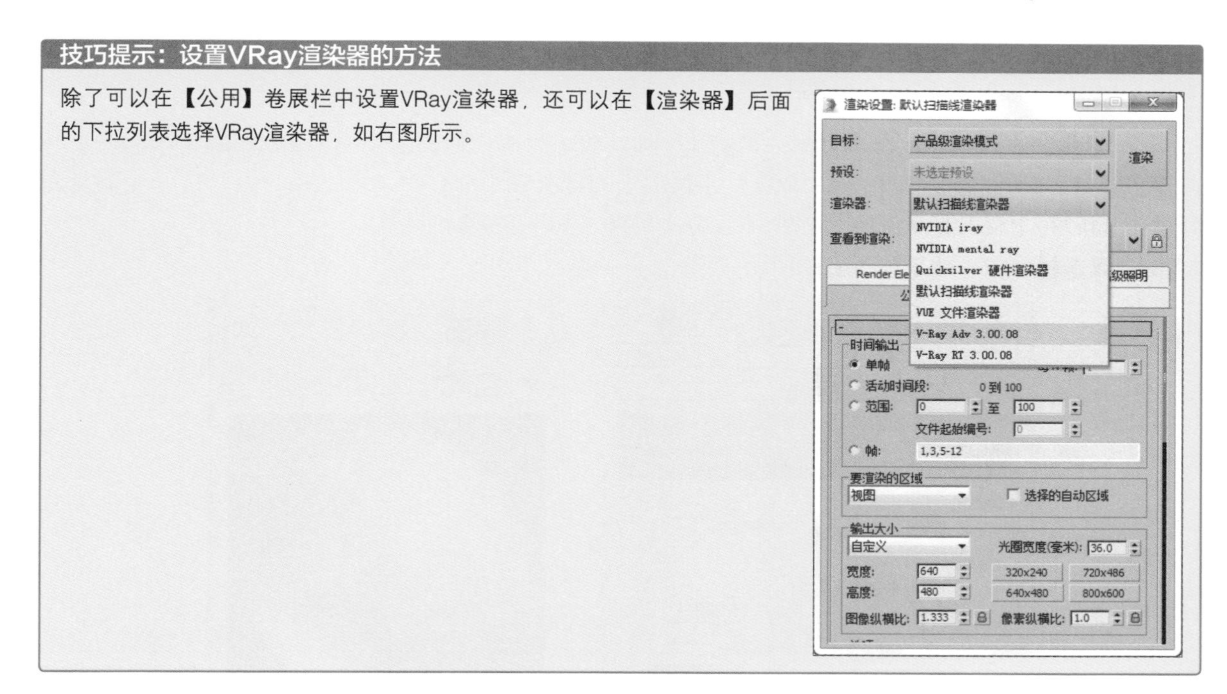

技巧提示：设置VRay渲染器的方法

除了可以在【公用】卷展栏中设置VRay渲染器，还可以在【渲染器】后面的下拉列表选择VRay渲染器，如右图所示。

Section 8.2 材质的制作

下面就来讲述场景中主要材质的调节方法，包括墙面、木地板、地毯、床单、床软包、复古金属吊灯、窗帘、环境背景、油画、台灯材质的制作，效果如下图所示。

8.2.1 墙面材质的制作

Step 01 单击一个材质球，设置材质类型为【VRayMtl】材质，命名为【墙面】。设置【漫反射】为浅棕色（红：215，绿：207，蓝：200），【反射】为深灰色（红：45，绿：45，蓝：45），【高光光泽度】为0.73，【反射光泽度】为0.75，【细分】为50，如下左图所示。

Step 02 双击材质球，效果如下右图所示。

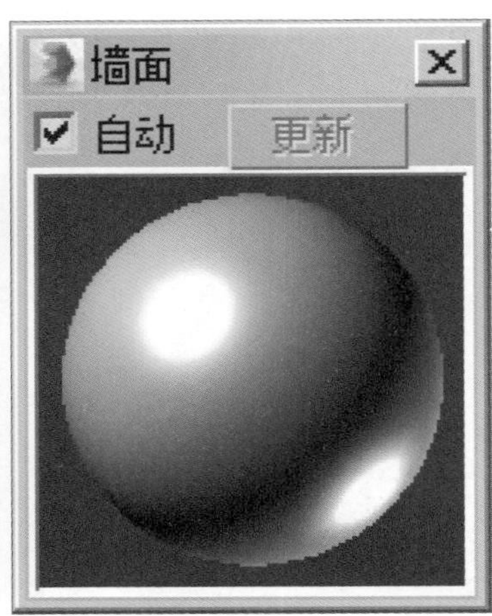

Step 03 选择墙面模型，单击（将材质指定给选定对象）按钮，将制作完毕的墙面材质赋给场景中的墙面部分模型，如下图所示。

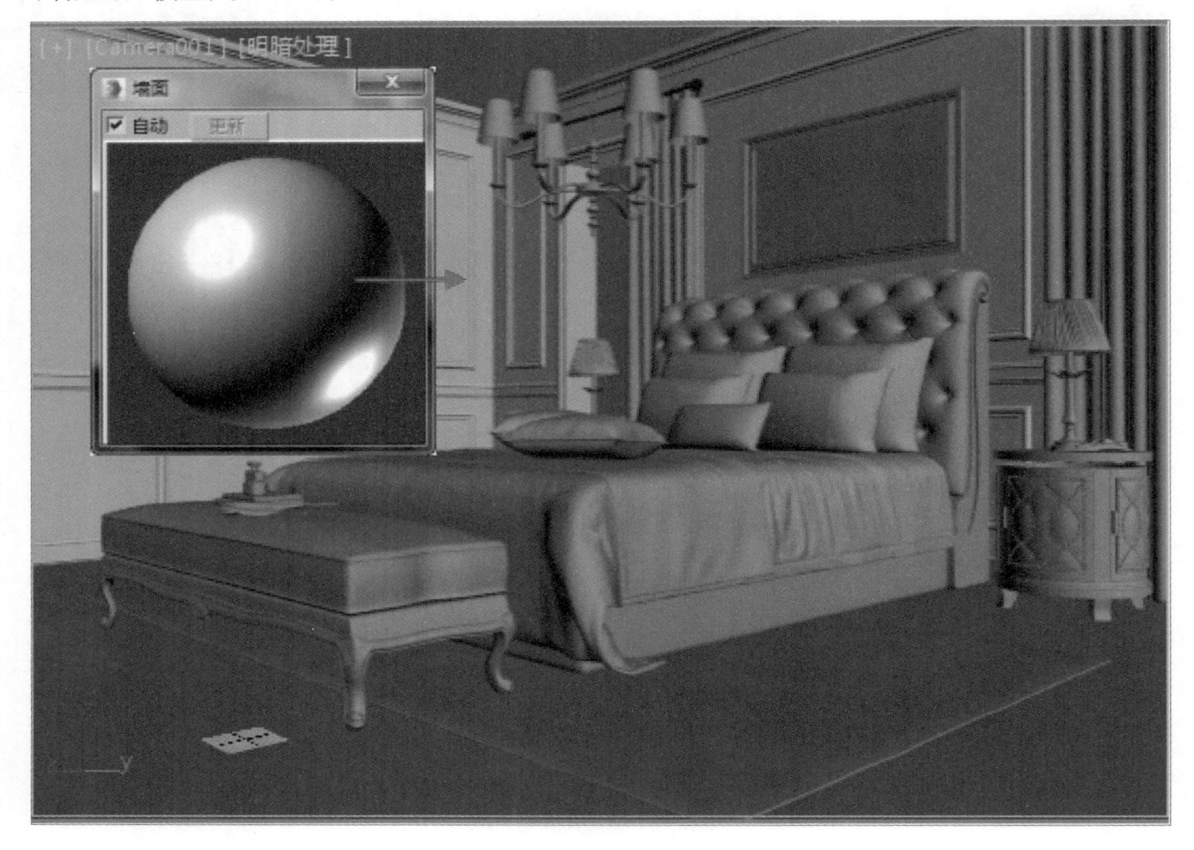

8.2.2 木地板材质的制作

Step 01 单击一个材质球，设置材质类型为【VRayMtl】材质，命名为【木地板】。在【漫反射】后面的通道上加载【地板.jpg】贴图，单击【查看图像】按钮，设置【瓷砖】的【U】和【V】为1和2.3，如下图所示。

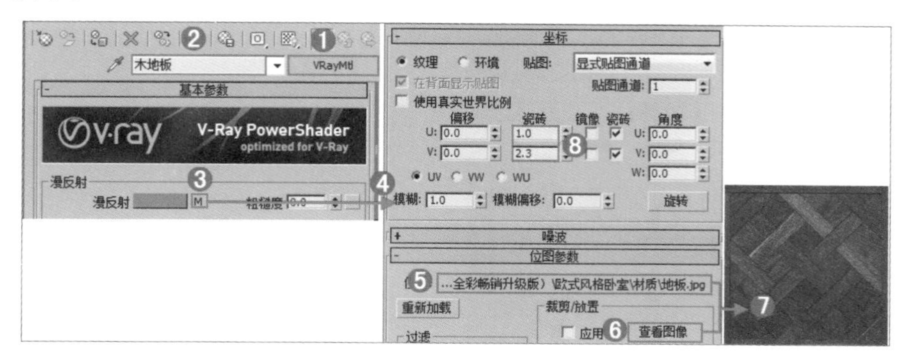

Step 02 单击【反射】后面的通道按钮，为其添加【衰减】程序贴图，设置第2个颜色为浅蓝色（红：216，绿：234，蓝：255），【衰减类型】为【Fresnel】。最后设置【高光光泽度】为0.71，【反射光泽度】为0.79，【细分】为20，如下图所示。

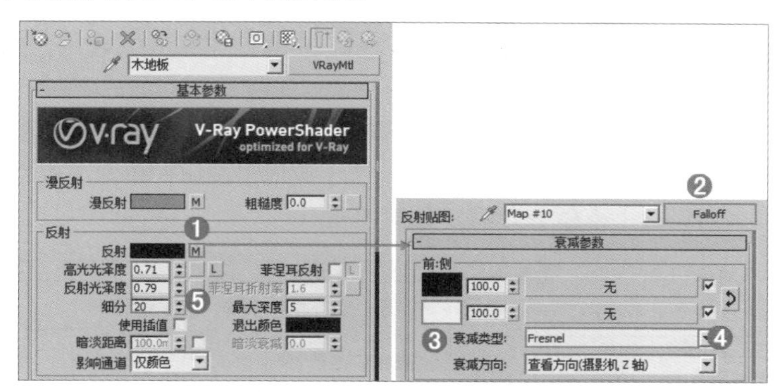

Step 03 双击材质球，效果如下左图所示。

Step 04 选择地面模型，单击（将材质指定给选定对象）按钮，将制作完毕的木地板材质赋给场景中的地面部分模型，如下右图所示。

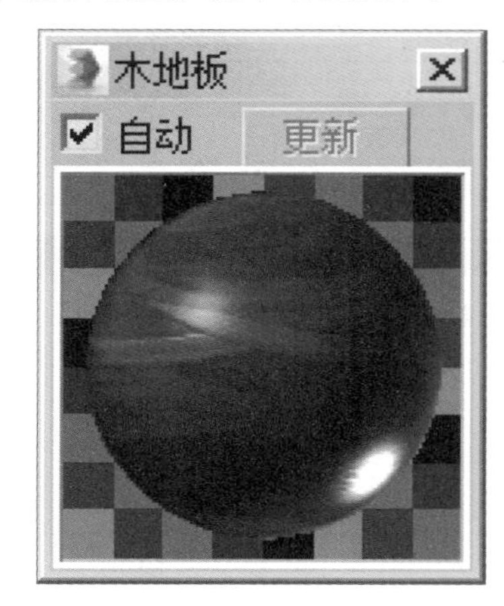

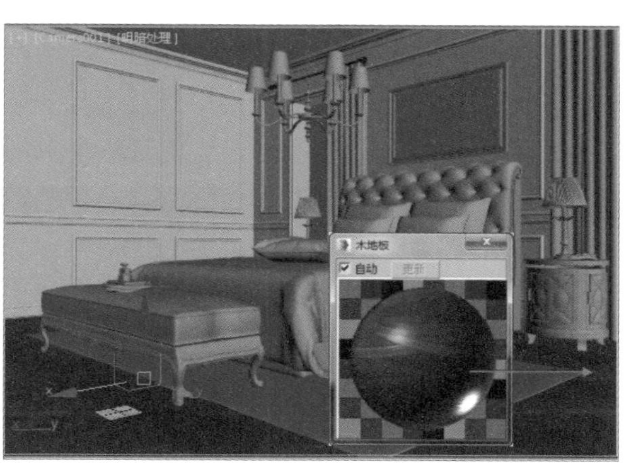

8.2.3 地毯材质的制作

Step 01 单击一个材质球，设置材质类型为多维/子对象材质，命名为【地毯】。单击【设置数量】按钮，并设置【材质数量】为2，如下左图所示。

Step 02 此时面板中将出现2个ID的效果，如下右图所示。

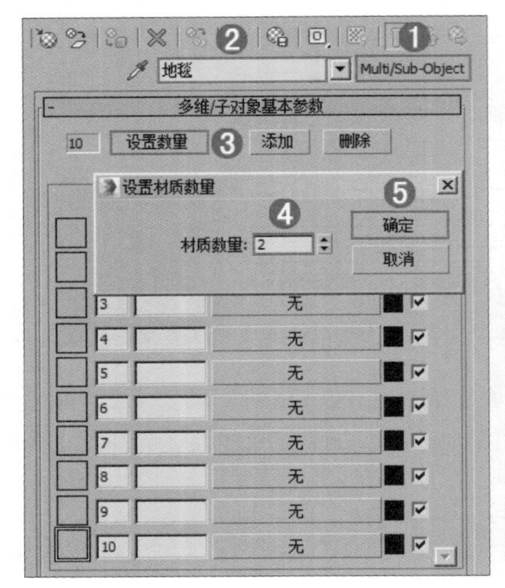

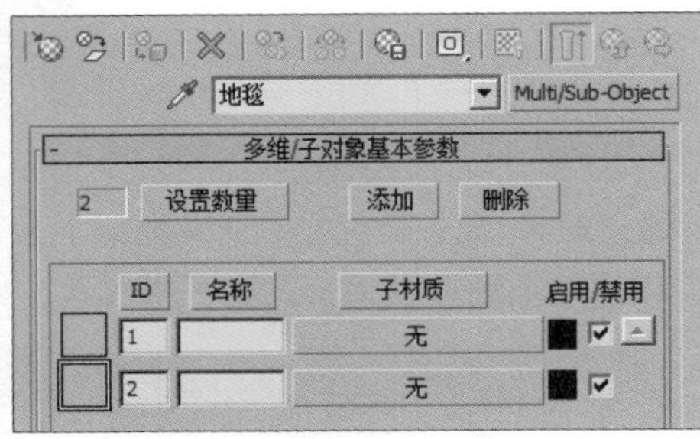

Step 03 单击ID1后面的通道按钮，并为其加载【VRayMtl】材质，命名为【地毯中心】。在【漫反射】通道上加载【200ACR129A.jpg】贴图，然后勾选【应用】按钮，单击【查看图像】按钮，并用红框框选部分范围，最后设置【模糊】为0.1，如下图所示。

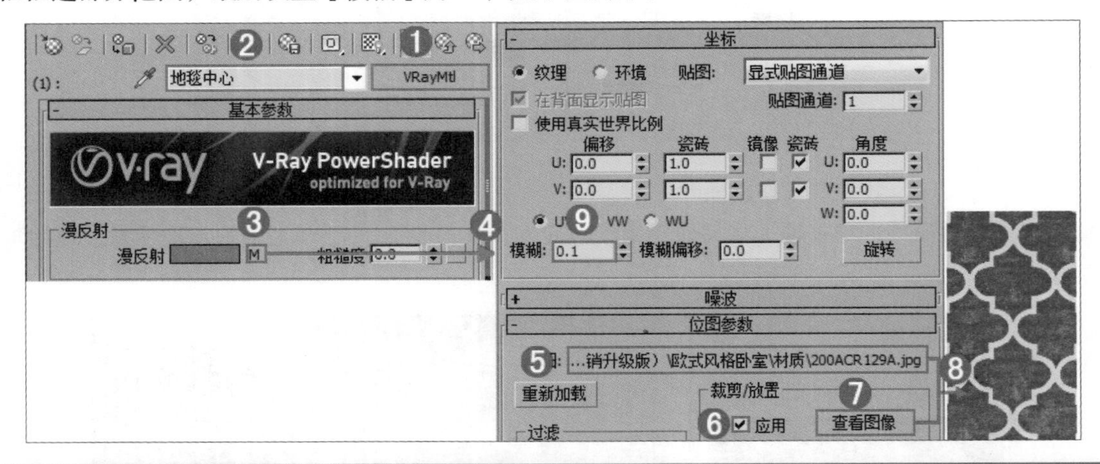

技巧提示：位图与程序贴图的区别

【位图】：位图相当于照片，单个图像由水平和垂直方向的像素组成。图像的像素越多，图像就变得越大，因此尺寸较小的位图用在对象上时，不要离摄像机太近，可能会造成渲染效果差。但是，较大的位图需要更多的内存，因此渲染时会花费更长的时间。

【程序贴图】：其原理是利用简单或复杂的数学方程进行运算形成贴图。使用程序贴图的优点是，当对程序贴图放大时，不会降低分辨率，可以看到更多的细节。

Step 04 展开【贴图】卷展栏，将【漫反射】后面的通道贴图拖动到【凹凸】通道上，在弹出的对话框中选择【复制】单选按钮，如下左图所示。

Step 05 进入【凹凸】后面的通道内，设置【模糊】为1，如下右图所示。

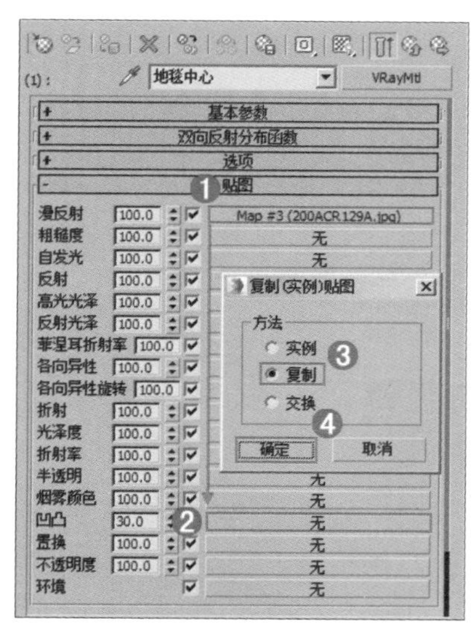

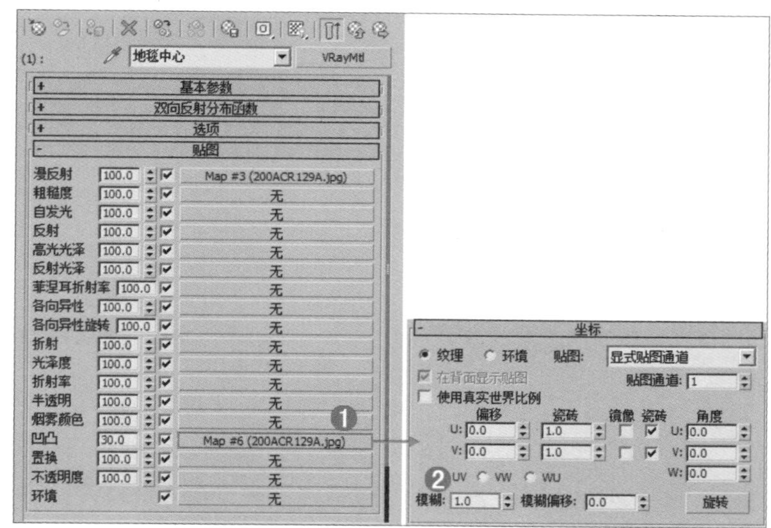

Step 06 单击ID2后面的通道按钮，并为其加载【VRayMtl】材质，命名为【地毯边缘】。在【漫反射】通道上加载【1504-85-Copy.jpg】贴图，设置【模糊】为0.3。接着设置【反射】为深灰色（红：111，绿：111，蓝：111），设置【高光光泽度】为0.44，【反射光泽度】为0.49，【细分】为20，勾选【菲涅耳反射】复选框，设置【菲涅耳折射率】为2.4，如下图所示。

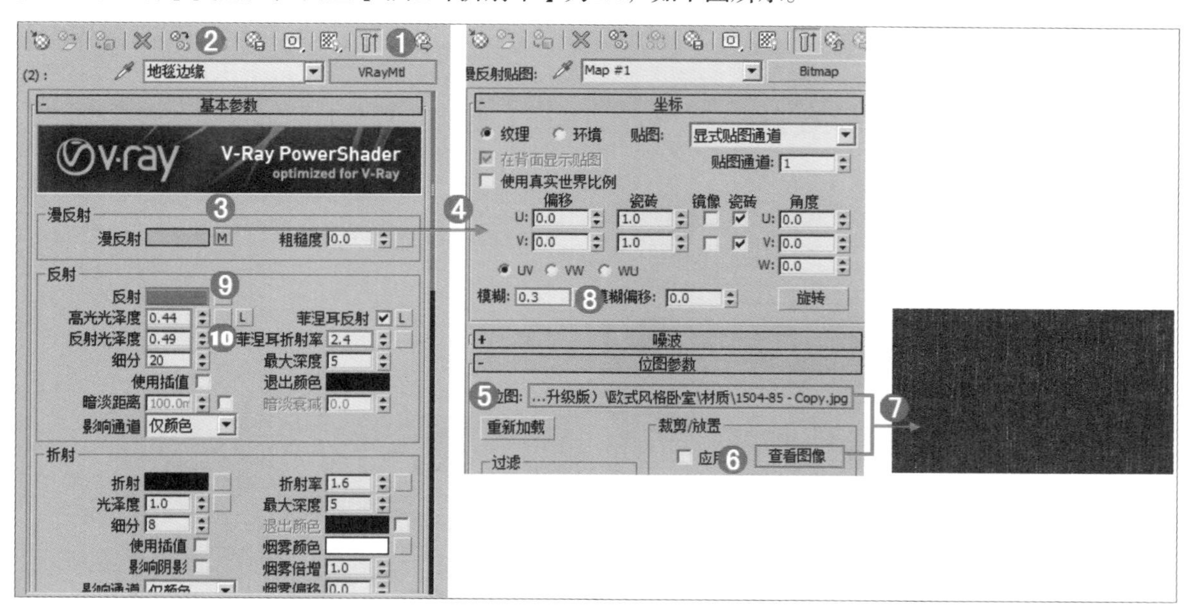

技巧提示：模糊数值

【模糊】数值主要是用来控制贴图在渲染时的清晰程度，数值设置的越小，越清晰。在一般情况下，【模糊】数值默认值为1。

Step 07 双击材质球，效果如下左图所示。

Step 08 选择地毯模型，单击（将材质指定给选定对象）按钮，将制作完毕的地毯材质赋给场景中的地毯部分模型，如下右图所示。

8.2.4 床单材质的制作

Step 01 单击一个材质球，设置材质类型为【VRayMtl】材质，命名为【床单】。设置【漫反射】为棕色（红：92，绿：72，蓝：65），【反射】为深灰色（红：90，绿：90，蓝：90），【高光光泽度】为0.6，【反射光泽度】为0.8，如下左图所示。

Step 02 展开【双向反射分布函数】卷展栏，设置方式为【沃德】，设置【各向异性】为0.5，如下右图所示。

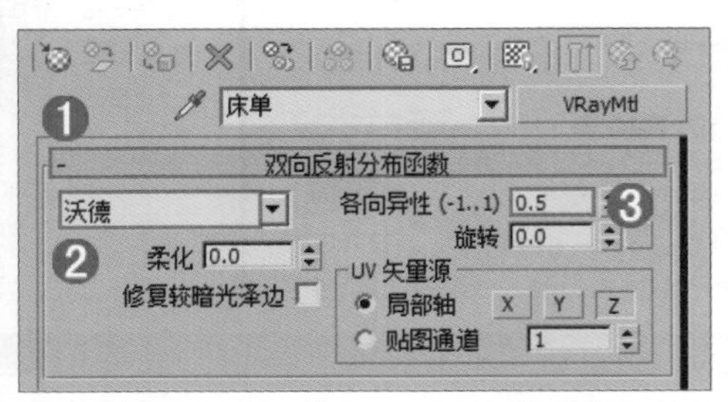

技巧提示：双向反射分布函数的使用效果

【双向反射分布函数】卷展栏下的下列列表中有三种选项，分别是：多面、反射和沃德，多面的高光区域最小；反射的高光区域次之；沃德的高光区域最大。

Step 03 双击材质球，效果如下左图所示。

Step 04 选择床单模型，单击（将材质指定给选定对象）按钮，将制作完毕的床单材质赋给场景中的床单部分模型，如下右图所示。

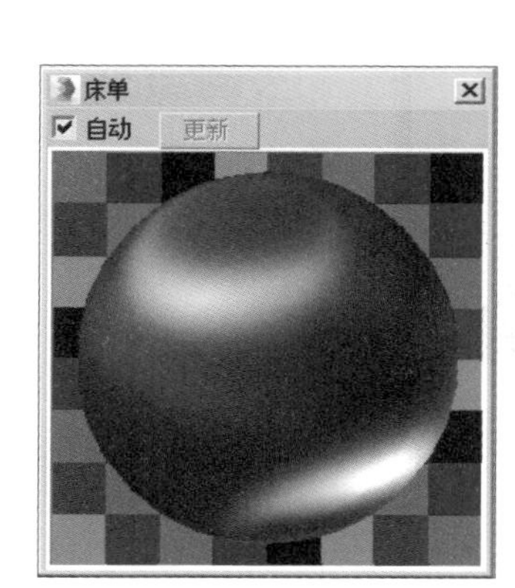

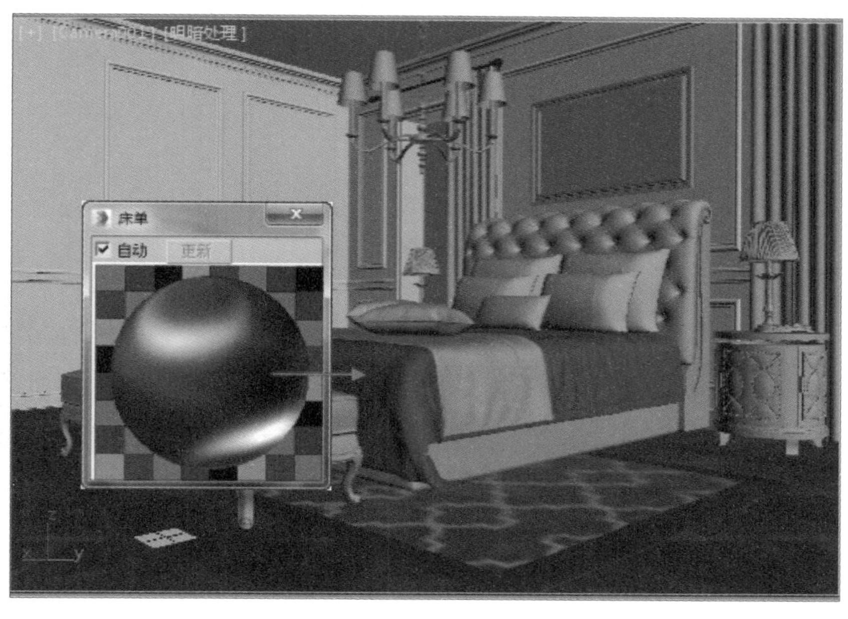

8.2.5 床软包材质的制作

Step 01 单击一个材质球，设置材质类型为【VRayMtl】材质，命名为【床软包】。在【漫反射】后面的通道上加载【11220067042copy3.jpg】贴图，设置【模糊】为0.5。设置【反射】为深灰色（红：54，绿：54，蓝：54），设置【反射光泽度】为0.82，【细分】为20，勾选【菲涅耳反射】复选框，如下左图所示。

Step 02 双击材质球，效果如下右图所示。

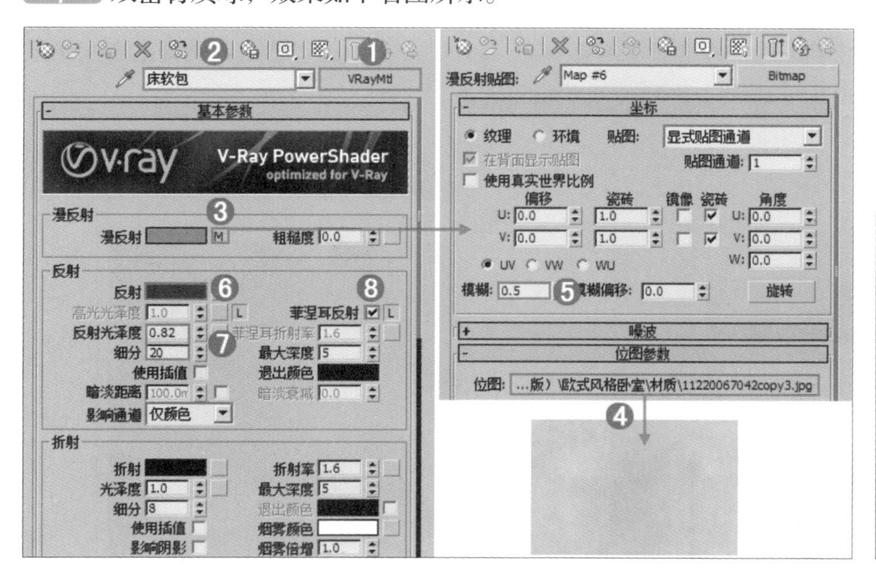

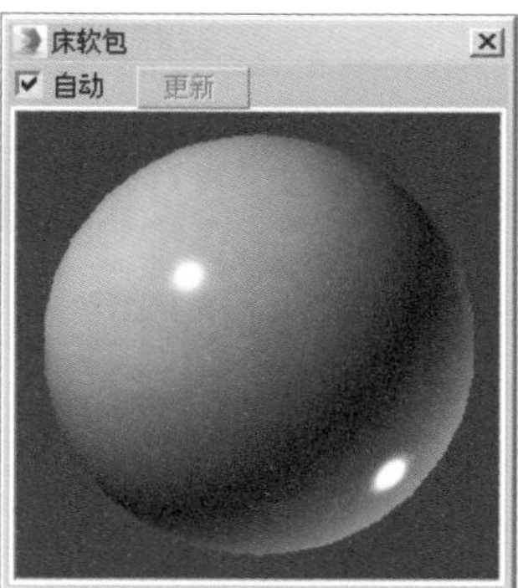

Step 03 选择床头部分模型，单击（将材质指定给选定对象）按钮，将制作完毕的软包床材质赋给场景中的床头部分模型，如下图所示。

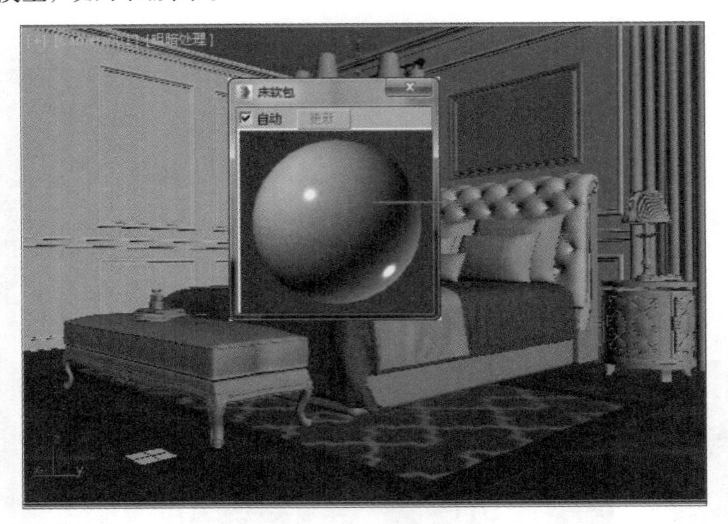

8.2.6 复古金属吊灯材质的制作

Step 01 单击一个材质球，设置材质类型为【VRayMtl】材质，命名为【复古金属吊灯】。在【漫反射】后面的通道上加载【AS2_wall_11111 - Copy.jpg】贴图，如下图所示。

Step 02 单击【反射】后面的通道按钮，并加载【AS2_wall_11111 - Copy.jpg】贴图。设置【高光光泽度】为0.5，【反射光泽度】为0.6，【细分】为32，如下左图所示。

Step 03 双击材质球，效果如下右图所示。

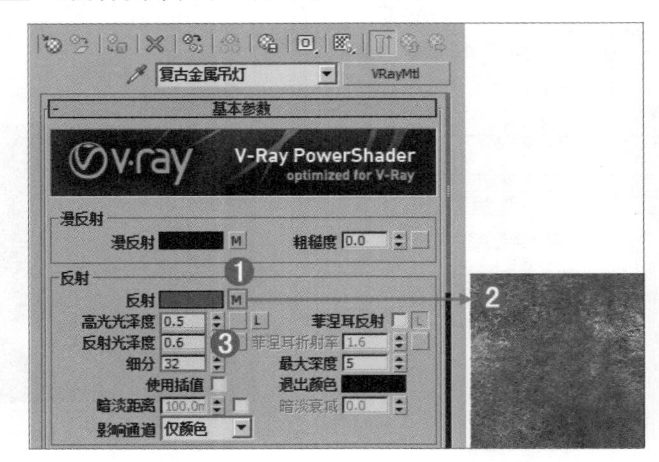

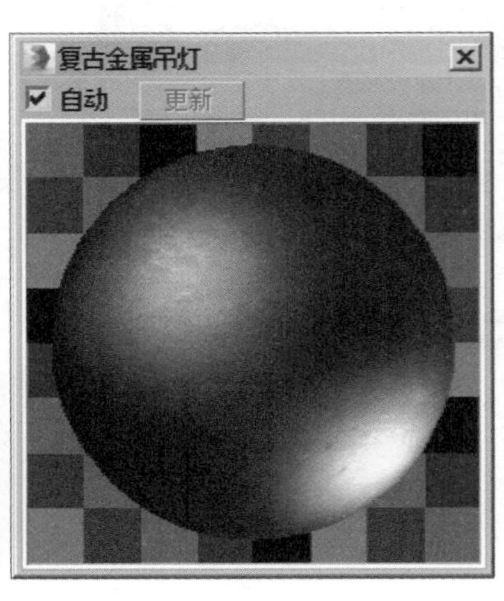

Step 04 选择吊灯模型，单击 （将材质指定给选定对象）按钮，将制作完毕的复古金属吊灯材质赋给场景中的顶部吊灯模型，如下图所示。

8.2.7 窗帘材质的制作

Step 01 单击一个材质球，设置材质类型为【混合】材质，命名为【窗帘】，如下左图所示。

Step 02 单击【材质1】后面的通道按钮，并为其加载【VRayMtl】材质，设置【漫反射】为土黄色（红：152，绿：124，蓝：101），如下中图所示。

Step 03 单击【材质2】后面的通道按钮，并为其加载【VRayMtl】材质。设置【漫反射】为金色（红：110，绿：63，蓝：32），【反射】为灰绿色（红：112，绿：113，蓝：59），设置【高光光泽度】为0.8，【反射光泽度】为0.7，【细分】为20，如下右图所示。

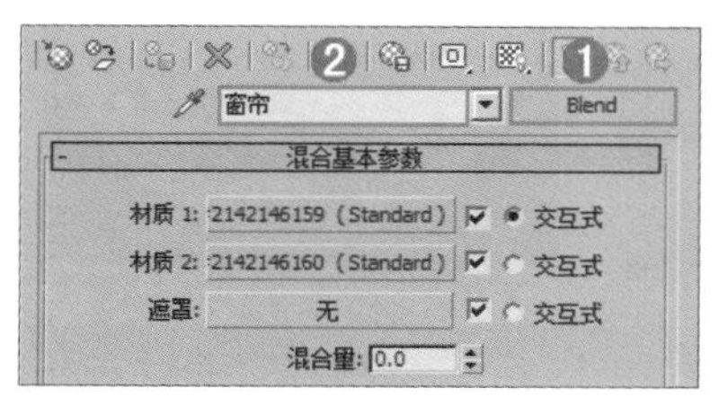

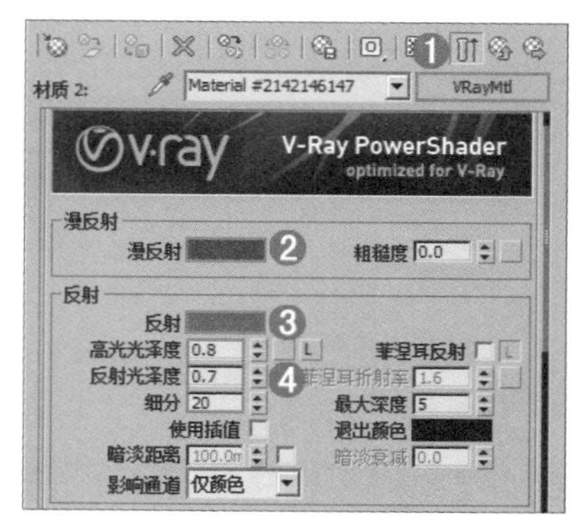

Step 04 单击【遮罩】后面的通道按钮，并为其加载【222333.jpg】贴图，如右图所示。

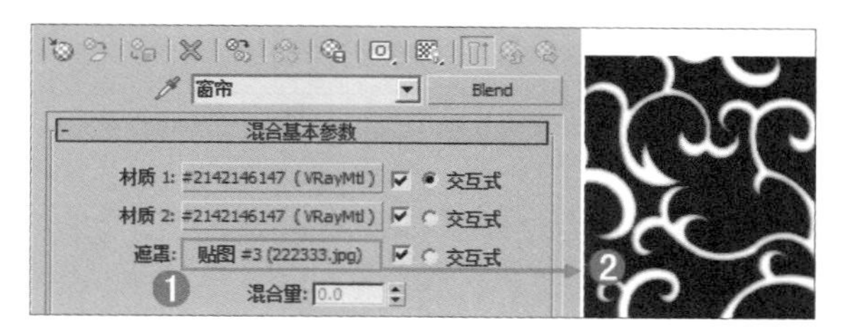

Step 05 双击材质球，效果如下左图所示。

Step 06 选择窗帘模型，单击▣（将材质指定给选定对象）按钮，将制作完毕的窗帘材质赋给场景中的顶部的窗帘模型，如下右图所示。

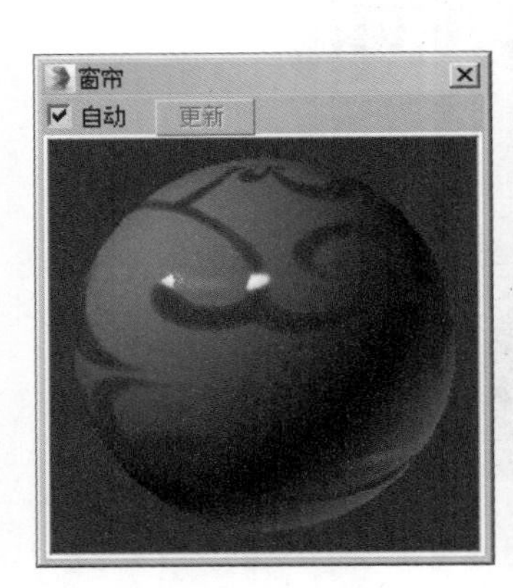

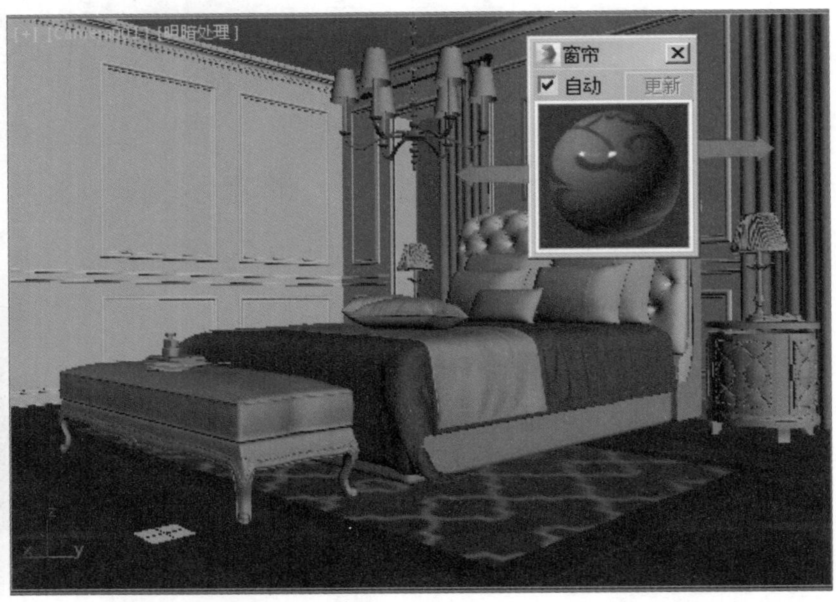

8.2.8 环境背景材质的制作

Step 01 单击一个材质球，设置材质类型为【VR-灯光材质】，命名为【环境背景】。然后在通道上加载【{644dd080-9a41-42fc-83e7-e4fdde6a32ba}.jpg】贴图，并设置强度为2，如下左图所示。

Step 02 双击材质球，效果如下右图所示。

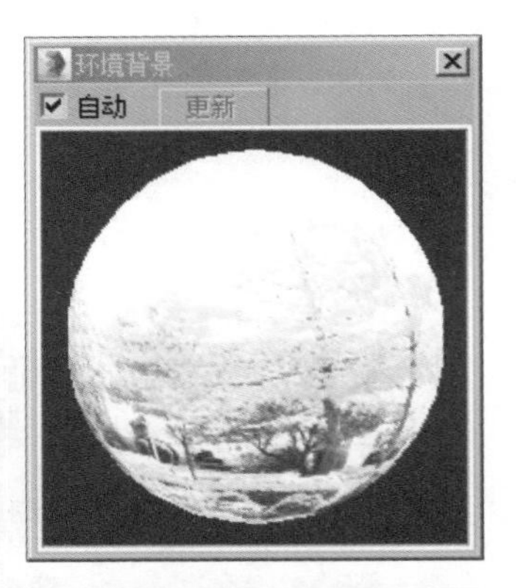

技巧提示：VRay灯光材质的作用

VRay灯光材质是一种自发光的材质，通过设置不同的倍增值可以在场景中产生不同的明暗效果。可以用作自发光的物件，比如电视机屏幕、灯箱等，只要你想让那物体发光就可以做。

Step 03 选择背景模型，单击▣（将材质指定给选定对象）按钮，将制作完毕的环境背景材质赋给场景中的背景模型，如下右图所示。

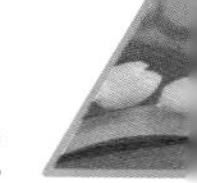

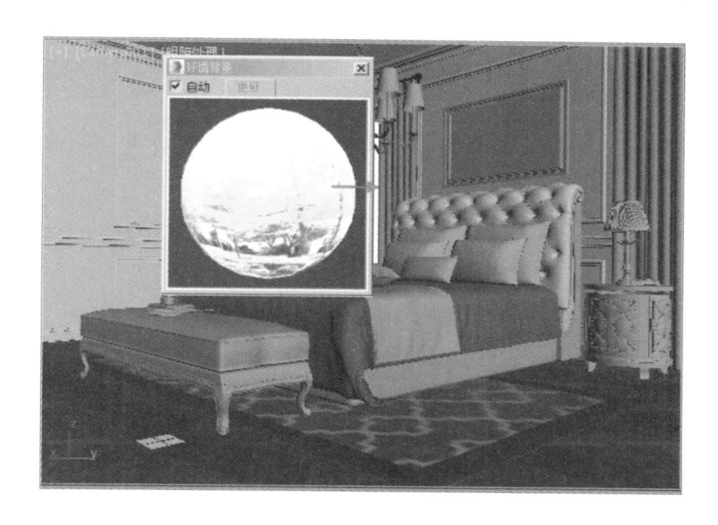

8.2.9 油画材质的制作

Step 01 单击一个材质球，设置材质类型为【标准】，命名为【油画】。接着单击【漫反射】后面的通道按钮，并加载【装饰画294.jpg】贴图，然后勾选【应用】复选框，单击【查看图像】按钮，最后框选出红框内的区域，如下左图所示。

Step 02 双击材质球，效果如下右图所示。

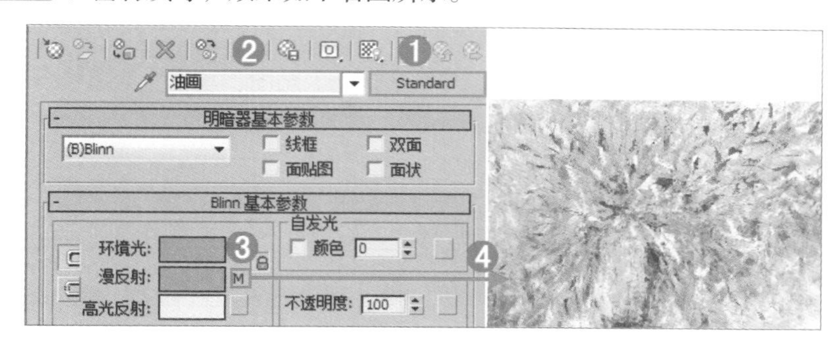

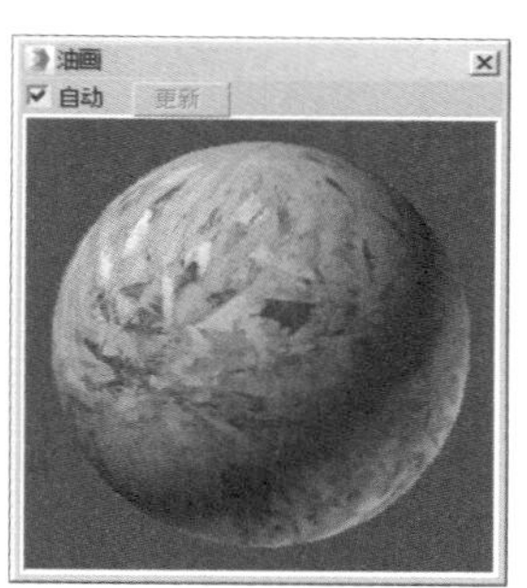

Step 03 选择油画模型，单击（将材质指定给选定对象）按钮，将制作完毕的油画材质赋给场景中的油画模型，如下图所示。

8.2.10 台灯材质的制作

Step 01 单击一个材质球，设置材质类型为多维/子对象材质，命名为【台灯】。单击【设置数量】按钮，并设置【材质数量】为2，如下左图所示。

Step 02 此时面板中出现了2个ID的效果，如下中图所示。

Step 03 单击ID1后面的通道按钮，并为其加载【VRay2SidedMtl】材质，命名为【1】。在【正面材质】通道上添加【VRayMtl】材质，设置【漫反射】为白色（红：255，绿：255，蓝：255），如下右图所示。

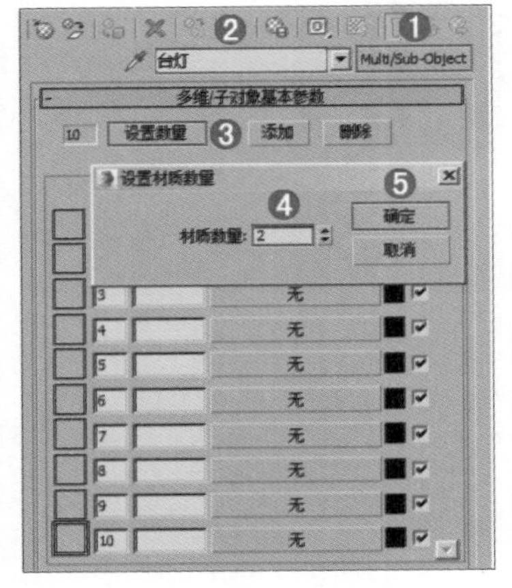

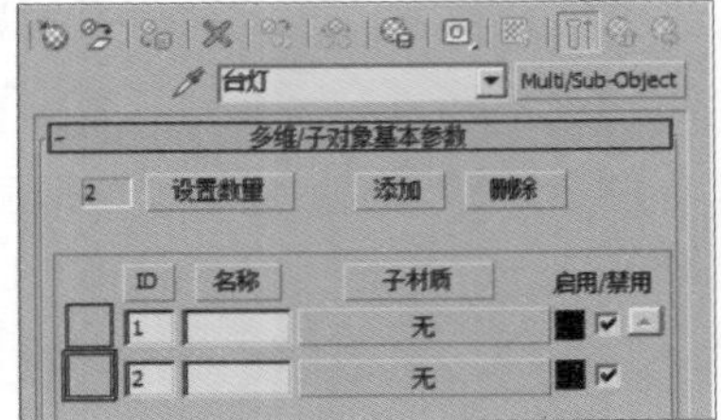

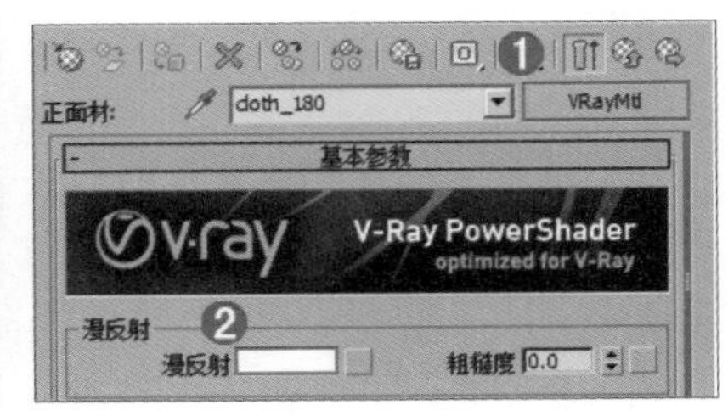

Step 04 展开【贴图】卷展栏，并在【凹凸】通道上加载【cloth_11.jpg】贴图，单击【查看图像】按钮，设置【瓷砖】的【U】和【V】为6，再设置【凹凸】值为66，如下图所示。

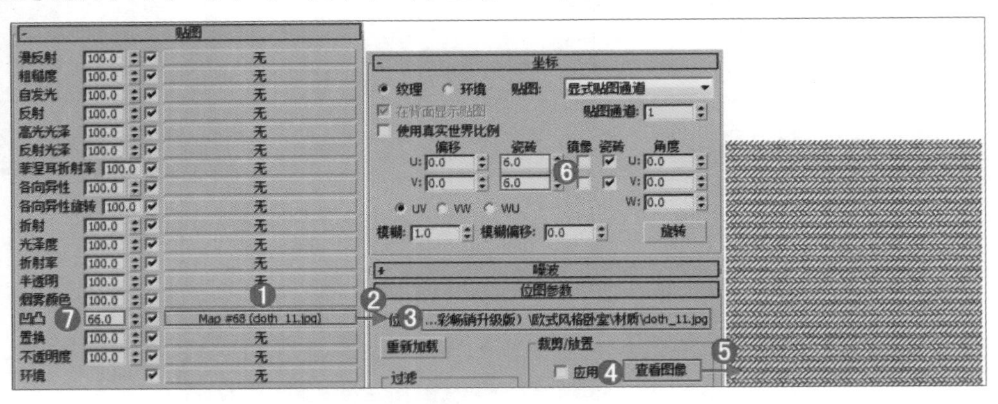

Step 05 拖动【正面材质】后面的通道到【背面材质】通道上，设置【方法】为【实例】，最后单击【确定】按钮，如右图所示。

技巧提示：VRay2SidedMtl材质的使用方法

要在【正面材质】和【背面材质】同样加载【VRay-Mtl】材质，否则渲染后得不到需要的效果。

Step 06 单击ID2后面的通道按钮，并为其加载【VRayMtl】材质，命名为【2】。在【漫反射】通道上加载【衰减】程序贴图，并设置两个颜色为黑色和灰色，如下左图所示。

Step 07 双击材质球，效果如下右图所示。

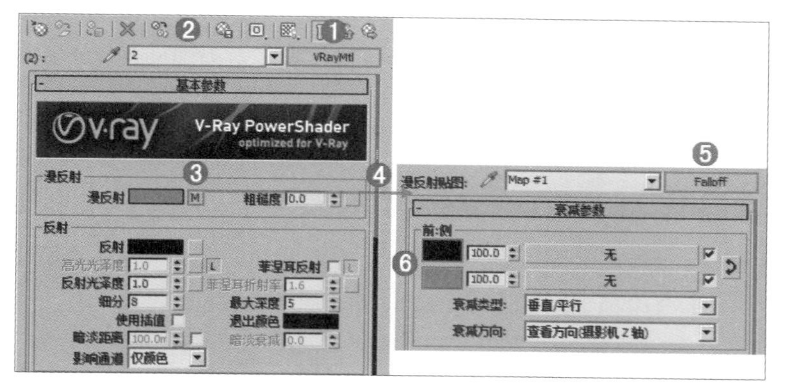

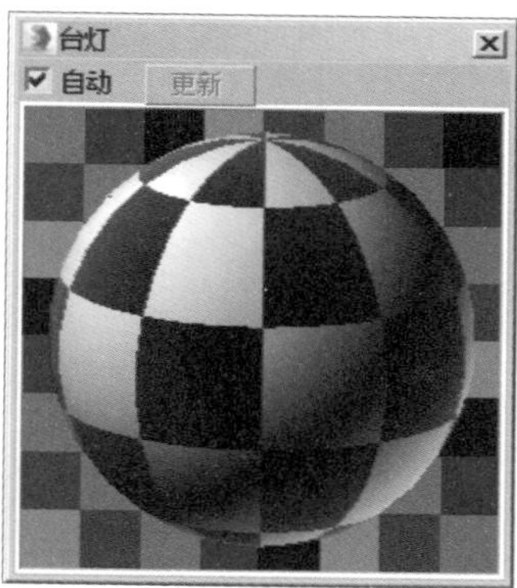

Step 08 选择台灯模型，单击（将材质指定给选定对象）按钮，将制作完毕的台灯材质赋给场景中的台灯模型，如下图所示。

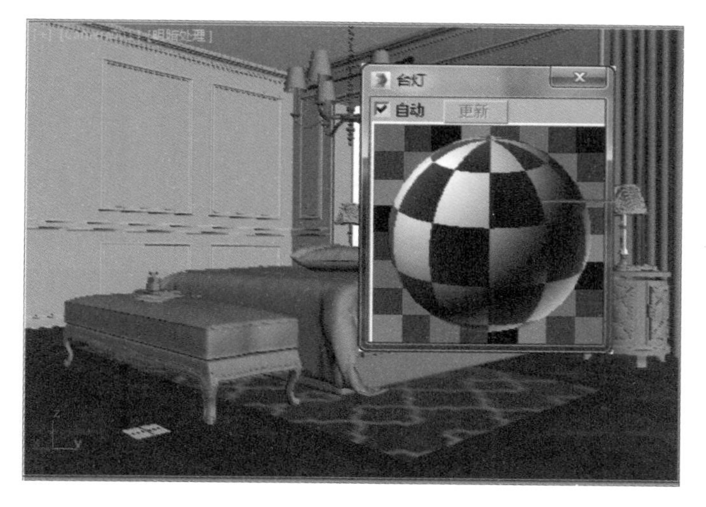

Step 09 继续将剩余部分的材质制作完毕，如下图所示。

Section 8.3 灯光的制作

下面将讲述室内灯光的制作方法，包括主光源太阳光、窗户位置灯光、室内辅助灯光、床头射灯和吊灯的制作。

8.3.1 主光源太阳光的创建

使用【VR-太阳】，在视图中创建一盏VR-太阳灯光，位置如下左图所示。在【修改】面板中，设置【强度倍增】为0.04，【大小倍增】为10，【阴影细分】为20，如下右图所示。

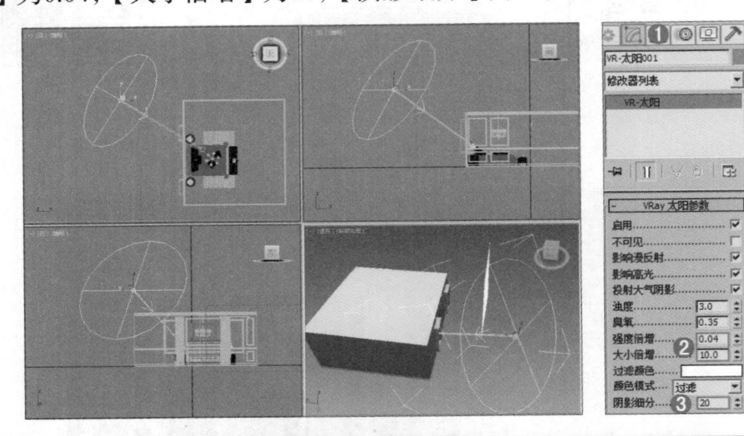

技巧提示：创建理想场景的方法

在设置灯光颜色和角度时，应该多观察场景，进而从中提炼出相关信息，加上软件的应用技巧，一定能够做出理想的场景效果。

8.3.2 窗户位置处灯光的创建

使用【VR-灯光】，在左视图中创建2盏VR-灯光，分别放置每一个窗户的外面，如下左图所示。在【修改】面板中，设置【倍增】为3，【颜色】为浅蓝色，【1/2长】600mm，【1/2宽】为1000mm，勾选【不可见】复选框，【细分】设置为30，如下右图所示。

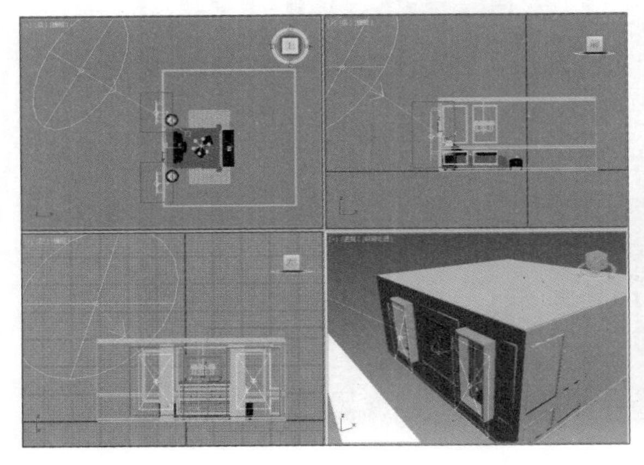

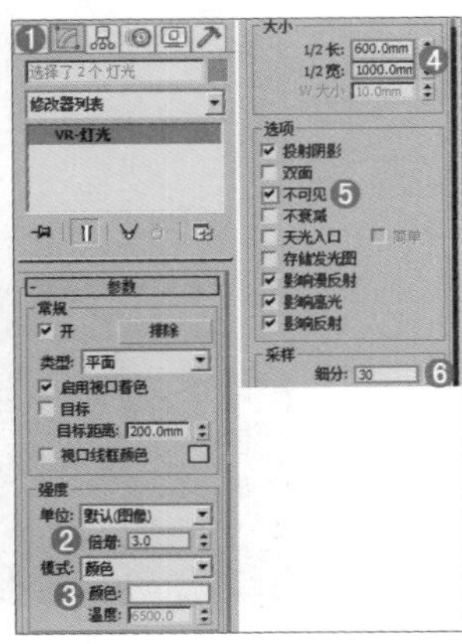

8.3.3 室内辅助灯光的创建

使用【VR-灯光】，在视图中创建1盏VR-灯光，放在室内，倾斜照向整个场景，作为辅助光源，如下左图所示。在【修改】面板中，设置【倍增】为20，【颜色】为白色，【1/2长】1000mm，【1/2宽】为1000mm，勾选【不可见】复选框，【细分】设置为40，如下右图所示。

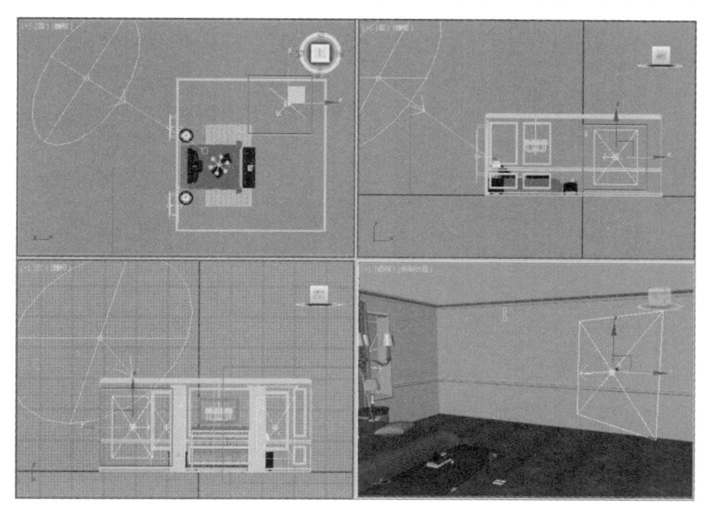

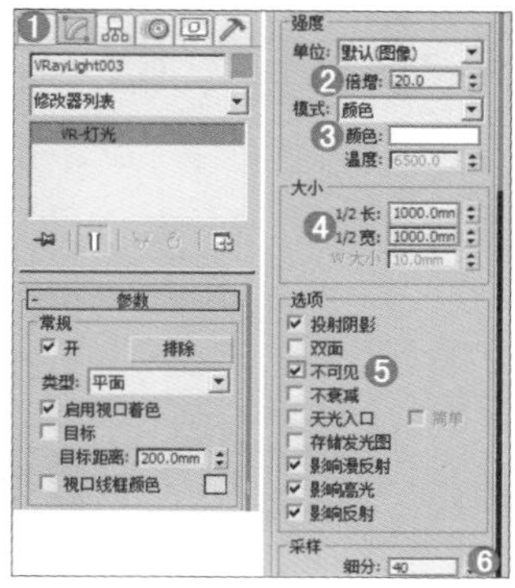

8.3.4 床头上方射灯的创建

使用【目标灯光】，在视图中创建1盏目标灯光，放在床头的上方，向下照射，如下左图所示。在【修改】面板中，勾选【启用】复选框，设置方式为【VR-阴影】，设置【灯光分布（类型）】为【光度学Web】，为其添加光域网文件【1.ies】，设置【过滤颜色】为橙色，【强度】为8100。勾选【区域阴影】复选框，设置【U/V/W大小】为30mm，【细分】为20，如下右图所示。

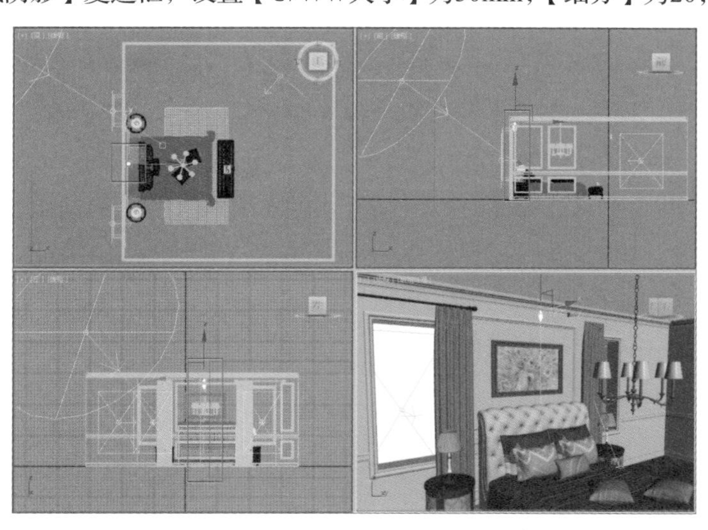

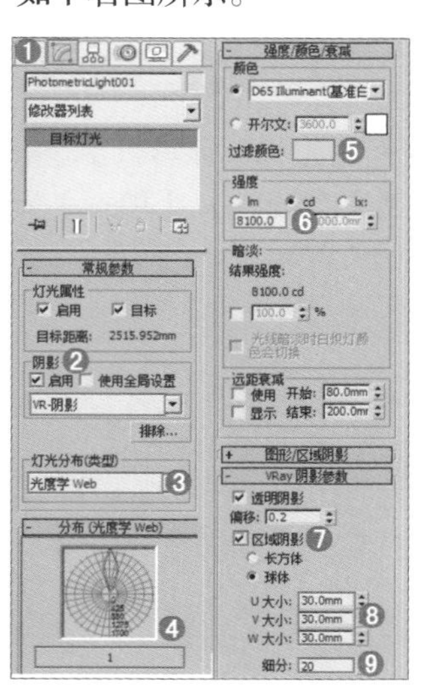

技巧提示：区域阴影的作用

当勾选【区域阴影】复选框时，该灯光的阴影会变得比较柔和，而将【U/V/W大小】数值增大时，该灯光的阴影会更加柔和。

8.3.5 吊灯灯光的创建

使用【VR-灯光（球体）】，在视图中创建6盏VR-灯光，放在顶棚吊顶的每个灯罩内，如下左图所示。在【修改】面板中，设置【类型】为【球体】，【倍增】为38，【颜色】为橙色，【半径】为22.295mm，勾选【不可见】复选框，【细分】设置为25，如下右图所示。

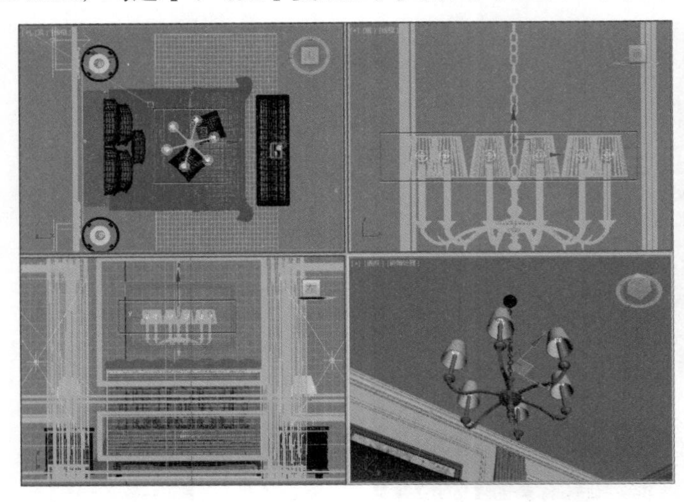

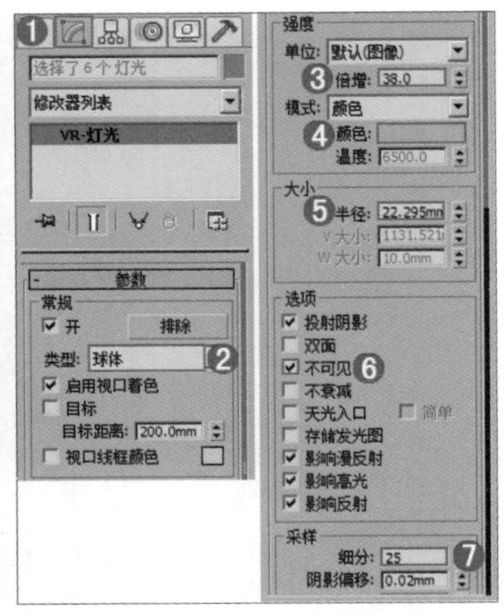

Section 8.4 目标摄影机的制作

本节主要讲述的是室内目标摄像机的制作方法，包括主要摄像机视角和局部摄像机视角的创建。

8.4.1 主要摄影机视角的创建

Step 01 使用【目标摄影机】，在视图中拖拽创建一台摄影机，位置如下左图所示。单击修改器，设置【镜头】为32.648，【视野】为57.739，如下右图所示。

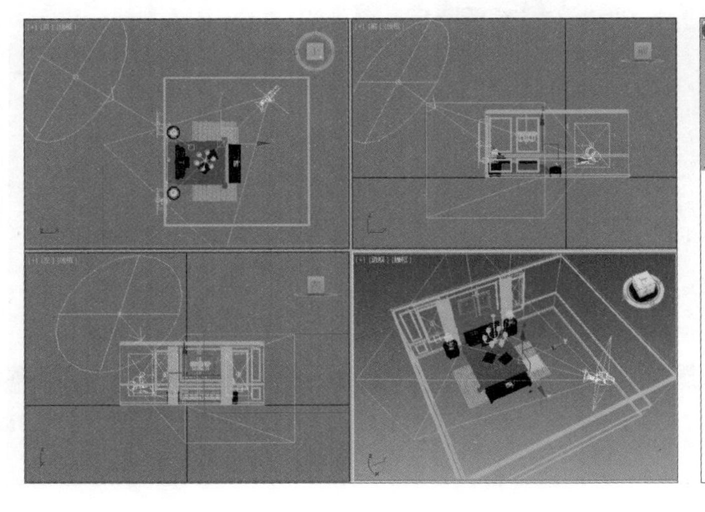

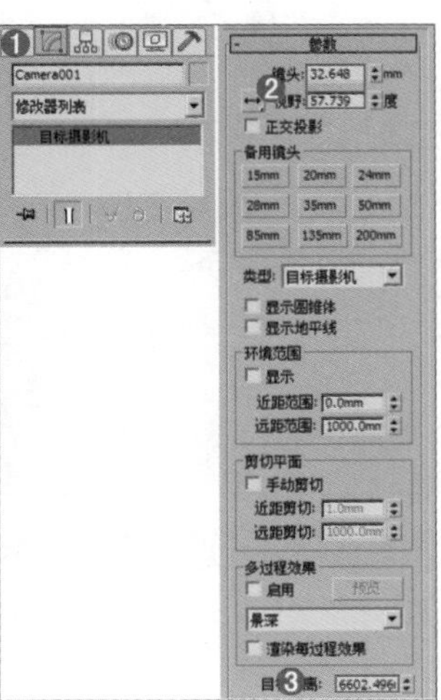

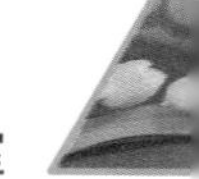

Step 02 选择摄影机【Camera001】，并在透视图中按快捷键C，即可切换为摄影机视图，如下图所示。

Step 03 选择摄影机，单击鼠标右键，执行【应用摄影机校正修改器】命令，如下图所示。

8.4.2 局部摄影机视角的创建

Step 01 在视图中创建一台物理摄影机，如下图所示。

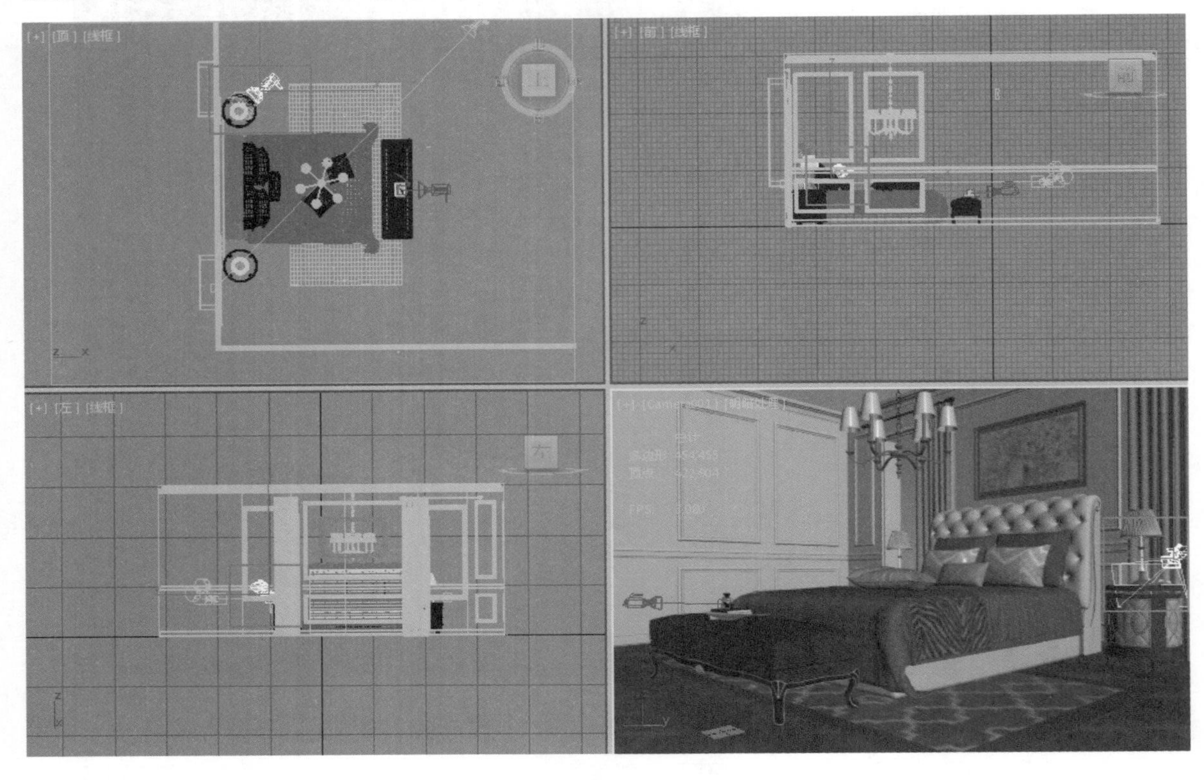

Step 02 在【修改】面板中，设置【目标距离】为470.147，如下左图所示。

Step 03 在透视图中，按快捷键Ctrl+C，即可在当前的角度上创建一台摄影机，如下右图所示。

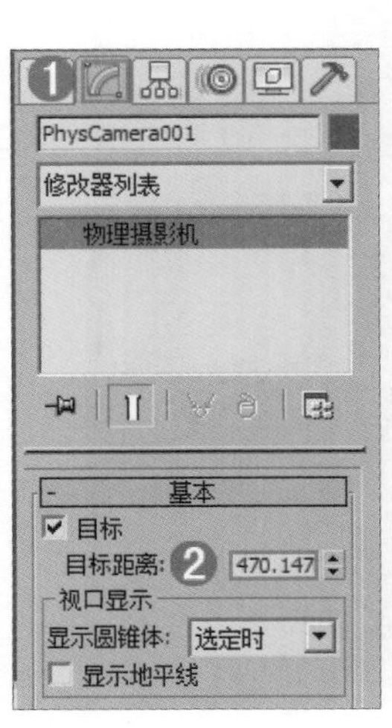

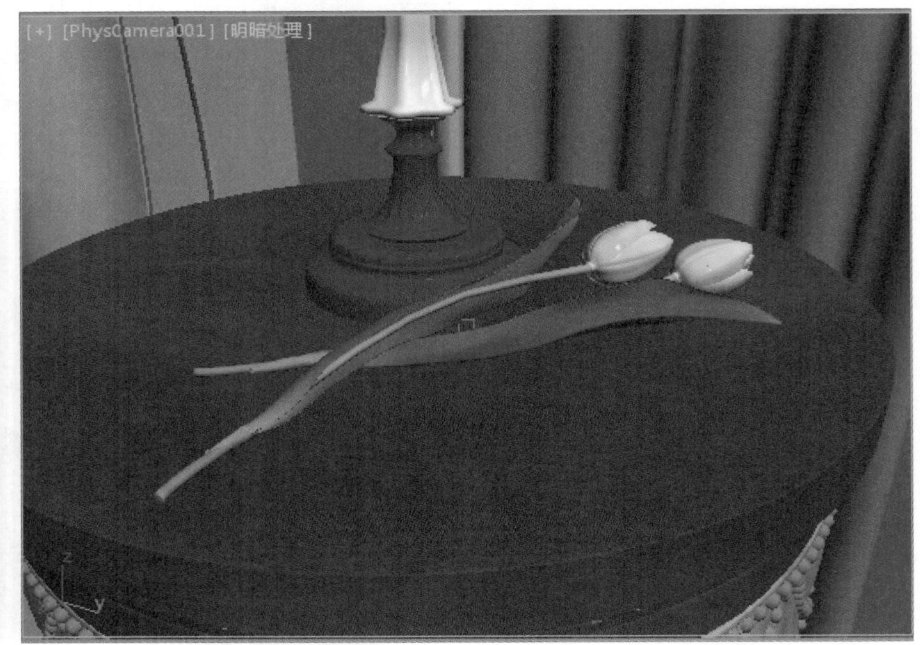

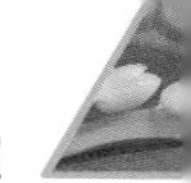

Step 04 选择摄影机，单击鼠标右键，执行【应用摄影机校正修改器】命令，如下图所示。

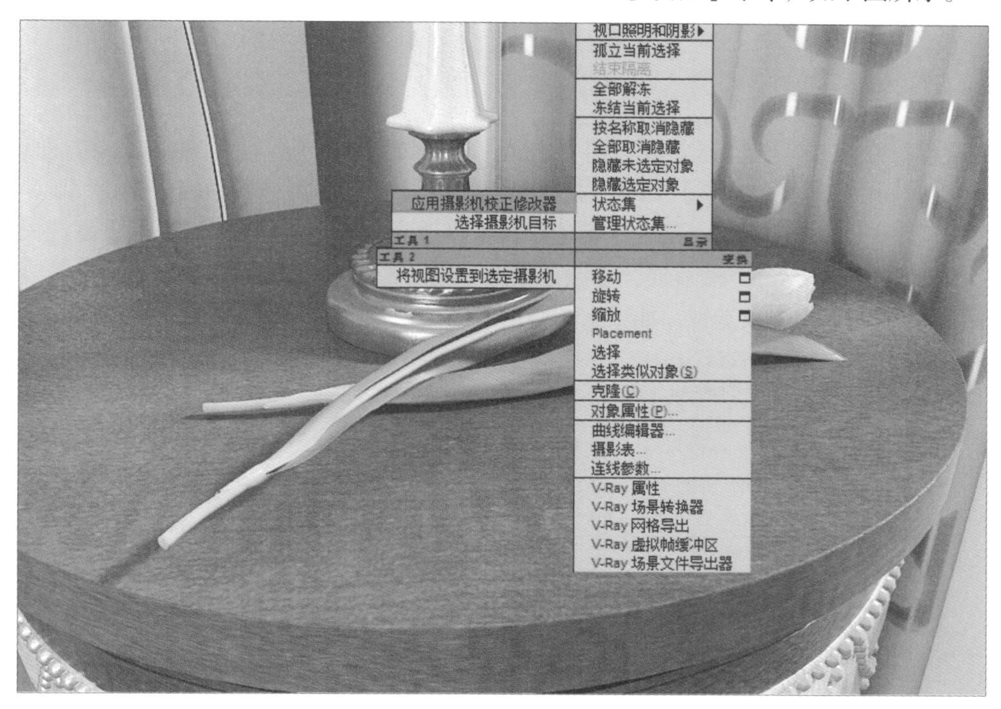

8.4.3 局部摄影机视角

同样的方法，再次找到一个合适的局部视角，按快捷键Ctrl+C在当前的角度上创建一台摄影机，如下图所示。此时3台摄影机创建完毕。

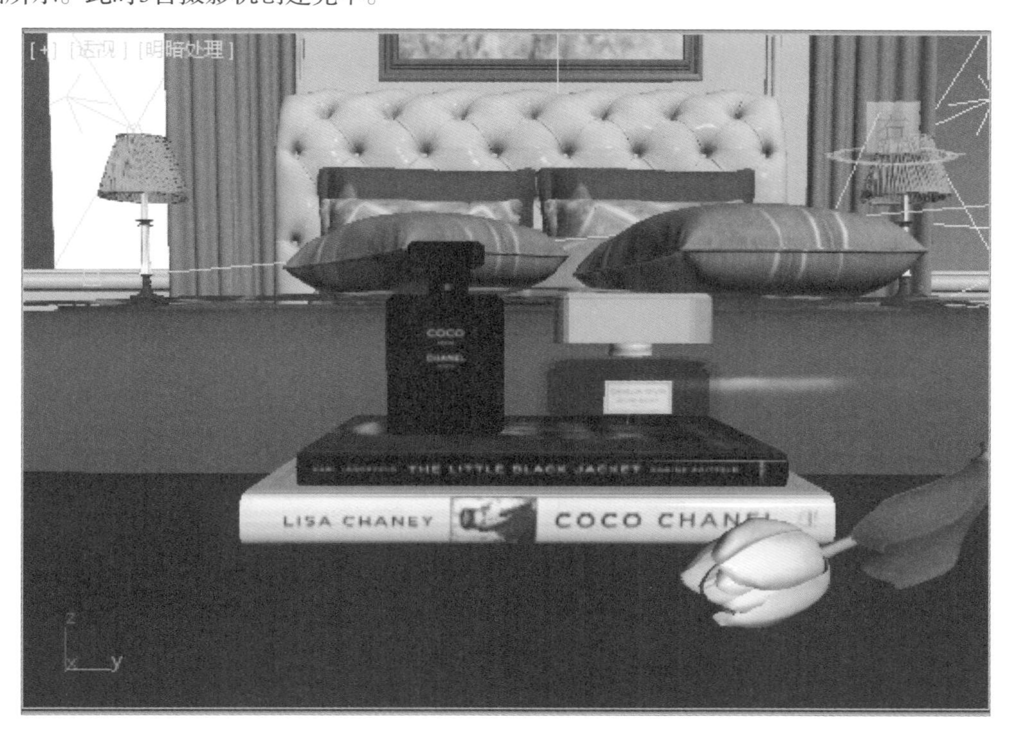

Section 8.5 渲染器参数设置

Step 01 要设置最终渲染的渲染器参数，则单击（渲染设置）按钮，会自动弹出设置面板，选择【公用】选项卡，设置【输出大小】中的【宽度】为1200，【高度】为859，如下左图所示。

Step 02 切换至【V-Ray】选项卡，设置【类型】为【自适应】，勾选【图像过滤器】复选框，【过滤器】设置为【Catmull-Rom】。然后展开【颜色贴图】卷展栏，设置【类型】为【指数】，勾选【子像素贴图】和【钳制输出】复选框，如下右图所示。

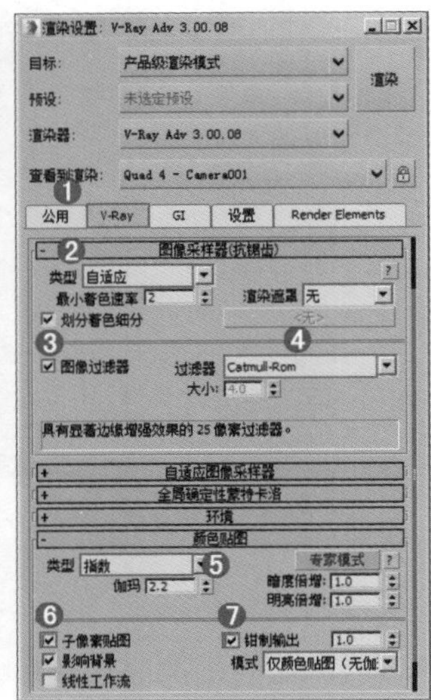

Step 03 切换至【GI】选项卡，展开【全局照明】卷展栏，勾选【启用全局照明（GI）】复选框，设置【首次引擎】为【发光图】，【二次引擎】为【灯光缓存】；展开【发光图】卷展栏，【当前预设】为【高】，勾选【显示计算相位】和【显示直接光】复选框；展开【灯光缓存】卷展栏，【细分】为1500，如下图所示。

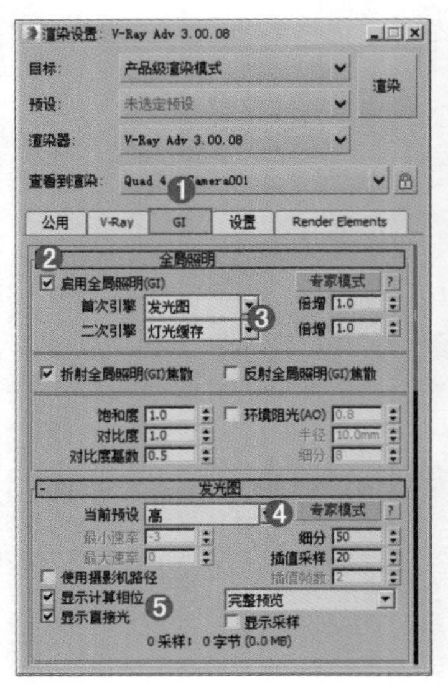

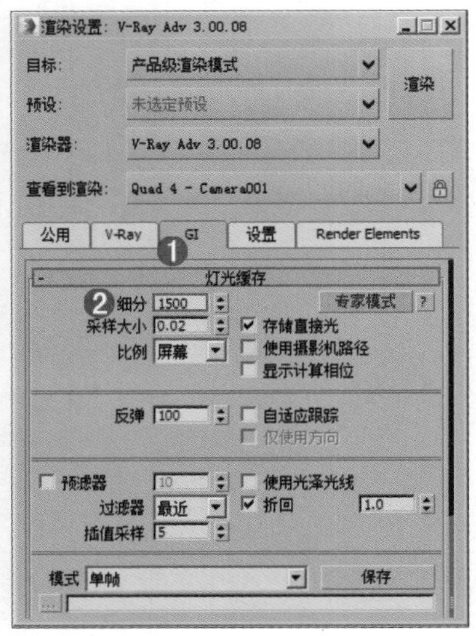

Step 04 切换至【设置】选项卡，展开【系统】卷展栏，取消勾选【显示消息日志窗口】复选框，如下左图所示。

Step 05 切换至【Render Elements】选项卡，单击【添加】按钮并选择【VRayWireColor】选项，如下右图所示。

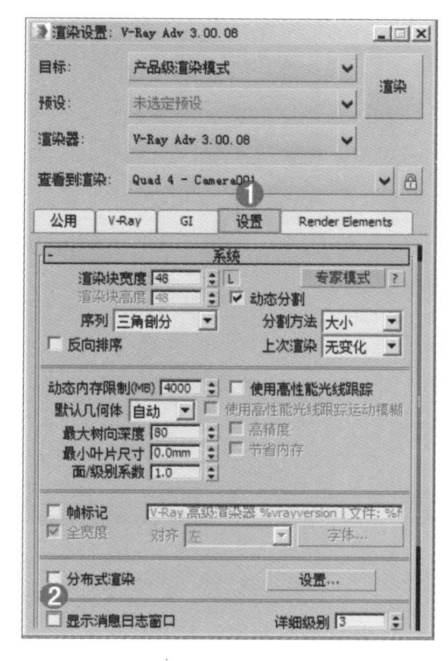

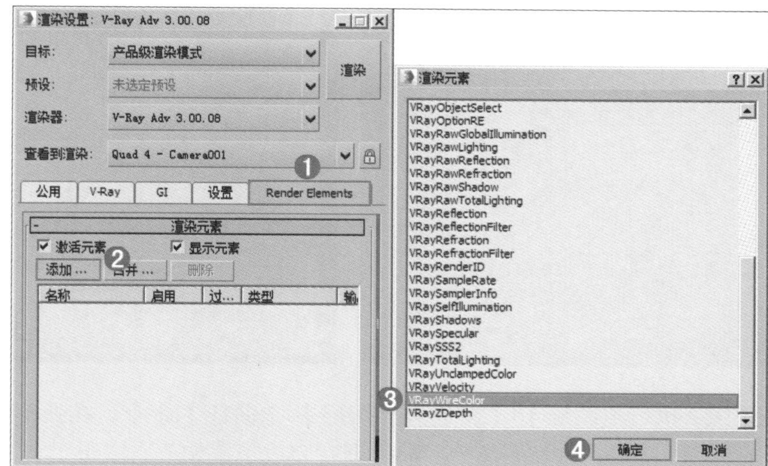

Section 8.6 Photoshop后期处理

Step 01 在Photoshop软件里打开本书实例文件【就餐区效果图.jpg】，如下图所示。这张图像中屋里的光感比较黄，光照又不明亮，所以在这里我们要解决这两个问题。

Step 02 为了使画面中黄色的视觉效果减弱，选中【背景】图层，执行【图层】|【新建调整图层】|【色彩平衡】命令，在弹出的色彩平衡属性面板中设置【色调】为中间调，【青色】的数值为-40，【黄色】的数值为30，效果如下图所示。

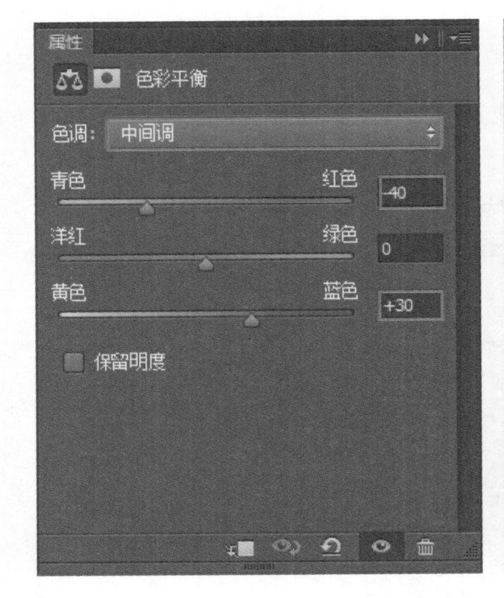

Step 03 执行【图层】|【新建调整图层】|【曲线】命令，在弹出的曲线属性面板中调节曲线状态，如下左图所示。这张图像的后期处理就完成了，如下右图所示。

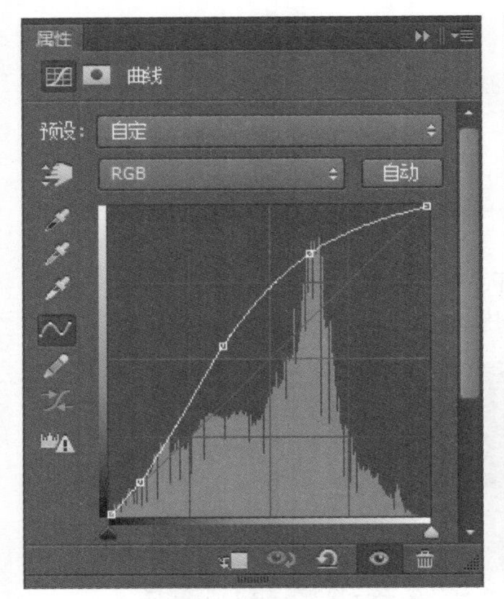

Chapter 9 3ds Max & VRay & Photoshop

简约风格客厅设计

▌VR-灯光制作复杂灯光效果　▌衰减程序贴图　▌自由灯光制作射灯

场景文件	09.max
案例文件	简约风格客厅.max
视频教学	简约风格客厅.flv
难易指数	★★★★☆
技术掌握	掌握目标灯光、VR灯光、VRayMtl材质、衰减贴图以及多维/子对象的应用

实例介绍

本例介绍的是一个简约风格客厅场景的设计，室内明亮的灯光表现，主要使用了目标灯光和VR灯光来制作，使用VRayMtl来制作本案例的主要材质。

Section 9.1 VRay渲染器设置

Step 01 打开本书实例文件【第9章 简约风格客厅设计/09.max】，如下图所示。

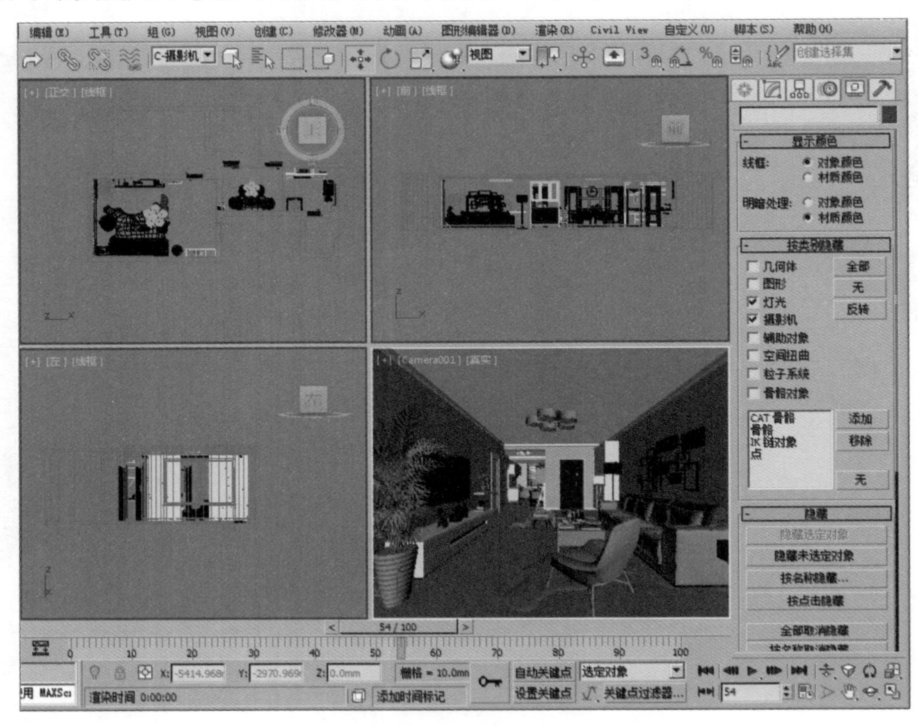

Step 02 按F10键，打开【渲染设置】面板，选择【公用】选项卡，在【指定渲染器】卷展栏下单击 按钮，在弹出的【选择渲染器】对话框中选择【V-Ray Adv 3.00.08】选项。单击“确定”按钮后，在【指定渲染器】卷展栏的【产品级】后面显示了【V-Ray Adv 3.00.08】，【渲染设置】对话框中出现了【V-Ray】、【GI】和【设置】选项卡，如下图所示。

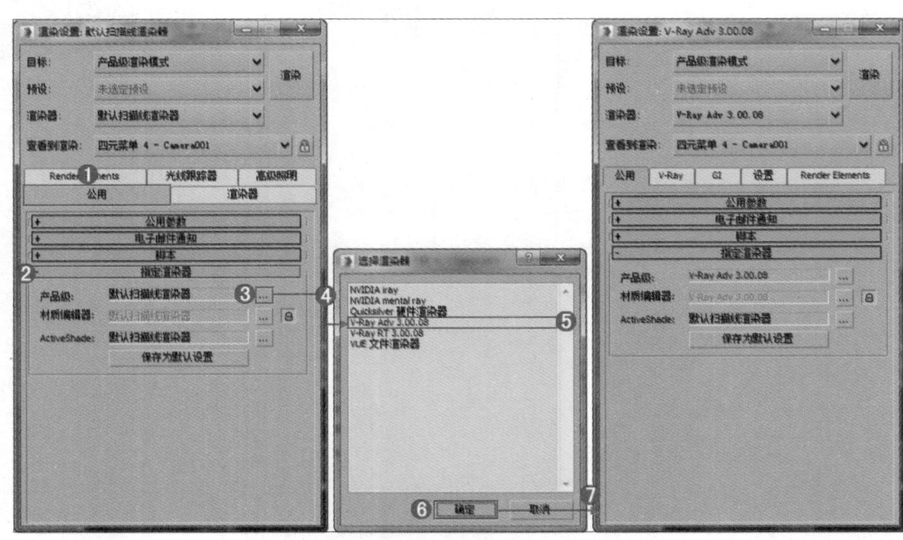

Section 9.2 材质的制作

下面就来讲述客厅场景中主要材质的调节方法，包括墙体、地砖、沙发、椅子、地毯、烤漆木茶几、花盆、顶棚灯罩、托盘、毯子材质的制作，效果如下图所示。

9.2.1 墙体材质的制作

Step 01 单击一个材质球，设置材质类型为【VRayMtl】材质，并命名为【墙体】。在【漫反射】后面的通道上加载【623.jpg】贴图文件，如下左图所示。

Step 02 双击材质球，效果如下右图所示。

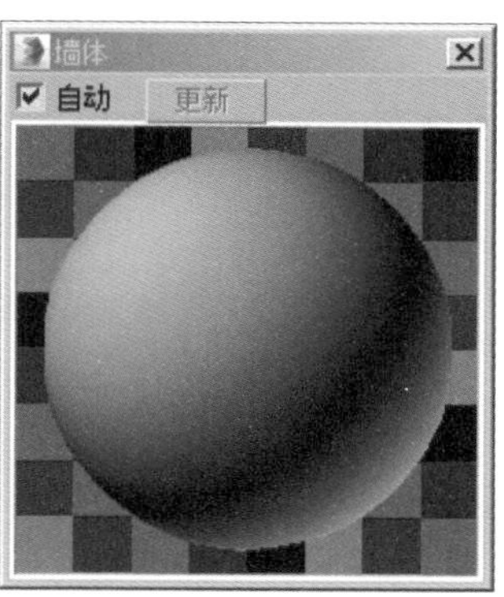

Step 03 选择墙体模型，单击（将材质指定给选定对象）按钮，将制作完毕的墙体材质赋给场景中的墙体模型，如下图所示。

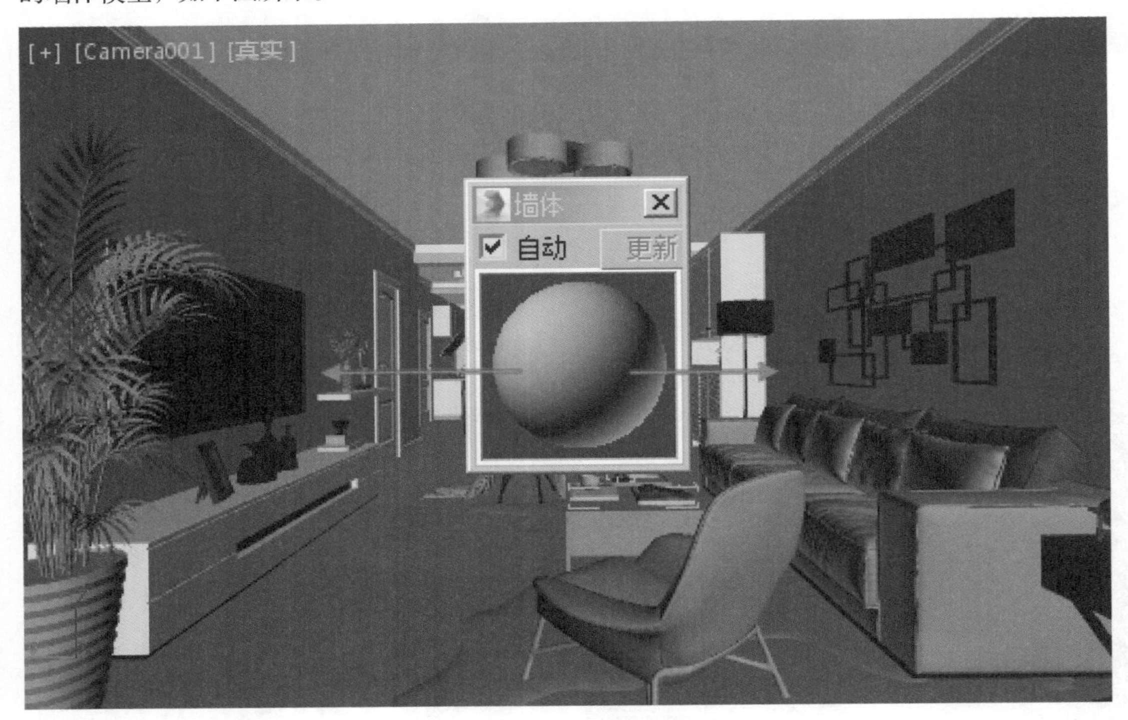

9.2.2 地砖材质的制作

Step 01 单击一个材质球，设置材质类型为【VRayMtl】材质，并命名为【地砖】。在【漫反射】后面的通道上加载【model2016-C095-3-900558.jpg】贴图文件；设置【反射】为深灰色（红：50，绿：50，蓝：50），取消勾选【菲涅耳反射】复选框，设置【最大深度】为3，如下左图所示。

Step 02 双击材质球，效果如下右图所示。

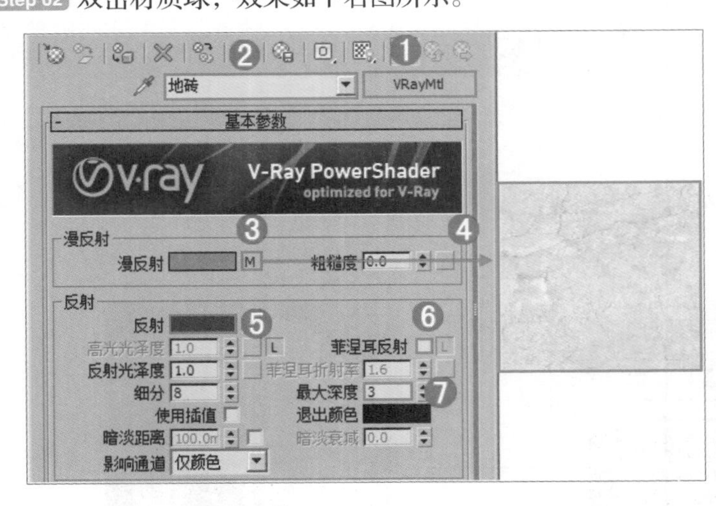

Step 03 选择地砖模型，单击（将材质指定给选定对象）按钮，将制作完毕的地砖材质赋给场景中的地砖模型，如下图所示。

9.2.3 沙发材质的制作

Step 01 单击一个材质球，设置材质类型为【VRayMtl】材质，并命名为【沙发】。在【漫反射】后面的通道上加载【混合】程序贴图，在【颜色1】后面的通道上加载【43806s1ddsadab.jpg】贴图文件，在【颜色2】后面的通道上加载【43806s1ddqqaaaac2.jpg】贴图文件，在【混合量】后面的通道上加载【rust_spec2.jpg】贴图文件，如下图所示。

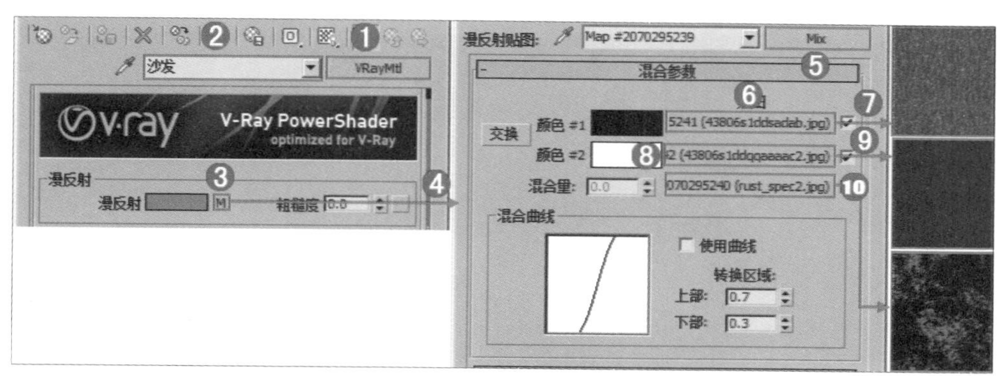

Step 02 在【反射】后面的通道上加载衰减程序贴图，设置【衰减类型】为Fresnel；设置【高光光泽度】为0.3，【反射光泽度】为0.4，最后勾选【菲涅耳反射】复选框，如下图所示。

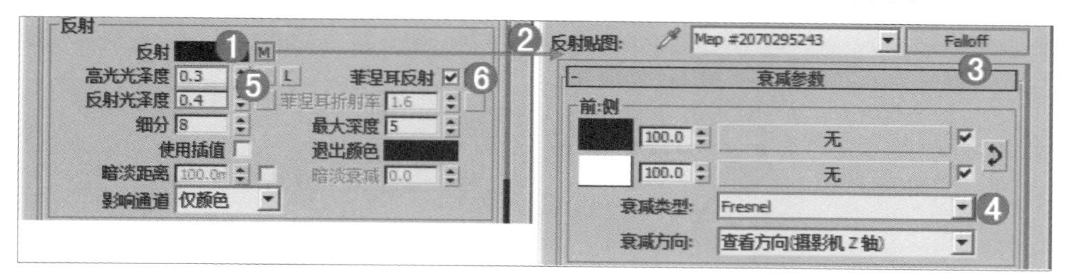

Step 03 展开【贴图】卷展栏，在【凹凸】后面的通道上加载【0000000000.jpg】贴图文件，并设置【凹凸】值为30，如下左图所示。

Step 04 双击材质球，效果如下右图所示。

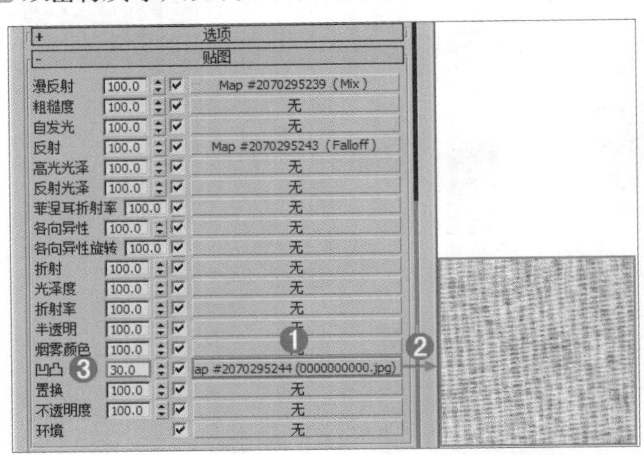

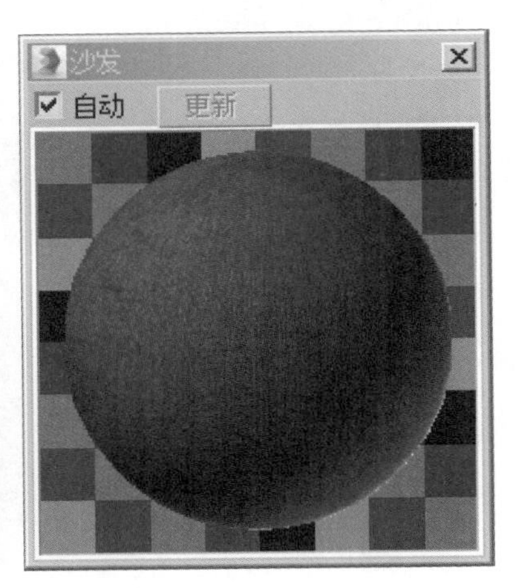

Step 05 选择沙发模型，单击（将材质指定给选定对象）按钮，将制作完毕的沙发材质赋给场景中的沙发模型，如下图所示。

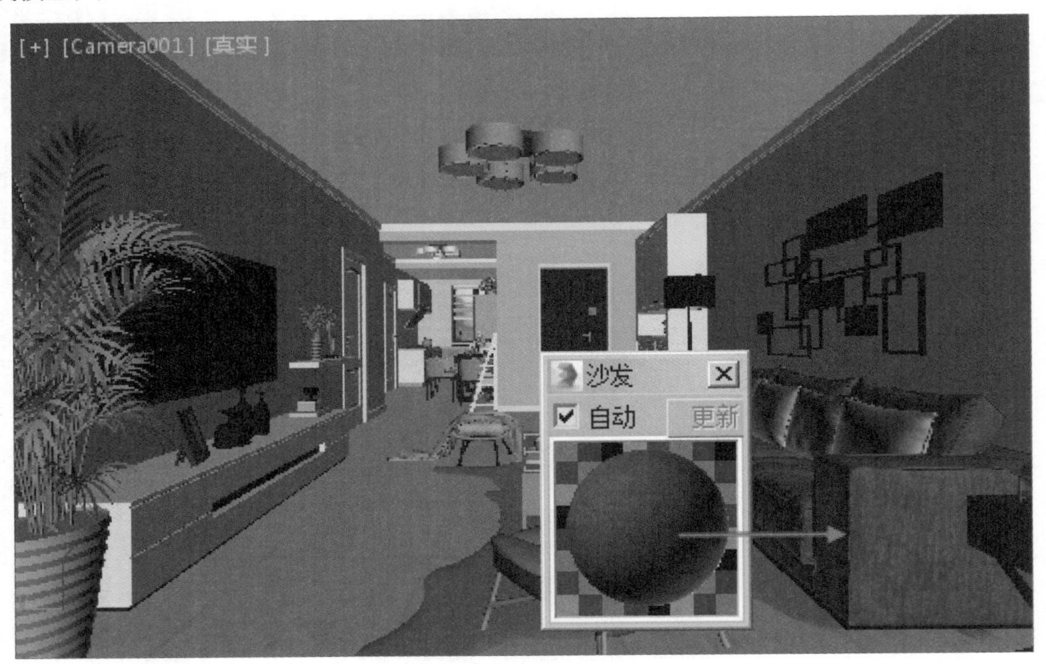

9.2.4 椅子材质的制作

Step 01 单击一个材质球，设置材质类型为多维/子对象材质，并命名为【椅子】，设置【设置数量】为2，如右图所示。

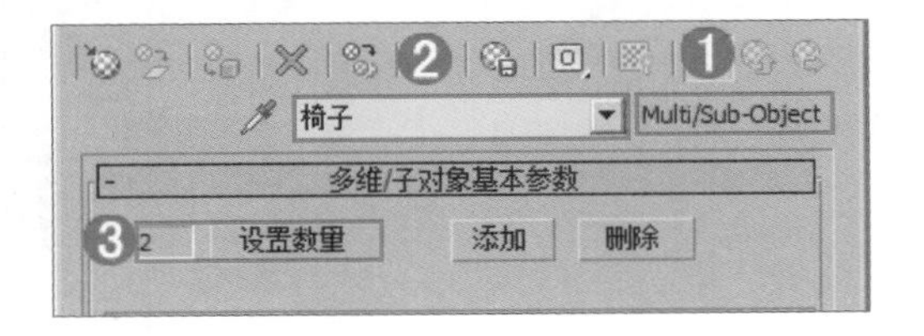

Step 02 在ID1后面的通道上加载【VRayMtl】材质，设置【漫反射】颜色为黄色（红：192，绿：123，蓝：34），在【反射】、【高光光泽度】和【反射光泽度】后面的通道上分别加载【皮革23.jpg】贴图文件，设置【细分】为20；勾选【菲涅耳反射】复选框，设置【菲涅耳折射率】为4，如下图所示。

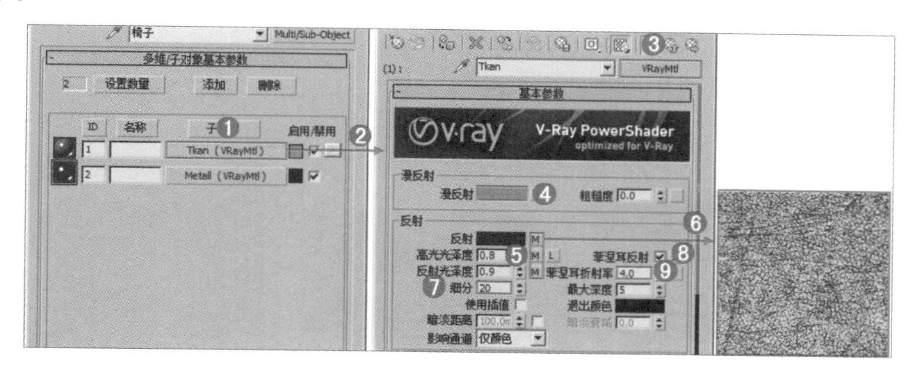

Step 03 在ID2后面的通道上加载【VRayMtl】材质，设置【漫反射】颜色为深灰色（红：7，绿：7，蓝：7），设置【反射】颜色为浅褐色（红：148，绿：142，蓝：135），设置【高光光泽度】为0.75，【反射光泽度】为0.97，取消勾选【菲涅耳反射】复选框，设置【最大深度】为3，如下左图所示。

Step 04 双击材质球，如下右图所示。

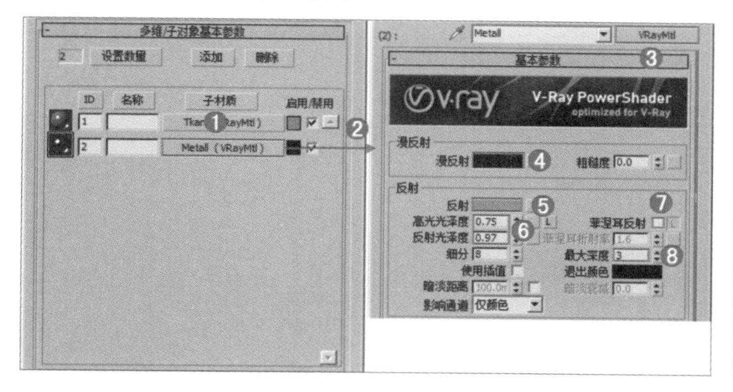

Step 05 选择椅子模型，单击（将材质指定给选定对象）按钮，将制作完毕的椅子材质赋给场景中的椅子模型，如下图所示。

9.2.5 地毯材质的制作

Step 01 单击一个材质球，设置材质类型为【VRayMtl】材质，并命名为【地毯】。在【漫反射】后面的通道上加载【vol3_carpets(9).jpg】贴图文件，取消勾选【菲涅耳反射】复选框，如下左图所示。

Step 02 双击材质球，效果如下右图所示。

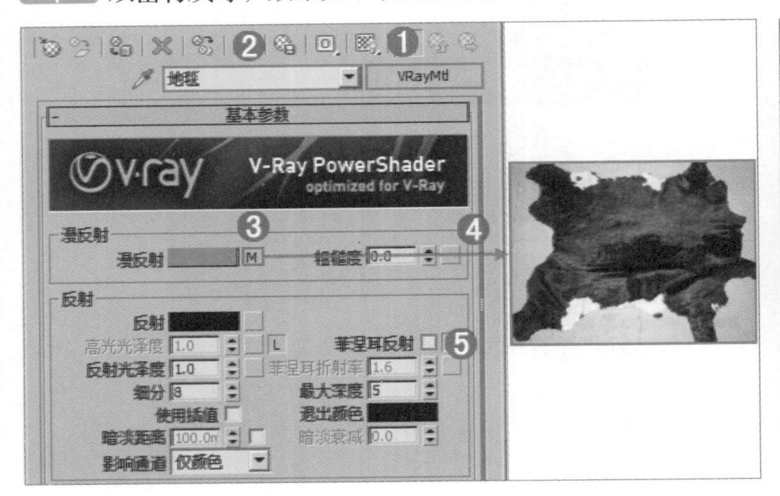

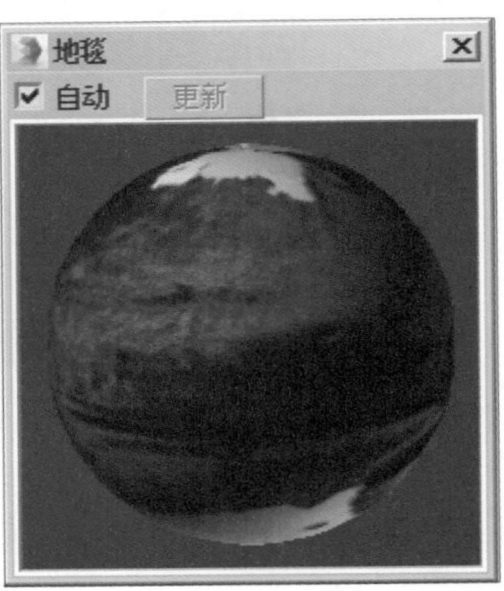

Step 03 选择地毯模型，单击（将材质指定给选定对象）按钮，将制作完毕的地毯材质赋给场景中的地毯模型，如下图所示。

9.2.6 烤漆木茶几材质的制作

Step 01 单击一个材质球，设置材质类型为【VRayMtl】材质，并命名为【烤漆木茶几】。设置【漫反射】颜色为白色（红：255，绿：255，蓝：255），在【反射】后面的通道上加载【衰减】程序贴图，设置【衰减类型】为Fresnel；设置【高光光泽度】为0.7，【反射光泽度】为0.98，取消勾选【菲涅耳反射】，如下左图所示。

Step 02 双击材质球，效果如下右图所示。

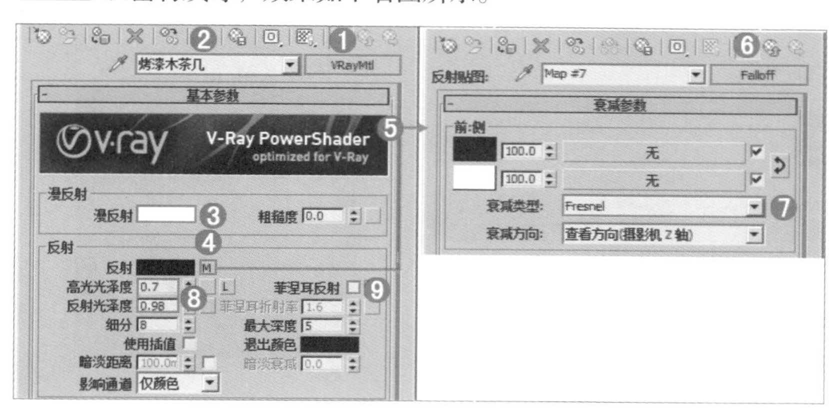

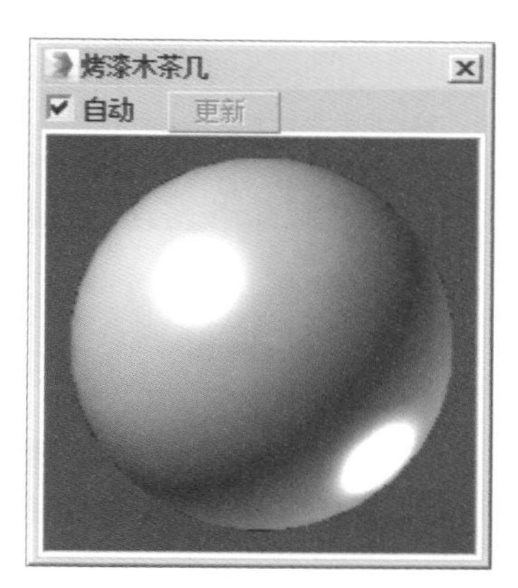

Step 03 选择茶几模型，单击（将材质指定给选定对象）按钮，将制作完毕的茶几材质赋给场景中的茶几模型，如下图所示。

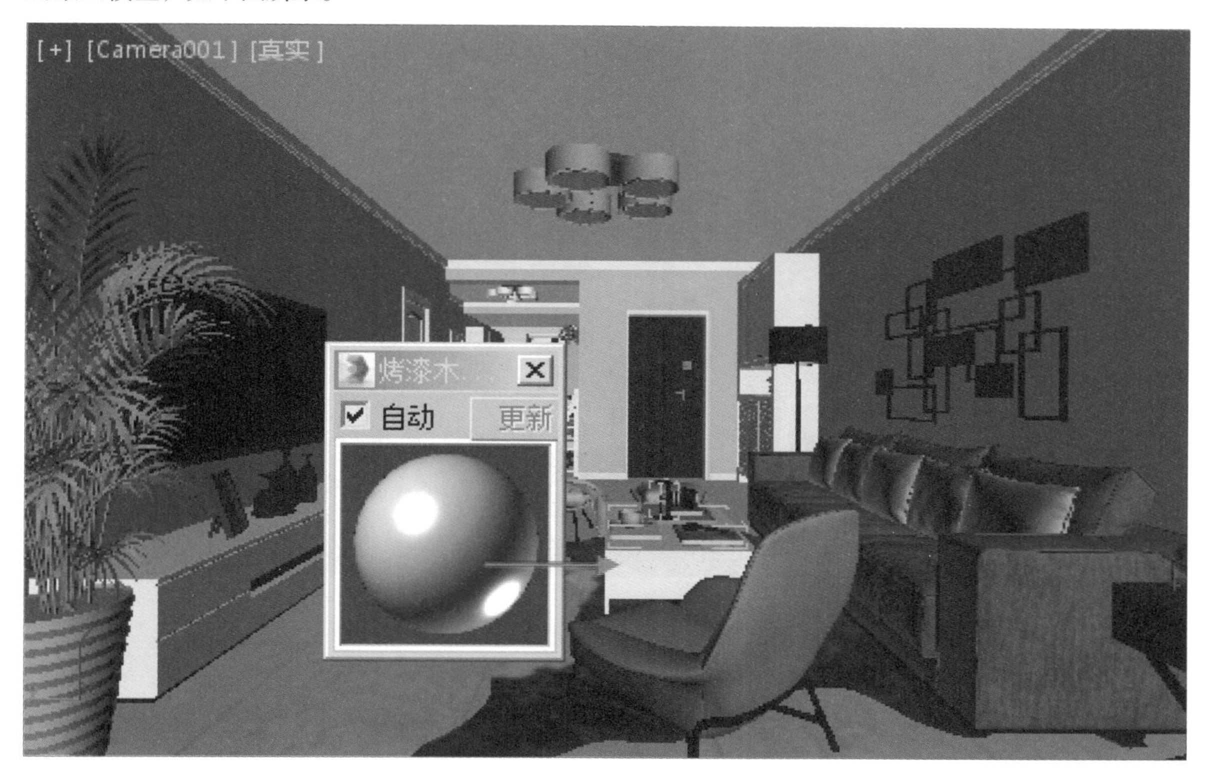

9.2.7 花盆材质的制作

Step 01 单击一个材质球，设置材质类型为【VRayMtl】材质，并命名为【花盆】。设置【漫反射】颜色为白色（红：255，绿：255，蓝：255），在【反射】后面的通道上加载衰减程序贴图，设置【衰减类型】为Fresnel；设置【高光光泽度】为0.8，【反射光泽度】为0.95，取消勾选【菲涅耳反射】复选框，如下左图所示。

Step 02 双击材质球，效果如下右图所示。

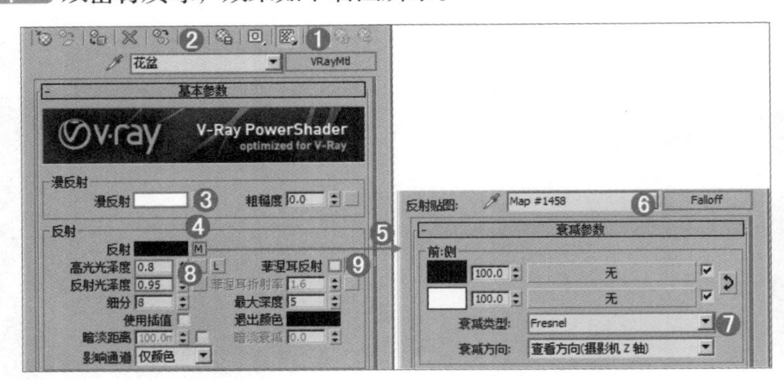

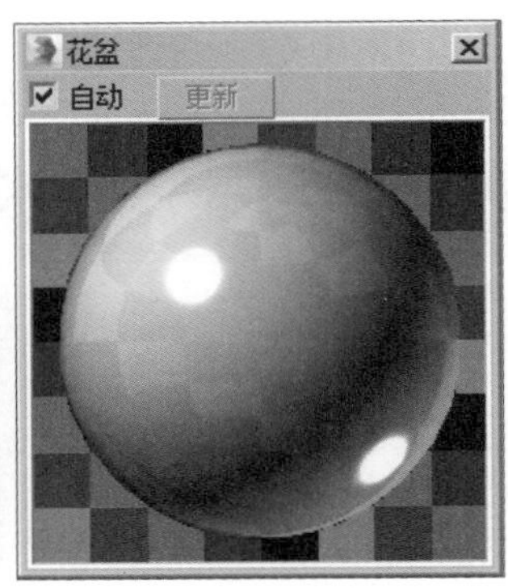

Step 03 选择花盆模型，单击（将材质指定给选定对象）按钮，将制作完毕的花盆材质赋给场景中的花盆模型，如下图所示。

9.2.8 顶棚灯罩材质的制作

Step 01 单击一个材质球，设置材质类型为【多维/子对象】材质，并命名为【顶棚灯罩】，设置【设置数量】为2，如右图所示。

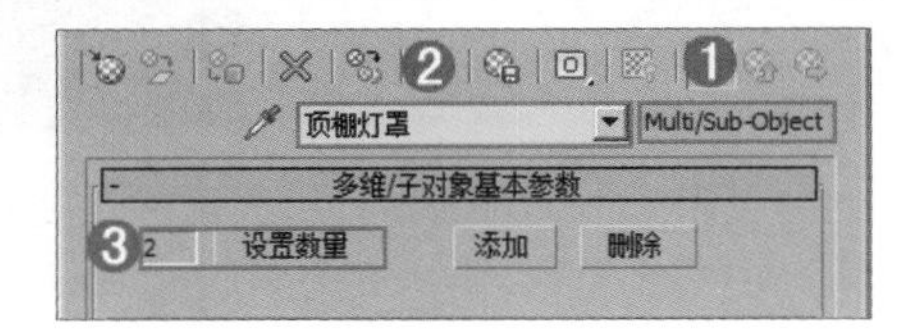

Step 02 在ID1后面的通道上加载【VRayMtl】材质，并为其命名为【玻璃】，设置【漫反射】颜色为白色（红：255，绿：255，蓝：255），设置【反射】颜色为浅灰色（红：216，绿：216，蓝：216），设置【高光光泽度】为0.95，勾选【菲涅耳反射】复选框，如下左图所示。

Step 03 设置【折射】颜色为浅灰色（红：245，绿：245，蓝：245），设置【折射率】为1.517，如下右图所示。

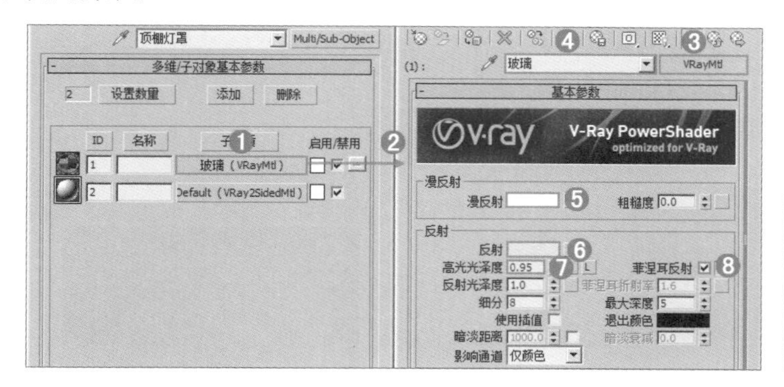

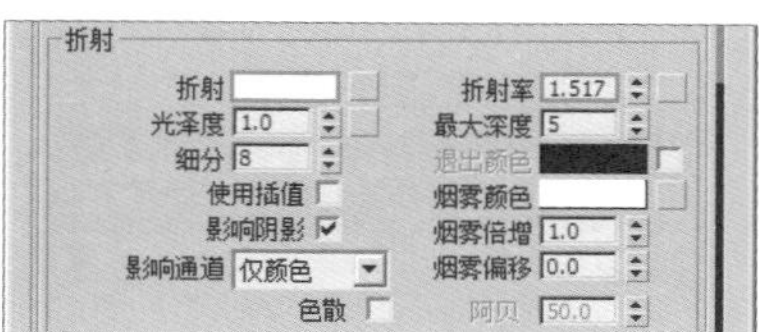

Step 04 在ID2后面的通道上加载【VRay2SidedMtl】材质，在【正面材质】后面通道上加载【VRayMtl】材质，设置【漫反射】颜色为白色（红：255，绿：255，蓝：255），【高光光泽度】为0.85，【反射光泽度】为0.9，勾选【菲涅耳反射】复选框，如下图所示。

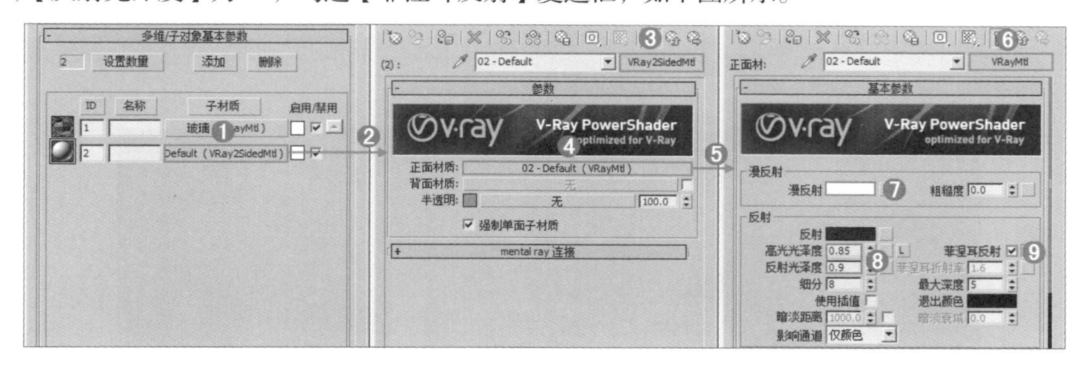

Step 05 双击材质球，效果如下左图所示。

Step 06 选择顶棚灯罩模型，单击（将材质指定给选定对象）按钮，将制作完毕的顶棚灯罩材质赋给场景中的顶棚灯罩模型，如下右图所示。

9.2.9 托盘材质的制作

Step 01 单击一个材质球，设置材质类型为【VRayMtl】材质，并命名为【托盘】。在【漫反射】后面的通道上加载【木材-木纹-8848-FANGDEDE.COM.jpg】贴图文件；在【反射】后面的通道上加载【衰减】程序贴图，设置【颜色2】为浅蓝色（红：226，绿：236，蓝：255），设置【衰减类型】为Fresnel；设置【高光光泽度】为0.83，【反射光泽度】为0.95，取消勾选【菲涅耳反射】复选框，如下左图所示。

Step 02 双击材质球，效果如下右图所示。

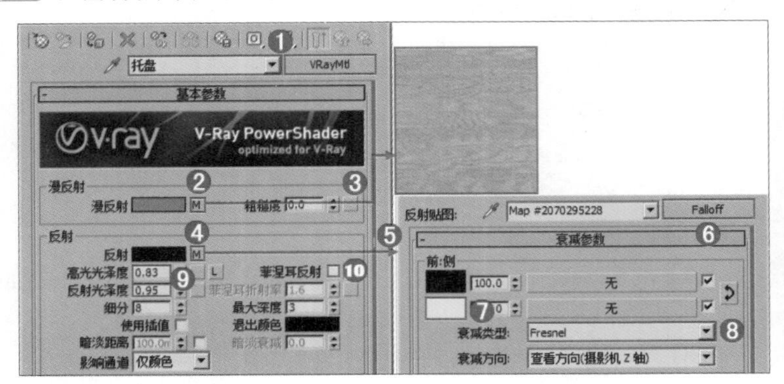

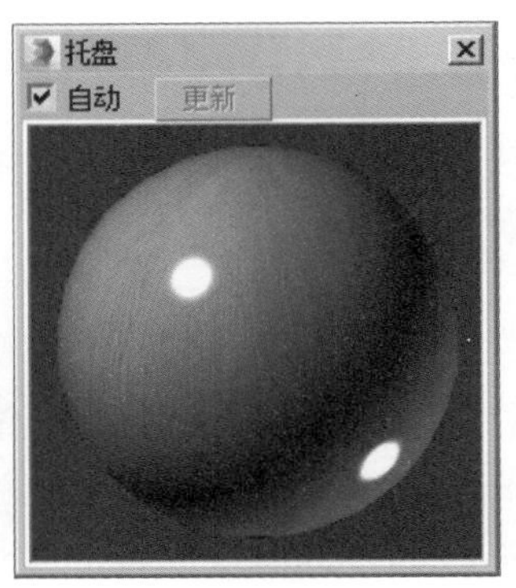

Step 03 选择托盘模型，单击（将材质指定给选定对象）按钮，将制作完毕的托盘材质赋给场景中的托盘模型，如下图所示。

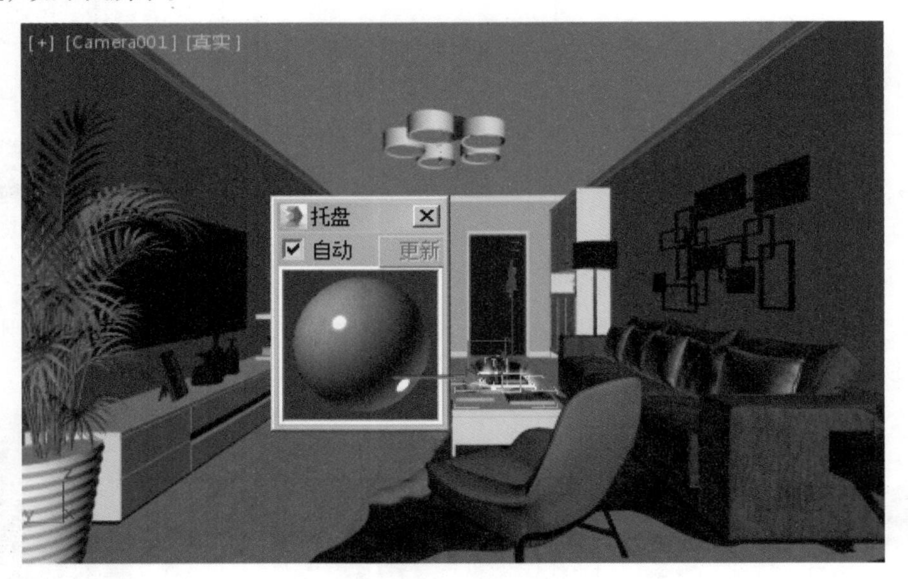

9.2.10 毯子材质的制作

Step 01 单击一个材质球，设置材质类型为多维/子对象材质，并命名为【毯子】，设置【设置数量】为2，如右图所示。

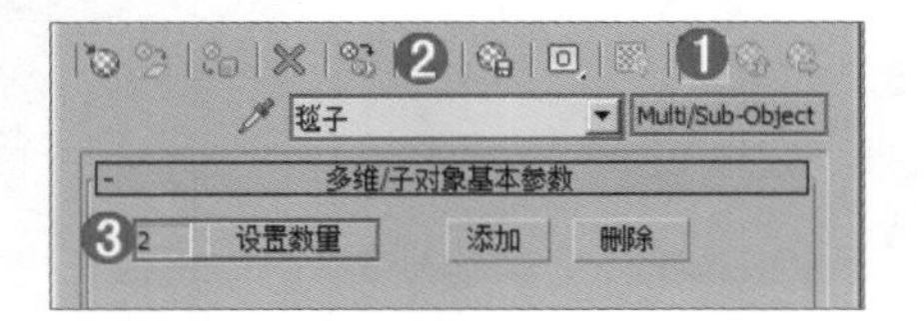

Step 02 在ID1后面的通道上加载【VRayMtl】材质，在【漫反射】后面的通道上加载【衰减】程序贴图，在【颜色1】和【颜色2】后面的通道上分别加载【custom-wool-plaid.jpg】贴图文件，设置【衰减类型】为垂直/平行；展开【混合曲线】卷展栏，适当地调节曲线；最后取消勾选【菲涅耳反射】复选框，如下图所示。

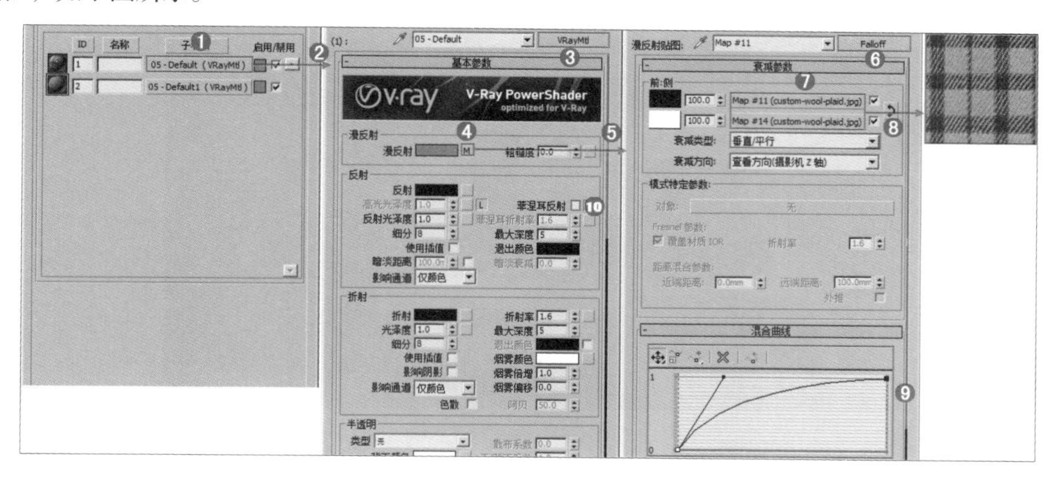

Step 03 在ID2后面的通道上加载【VRayMtl】材质，在【漫反射】后面的通道上加载【衰减】程序贴图，最后取消勾选【菲涅耳反射】复选框，如下图所示。

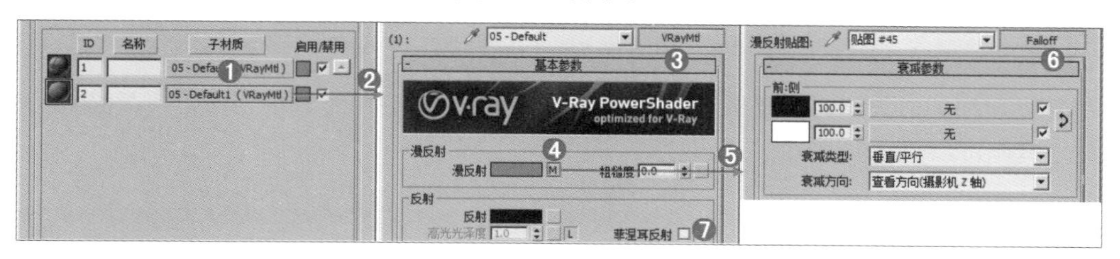

Step 04 在【颜色1】和【颜色2】后面的通道上加载【custom-wool-plaid.jpg】贴图文件，设置【U】为0.203，【V】为0.148，【W】为0.178，【H】为0.209，勾选【应用】复选框后，单击【查看图像】按钮；接着设置【衰减类型】为【垂直/平行】，展开【混合曲线】卷展栏，适当地调节曲线，如下左图所示。

Step 05 双击材质球，效果如下右图所示。

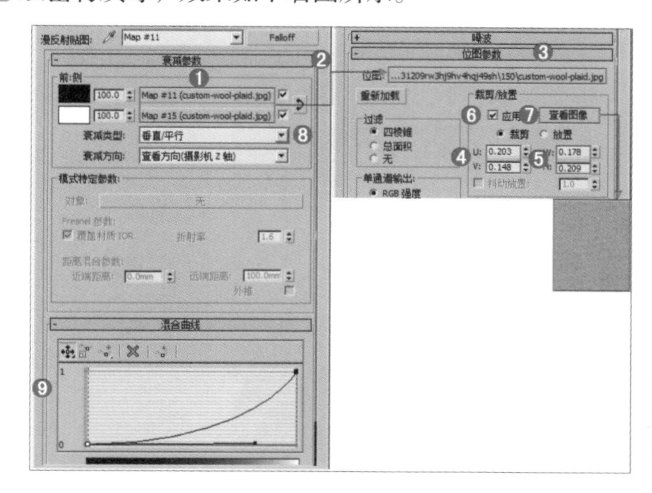

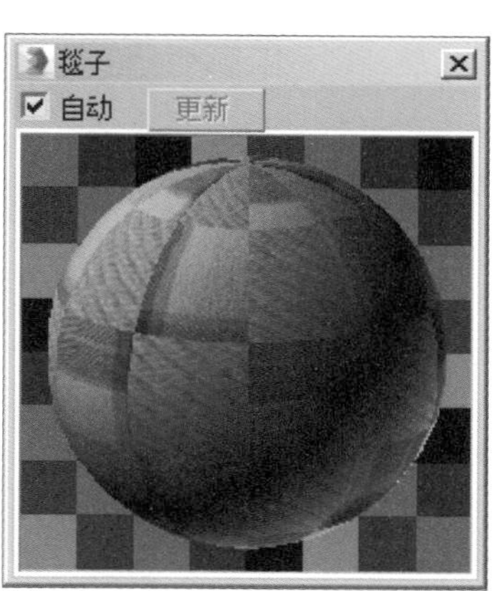

Step 06 选择毯子模型，单击（将材质指定给选定对象）按钮，将制作完毕的毯子材质赋给场景中的毯子模型，如下图所示。

Section 9.3 灯光的制作

本案例需要模拟白天的光照效果，使制作的灯光效果比较自然，则需要根据白天的光照特点进行模拟。本案例可以通过创建VR-灯光进行制作。

9.3.1 客厅窗户处灯光的创建

Step 01 在左视图中创建1盏VR灯光，如下左图所示。

Step 02 在【修改】面板中，设置类型为【平面】,【倍增】为12,【颜色】为浅蓝色（红：152，绿：215，蓝：255），设置【1/2长】为1347.796mm,【1/2宽】为857.167mm，勾选【不可见】复选框，设置【细分】为30，如下右图所示。

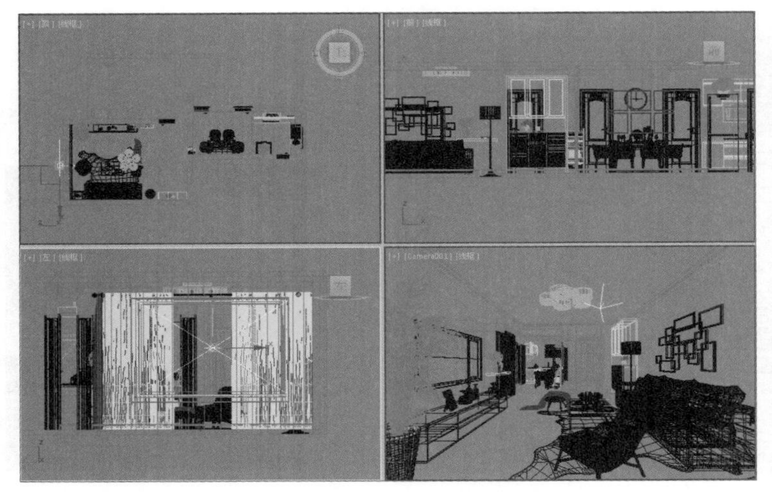

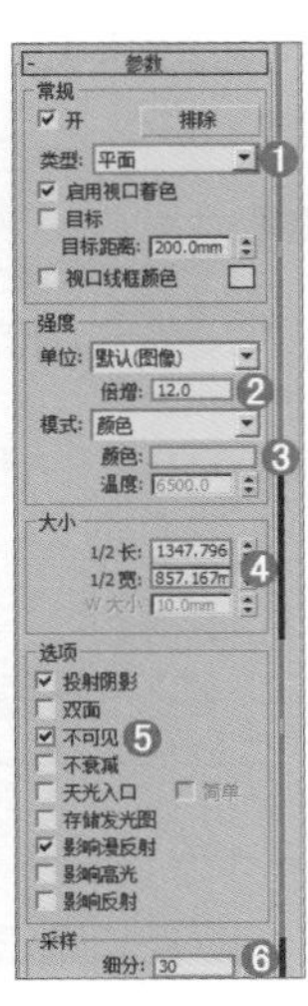

9.3.2 厨房窗户处灯光的创建

Step 01 在视图中创建1盏VR灯光，如下左图所示。

Step 02 在【修改】面板中，设置类型为【平面】,【倍增】为12,【颜色】为浅蓝色（红：152，绿：215，蓝：255），设置【1/2长】为667.038mm,【1/2宽】为836.758mm，勾选【不可见】复选框，设置【细分】为30，如下右图所示。

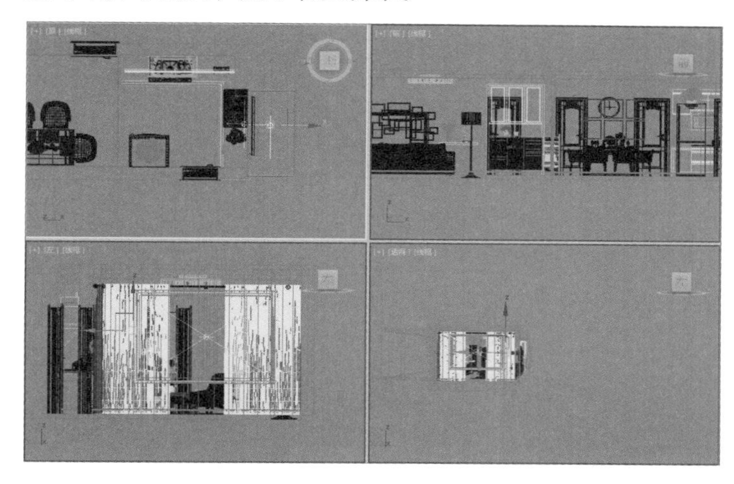

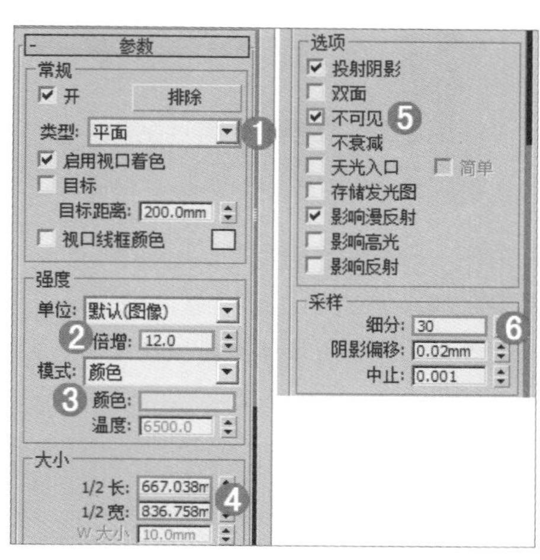

Step 03 再次在视图中创建1盏VR灯光，如下左图所示。

Step 04 在【修改】面板中，设置【类型】为【平面】,【倍增】为3,【颜色】为浅蓝色（红：180，绿：226，蓝：255），设置【1/2长】为480.267mm,【1/2宽】为476.952mm，勾选【不可见】复选框，设置【细分】为30，如下右图所示。

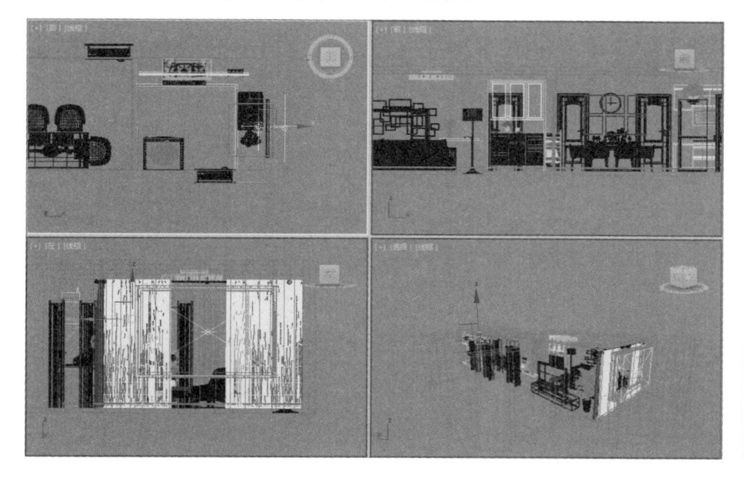

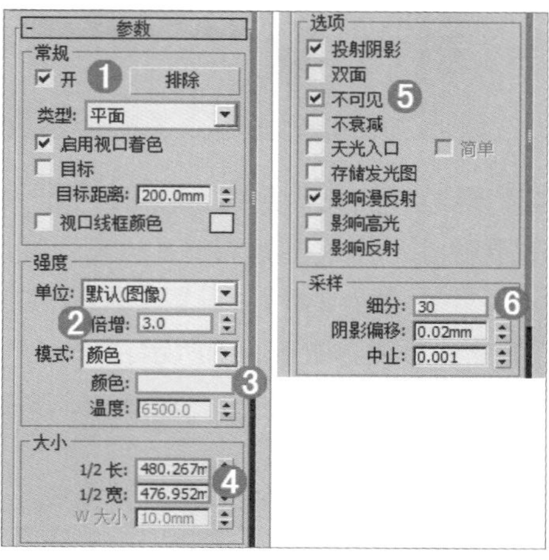

9.3.3 客厅、餐厅和厨房主光源的创建

Step 01 在顶视图中创建1盏VR灯光，作为客厅主光源，如下左图所示。

Step 02 在【修改】面板中，设置【类型】为【平面】,【倍增】为8,【颜色】为浅黄色（红：255，绿：249，蓝：240），设置【1/2长】为306.308mm,【1/2宽】为312.015mm，勾选【不可见】复选框，设置【细分】为30，如下右图所示。

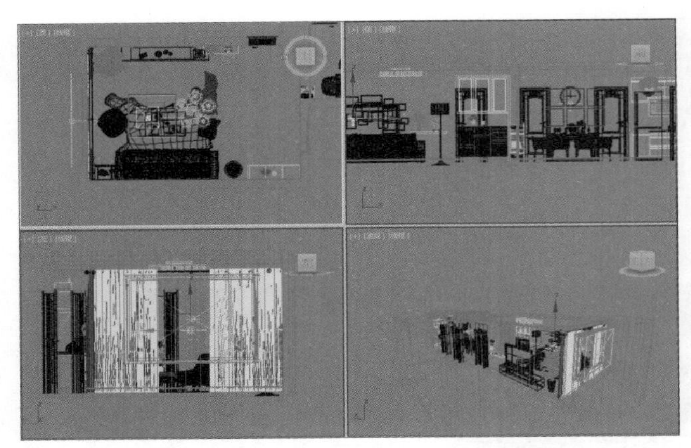

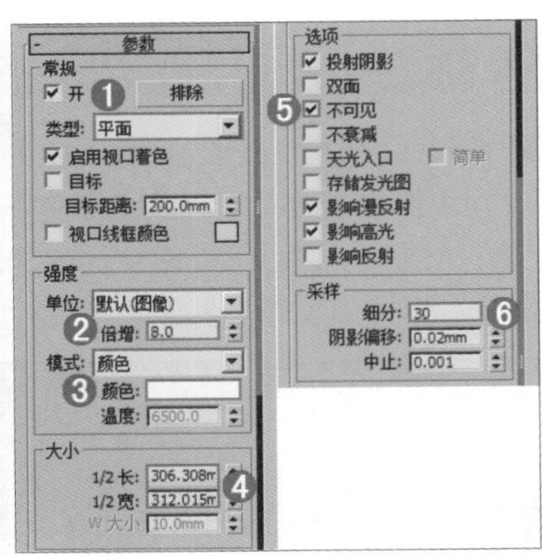

Step 03 在顶视图中创建1盏VR灯光，作为餐厅主光源，如下左图所示。

Step 04 在【修改】面板中，设置【类型】为【平面】,【倍增】为8,【颜色】为浅黄色（红：255，绿：249，蓝：240），设置【1/2长】为306.308mm,【1/2宽】为312.015mm，勾选【不可见】复选框，设置【细分】为30。如下右图所示。

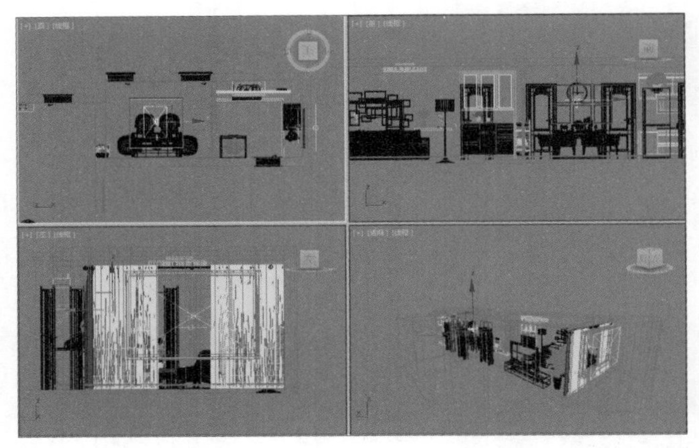

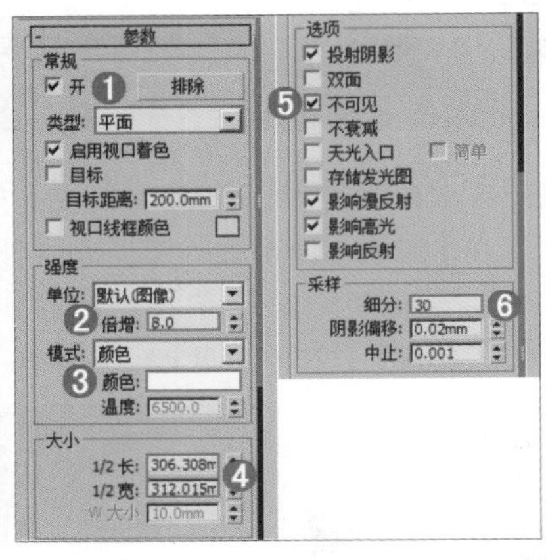

Step 05 在顶视图中创建1盏VR灯光，作为厨房主光源，如下左图所示。

Step 06 在【修改】面板中，设置【类型】为【平面】,【倍增】为60,【颜色】为浅黄色（红：255，绿：249，蓝：240），设置【1/2长】为100mm,【1/2宽】为100mm，勾选【不可见】复选框，设置【细分】为30，如下右图所示。

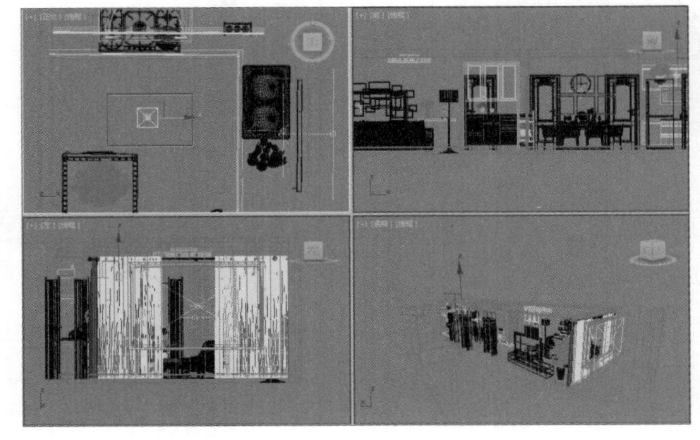

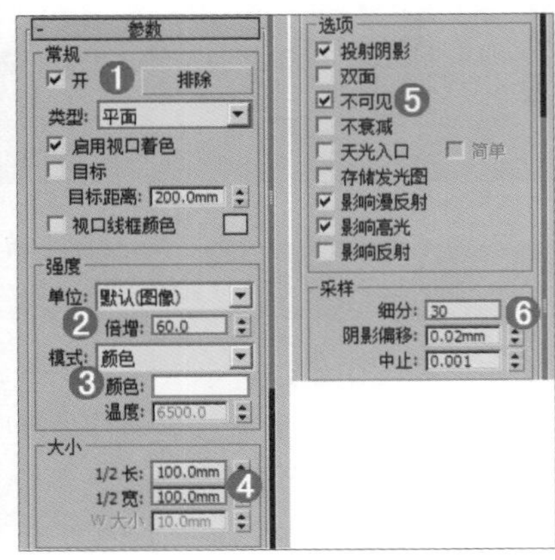

9.3.4 客厅灯带的创建

Step 01 在顶视图中创建1盏VR灯光，如下左图所示。

Step 02 在【修改】面板中，设置【类型】为【平面】，【倍增】为4，【颜色】为浅黄色（红：248，绿：216，蓝：149），设置【1/2长】为691.785mm，【1/2宽】为61.562mm，勾选【不可见】复选框，设置【细分】为30，如下右图所示。

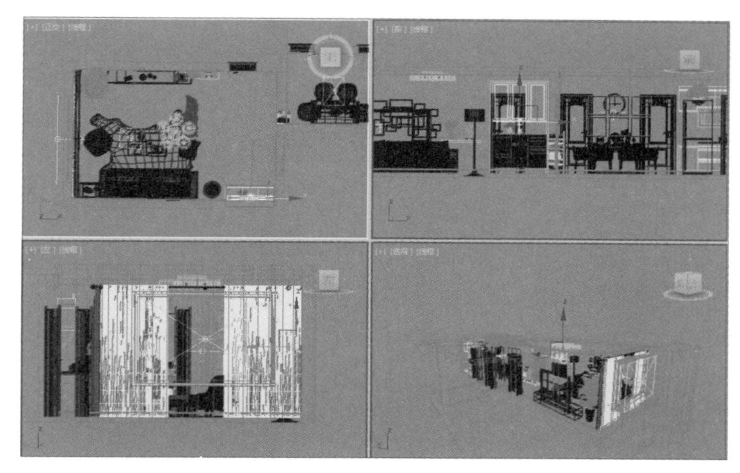

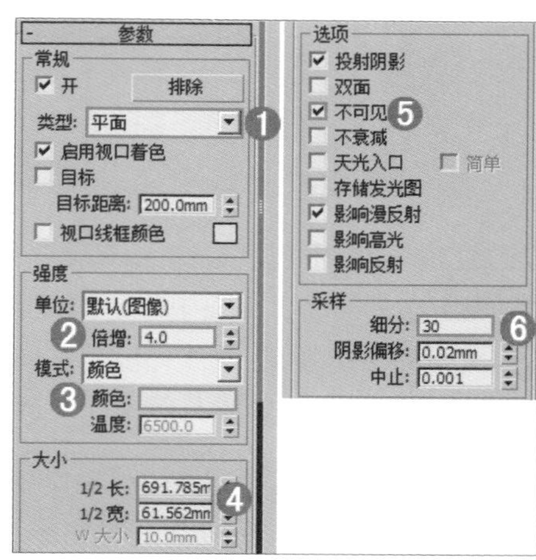

9.3.5 客厅射灯的创建

Step 01 在视图中创建2盏自由灯光，如下左图所示。

Step 02 在【修改】面板中的【阴影】选项组，勾选【启用】复选框，设置【灯光分布（类型）】为【光度学Web】。在【分布（光度学Web）】卷展栏下加载【经典筒灯】文件，设置【过滤颜色】为浅黄色（红：255，绿：203，蓝：141），设置【lm】为1516，如下右图所示。

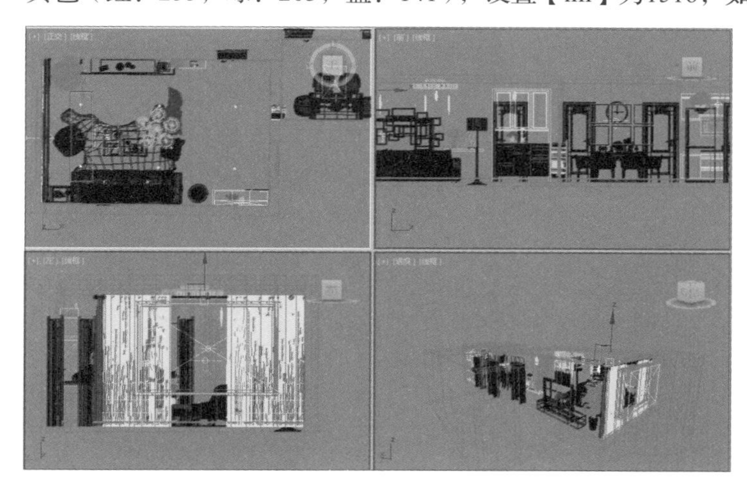

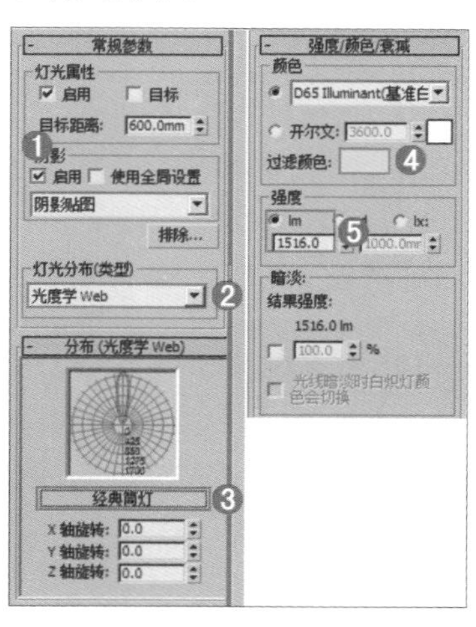

Step 03 在视图中创建3盏自由灯光，如下左图所示。

Step 04 在【修改】面板中的【阴影】选项组，勾选【启用】复选框，选择【VR-阴影】选项，设置【灯光分布（类型）】为【光度学Web】。在【分布（光度学Web）】卷展栏下加载【14.IES】文件，设置【过滤颜色】为浅黄色（红：255，绿：216，蓝：169），设置【lm】为2700，如下右图所示。

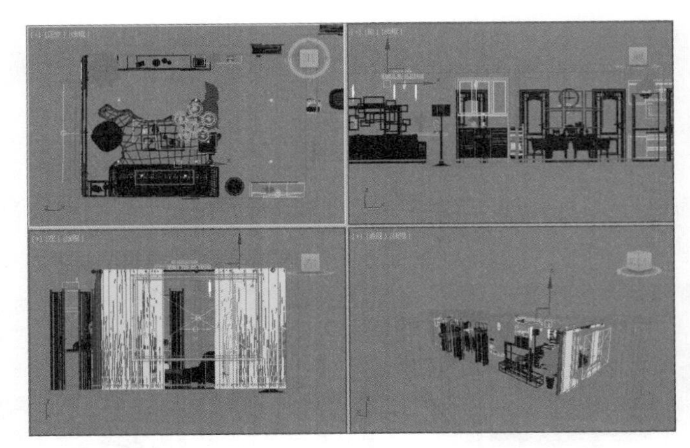

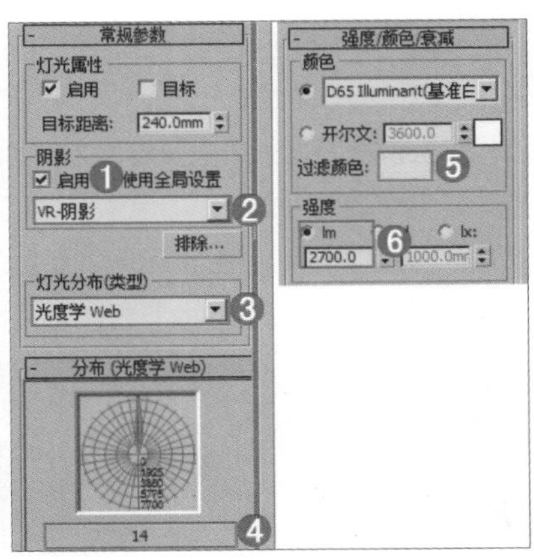

Step 05 在视图中创建2盏自由灯光，如下左图所示。

Step 06 在【修改】面板中的【阴影】选项组，勾选【启用】复选框，选择【阴影贴图】选项，设置【灯光分布（类型）】为【光度学Web】。在【分布（光度学Web）】卷展栏下加载【经典筒灯】文件，设置【过滤颜色】为浅黄色（红：255，绿：203，蓝：141），设置【lm】为1516，如下右图所示。

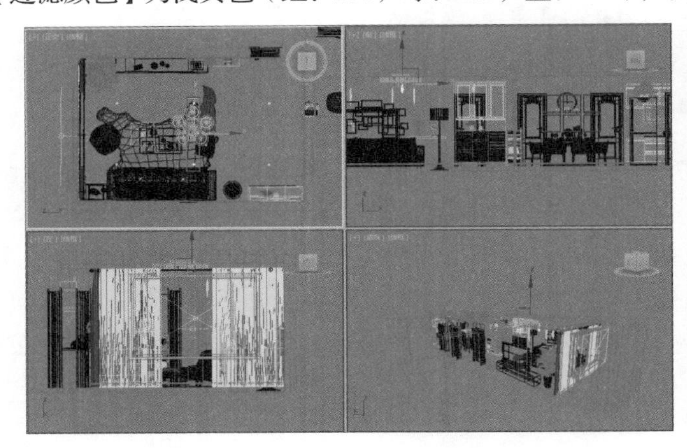

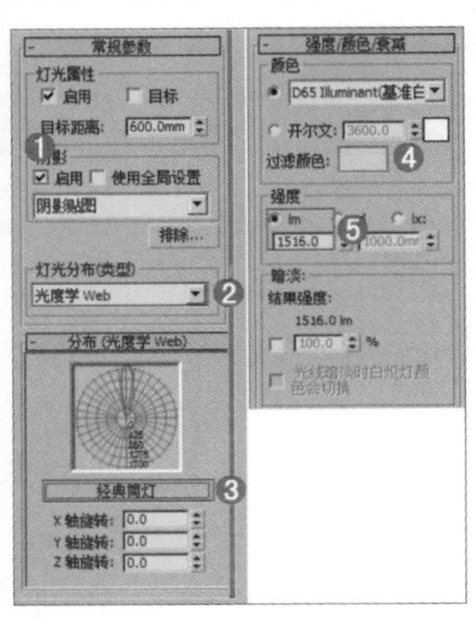

Step 07 在视图中创建2盏自由灯光，如下左图所示。

Step 08 在【修改】面板中的【阴影】选项组，勾选【启用】复选框，选择【VR-阴影】选项，设置【灯光分布（类型）】为【光度学Web】。在【分布（光度学Web）】卷展栏下加载【经典筒灯】文件，设置【过滤颜色】为浅黄色（红：255，绿：189，蓝：112），设置【lm】为1516，如下右图所示。

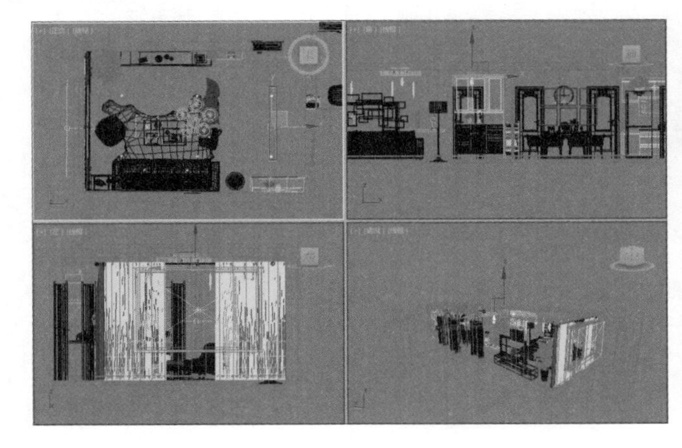

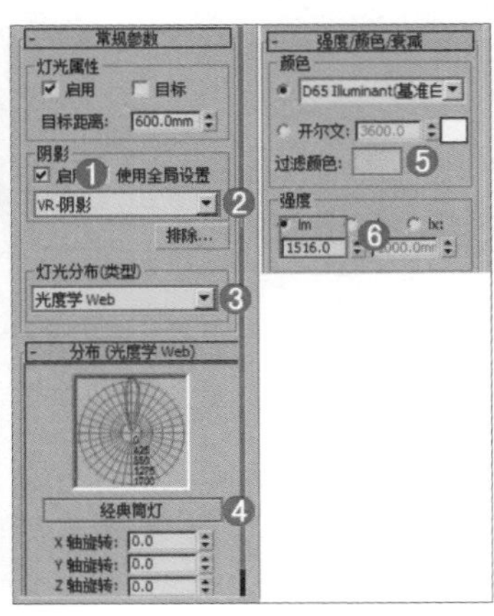

9.3.6 餐厅射灯的创建

Step 01 在视图中创建4盏自由灯光，如下左图所示。

Step 02 在【修改】面板中的【阴影】选项组，勾选【启用】复选框，选择【VR-阴影】选项，设置【灯光分布（类型）】为【光度学Web】。在【分布（光度学Web）】卷展栏下加载【经典筒灯】文件，设置【过滤颜色】为浅黄色（红：255，绿：189，蓝：112），设置【lm】为1516，如下右图所示。

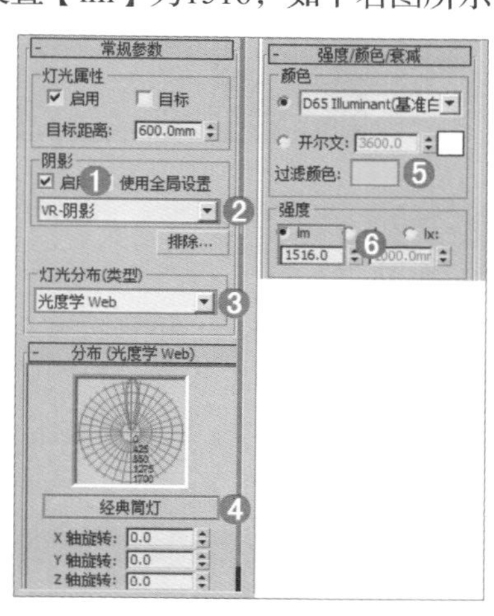

Step 03 在视图中创建5盏自由灯光，如下左图所示。

Step 04 在【修改】面板中的【阴影】选项组，勾选【启用】复选框，选择【VR-阴影】选项，设置【灯光分布（类型）】为【光度学Web】。在【分布（光度学Web）】卷展栏下加载【14.IES】文件，设置【过滤颜色】为浅黄色（红：255，绿：215，蓝：168），设置【lm】为2200，如下右图所示。

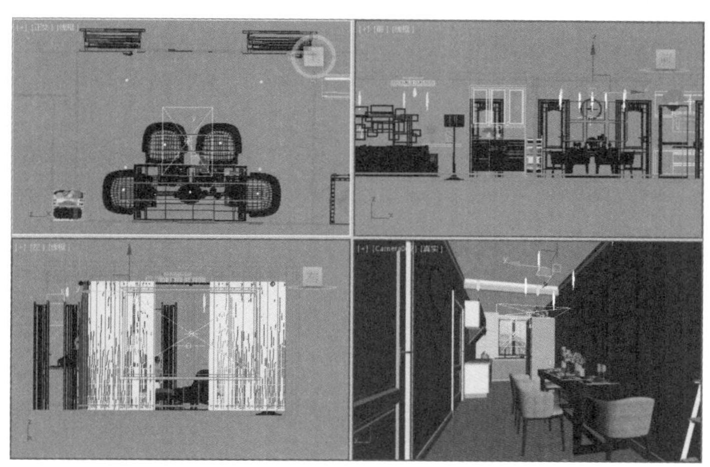

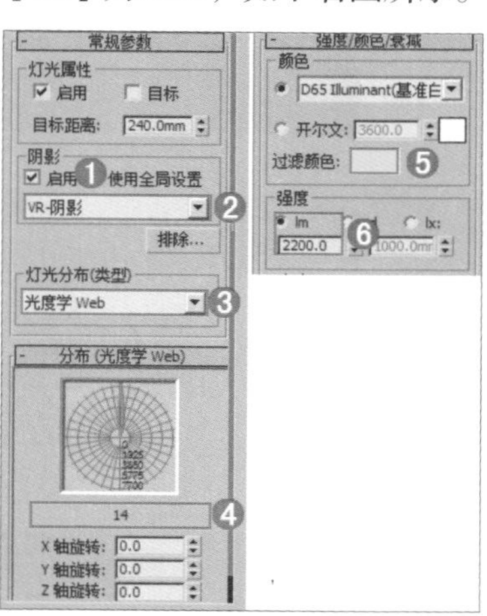

9.3.7 厨房射灯的创建

Step 01 在视图中创建1盏射灯，如下左图所示。

Step 02 在【修改】面板中的【阴影】选项组，勾选【启用】复选框，选择【VR-阴影】选项，设置【灯光分布（类型）】为【光度学Web】。在【分布（光度学Web）】卷展栏下加载【经典筒灯】文件，设置【过滤颜色】为浅黄色（红：255，绿：189，蓝：112），设置【lm】为1516，如下右图所示。

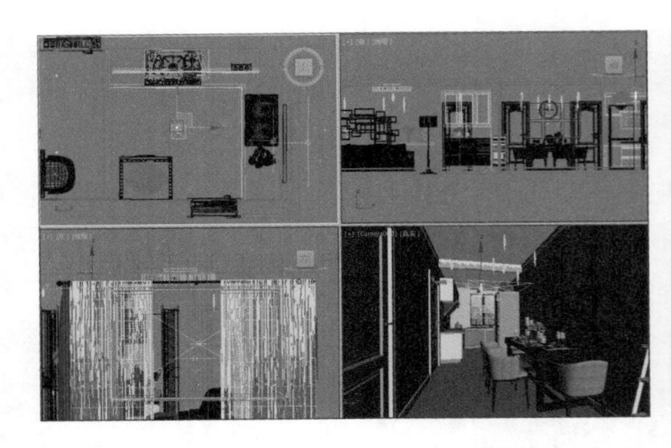

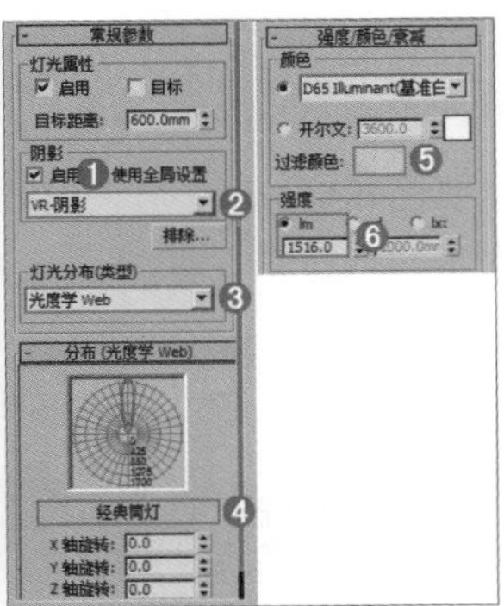

9.3.8 客厅吊灯的创建

Step 01 在视图中创建5盏VR灯光，如下左图所示。

Step 02 在【修改】面板中，设置【类型】为【球体】,【倍增】为10,【颜色】为浅黄色（红：255，绿：224，蓝：175），设置【半径】为30mm，勾选【不可见】复选框，设置【细分】为30，如下右图所示。

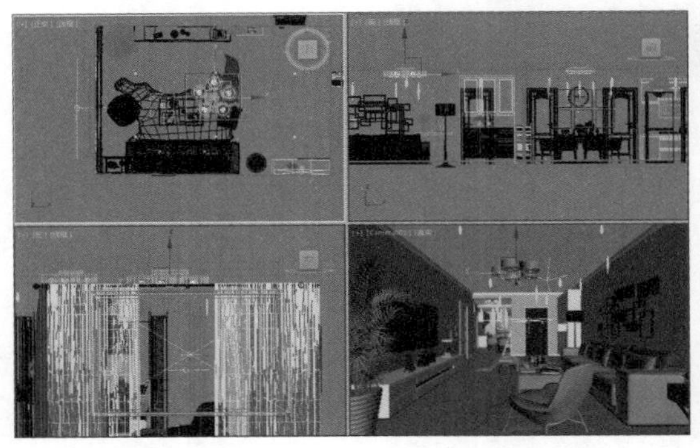

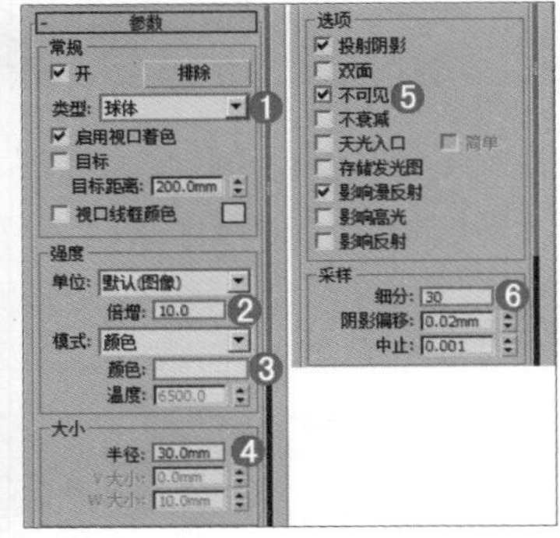

9.3.9 客厅台灯的创建

Step 01 在视图中创建1盏VR灯光，如下左图所示。

Step 02 在【修改】面板中，设置【类型】为【球体】,【倍增】为1400,【颜色】为浅黄色（红：255，绿：230，蓝：190），设置【半径】为8mm，勾选【不可见】复选框，设置【细分】为30，如下右图所示。

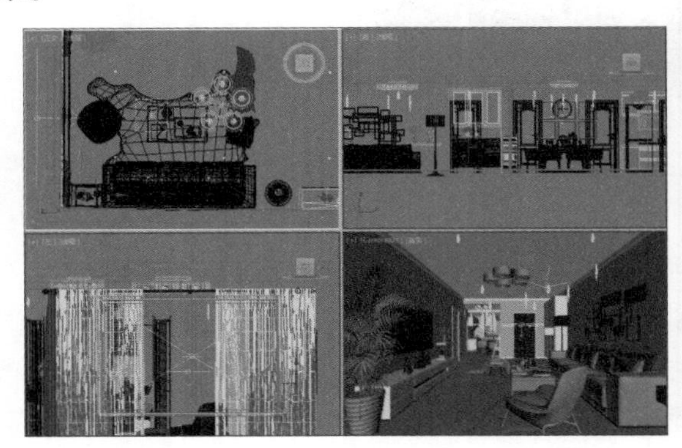

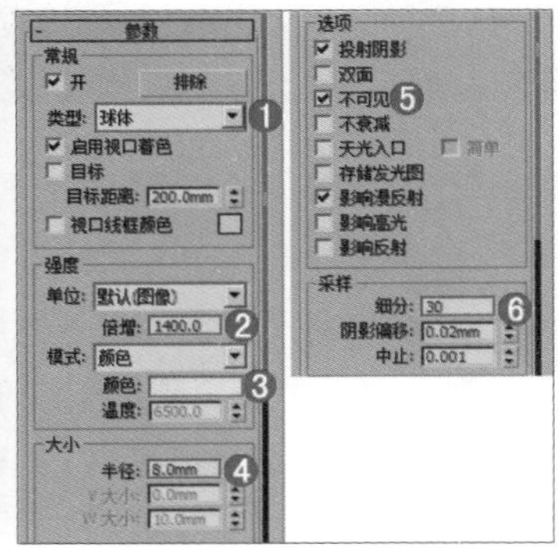

Step 03 在视图中创建1盏VR灯光，如下左图所示。

Step 04 在【修改】面板中，设置【类型】为【球体】，【倍增】为2000，【颜色】为浅黄色（红：255，绿：220，蓝：175），设置【半径】为8mm，勾选【不可见】复选框，设置【细分】为30，如下右图所示。

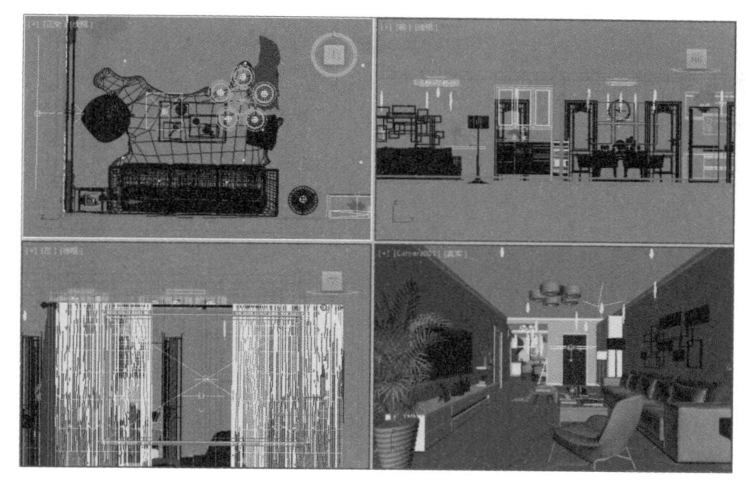

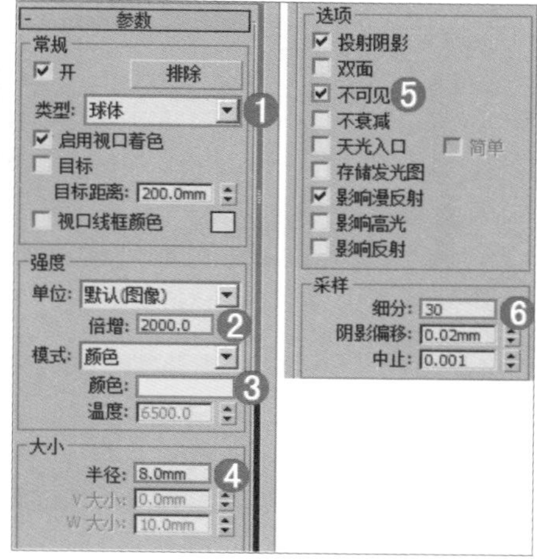

Step 05 在视图中创建1盏VR灯光，如下左图所示。

Step 06 在【修改】面板中，设置【类型】为【球体】，【倍增】为50，【颜色】为浅黄色（红：255，绿：220，蓝：175），设置【半径】为60mm，勾选【不可见】复选框，设置【细分】为30，如下右图所示。

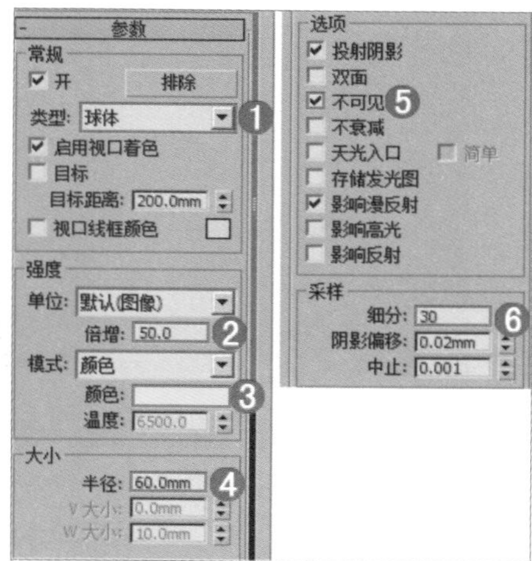

9.3.10 餐厅吊灯的创建

Step 01 在视图中创建5盏VR灯光，如下左图所示。

Step 02 在【修改】面板中，设置【类型】为【球体】，【倍增】为10，【颜色】为浅黄色（红：255，绿：224，蓝：175），设置【半径】为30mm，勾选【不可见】复选框，设置【细分】为30，如下右图所示。

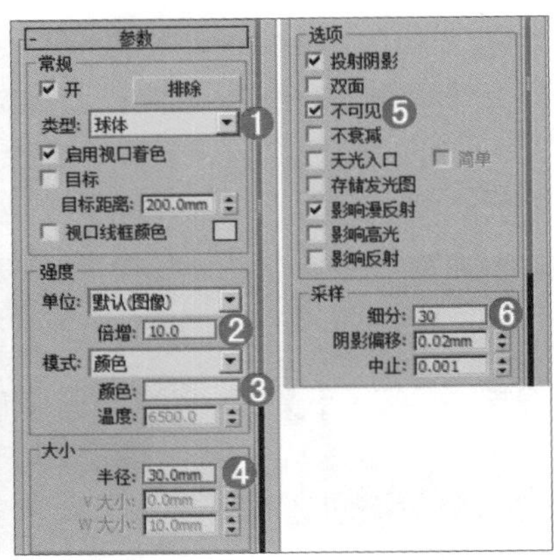

Section 9.4 目标摄影机的创建

3ds Max的摄影机不仅可以为视图估计一个特定角度，而且可以将视角设置的更大或更小等。

Step 01 在视图中创建一台目标摄影机，如下左图所示。

Step 02 在【修改】面板中，设置【镜头】为18mm，【视野】为90度。勾选【手动剪切】复选框，设置【近距剪切】为1190mm，【远距剪切】为17640mm，【目标距离】为15519.98mm，如下右图所示。

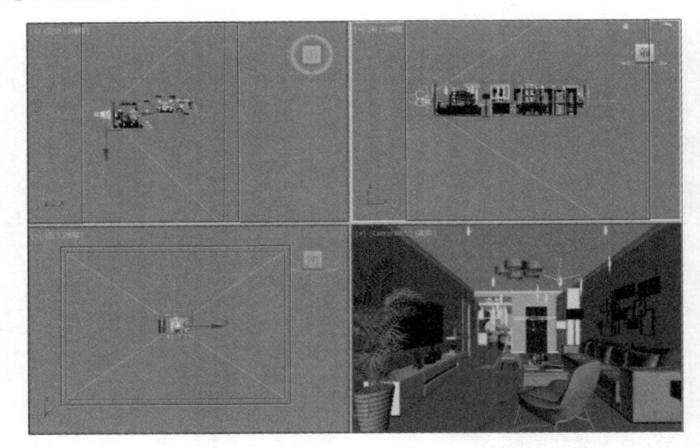

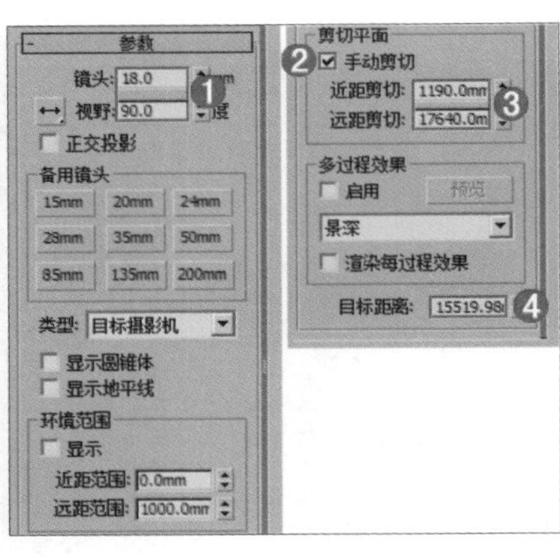

Section 9.5 渲染器参数设置

Step 01 要设置最终渲染的渲染器参数，则单击（渲染设置）按钮，会自动弹出设置面板，在【公用】选项卡下设置【输出大小】的【宽度】为1500，【高度】为1125，如下左图所示。

Step 02 在【V-Ray】选项卡下，设置【类型】为【自适应】，勾选【图像过滤器】复选框，将【过滤器】设置为【Mitchell-Netravali】。然后打开【颜色贴图】卷展栏，设置【类型】为【莱因哈德】，勾选【子像素贴图】和【钳制输出】复选框，如下右图所示。

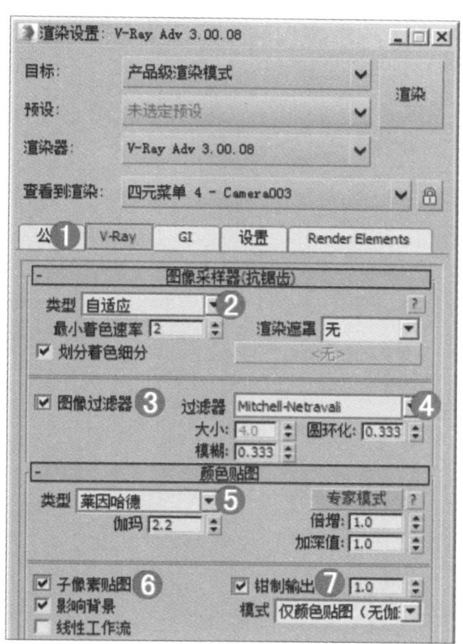

Step 03 在【GI】选项卡下，展开【全局照明面板】卷展栏，勾选【启用全局照明（GI）】复选框，设置【首次引擎】为【发光图】，【二次引擎】为【灯光缓存】；展开【发光图】卷展栏，将【当前预设】设为【中】，勾选【显示计算相位】和【显示直接光】复选框后，勾选【细节增加】复选框，设置【半径】为60；展开【灯光缓存】卷展栏，设置【细分】为1500，如下图所示。

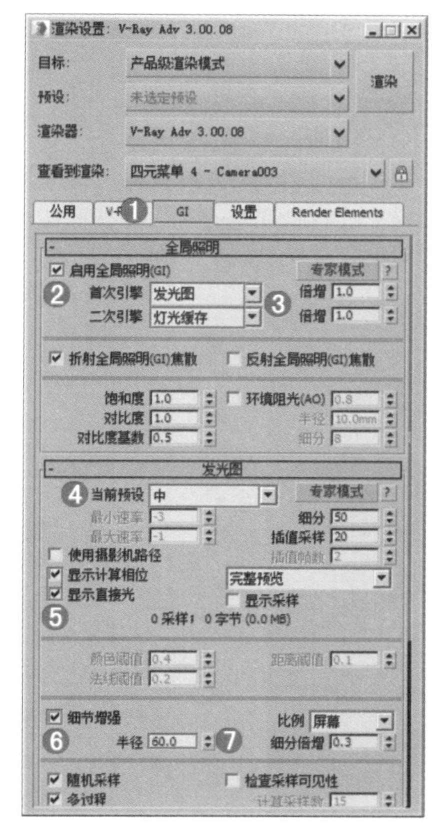

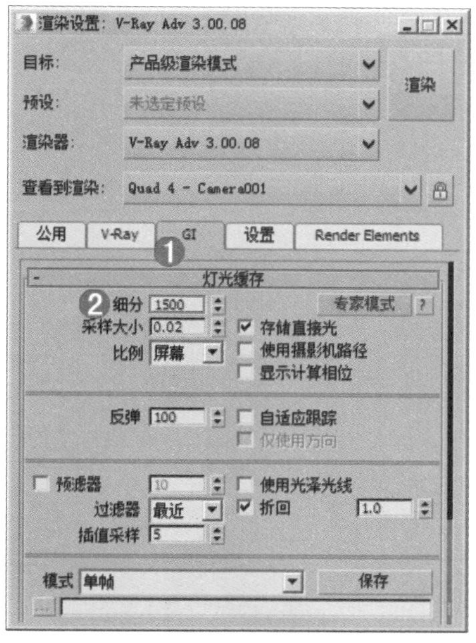

Step 04 在【设置】选项卡下的【系统】卷展栏中，取消勾选【显示消息日志窗口】复选框，如下左图所示。

Step 05 在【Render Elements】选项卡下，单击【添加】按钮，选择【VRayWreColor】选项，如下右图所示。

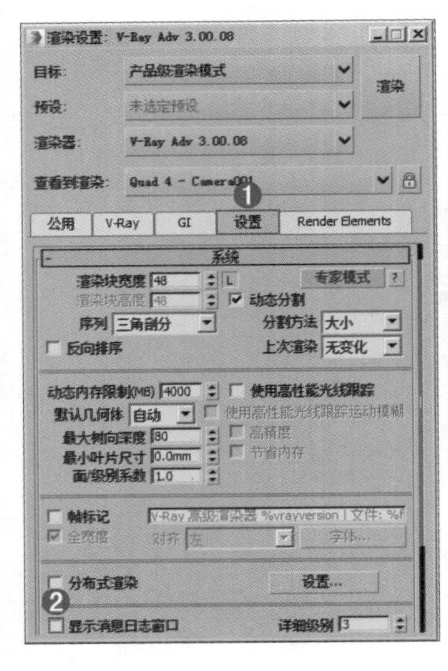

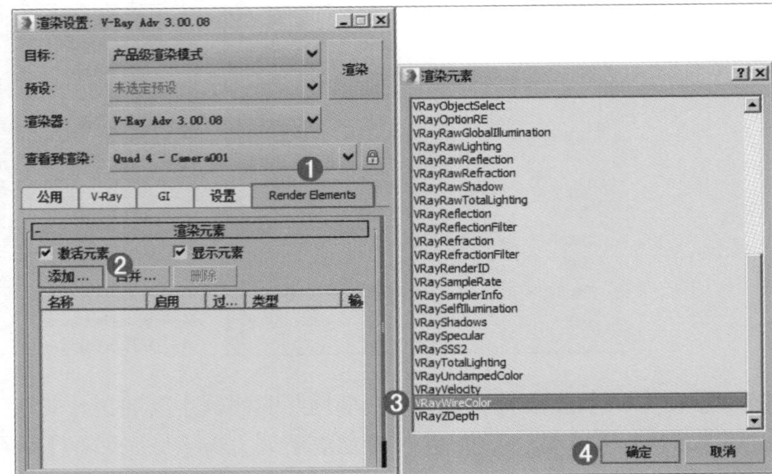

Section 9.6 Photoshop后期处理

Step 01 在Photoshop软件里打开本书实例文件【后期处理1.jpg】，如下左图所示。此时渲染出的图像有些偏暗，对比度不足。执行【图层】|【新建调整图层】|【曲线】命令，创建曲线调整图层，调整曲线形态，如下右图所示。

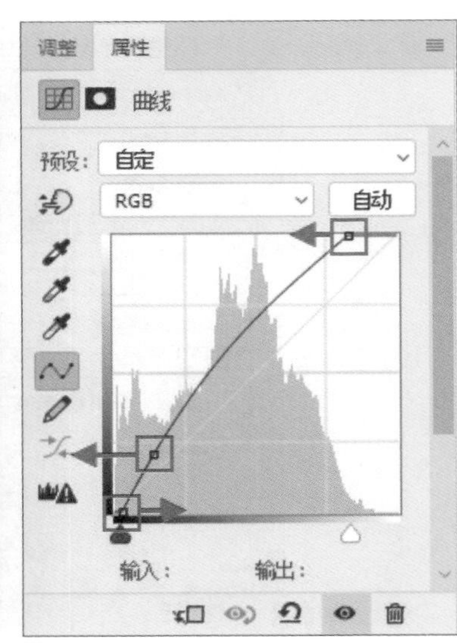

Step 02 此时画面变亮，但是局部产生曝光过度的情况。单击工具箱中的【画笔工具】，选择一种圆形柔角画笔，设置前景色为黑色，在选项栏中设置不透明度为30%，如下左图所示。接着选中该调整图层的蒙版，对吊灯、抱枕以及部分曝光过度的地面部分进行简单的涂抹，使曝过度的部分还原到原始效果，如下右图所示。

Step 03 接着执行【图层】|【新建调整图层】|【自然饱和度】命令，设置【自然饱和度】为70，【饱和度】为10，如下左图所示。效果如下右图所示。

Step 04 使用盖印快捷键【Ctrl+Alt+Shift+E】，将画面效果盖印为独立图层。接着对这个图层执行【滤镜】|【锐化】|【智能锐化】命令，在打开的对话框中设置【数量】为100，【半径】为1像素，【减少杂色】为10%，如下左图所示。此时效果如下右图所示。

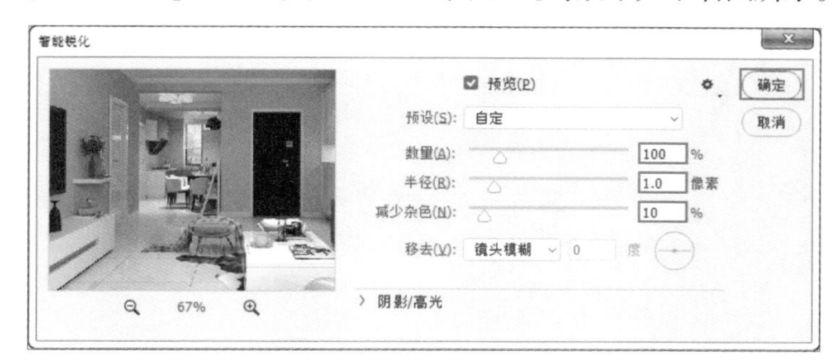

Chapter 10 3ds Max & VRay & Photoshop

豪华古典风格书房

▌VR-灯光制作灯带　▌位图贴图的应用　▌VR-材质包裹器材质

场景文件	10.max
案例文件	豪华古典风格书房.max
视频教学	豪华古典风格书房.flv
难易指数	★★★★☆
技术掌握	掌握目标灯光、VR灯光、VRayMtl材质、衰减贴图的应用

实例介绍

本例介绍的是一个豪华古典风格的书房场景，室内明亮的灯光表现主要使用目标灯光和VR灯光来制作，使用VRayMtl来制作本案例的主要材质。

Section 10.1 VRay渲染器设置

Step 01 打开本书实例文件【第10章 豪华古典风格书房/10.max】，如下图所示。

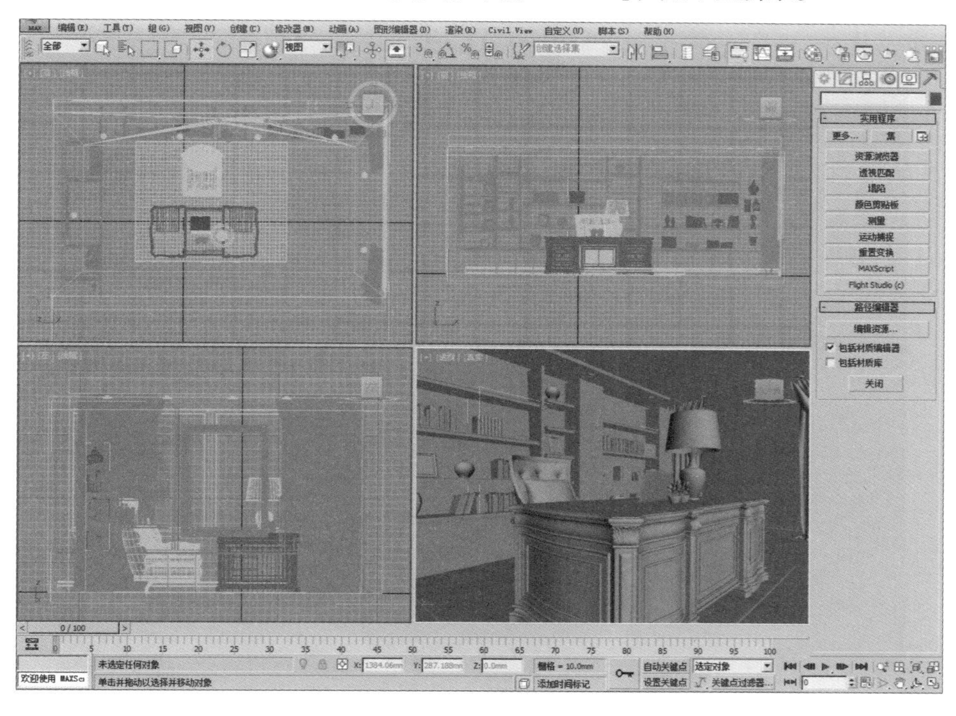

Step 02 按F10键，打开【渲染设置】面板，选择【公用】选项卡，在【指定渲染器】卷展栏下单击...按钮，在弹出的【选择渲染器】对话框中选择【V-Ray Adv 3.00.08】选项。此时在【指定渲染器】卷展栏的【产品级】后面显示了【V-Ray Adv 3.00.08】，【渲染设置】面板中出现了【V-Ray】、【GI】、【设置】选项卡，如下图所示。

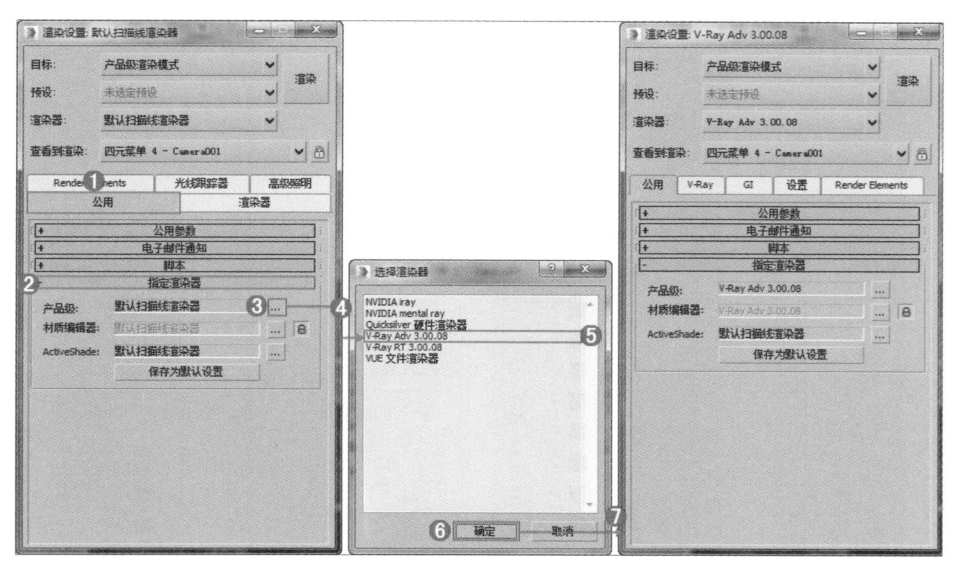

Section 10.2 材质的制作

下面来讲述场景中主要材质的调节方法，包括地板和乳胶漆、书桌、书架、地毯、皮沙发、抱枕、窗帘、台灯灯座和金属、台灯灯罩、植物、玻璃以及夜晚背景材质的制作，效果如下图所示。

10.2.1 地板和乳胶漆材质的制作

Step 01 单击一个材质球，设置材质类型为多维/子对象材质，命名为【地板和乳胶漆】。单击【设置数量】按钮，并设置【材质数量】为2，如下左图所示。

Step 02 此时出现了2个ID的效果，如下右图所示。

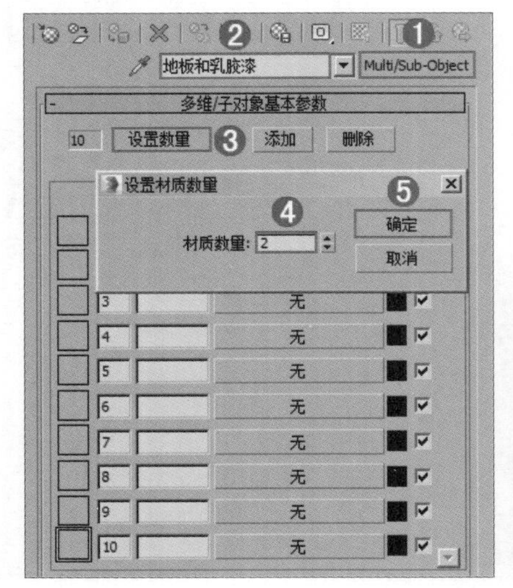

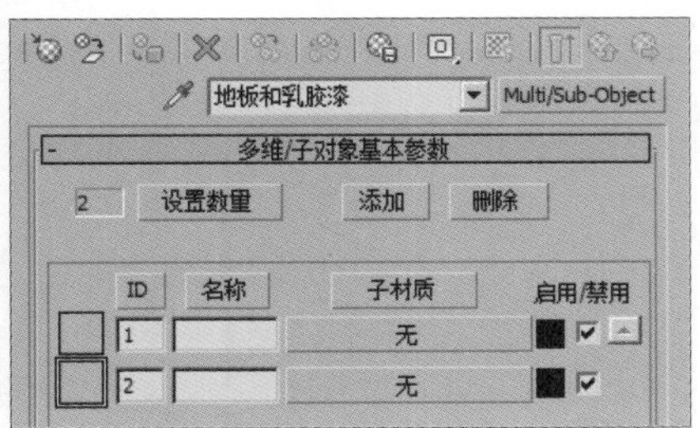

Step 03 单击ID1后面的通道，并为其加载【VRayMtl】材质，命名为【地板】。在【漫反射】通道上加载【3_Diffuse.jpg】贴图，然后设置【瓷砖】的【U】为3，【V】为1.5。设置【反射】为深灰色（红：49，绿：49，蓝：49），【反射光泽度】为0.82，【细分】为50，如下图所示。

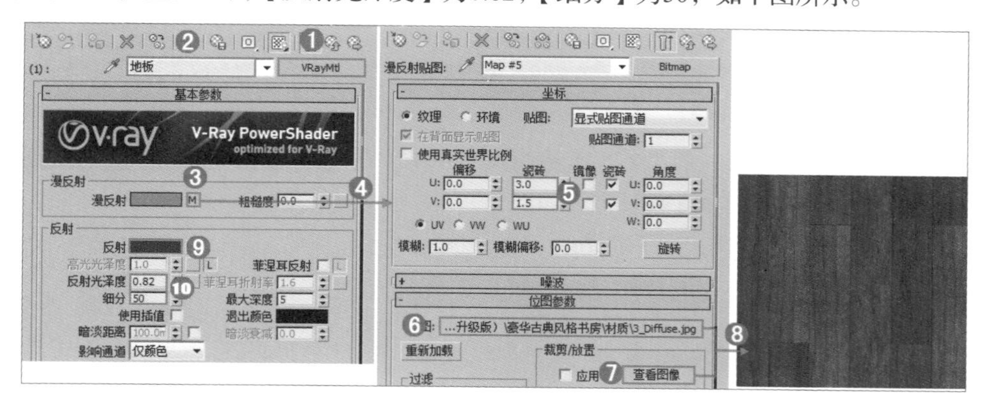

Step 04 展开【贴图】卷展栏，将【漫反射】通道上的贴图拖动到【凹凸】通道上，选择【复制】单选按钮，如下左图所示。

Step 05 单击ID2后面的通道，并为其加载【VRayMtl】材质，命名为【乳胶漆】。设置【漫反射】为浅黄色（红：241，绿：239，蓝：237），如下右图所示。

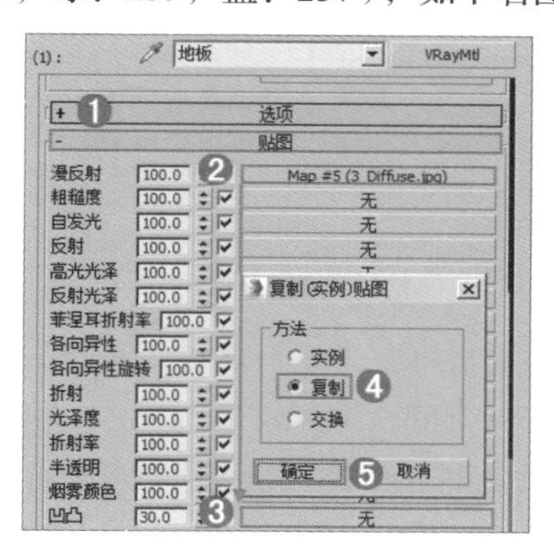

Step 06 双击材质球，效果如下左图所示。

Step 07 单击（将材质指定给选定对象）按钮，将制作完毕的地板和乳胶漆材质赋给场景中的地板和墙面部分的模型，如下右图所示。

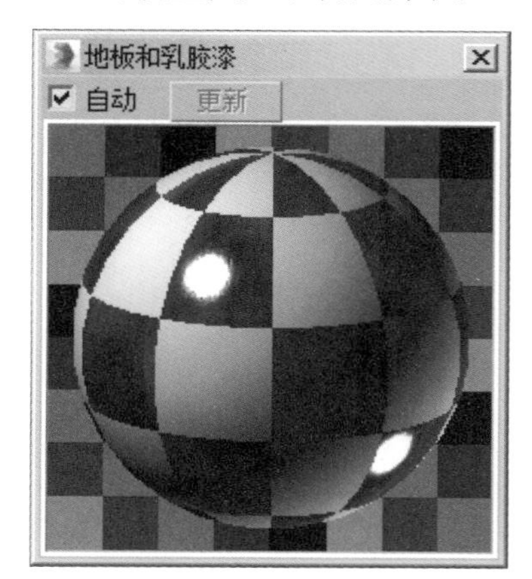

技巧提示：颜色对反射和折射的影响

在【VRayMtl】材质中的漫反射颜色代表的是固有色，而反射颜色和折射颜色则代表反射的强度，颜色越深反射和折射越弱，颜色越浅反射和折射越强。

10.2.2 书桌材质的制作

Step 01 单击一个材质球，设置材质类型为多维/子对象材质，命名为【书桌】。单击【设置数量】按钮，并设置【材质数量】为2，如下左图所示。

Step 02 此时出现了2个ID的效果，如下右图所示。

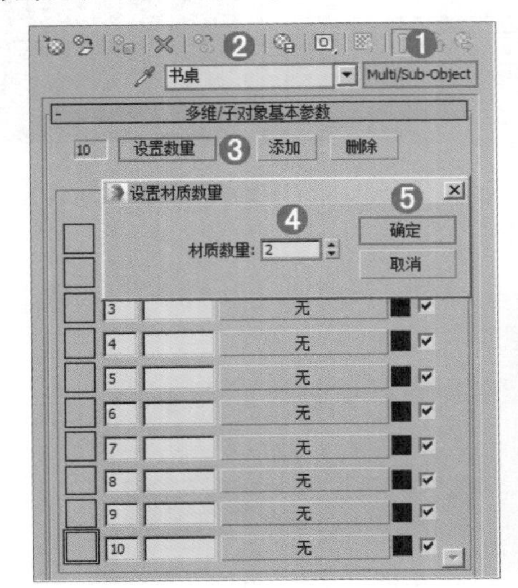

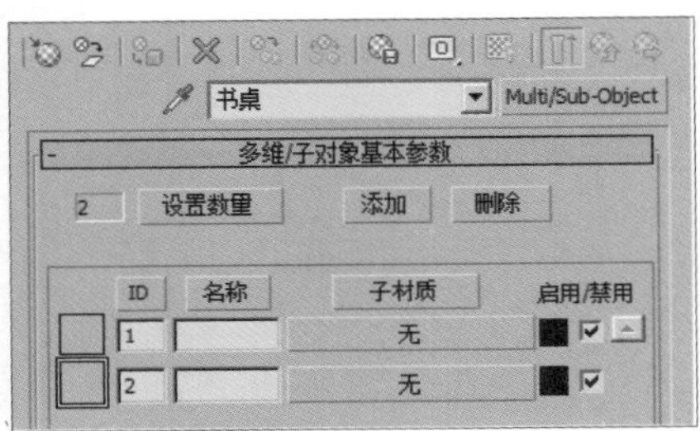

Step 03 单击ID1后面的通道，并为其加载【VRayMtl】材质，命名为【书桌木纹】。在【漫反射】通道上加载【衰减】程序贴图，然后在第一个颜色通道上加载【Abca756fda.jpg】贴图文件，在第二个颜色通道上加载【Abca756fda1.jpg】贴图文件，并设置混合曲线的形状，如下图所示。

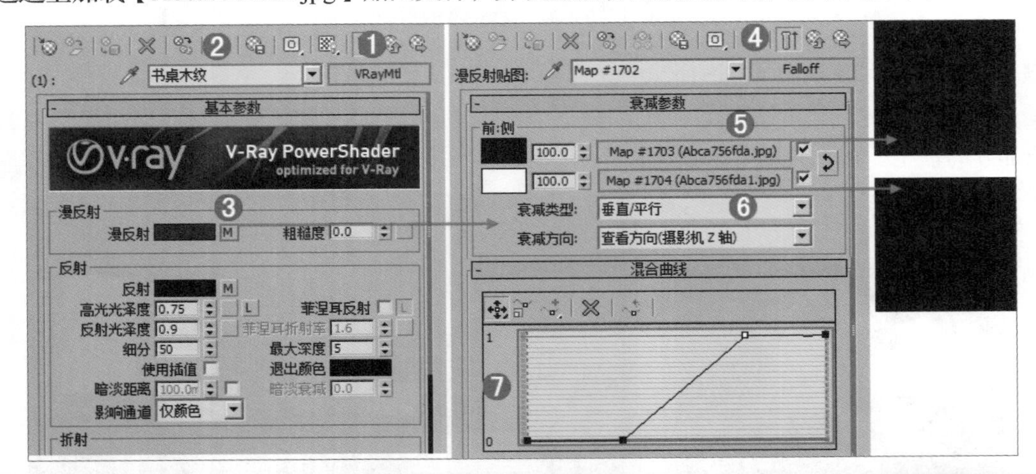

技巧提示：木纹材质衰减设置

木纹材质具有着一定的衰减漫反射，因此在【漫反射】后面的通道加载衰减贴图，并使用衰减曲线来控制材质的衰减漫反射。

Step 04 在【反射】通道上加载【衰减】程序贴图，然后设置【衰减类型】为【Fresnel】。设置【高光光泽度】为0.75，【反射光泽度】为0.9，【细分】为50，如下图所示。

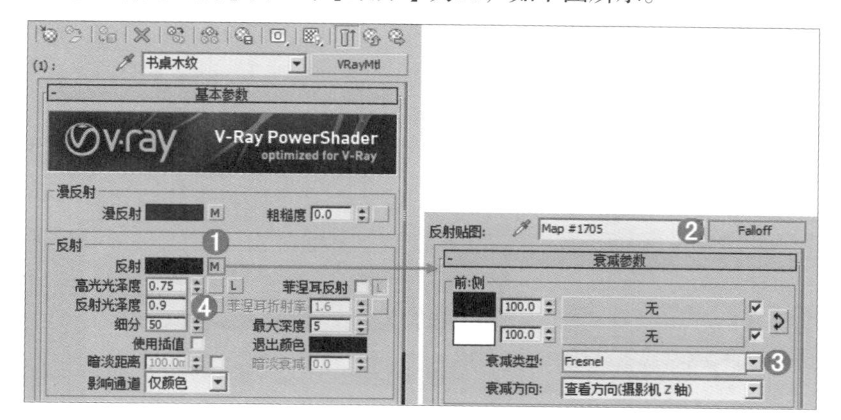

Step 05 单击ID2后面的通道，并为其加载【VRayMtl】材质，命名为【桌面灰色】。设置【漫反射】为黑色（红：15，绿：15，蓝：15）。在【反射】通道上加载【衰减】程序贴图，并设置【衰减类型】为【Fresnel】。设置【高光光泽度】为0.6，【反射光泽度】为0.65，【细分】为50，勾选【菲涅耳反射】复选框，设置【菲涅耳折射率】为0.2，如下图所示。

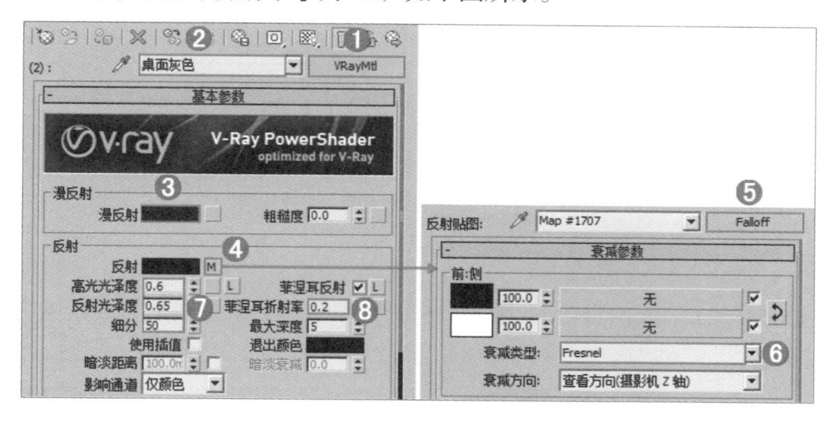

Step 06 双击材质球，效果如下左图所示。

Step 07 单击（将材质指定给选定对象）按钮，将制作完毕的书桌材质赋给场景中书桌部分的模型，如下右图所示。

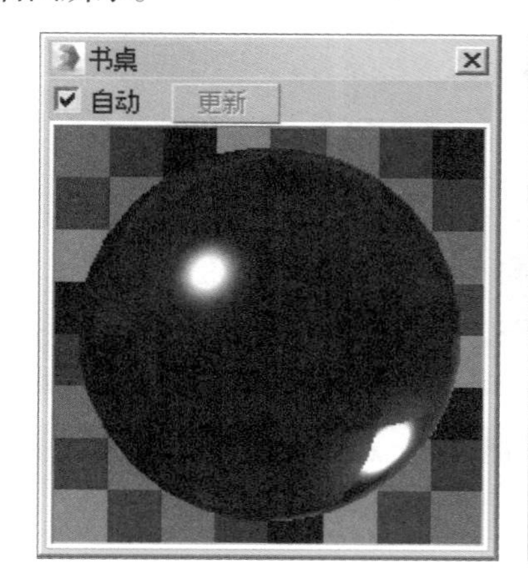

10.2.3 书架材质的制作

Step 01 单击一个材质球，设置材质类型为【VR-材质包裹器】材质，命名为【书架】。在【基本材质】通道上加载【VRayMtl】材质，在【漫反射】通道上加载【33.jpg】贴图文件，在【反射】通道上加载【衰减】程序贴图，设置【衰减类型】为【Fresnel】，设置【高光光泽度】为0.6，【反射光泽度】为0.8，【细分】为45，如下图所示。

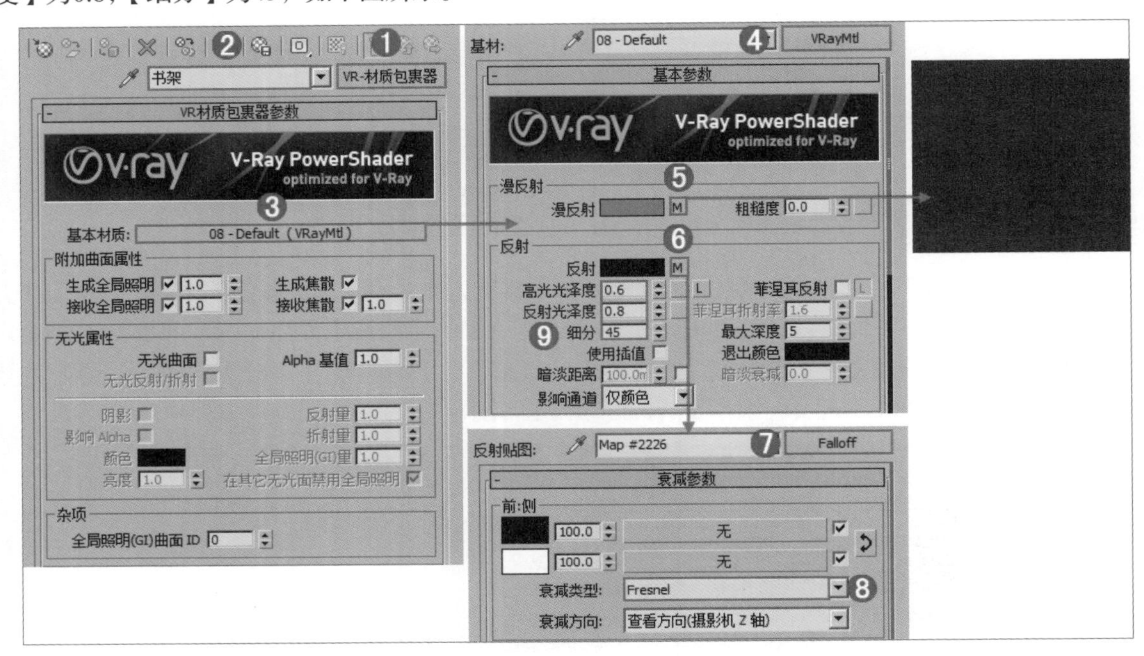

Step 02 双击材质球，效果如下左图所示。

Step 03 单击（将材质指定给选定对象）按钮，将制作完毕的书架材质赋给场景中书架部分的模型，如下右图所示。

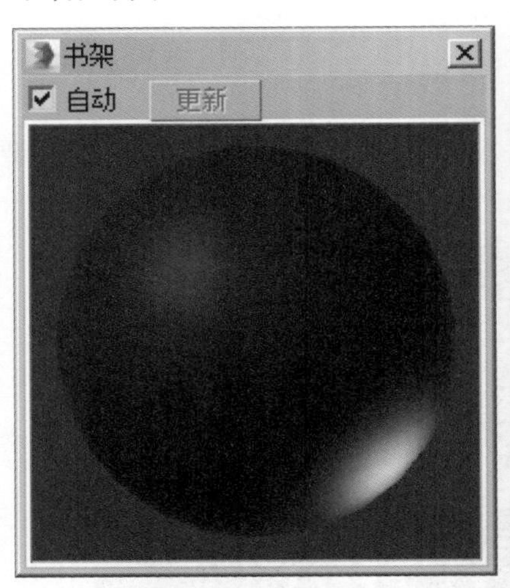

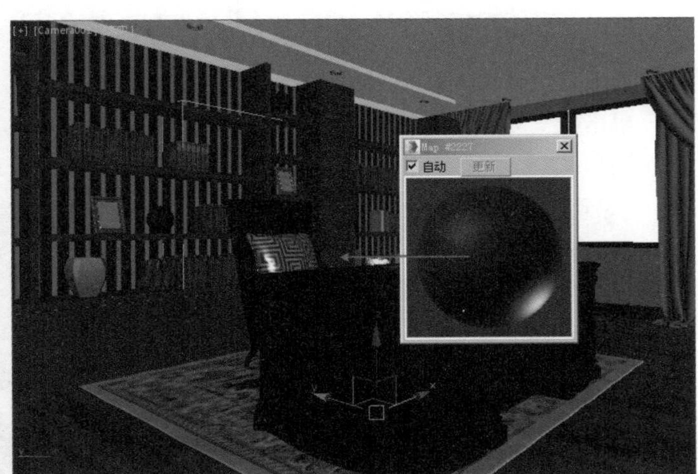

技巧提示：VR-材质包裹器的作用

【VR-材质包裹器】用于将3D材质转换成VR材质，使其能进行光能传递，更好地模拟自然光源，更真实。

10.2.4 地毯材质的制作

Step 01 单击一个材质球，设置材质类型为多维/子对象材质，命名为【地毯】。单击【设置数量】按钮，并设置【材质数量】为2，如下左图所示。

Step 02 此时出现了2个ID的效果，如下右图所示。

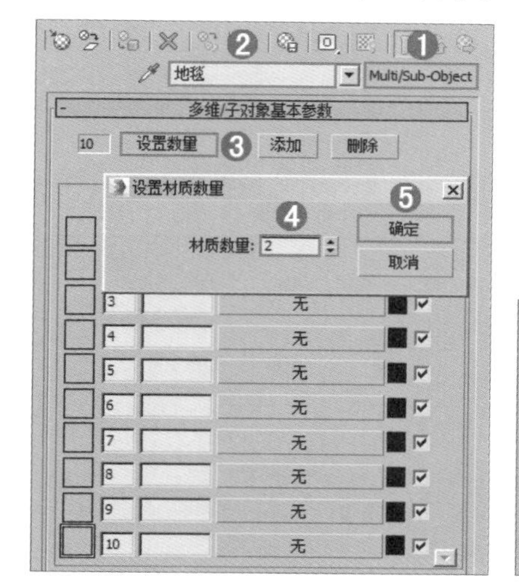

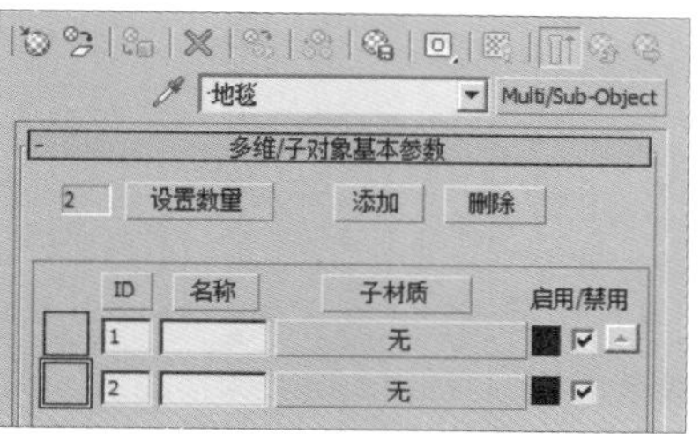

Step 03 单击ID1后面的通道，并为其加载【VRayMtl】材质，命名为【地毯中心】。在【漫反射】通道上加载【1QGj_050114-701a.jpg】贴图文件，设置【模糊】为0.39，如下图所示。

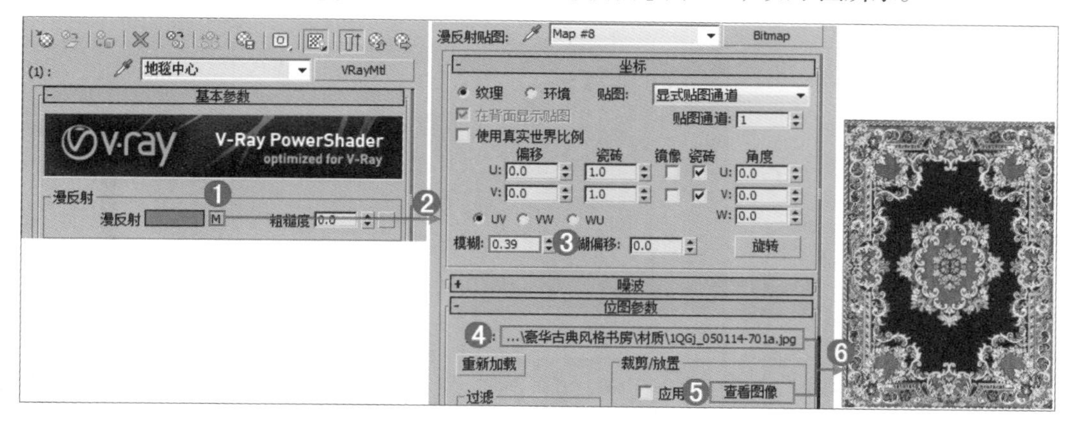

Step 04 展开【贴图】卷展栏，拖动【漫反射】通道上的贴图到【凹凸】通道上，设置方式为【复制】，最后设置【凹凸】值为21，如右图所示。

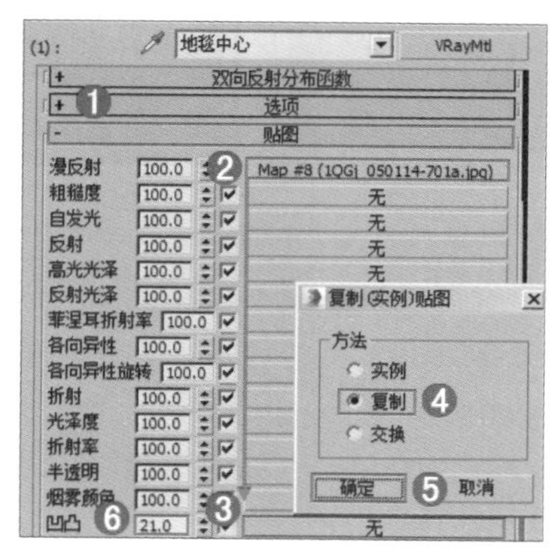

Step 05 单击ID2后面的通道，并为其加载【VRayMtl】材质，命名为【地毯边缘】。在【漫反射】和【凹凸】通道上加载【2alpaca-12drd.jpg】贴图文件，设置【模糊】值为0.39，最后设置【凹凸】值为21，如下图所示。

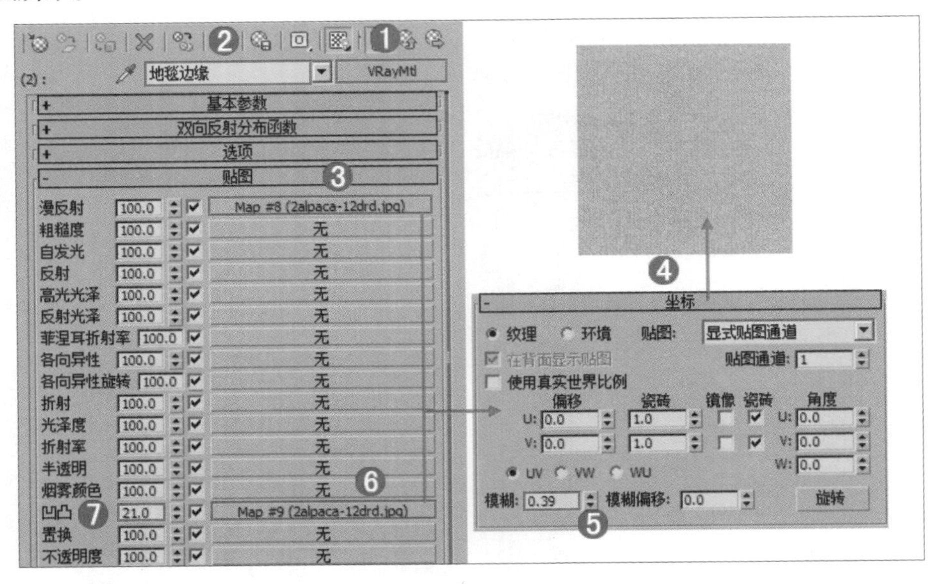

Step 06 双击材质球，效果如下左图所示。

Step 07 单击（将材质指定给选定对象）按钮，将制作完毕的地毯材质赋给场景中地毯部分的模型，如下右图所示。

10.2.5 皮沙发材质的制作

Step 01 单击一个材质球，设置材质类型为【VRayMtl】材质，命名为【皮沙发】。在【漫反射】通道上加载【A0000002 - Copy.jpg】贴图文件，设置【角度/W】为90。然后设置【反射】颜色为浅灰色（红：196，绿：196，蓝：196），设置【高光光泽度】为0.69，【反射光泽度】为0.82，勾选【菲涅耳反射】复选框，如下图所示。

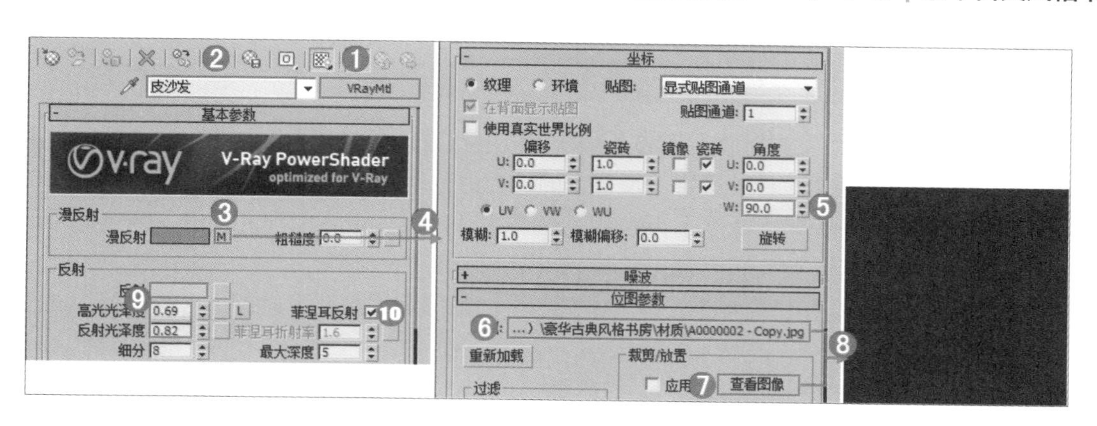

Step 02 展开【贴图】卷展栏，拖动【漫反射】通道上的贴图到【凹凸】通道上，并设置【凹凸】为14，如下左图所示。

Step 03 双击材质球，效果如下右图所示。

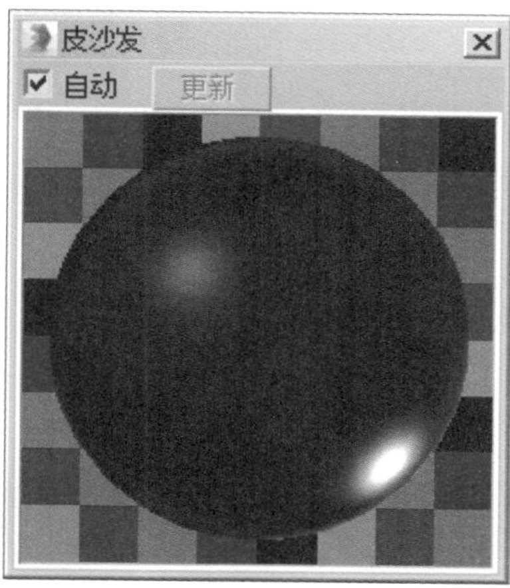

Step 04 单击（将材质指定给选定对象）按钮，将制作完毕的皮沙发材质赋给场景中沙发部分的模型，如下图所示。

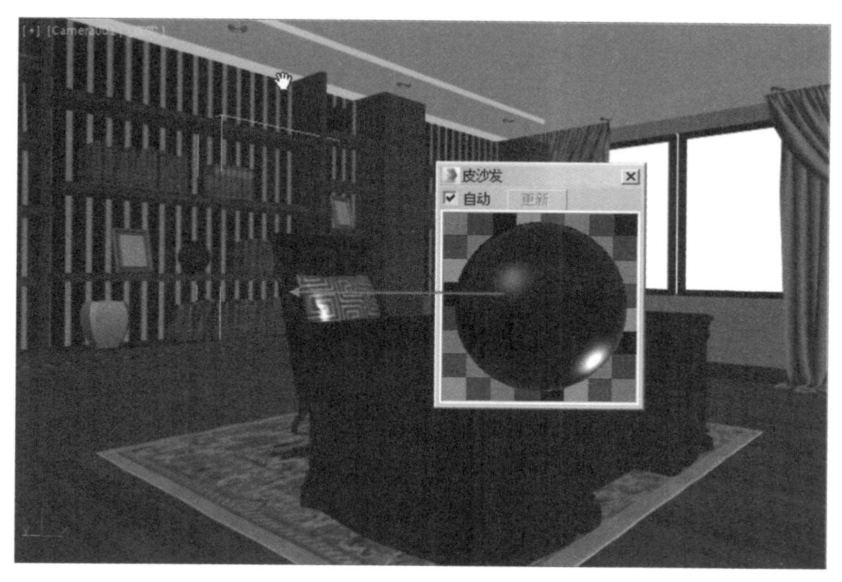

10.2.6 抱枕材质的制作

Step 01 单击一个材质球，设置材质类型为【VRayMtl】材质，命名为【抱枕】。在【漫反射】通道上加载【3814-88.jpg】贴图文件，设置【反射】颜色为白色（红：248，绿：248，蓝：248），设置【高光光泽度】为0.55，【反射光泽度】为0.58，【细分】为20，勾选【菲涅耳反射】复选框，如下左图所示。

Step 02 展开【贴图】卷展栏，拖动【漫反射】通道上的贴图到【凹凸】通道上，并设置【凹凸】为5，如下右图所示。

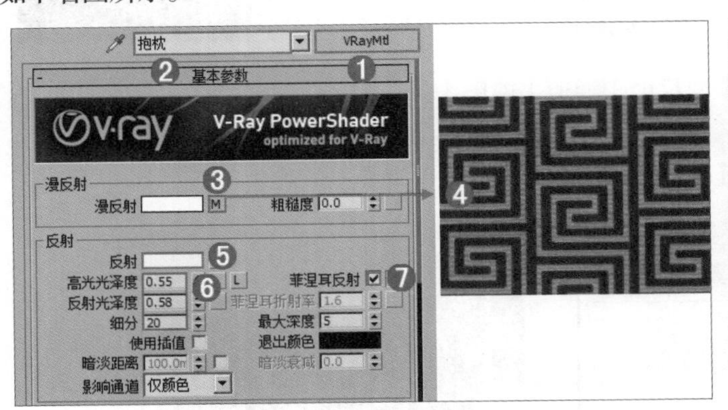

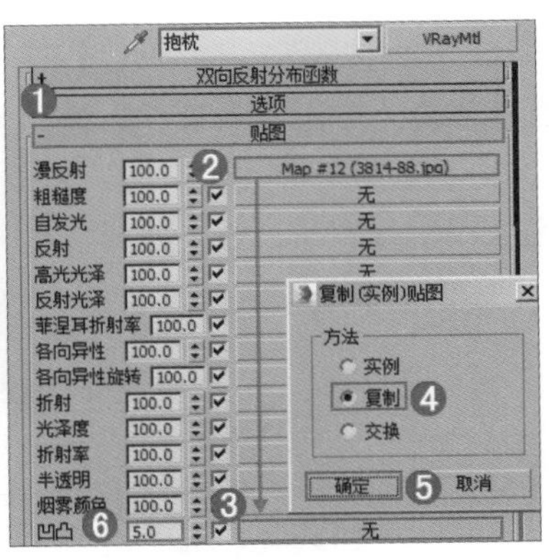

Step 03 双击材质球，效果如下左图所示。

Step 04 单击（将材质指定给选定对象）按钮，将制作完毕的抱枕材质赋给场景中沙发抱枕部分的模型，如下右图所示。

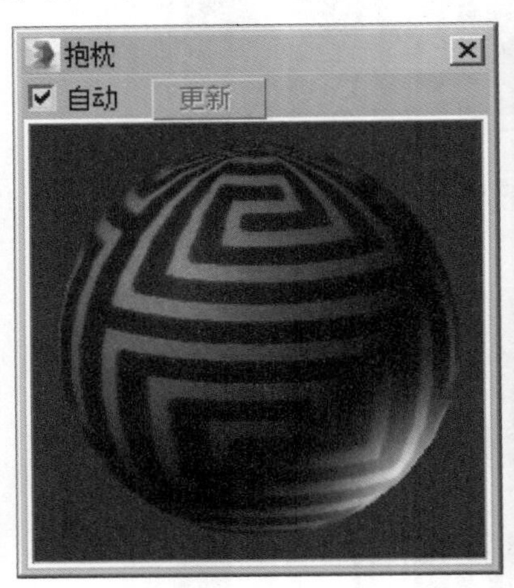

10.2.7 窗帘材质的制作

Step 01 单击一个材质球，设置材质类型为【VRayMtl】材质，命名为【窗帘】。在【漫反射】通道上加载【衰减】程序贴图，在【黑色】后面的通道上加载【Fabric_by_brast_4_2.jpg】贴图，勾选【应用】复选框，单击【查看图像】按钮。然后返回展开的【贴图】卷展栏，在【凹凸】后面的通道上加载【Fabric_by_brast_nitro_4_1.jpg】贴图，勾选【应用】复选框，单击【查看图像】按钮，设置【瓷砖】值为0.5，【模糊】值为0.99，再设置【凹凸】值为-10，如下图所示。

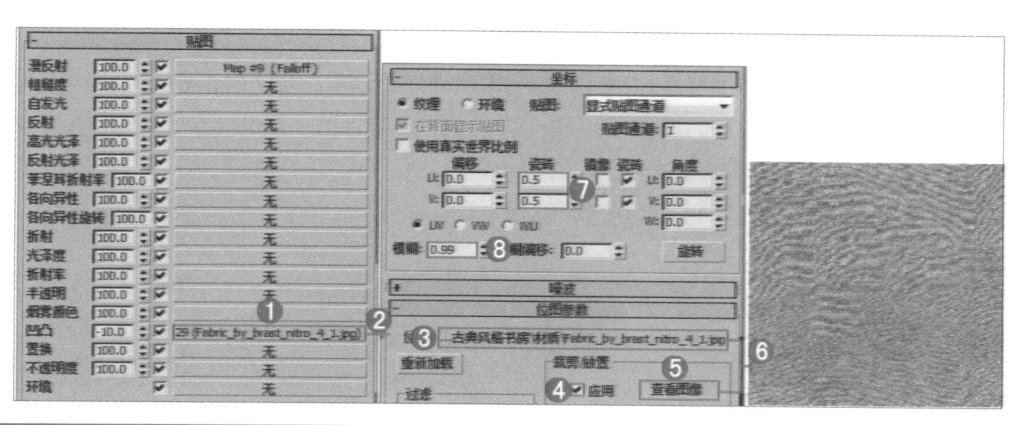

技巧提示：贴图【模糊】数值的作用

位图设置【模糊】数值控制渲染时该位图的精细程度，数值越小越精细，渲染速度越慢，数值越大越模糊，渲染速度也就越快。默认数值为1，最小数值0.01。

Step 02 双击材质球，效果如下左图所示。

Step 03 单击（将材质指定给选定对象）按钮，将制作完毕的窗帘材质赋给场景中的窗帘模型，如下右图所示。

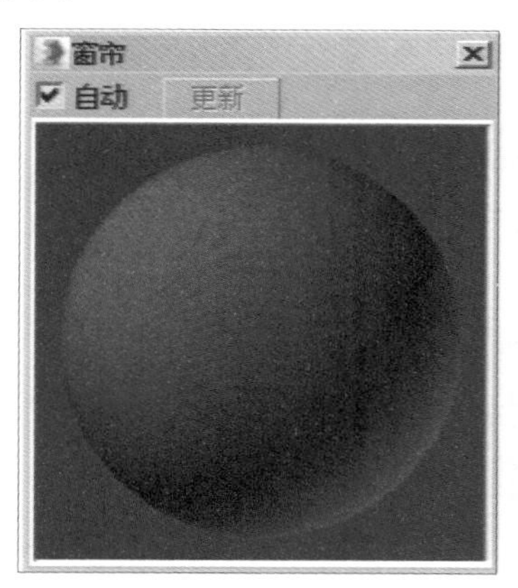

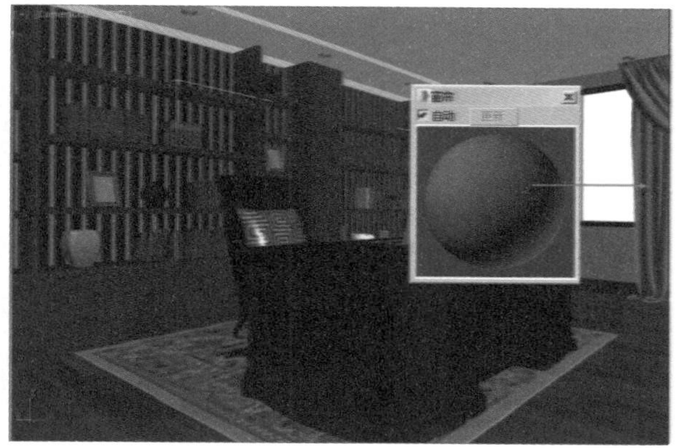

10.2.8 台灯灯座和金属材质的制作

Step 01 单击一个材质球，设置材质类型为多维/子对象材质，命名为【台灯灯座和金属】，单击【设置数量】按钮，并设置【材质数量】为2，如右图所示。

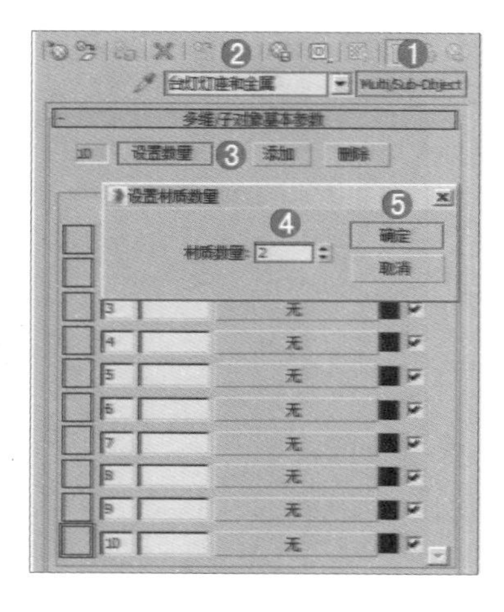

Step 02 此时出现了2个ID的效果，如下左图所示。

Step 03 单击ID1后面的通道，并为其加载【VRayMtl】材质。在【漫反射】通道上加载【035大花白.jpg】贴图文件，设置【反射】为浅灰色（红：235，绿：235，蓝：235），【反射光泽度】为0.96，【细分】为20，如下右图所示。

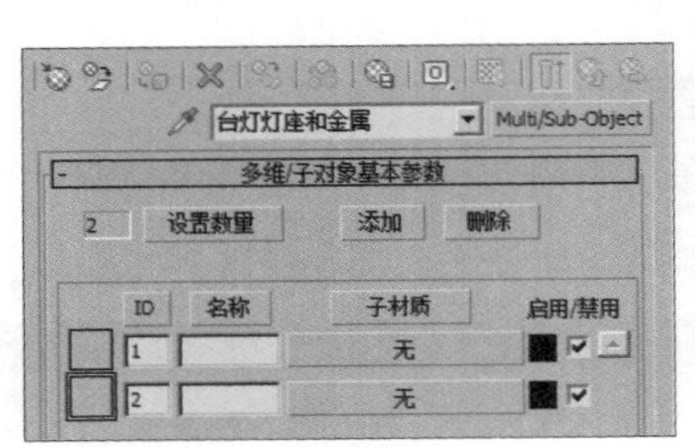
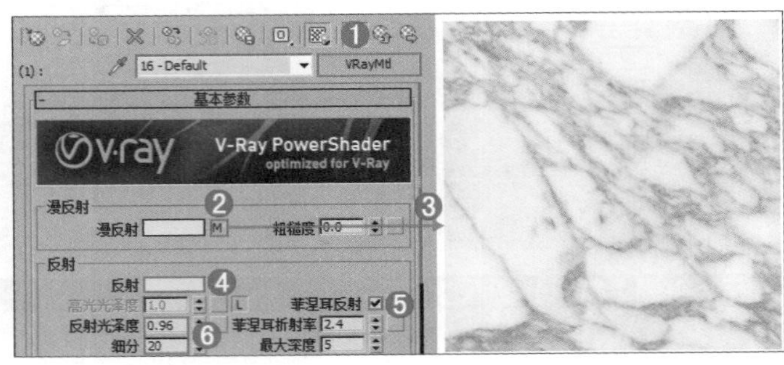

Step 04 单击ID2后面的通道，并为其加载【VRayMtl】材质。设置【漫反射】颜色为深灰色（红：33，绿：31，蓝：28），【反射】颜色为深褐色（红：55，绿：38，蓝：21），【高光光泽度】为0.66，【反射光泽度】为0.82，【细分】为50，如下左图所示。

Step 05 双击材质球，效果如下右图所示。

Step 06 单击（将材质指定给选定对象）按钮，将制作完毕的地毯材质赋给场景中的地毯部分的模型，如下图所示。

10.2.9 台灯灯罩材质的制作

Step 01 单击一个材质球，设置材质类型为【VRayMtl】材质，命名为【台灯灯罩】。在【漫反射】通道上加载【2alpaca-14a.jpg】贴图，单击【查看图像】按钮，设置【模糊】为0.15。然后设置【反射】颜色为浅灰色（红：143，绿：143，蓝：143），【高光光泽度】为0.58，【反射光泽度】为0.74，【细分】为30，勾选【菲涅耳反射】复选框，如下图所示。

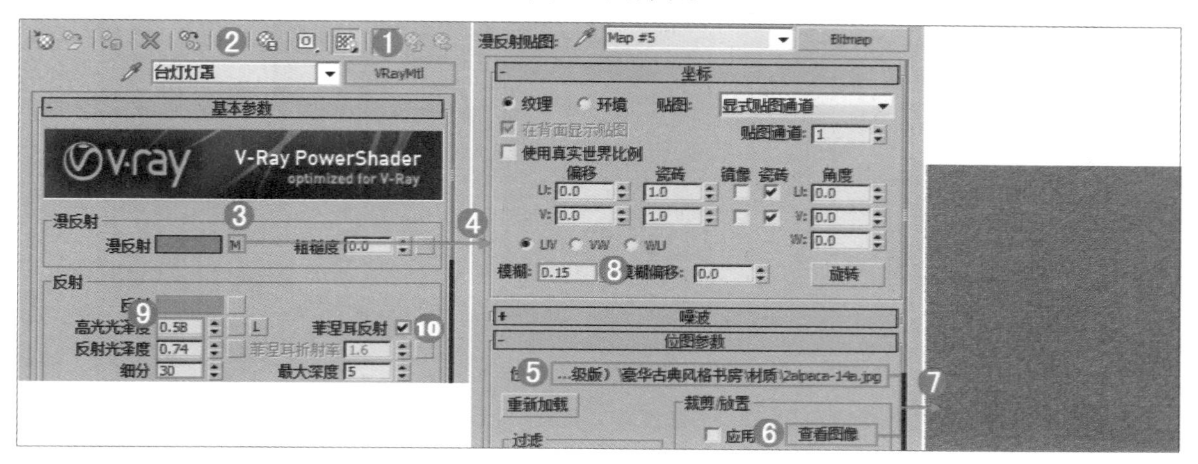

Step 02 在【折射】后面的通道上加载【衰减】程序贴图，设置颜色为深灰色和黑色，【衰减类型】为【Fresnel】。再设置【折射率】为1.6，【光泽度】为0.68，【细分】为20。然后返回展开【贴图】卷展栏，在【凹凸】后面的通道上加载【Fabric_by_brast_nitro_4_1.jpg】贴图，勾选【应用】复选框，单击【查看图像】按钮，再设置【凹凸】值为-10，如下左图所示。

Step 03 双击材质球，如下右图所示。

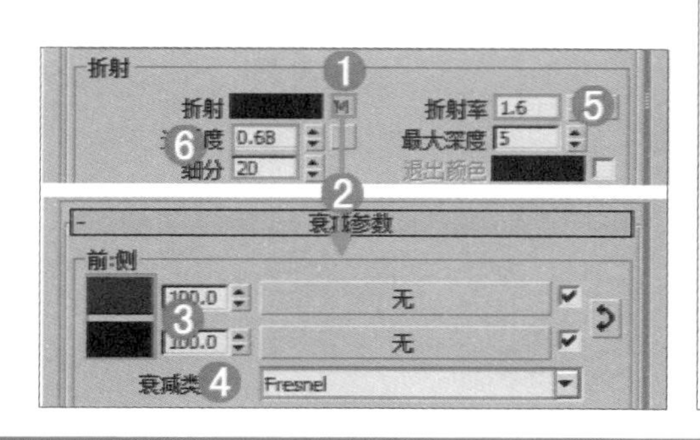

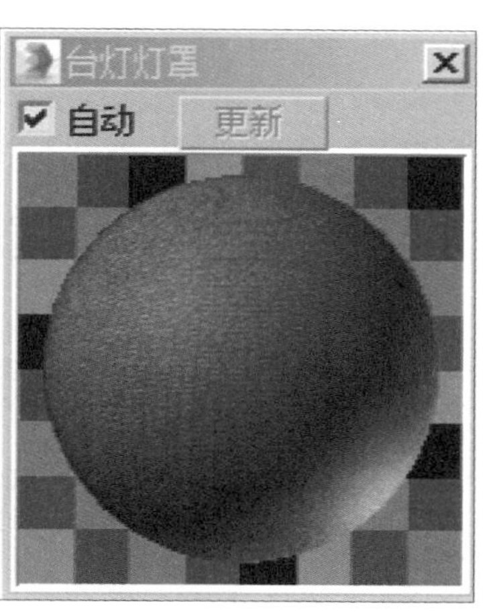

技巧提示：折射率的设置

【折射率】参数控制台灯灯罩的折射效果，因为现实中的台灯灯罩折射率很低，因此我们在这里降低为1.6。

Step 04 单击（将材质指定给选定对象）按钮，将制作完毕的台灯灯罩材质赋给场景中的台灯灯罩模型，如下图所示。

10.2.10 植物材质的制作

Step 01 单击一个材质球，设置材质类型为【VRayMtl】材质，命名为【植物】。在【漫反射】通道上加载【Arch41_040_leaf.jpg】贴图，如下左图所示。

Step 02 然后设置【反射】颜色为深灰色（红：25，绿：25，蓝：25），【反射光泽度】为0.66，【细分】为8，【折射】为深灰色（红：20，绿：20，蓝：20），【光泽度】为0.2，【细分】为8，如下右图所示。

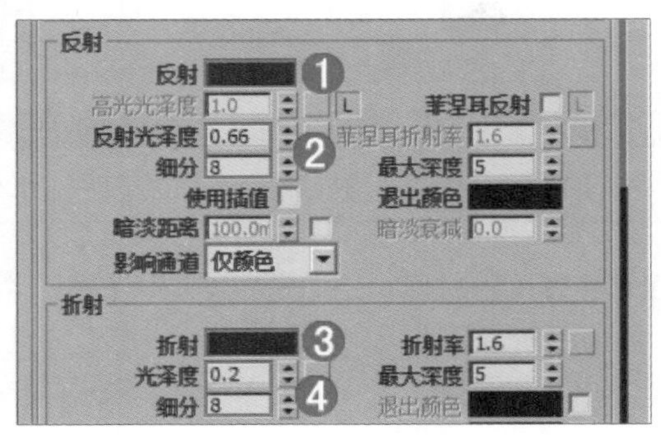

Step 03 双击材质球，效果如下左图所示。

Step 04 单击（将材质指定给选定对象）按钮，将制作完毕的植物材质赋给场景中的植物模型，如下右图所示。

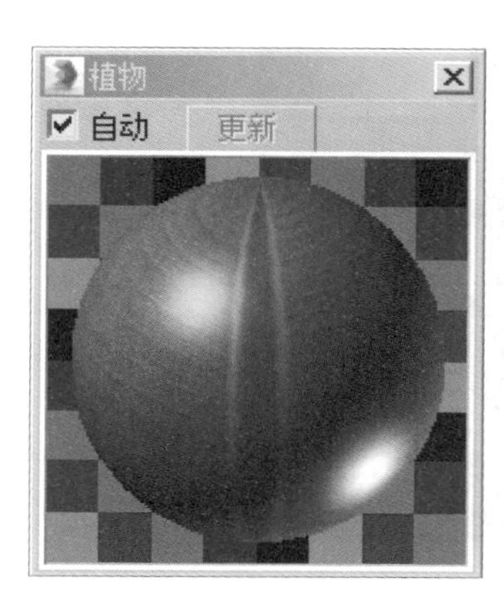

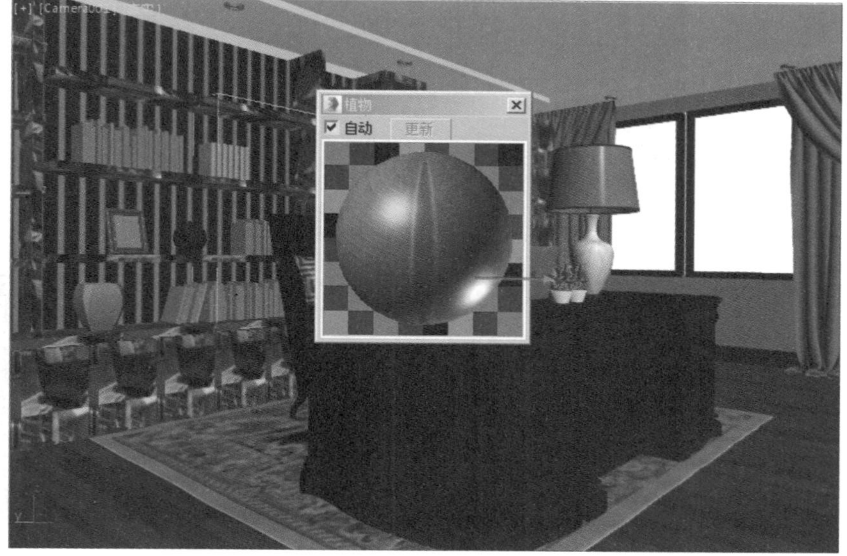

10.2.11 玻璃材质的制作

Step 01 单击一个材质球，设置材质类型为【VRayMtl】材质，命名为【玻璃】。设置【漫反射】颜色为白色（红：255，绿：255，蓝：255），【反射】为深灰色（红：30，绿：30，蓝：30），【细分】为20，【折射】颜色为白色（红：255，绿：255，蓝：255），【细分】为20，如下左图所示。

Step 02 双击材质球，如下右图所示。

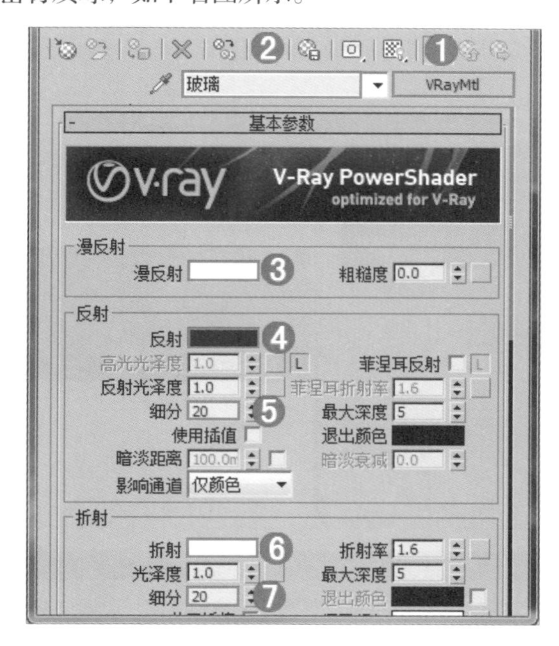

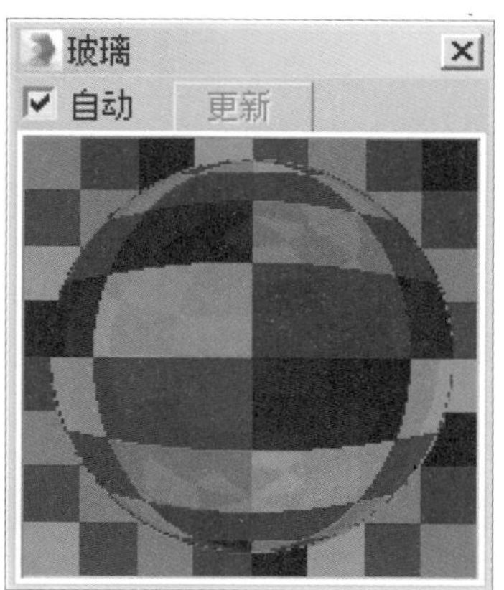

Step 03 单击（将材质指定给选定对象）按钮，将制作完毕的玻璃材质赋给场景中的玻璃模型，如下图所示。

10.2.12 夜晚背景材质的制作

Step 01 单击一个材质球，设置材质类型为【VR-灯光材质】材质，如下左图所示。

Step 02 设置完材质类型为【VR-灯光材质】后，将其命名为【夜晚背景】，在【颜色】后面的通道加载【318757-1501260U00663.jpg】贴图，勾选【应用】复选框，单击【查看图像】按钮，如下右图所示。

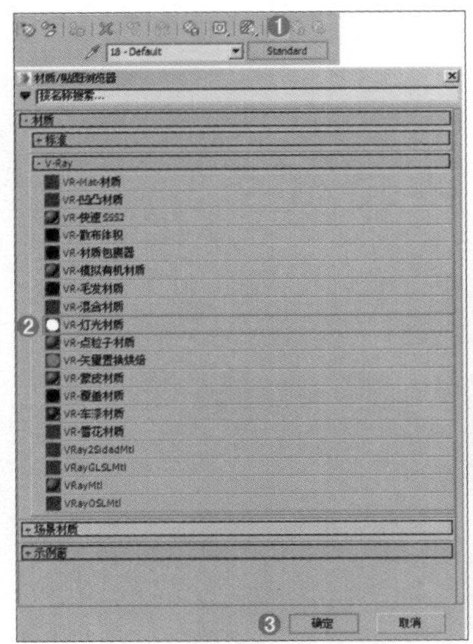

技巧提示：VR-灯光材质的主要作用

【VR-灯光材质】可以用来制作霓虹灯、路灯等灯光效果，还可以用来设置室外环境的亮度，能够让整个制作效果看起来更加真实。

Step 03 双击材质球，效果如下左图所示。

Step 04 单击（将材质指定给选定对象）按钮，将制作完毕的玻璃材质赋给场景中的玻璃外的模型，如下右图所示。

Section 10.3 灯光的制作

本案例中的灯光设置主要包括窗户位置的灯光、室内的射灯、书架位置的灯光、灯带和台灯。

10.3.1 窗户处灯光的制作

Step 01 使用【VR-灯光】，在视图中创建1盏VR-灯光，放置窗户外面，并向内照射，如下左图所示。在【修改】面板中，设置【类型】为【平面】,【倍增】为8,【颜色】为深蓝色,【1/2长】2000mm,【1/2宽】为1500mm，勾选【不可见】复选框,【细分】设置为40，如下右图所示。

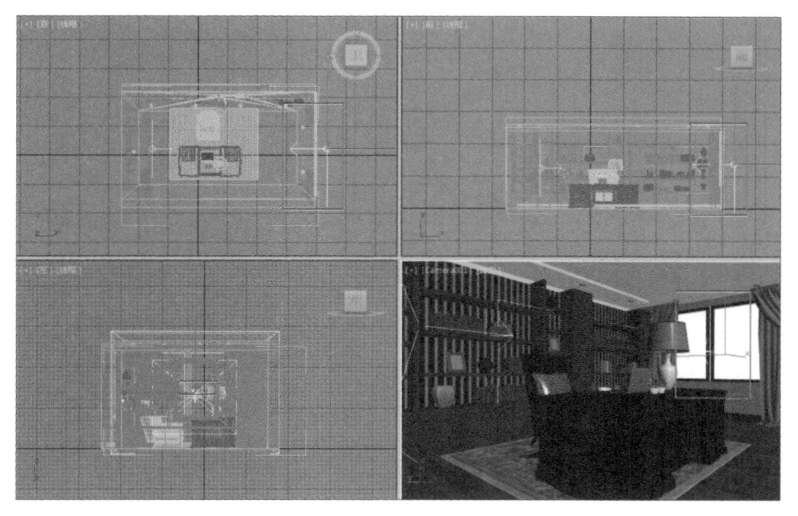

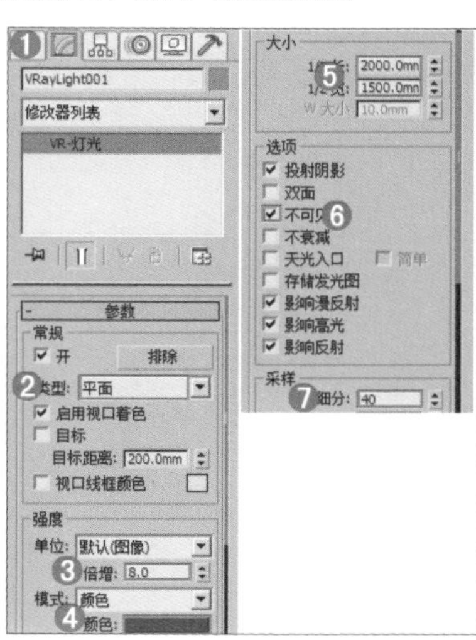

技巧提示：灯光冷暖的对比

一般的室外的光照感会偏冷，室内则会偏向暖色，恰好有一个冷暖对比，因此在这设置为浅蓝色。

Step 02 在视图中创建1盏VR-灯光，由书桌右侧向书桌照射，如下左图所示。在【修改】面板中，设置【类型】为【平面】，【倍增】为0.5，【颜色】为深黄色，【1/2长】1000mm，【1/2宽】为900mm，勾选【不可见】复选框，【细分】设置为50，如下右图所示。

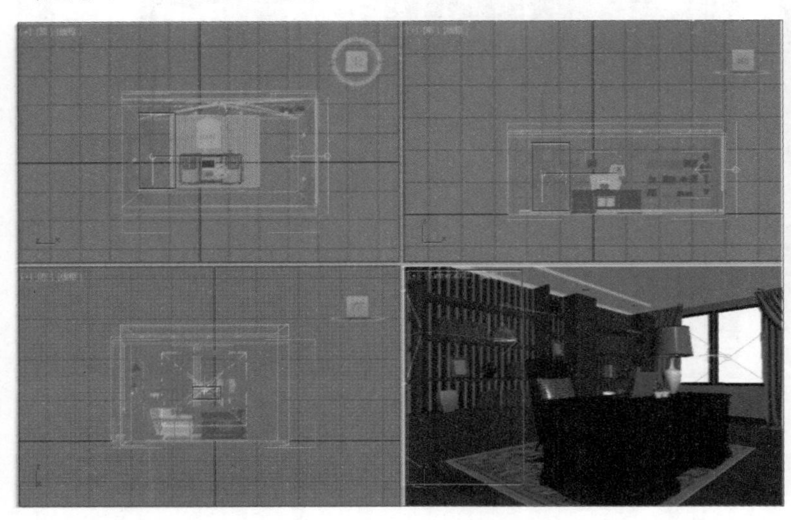

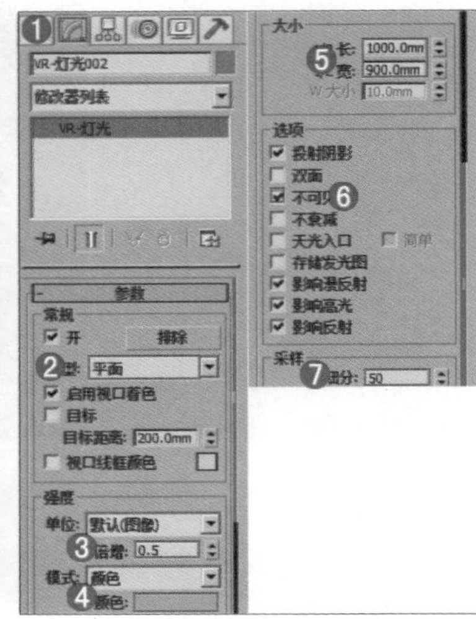

10.3.2 室内射灯的制作

使用【VR-灯光】，在前视图中创建12盏【目标灯光】，如下左图所示。在【修改】面板中，勾选【启用】复选框，设置方式为【VR-阴影】，设置【灯光分布（类型）】为【光度学Web】，在打开的卷展栏中为其添加光域网文件【30.ies】，设置【过滤颜色】为浅黄色，【强度】为10000。在【VRay阴影参数】卷展栏下勾选【区域阴影】复选框，设置【U/V/W大小】为10mm，【细分】为50，如下右图所示。

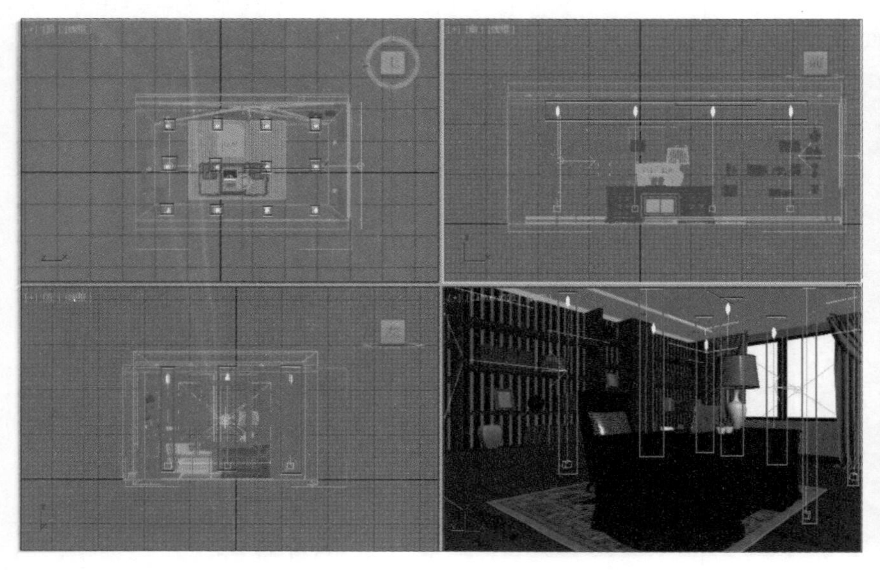

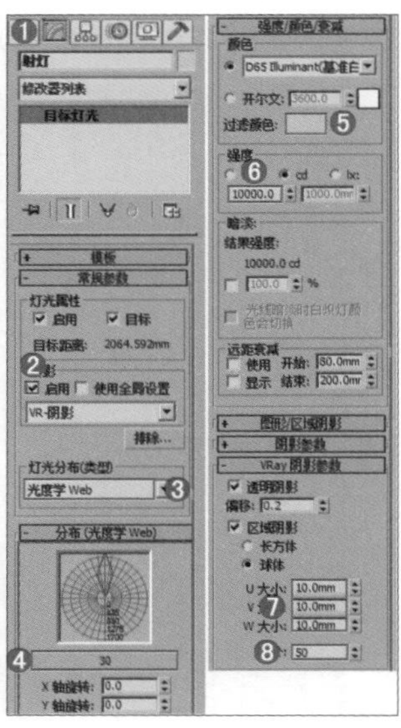

技巧提示：光域网的设置

在【分布（广度学Web）】卷展栏的通道上需要加载光域网文件，不同的光域网文件默认的强度是不同的，效果也是不同的，因此都需要重新设置其强度以匹配当前的场景。

10.3.3 书架处灯光的制作

Step 01 使用【VR-灯光】，在书架位置处创建6盏灯光，如下左图所示。在【修改】面板中，设置【类型】为【平面】，【倍增】为6，【颜色】为浅黄色，设置【1/2长】800mm，【1/2宽】为20mm，勾选【不可见】复选框，【细分】为30，如下右图所示。

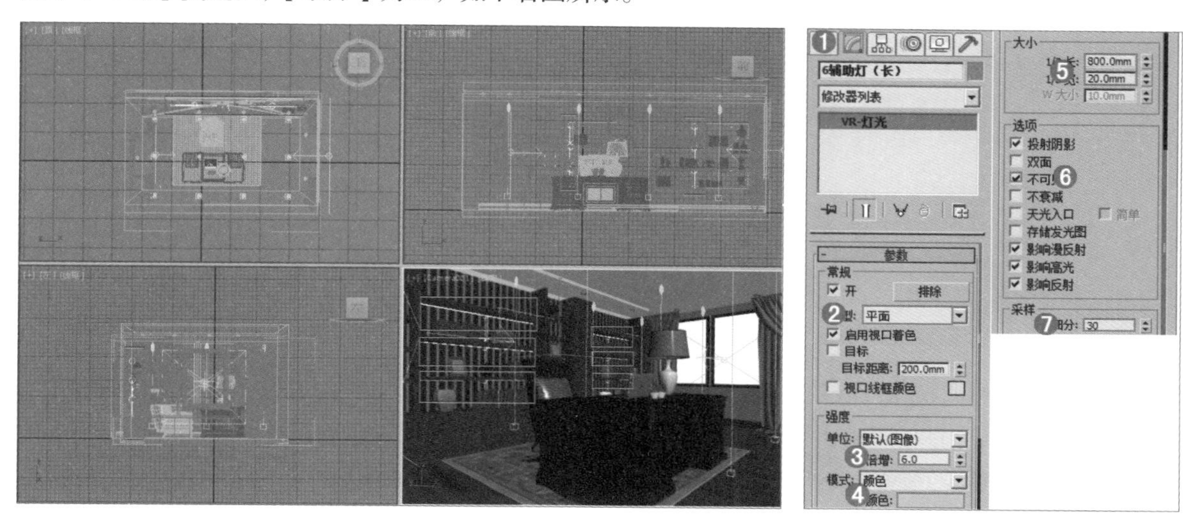

Step 02 再在书架处创建16盏【VR-灯光】，如下左图所示。在【修改】面板中，设置【类型】为【平面】，【倍增】为6，【颜色】为浅黄色，设置【1/2长】200mm，【1/2宽】为20mm，勾选【不可见】复选框，【细分】为40，如下右图所示。

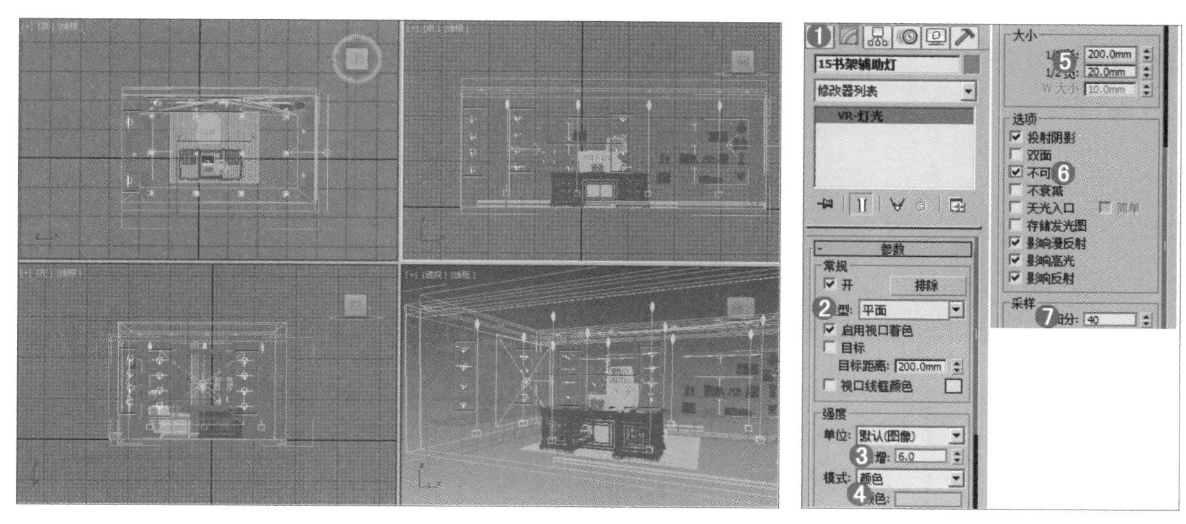

技巧提示：VR灯光的作用

VR灯光可以模拟出非常柔和的光照效果，因此VR灯光不仅可以制作出柔和的光照，也可以作为场景的辅助光源。

10.3.4 灯带的制作

Step 01 使用【VR-灯光】，在顶棚处创建2盏灯光，如下左图所示。在【修改】面板中，设置【类型】为【平面】，【目标距离】为200，【倍增】为4，【颜色】为浅黄色，设置【1/2长】3000mm，【1/2宽】为150mm，勾选【不可见】复选框，【细分】为30，如下右图所示。

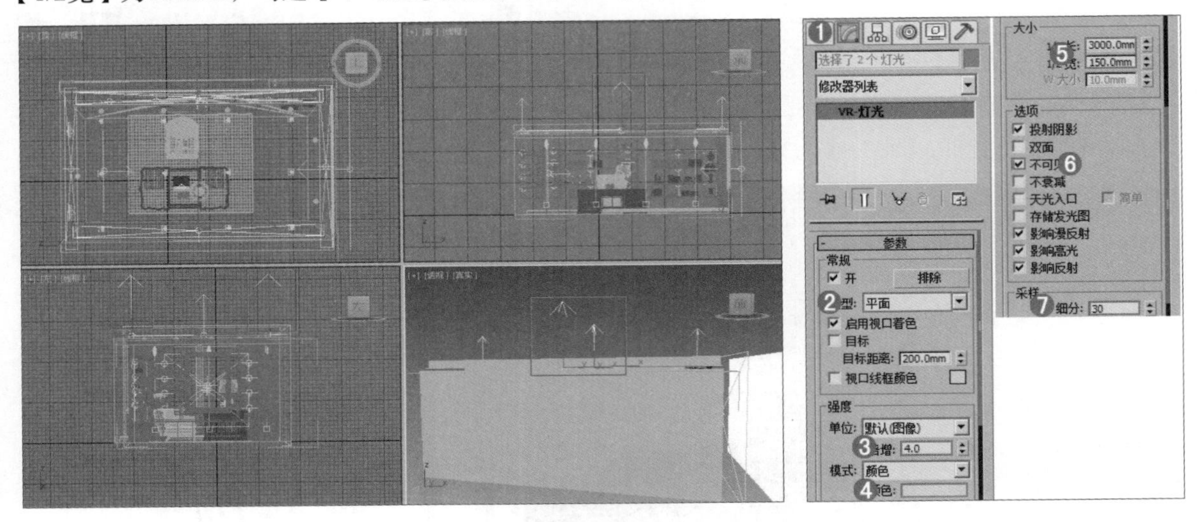

Step 02 使用【VR-灯光】，再在顶棚处创建2盏灯光，如下左图所示。在【修改】面板中，设置【类型】为【平面】，【目标距离】为200，【倍增】为4，【颜色】为浅黄色，设置【1/2长】2000mm，【1/2宽】为150mm，勾选【不可见】复选框，【细分】为30，如下右图所示。

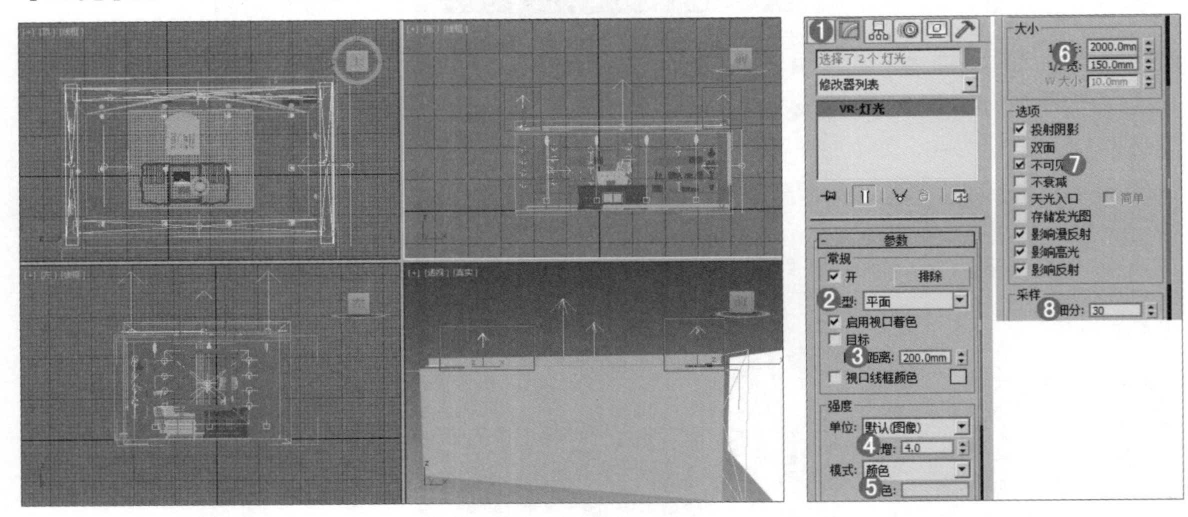

10.3.5 台灯的制作

使用【VR-灯光】，创建1盏【VR-灯光】，并将其移动到灯罩内，如下左图所示。在【修改】面板中，设置【类型】为【球体】，【目标距离】为200，【倍增】为80，【颜色】为深黄色，【半径】为70，勾选【不可见】复选框，【细分】为30，如下右图所示。

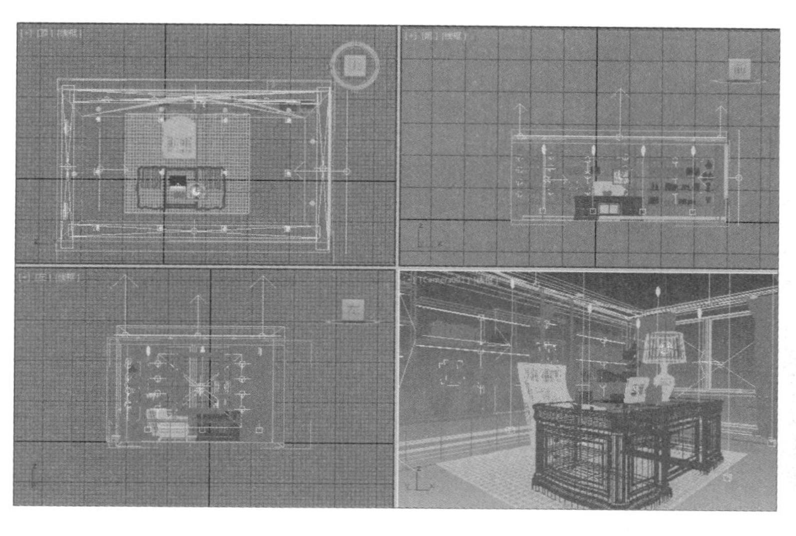

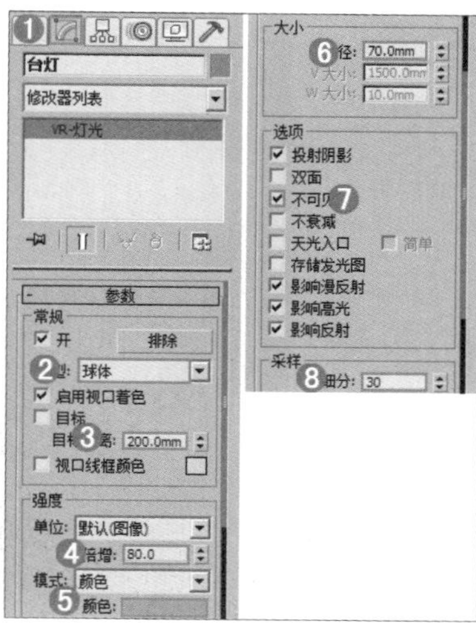

Section 10.4 目标摄影机的制作

本案例主要是以不同视角来阐述目标摄像机，下面介绍具体操作步骤。

10.4.1 主要摄影机视角的制作

Step 01 使用【目标摄像机】，在左视图创建1台【目标】摄像机，再适当地进行调整，如下左图所示。在【修改】面板中，设置【镜头】为26.739，【视野】为67.895，【目标距离】为3486.32，如下右图所示。

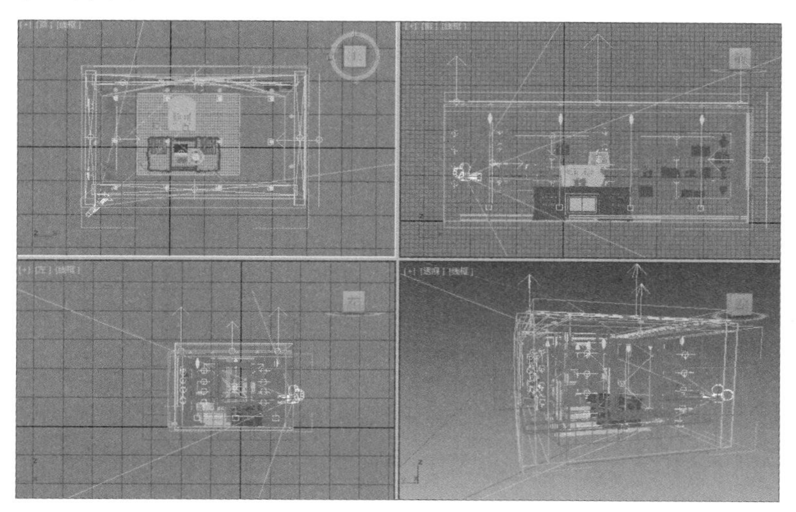

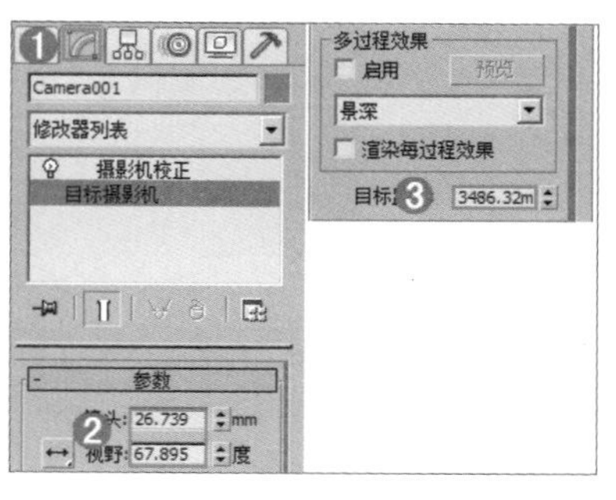

Step 02 在透视图中按快捷键C，切换到摄影机视图，如下图所示。

Step 03 选择摄影机，单击鼠标右键，执行【应用摄影机校正修改器】命令，如下图所示。

10.4.2 局部摄影机视角的制作

Step 01 使用【目标摄像机】，在左视图创建1台【目标】摄像机，再适当地进行调整，如下左图所示。

Step 02 在【修改】面板中，设置【镜头】为27.007，【视野】为67.367，【目标距离】为2619.422，如下右图所示。

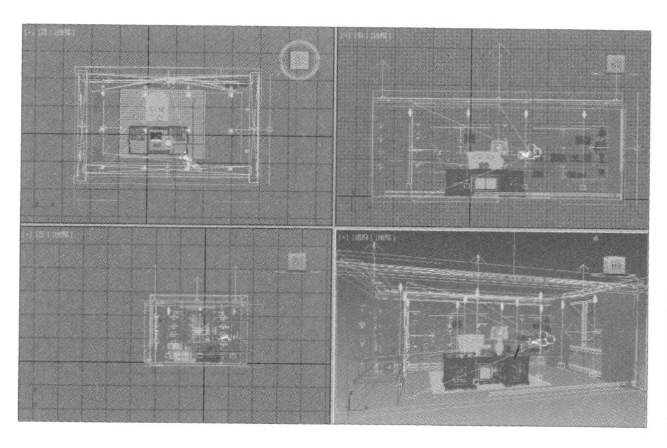

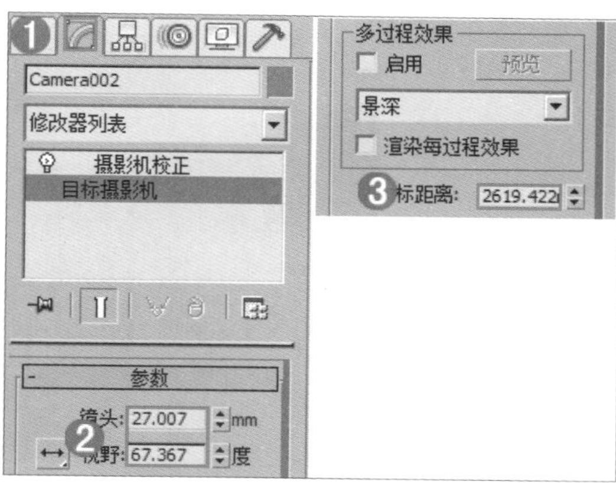

Step 03 再使用【目标摄像机】，在左视图创建1台【目标】摄像机，再适当地进行调整，如下左图所示。

Step 04 在【修改】面板中，设置【镜头】为27.007,【视野】为67.367,【目标距离】为3480.766，如下右图所示。

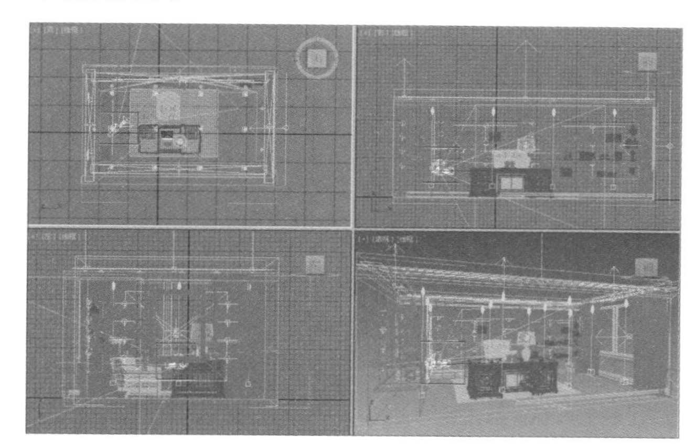

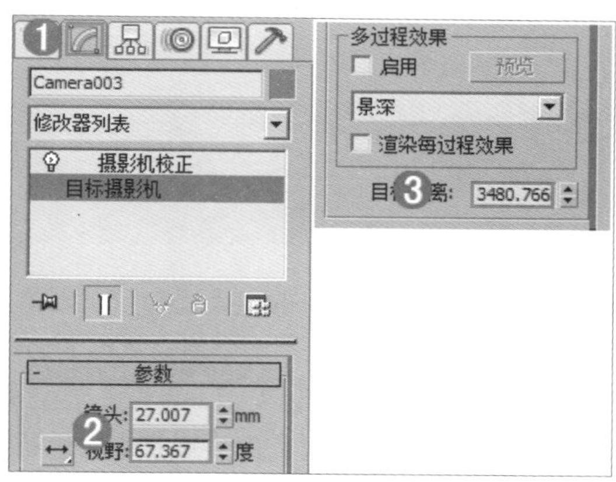

Step 05 在透视图中按快捷键C，切换到摄影机视图，如下图所示。

Step 06 选择摄影机，单击鼠标右键，执行【应用摄影机校正修改器】命令，如下图所示。

Section 10.5 渲染器参数设置

Step 01 要设置最终渲染的渲染器参数，则单击（渲染设置），会自动弹出设置面板，选择【公用】选项卡，设置【输出大小】中的【宽度】为1500，【高度】为1125。如下左图所示。

Step 02 选择【V-Ray】选项卡，设置【类型】为【自适应】，勾选【图像过滤器】复选框，【过滤器】设置为【Catmull-Rom】。然后展开【颜色贴图】卷展栏，设置【类型】为【指数】，如下右图所示。

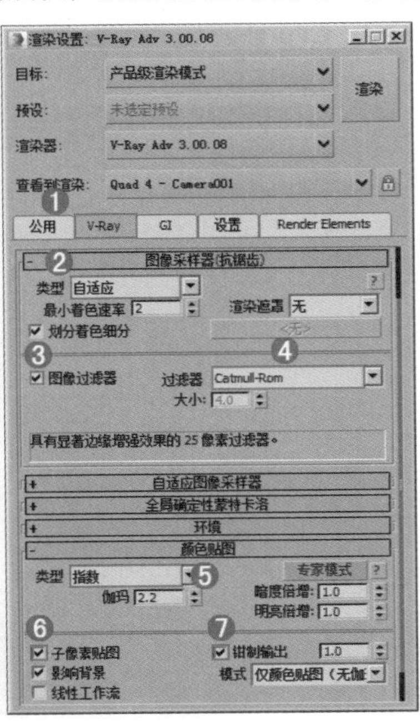

Step 03 选择【GI】选项卡，展开【全局照明】卷展栏，勾选【启用全局照明（GI）】复选框，设置【首次引擎】为【发光图】,【二次引擎】为【灯光缓存】；展开【发光图】卷展栏,【细分】为50和【插值采样】为50，勾选【显示计算相位】和【显示直接光】复选框；展开【灯光缓存】卷展栏，【细分】为1500，如下图所示。

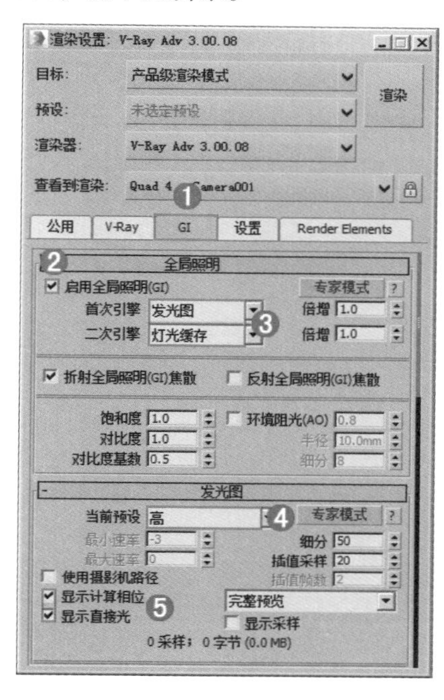

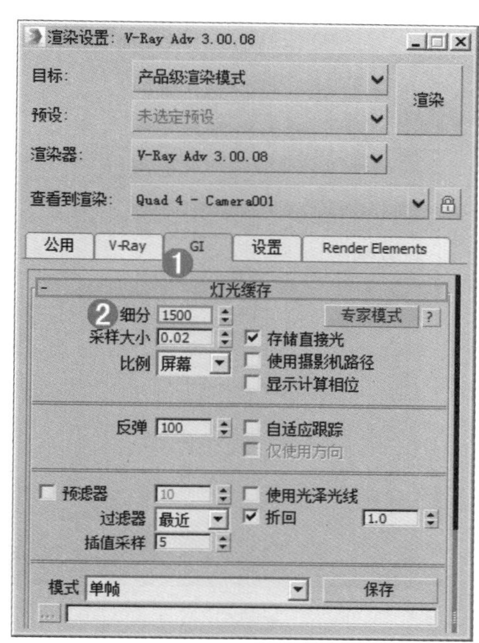

Step 04 选择【设置】选项卡，展开【系统】卷展栏，取消勾选【显示消息日志窗口】复选框，如下左图所示。

Step 05 选择【Render Elements】选项卡，单击【添加】按钮并选择【VRayWireColor】选项，如下右图所示。

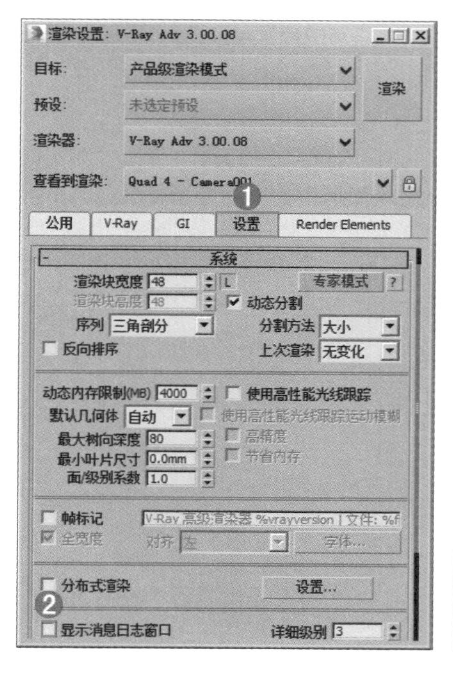

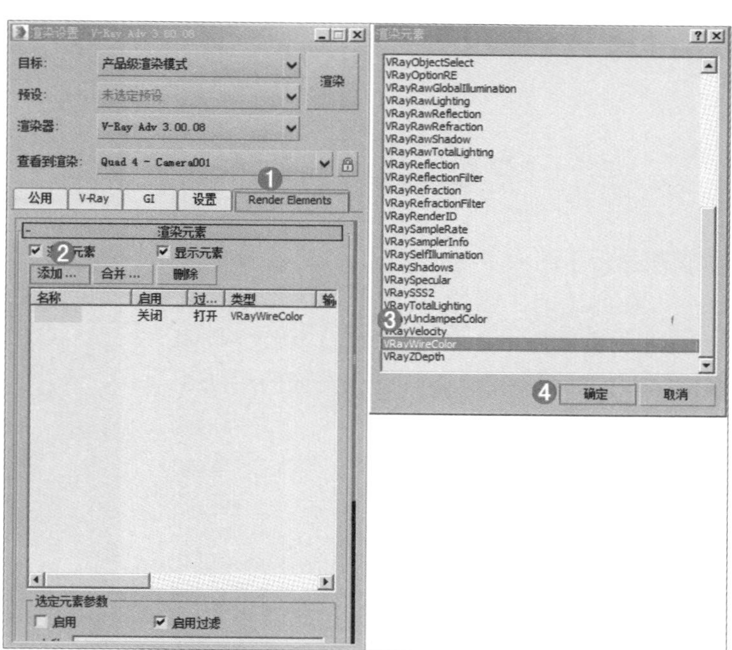

Section 10.6 Photoshop后期处理

Step 01 在Photoshop软件里打开本书实例文件【书房效果图.jpg】，如下图所示。认真观察渲染出来的效果图，可发现图像的亮度以及阴影都存在一些问题，显得效果图的视觉效果不是很好，所以下面我们需解决这些问题。

Step 02 执行【图像】|【调整】|【曲线】命令，在弹出的【曲线】对话框中调整曲线状态，如下图所示，效果如右图所示。

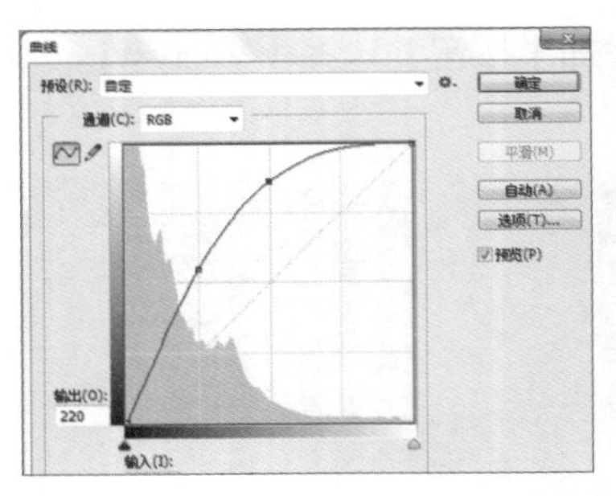

Step 03 执行【图像】|【调整】|【阴影/高光】命令，在弹出的【阴影/高光】对话框中设置【阴影】的数量为3%，单击【确定】按钮完成调整操作，如下图所示。这样这张图像的后期处理就完成了，如右图所示。

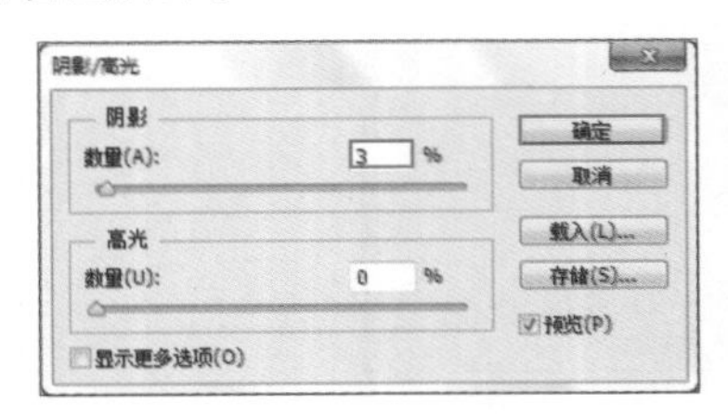

Chapter 11 3ds Max & VRay & Photoshop

别墅客厅设计

▌混合材质 ▌多维/子对象材质 ▌多种灯光综合搭配

场景文件	11.max
案例文件	别墅客厅设计.max
视频教学	别墅客厅设计.flv
难易指数	★★★★☆
技术掌握	掌握目标灯光、VR灯光、VRayMtl材质、衰减贴图的应用

实例介绍

本例介绍的是一个别墅客厅场景的设计过程，其中室内明亮灯光的表现主要使用了目标灯光和VR灯光来制作，并使用VRayMtl来制作本案例的主要材质。

Section 11.1 VRay渲染器设置

Step 01 打开本书实例文件【第11章 别墅客厅设计/11.max】，如下图所示。

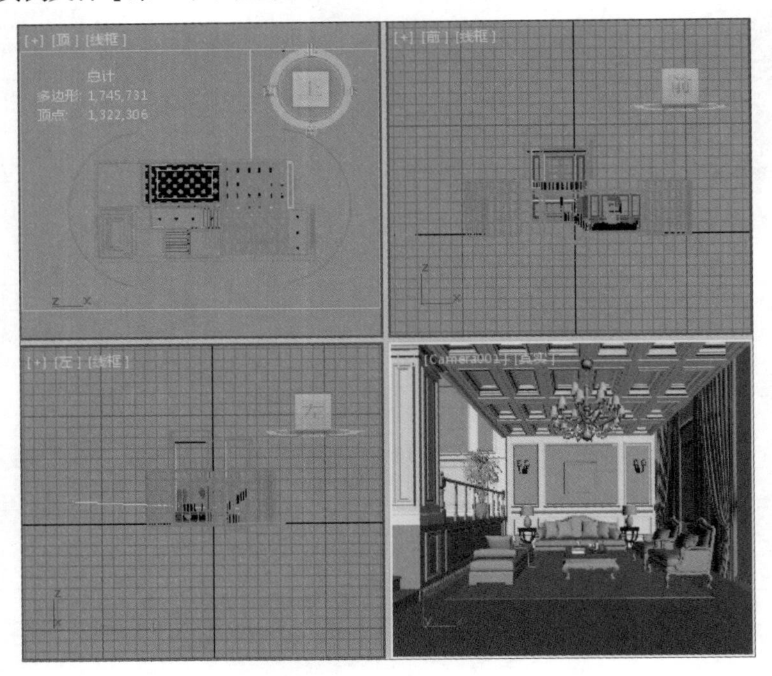

Step 02 按F10键，打开【渲染设置】面板，选择【公用】选项卡，在【指定渲染器】卷展栏下单击...按钮，在弹出的【选择渲染器】对话框中选择【V-Ray Adv 3.00.08】选项。此时在【指定渲染器】卷展栏中的【产品级】后面显示了【V-Ray Adv 3.00.08】，【渲染设置】面板中出现了【V-Ray】、【GI】和【设置】选项卡，如下图所示。

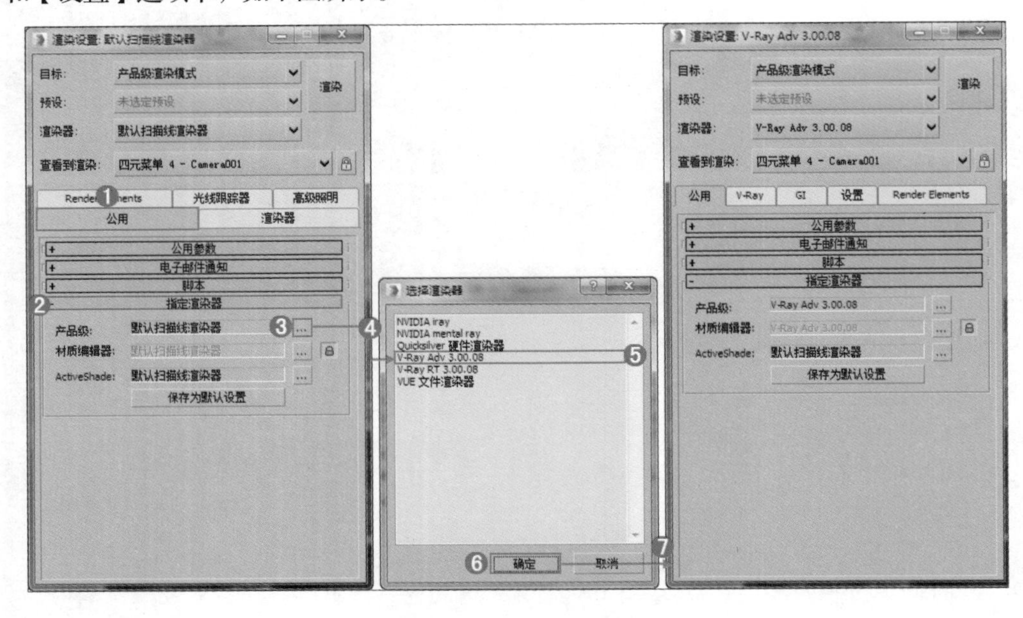

Section 11.2 材质的制作

下面就来讲述场景中主要材质的调节方法，包括大理石瓷砖、大理石凸台、墙面、镜面、沙发、沙发旁餐桌、窗前餐桌、金属桌腿、吊椅、花瓶的制作，效果如下图所示。

11.2.1 乳胶漆墙面材质的制作

Step 01 单击一个材质球，设置材质类型为【VRayMtl】材质，命名为【乳胶漆墙面】。设置【漫反射】颜色为浅黄色（红：229，绿：213，蓝：196），如下左图所示。

Step 02 双击材质球，效果如下右图所示。

技巧提示：常见的贴图材质

由于案例中材质过多，本案例选择一些常见的材质进行介绍。

Step 03 选择墙面模型，单击（将材质指定给选定对象）按钮，将制作完毕的乳胶漆墙面材质赋给场景中的乳胶漆墙面模型，如下图所示。

技巧提示：关于乳胶漆的材质设置

乳胶漆材质一般不需要设置反射效果，由于乳胶漆材质在室内应用的面积比较大，若设置反射，并设置一定的反射模糊，会使整个图像渲染速度很慢。

11.2.2 茶几材质的制作

Step 01 单击一个材质球，设置材质类型为多维/子对象材质，命名为【装饰画】，如下图所示。

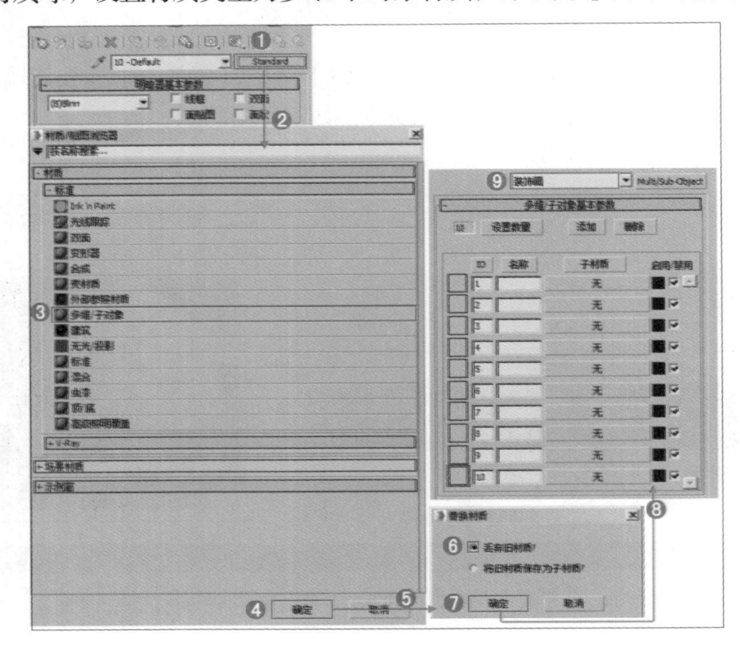

Step 02 单击【设置数量】按钮，设置【材质数量】为3，单击【确定】按钮，如下左图所示。

Step 03 在ID1后面的通道上加载【VRayMtl】材质，如下右图所示。

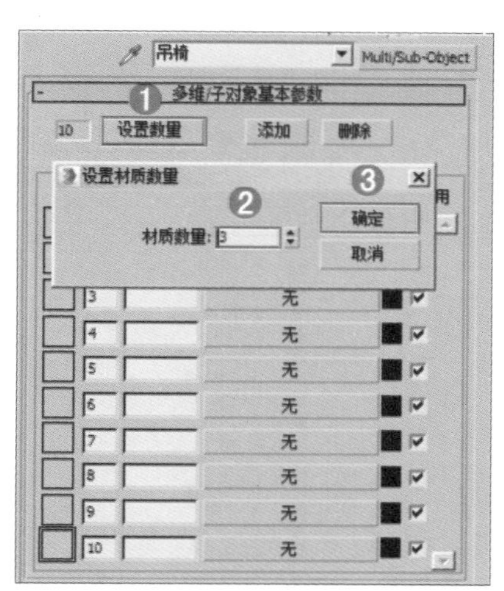

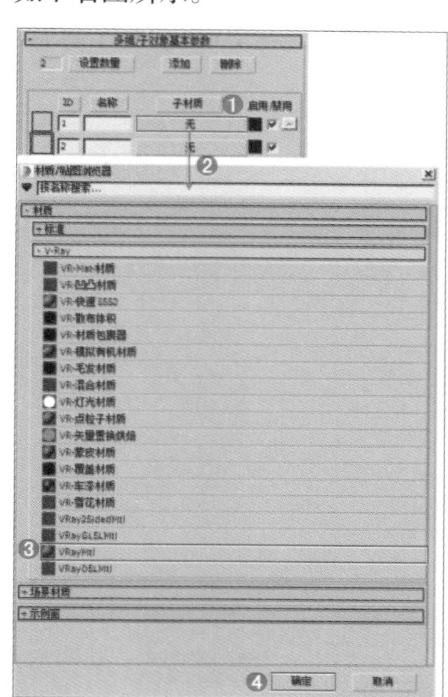

Step 04 然后设置【漫反射】颜色为深褐色（红：32，绿：30，蓝：29），【反射】颜色为深灰（红：45，绿：45，蓝：45），设置【高光光泽度】数值为0.81，【反射光泽度】数值为0.99，【细分】数值为8，如右图所示。

技巧提示：调节漫反射和反射颜色

想要调节【漫反射】和【反射】（▭/▬）的颜色，需要在其后面的颜色条上双击鼠标左键，即可在打开的对话框中调节颜色，如下图所示。

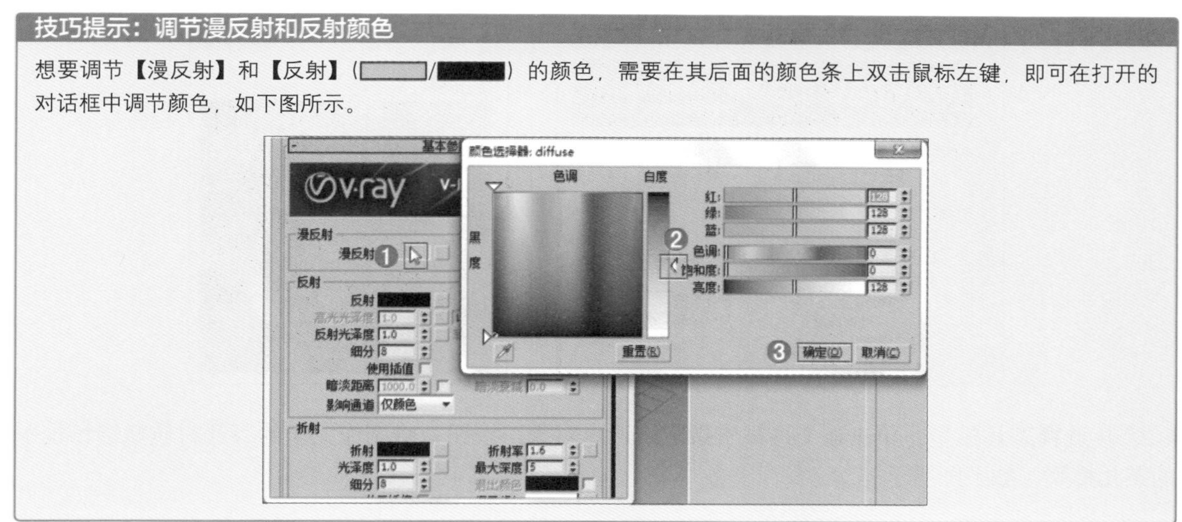

Step 05 将鼠标移动到ID1后面通道上，然后按住鼠标左键将其拖曳到ID2后面通道上，此时会跳出一个对话框，然后选择【复制】单选按钮，再单击【确定】按钮，如下左图所示。

Step 06 在ID3后面通道上加载【VRayMtl】材质，如下右图所示。

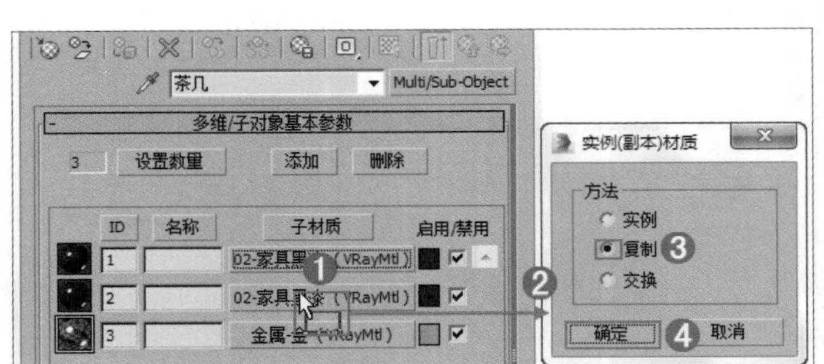

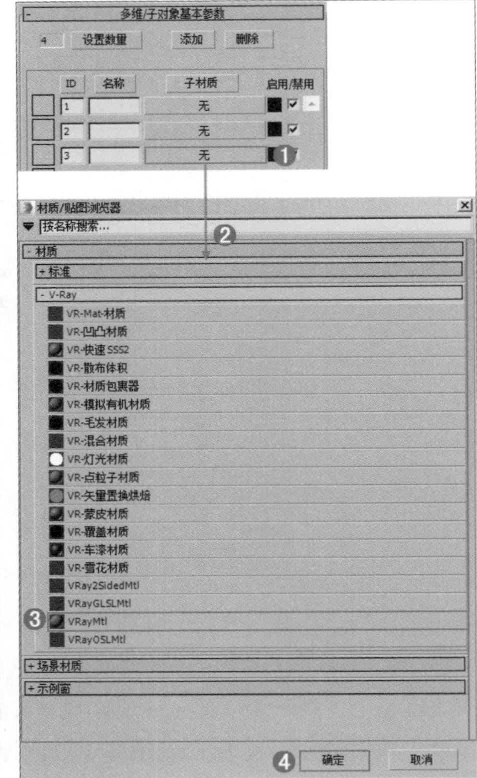

Step 07 然后设置【漫反射】颜色为深黄色（红：202，绿：139，蓝：65），设置【反射】颜色为灰色（红：150，绿：150，蓝：150），【高光光泽度】数值为0.75，【反射光泽度】数值为0.89，【细分】值为16，如下左图所示。

Step 08 双击材质球，效果如下右图所示。

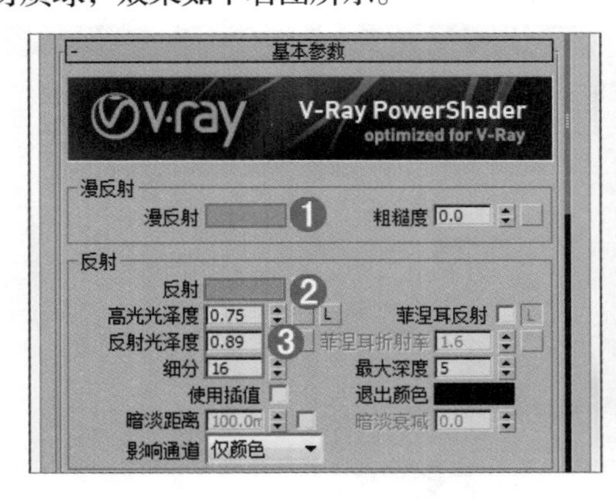

Step 09 选择茶几模型，单击（将材质指定给选定对象）按钮，将制作完毕的茶几材质赋给场景中的茶几模型，如下图所示。

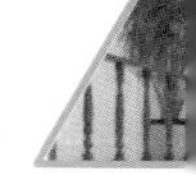

11.2.3 地砖材质的制作

Step 01 单击一个材质球，设置材质类型为【VRayMtl】材质，命名为【地砖】。在【漫反射】后面的通道上加载【LSZ5002YH1.jpg】贴图，在【反射】后面的通道上加载【衰减】程序贴图，并设置【衰减类型】为【Fresnel】。最后设置【高光光泽度】数值为0.7，【反射光泽度】数值为0.75，【细分】数值为22，如下左图所示。

Step 02 双击材质球，效果如下右图所示。

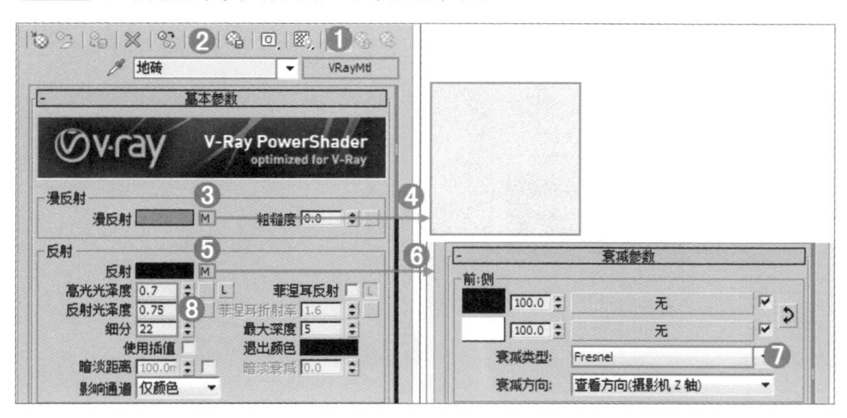

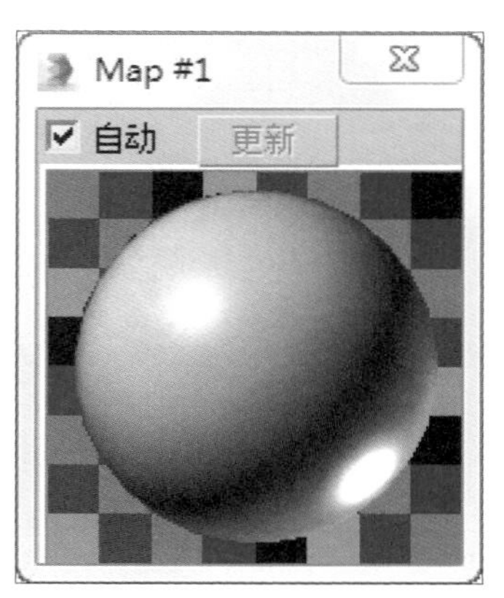

Step 03 选择地砖模型，单击（将材质指定给选定对象）按钮，将制作完毕的地砖材质赋给场景中的地砖模型，如下图所示。

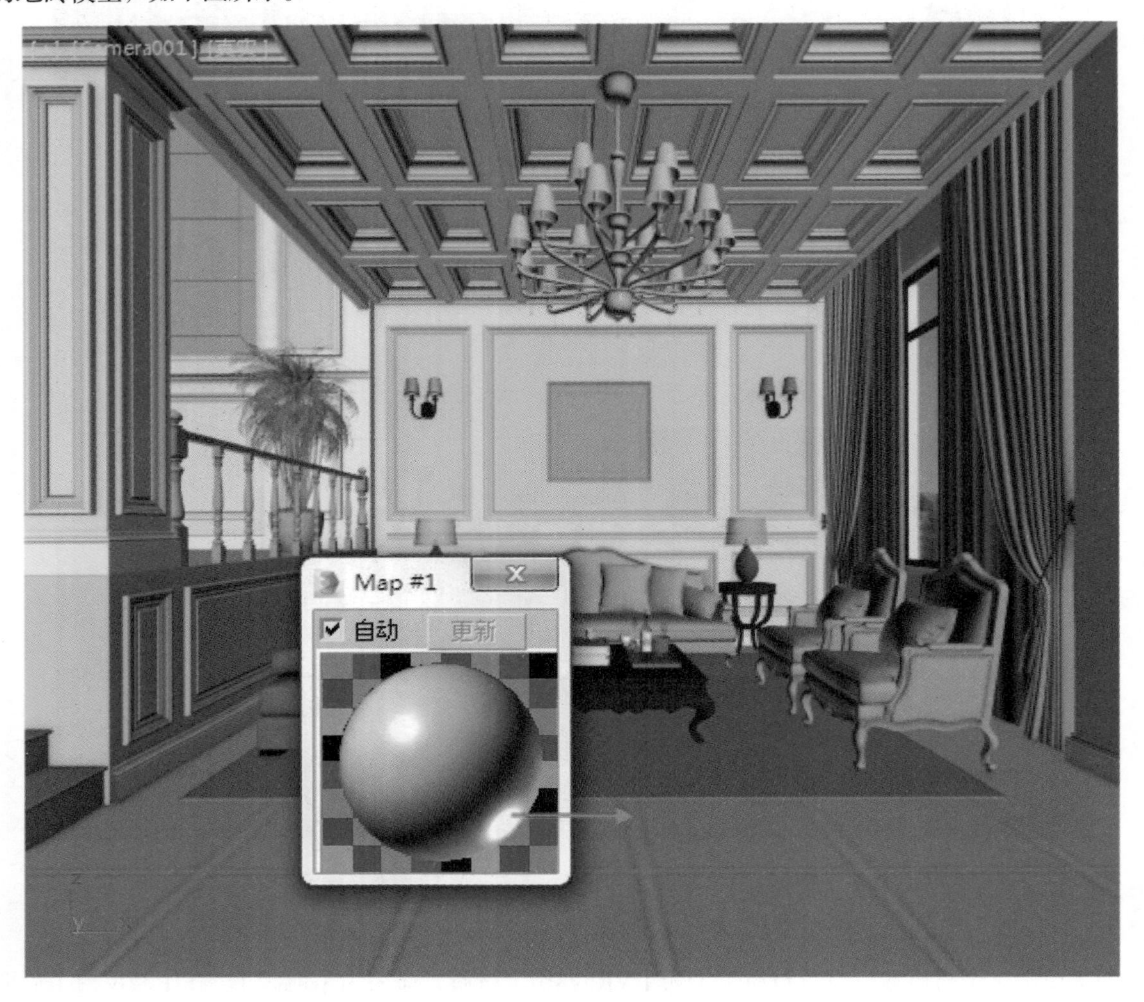

11.2.4 地毯材质的制作

Step 01 单击一个材质球，设置材质类型为【VRayMtl】材质，命名为【地毯】。然后在【漫反射】后面的通道上加载【000088090.jpg】贴图，如下图所示。

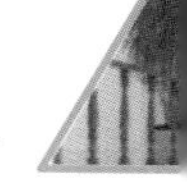

技巧提示：线框的作用

加载贴图后，可以用红色线框选择需要的部分，线框以外的部分则不被选择，如下图所示。

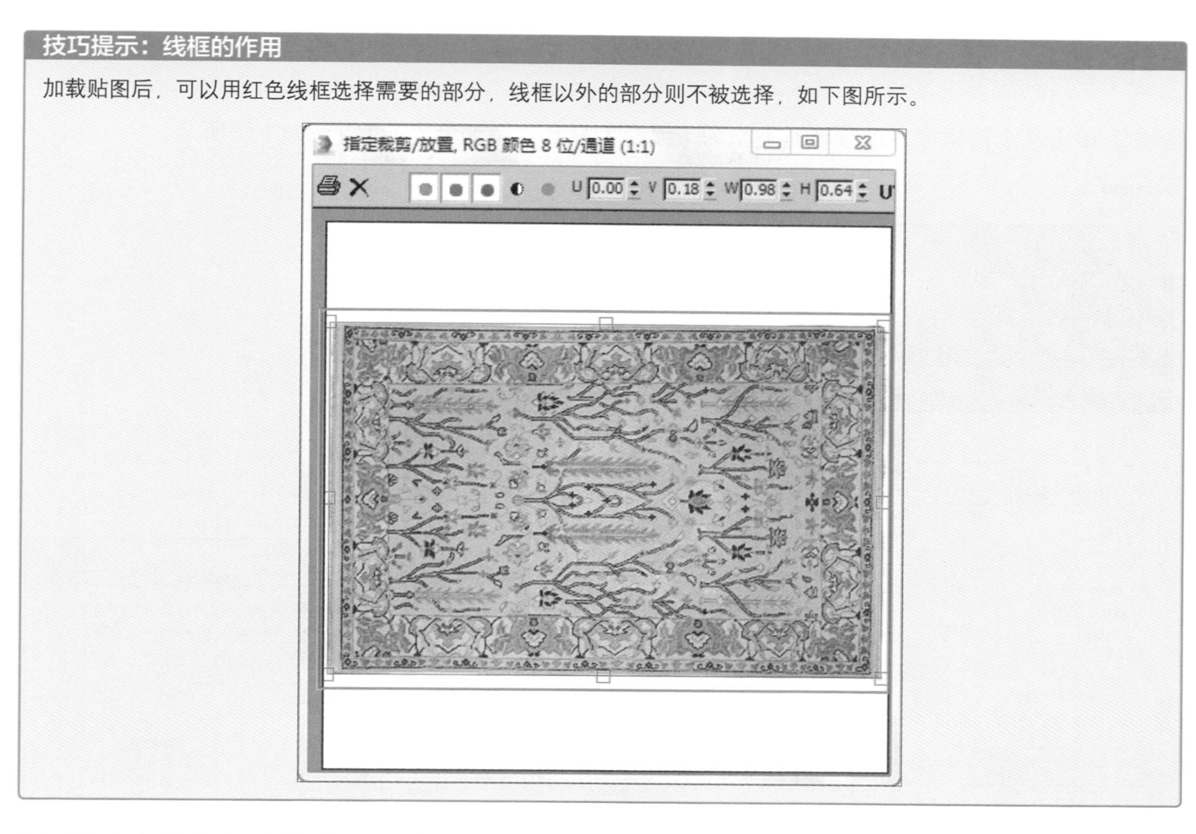

Step 02 双击材质球，效果如下左图所示。

Step 03 选择地毯模型，单击（将材质指定给选定对象）按钮，将制作完毕的地毯材质赋给场景中的地毯模型，如下右图所示。

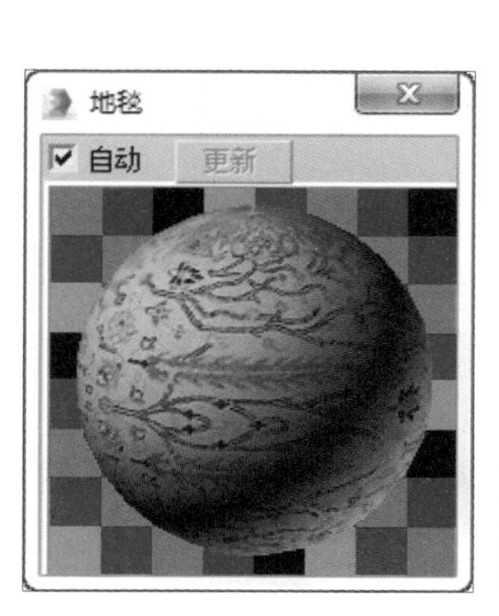

11.2.5 沙发材质的制作

Step 01 单击一个材质球，设置材质类型为【混合】材质，命名为【沙发】，如下图所示。

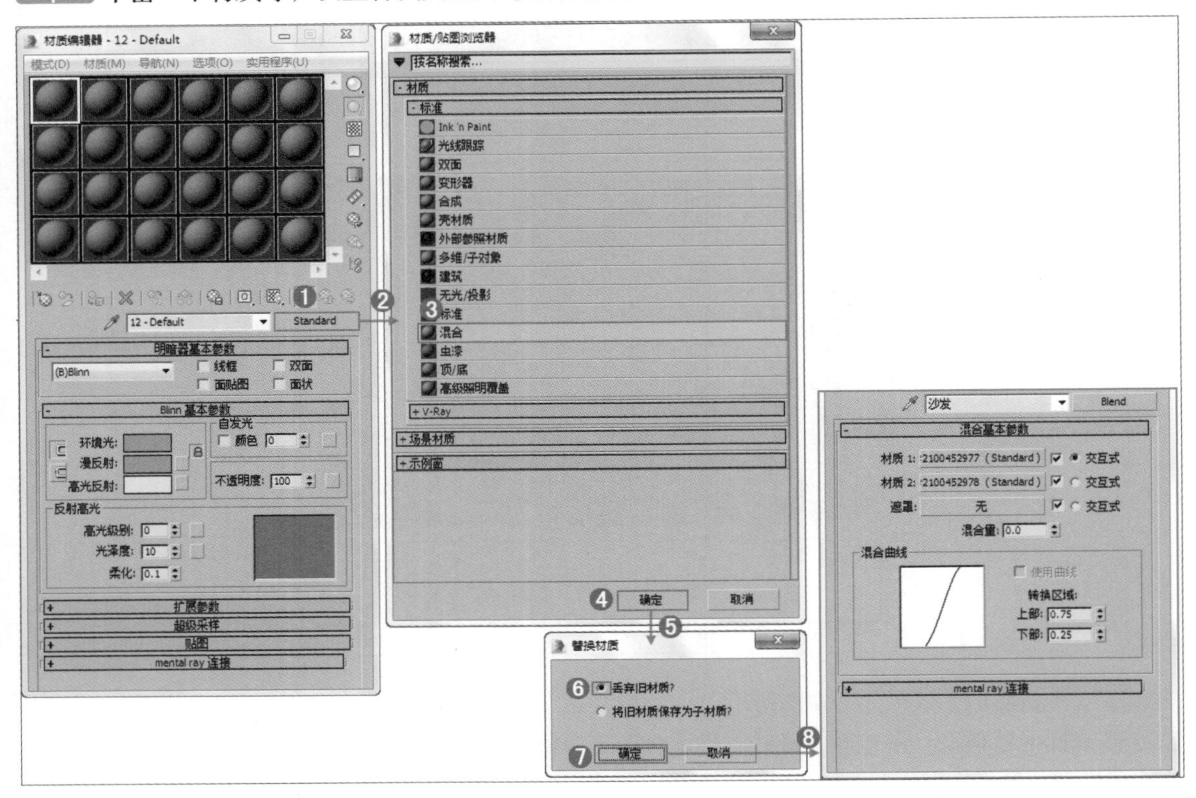

Step 02 在【材质1】后面的通道加载【VRayMtl】材质，并在【漫反射】后面的通道加载【衰减】程序贴图，然后在【黑色】后面通道加载【3d66com2015-219-16-764.jpg】贴图，同样也在【白色】后面的通道加载【3d66com2015-219-16-764.jpg】贴图，设置【衰减类型】为【垂直/平行】。再返回设置【反射】颜色为深灰色（红：10，绿：10，蓝：10），【高光光泽度】数值为0.5，【反射光泽度】数值为0.7，【细分】数值为13，如下图所示。

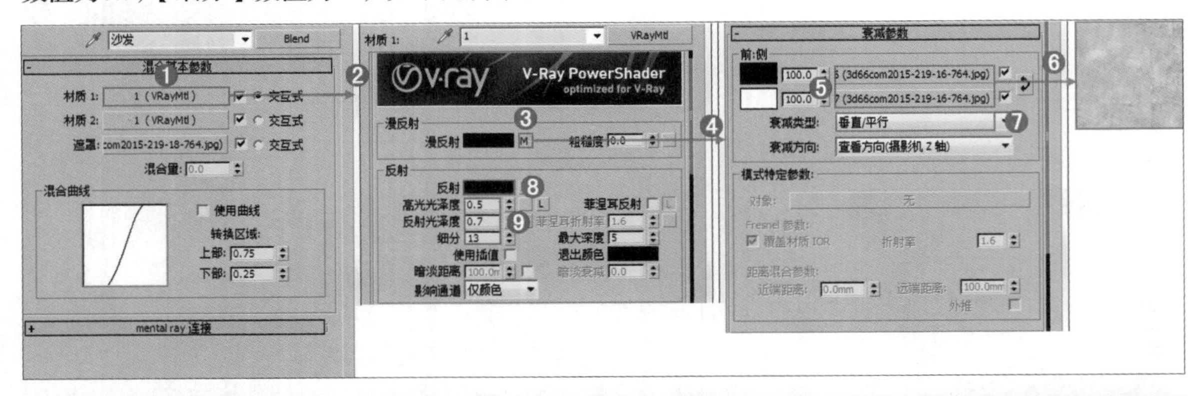

技巧提示：【高光光泽度】和【反射光泽度】参数设置

在【反射】选项组中设置【高光光泽度】和【反射光泽度】数值小于0.9时，材质将产生模糊反射效果。

Step 03 将鼠标移动到【材质1】通道上，再按住鼠标左键将其拖拽到【材质2】通道上，此时会跳出一个对话框，然后选择【复制】单选按钮，最后单击【确定】按钮，如下左图所示。

Step 04 双击材质球，效果如下右图所示。

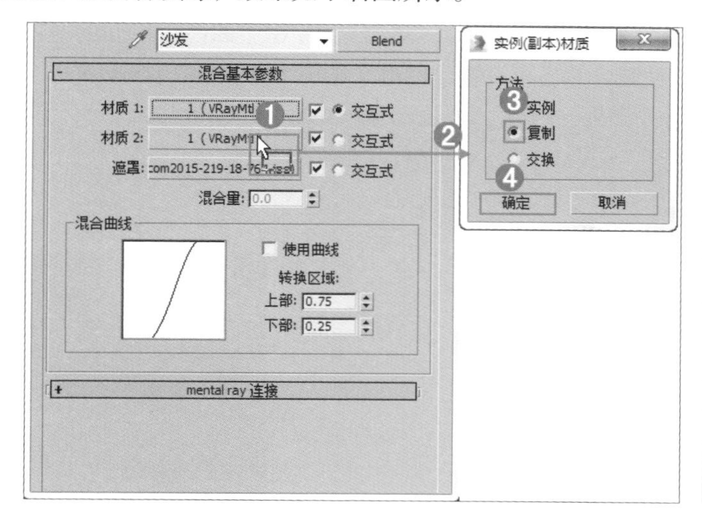

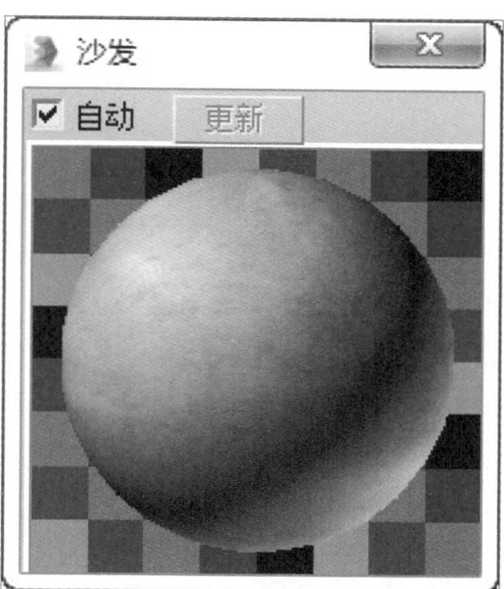

Step 05 选择沙发模型，单击（将材质指定给选定对象）按钮，将制作完毕的沙发材质赋给场景中的沙发模型，如下图所示。

技巧提示:【混合】材质应用技巧

当【混合】材质颜色为黑色时，会完全显示基础材质的漫反射颜色；当颜色为白色时，会完全显示基础材质的漫反射颜色；也可以利用贴图通道来进行材质显示的控制。

11.2.6 窗帘材质的制作

Step 01 单击一个材质球，设置材质类型为【VRayMtl】材质，命名为【窗帘】。设置【漫反射】颜色为深蓝色（红：67，绿：92，蓝：96），接着展开【贴图】卷展栏，并在【凹凸】后面的通道加载【3d66model2016-D031-29-203947.jpg】贴图，然后再设置【凹凸】数值为10，如下图所示。

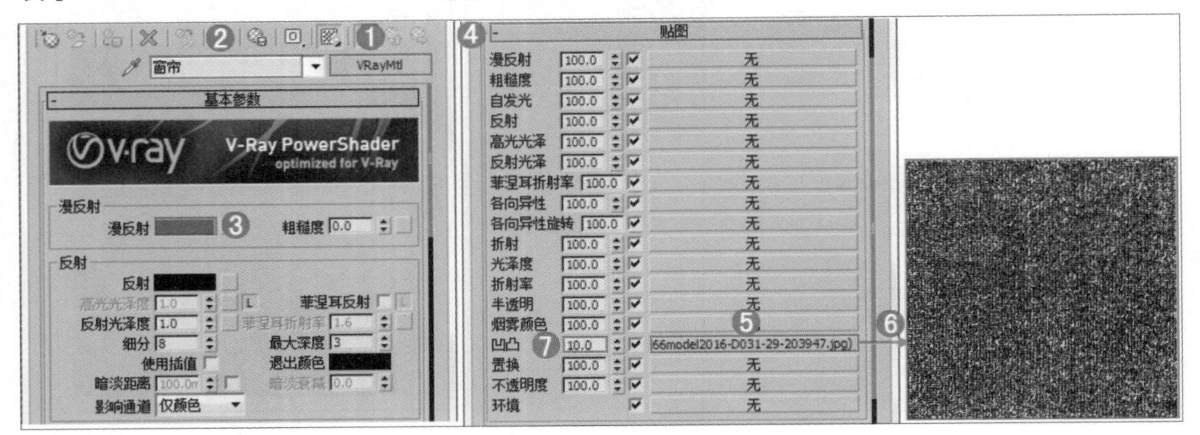

Step 02 双击材质球，效果如下左图所示。

Step 03 选择窗帘模型，单击（将材质指定给选定对象）按钮，将制作完毕的窗帘材质赋给场景中的窗帘模型，如下右图所示。

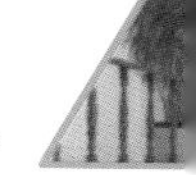

11.2.7 木纹材质的制作

Step 01 单击一个材质球，设置材质类型为【VRayMtl】材质，命名为【木纹】。在【漫反射】后面的通道加载【arch40_wood_01.jpg】贴图，然后在【反射】后面的通道加载【衰减】程序贴图，设置【衰减类型】为【Fresnel】，并返回设置【高光光泽度】数值为0.7，【反射光泽度】数值为0.98，【细分】数值为22，如下图所示。

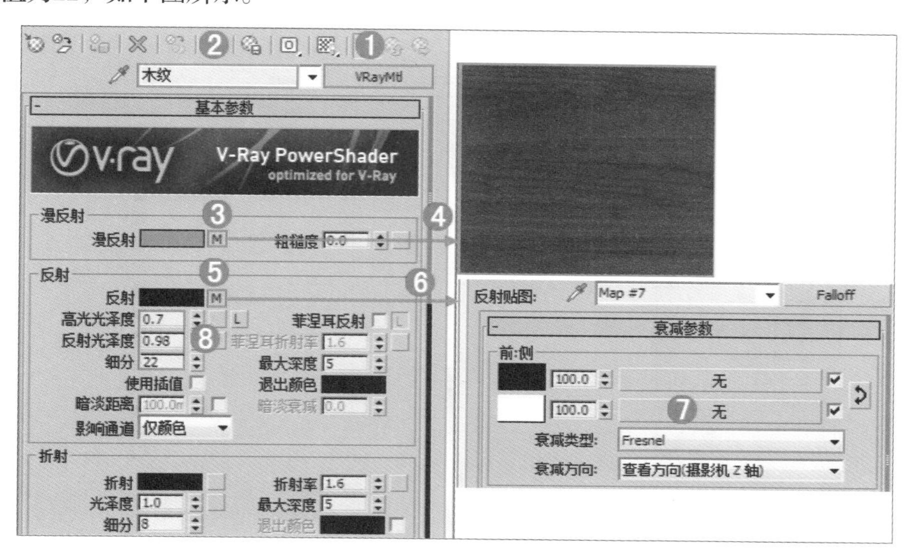

Step 02 双击材质球，效果如下左图所示。

Step 03 选择桌腿模型，单击（将材质指定给选定对象）按钮，将制作完毕的木纹材质赋给场景中的桌腿模型，如下右图所示。

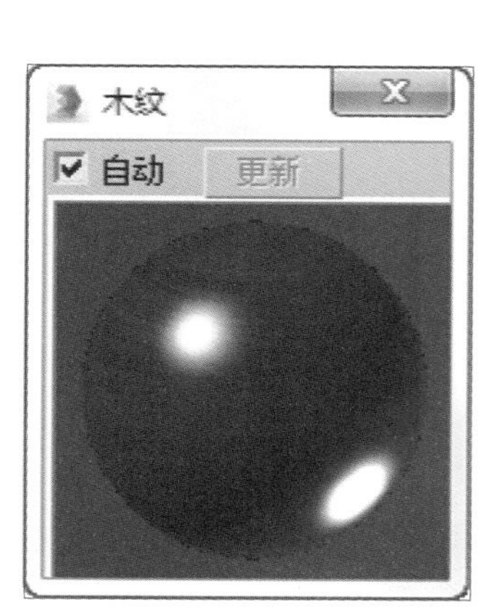

技巧提示：木纹材质设置

场景中所有木纹材质的调节方法基本相同，大家可以尝试一下。

11.2.8 装饰画材质的制作

Step 01 单击一个材质球，设置材质类型为【多维/子对象】材质，命名为【装饰画】，如下图所示。

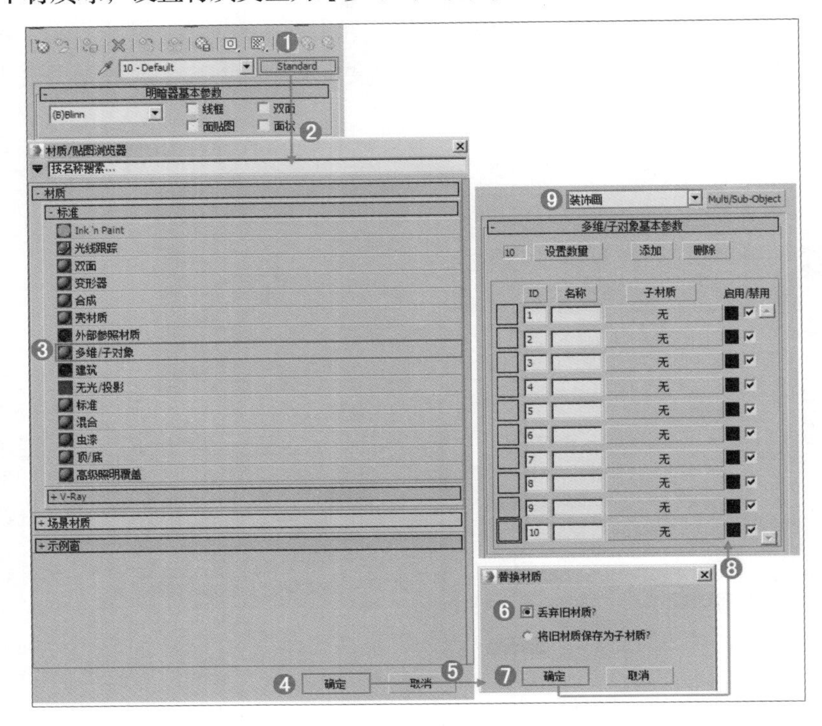

Step 02 单击【设置数量】按钮，设置【材质数量】为4，单击【确定】按钮，如下左图所示。

Step 03 在ID1后面的通道上加载【VRayMtl】材质，如下右图所示。

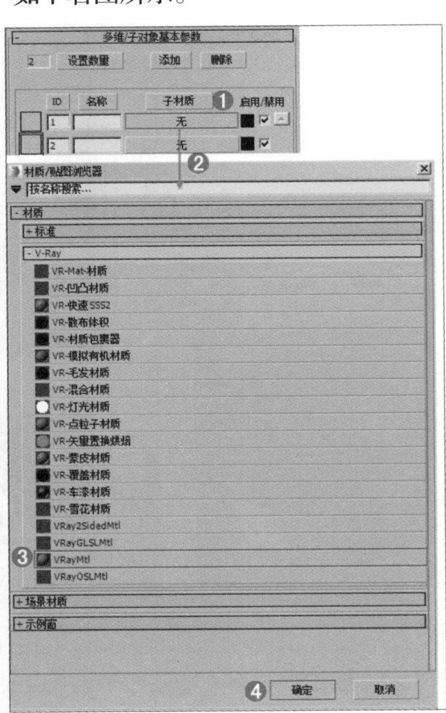

Step 04 设置【漫反射】颜色为深灰色（红：8，绿：8，蓝：8），然后在【反射】后面的通道加载【衰减】程序贴图，设置【衰减类型】为【Fresnel】，然后再返回设置【高光光泽度】数值为0.7，【反射光泽度】数值为0.8，【细分】数值为50，如下图所示。

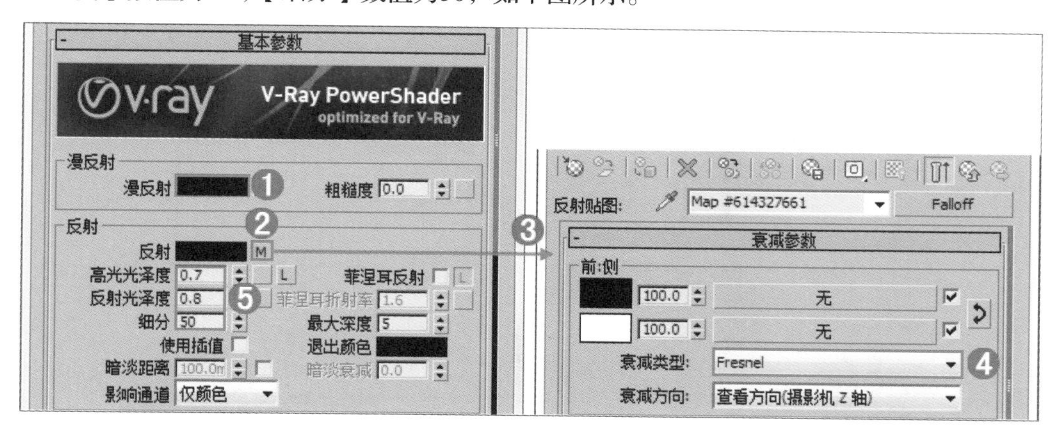

Step 05 在ID2后面的通道上加载【VRayMtl】材质，如下左图所示。

Step 06 设置【漫反射】颜色为浅黄色（红：188，绿：182，蓝：170），【反射】颜色为深灰色（红：50，绿：50，蓝：50），然后设置【高光光泽度】数值为0.55，【反射光泽度】数值为1，【细分】数值为8，再勾选【菲涅耳反射】复选框，【菲涅耳折射率】数值为0.45，如下右图所示。

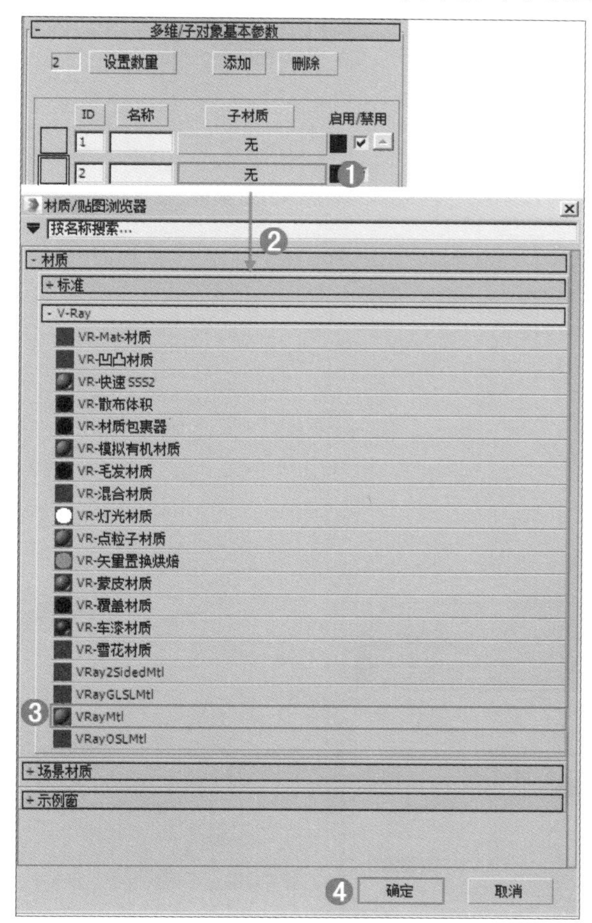

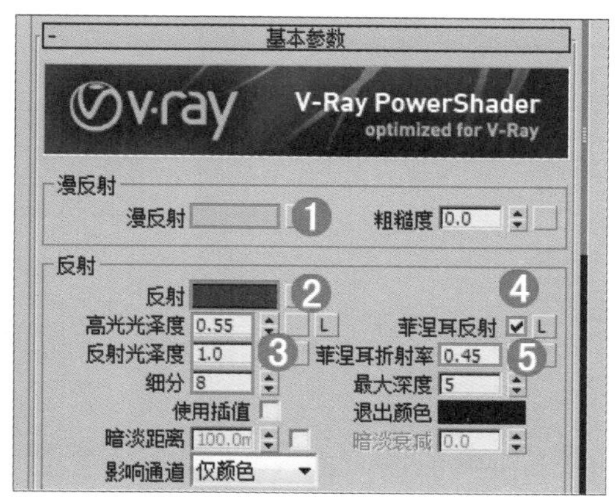

Step 07 在ID3后面的通道加载【VRayMtl】材质，如下左图所示。

Step 08 设置【漫反射】颜色为浅黄色（红：215，绿：199，蓝：178），设置【反射】颜色为浅黄色（红：215，绿：199，蓝：178），【高光光泽度】数值为0.55，【反射光泽度】数值为0.6，【细分】数值为30，然后勾选【菲涅耳反射】复选框，设置【菲涅尔折射率】数值为0.15，如下右图所示。

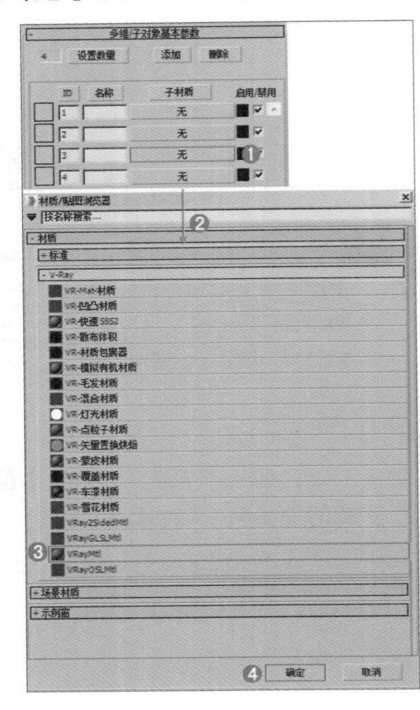

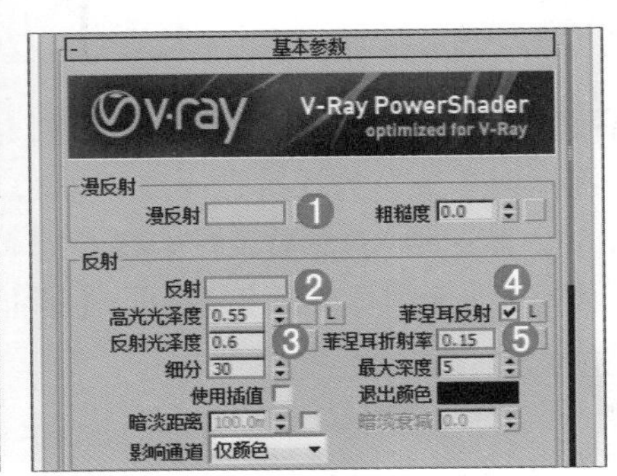

Step 09 在ID4后面的通道加载【VRayMtl】材质，如下左图所示。

Step 10 在【漫反射】后面的通道上加载【4D4EFF07693CC5498D4F5423CCBC4062_310_0_max_jpg】贴图，如下右图所示。

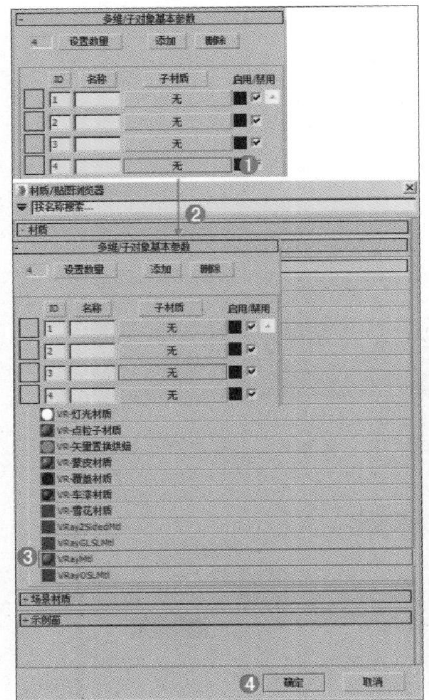

Step 11 双击材质球，效果如下左图所示。

Step 12 选择装饰画模型，单击（将材质指定给选定对象）按钮，将制作完毕的装饰画材质赋给场景中的装饰画模型，如下右图所示。

11.2.9 吊灯金属架材质的制作

Step 01 单击一个材质球，设置材质类型为【VRayMtl】材质，命名为【吊灯金属架】。设置【漫反射】颜色为浅褐色（红：190，绿：185，蓝：178），【反射】颜色为灰色（红：150，绿：150，蓝：150），并设置【高光光泽度】数值为0.65，【反射光泽度】数值为0.9，【细分】数值为20，如下左图所示。

Step 02 双击材质球，效果如下右图所示。

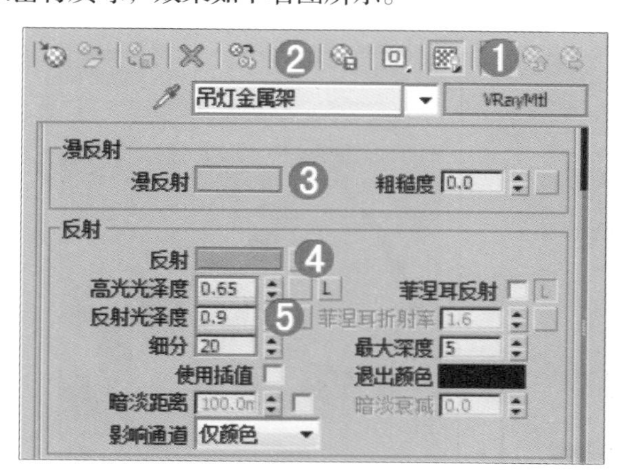

Step 03 选择吊灯金属架模型，单击（将材质指定给选定对象）按钮，将制作完毕的吊灯金属架材质赋给场景中的吊灯金属架模型，如下图所示。

11.2.10 镜子材质的制作

Step 01 单击一个材质球，设置材质类型为【VRayMtl】材质，命名为【镜子】。设置【反射】颜色为白色（红：255，绿：255，蓝：255），然后设置【细分】数值为22，如下左图所示。

Step 02 双击材质球，效果如下右图所示。

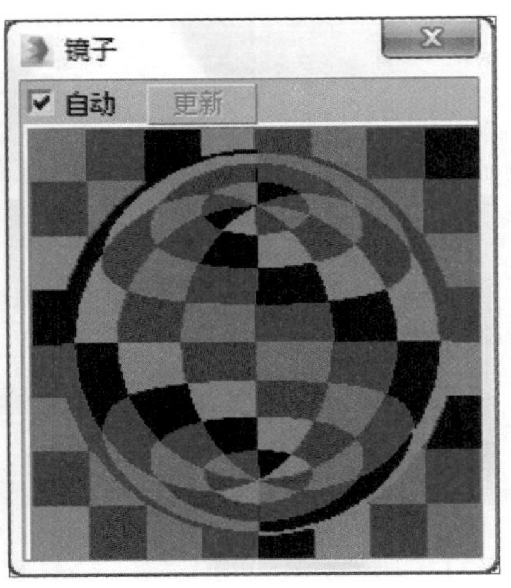

Step 03 选择镜子模型，单击（将材质指定给选定对象）按钮，将制作完毕的镜子材质赋给场景中的镜子模型，如下图所示。

技巧提示：镜子材质的反射

由于镜子的反射为完全反射，因此需要将反射颜色设置为纯白色，但是一定不要勾选【菲涅尔反射】复选框，否则会使镜子变成瓷器材质效果。

Section 11.3 灯光的制作

本节主要讲述室内灯光的制作，包括VR-太阳和VR灯光，下面对具体制作过程进行介绍。

11.3.1 VR-太阳光的创建

使用【VR-灯光】，在前视图创建一盏由窗外照入到室内VR-太阳，如下左图所示。然后在【修改】面板里展开【VRay太阳参数】卷展栏，并设置【浊度】数值为5，【强度倍增】数值为0.06，【大小倍增】数值为6.0，【阴影细分】数值为30，如下右图所示。

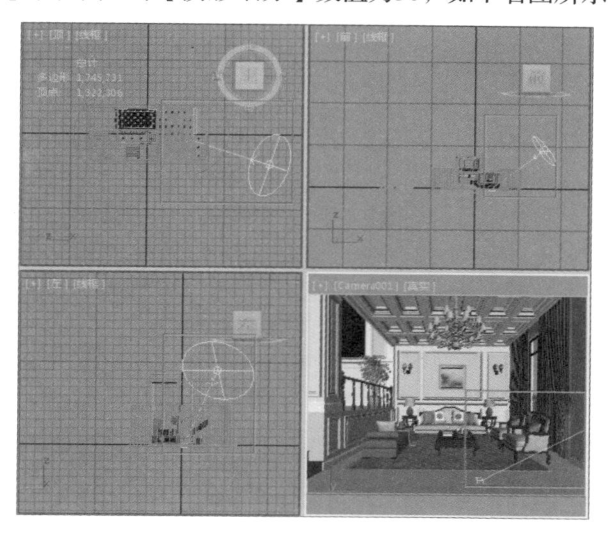

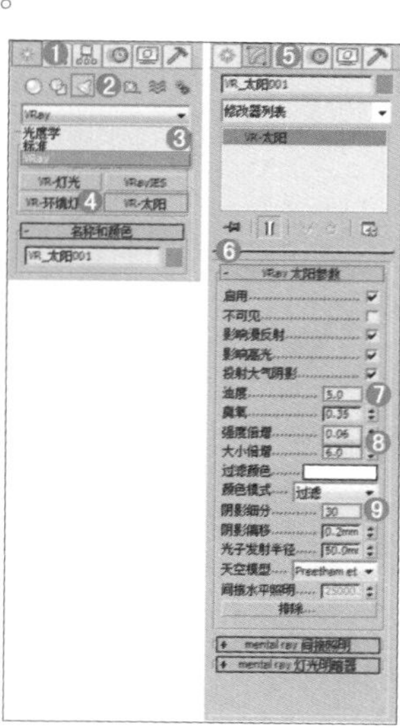

11.3.2 窗户处灯光的创建

使用【VR-灯光】，在左视图中创建3盏VR-灯光，分别放在三个窗户的外面，如下左图所示。在【修改】面板中，设置【类型】为【平面】，【倍增】为10，【颜色】为浅蓝色，【1/2长】800mm，【1/2宽】为1350mm，勾选【不可见】复选框，设置【细分】为32，如下右图所示。

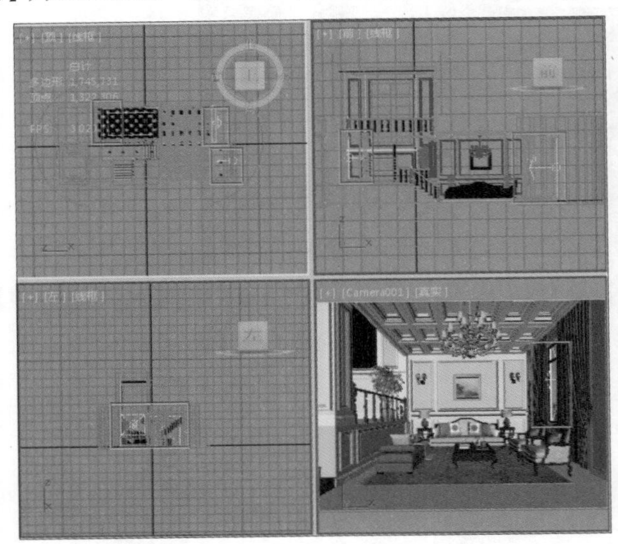

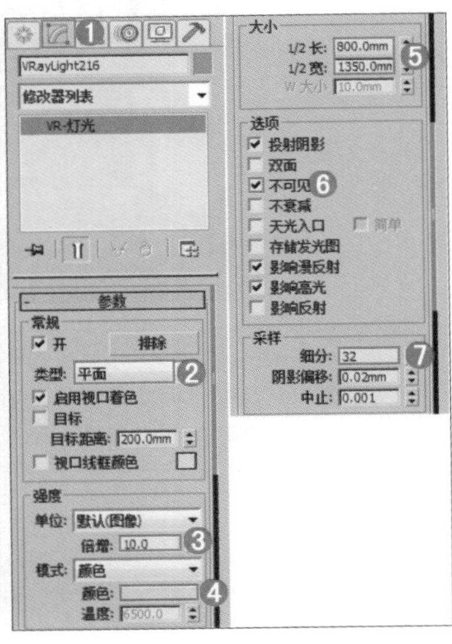

11.3.3 室内辅助灯光的创建

使用【VR-灯光】，在左视图中创建1盏VR-灯光，其位置在客厅当中并由上至下照射地面，如下左图所示。在【修改】面板中，设置【类型】为【平面】，【倍增】为2，【颜色】为浅黄色，【1/2长】700mm，【1/2宽】为700mm，勾选【不可见】复选框，设置【细分】为24，如下右图所示。

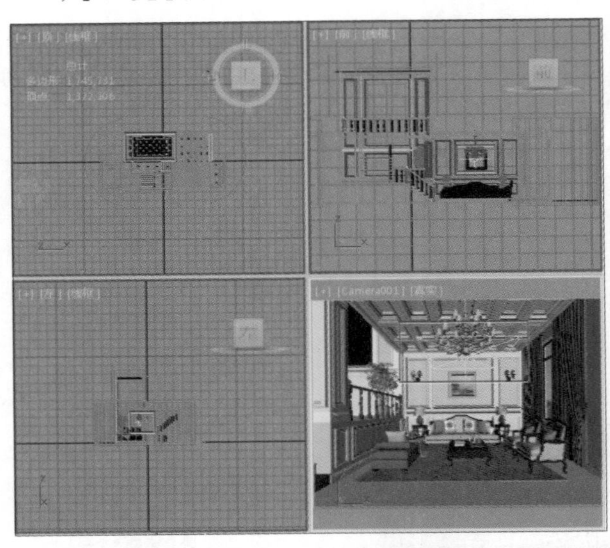

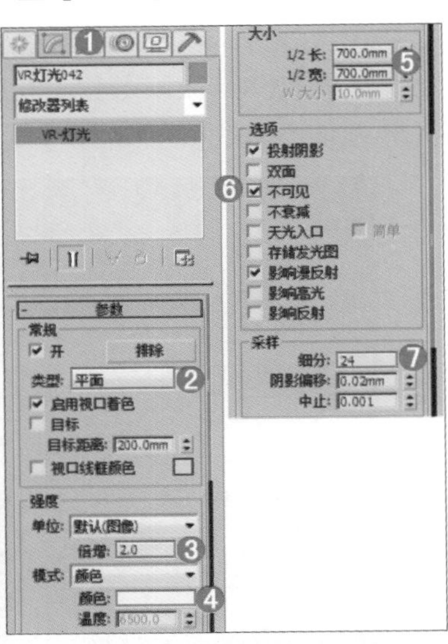

技巧提示：室内的辅助灯光

室内的辅助灯光是场景中看不到模型的真实灯光，能够更真实地反应现实生活中的物理学灯光。

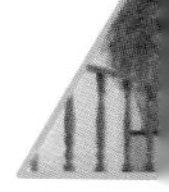

11.3.4 吊灯、壁灯和台灯的创建

Step 01 要使用【VR-灯光】制作吊灯，可以在视图中创建10盏VR-灯光，再将其拖曳到吊灯灯罩内，如下左图所示。在【修改】面板中，设置【类型】为【球体】，【倍增】为20，【颜色】为浅黄色，【半径】为30mm，勾选【不可见】复选框，设置【细分】为40，如下右图所示。

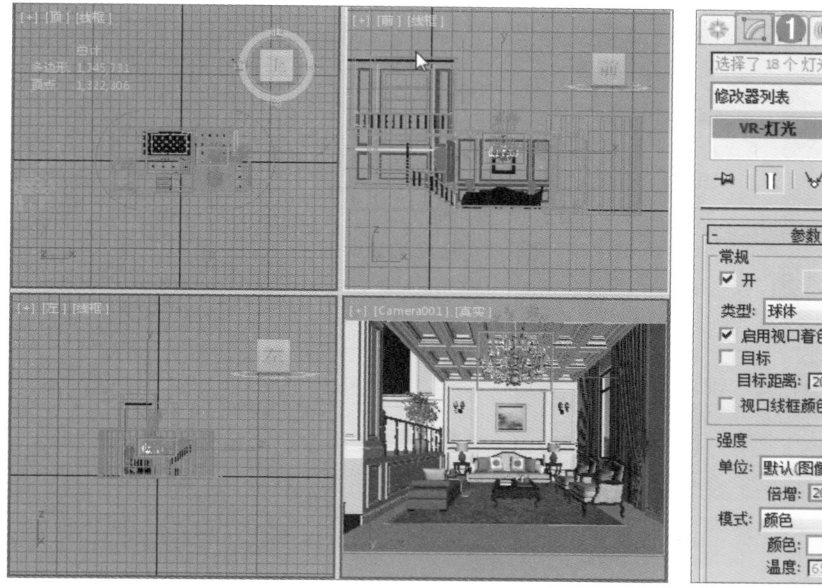

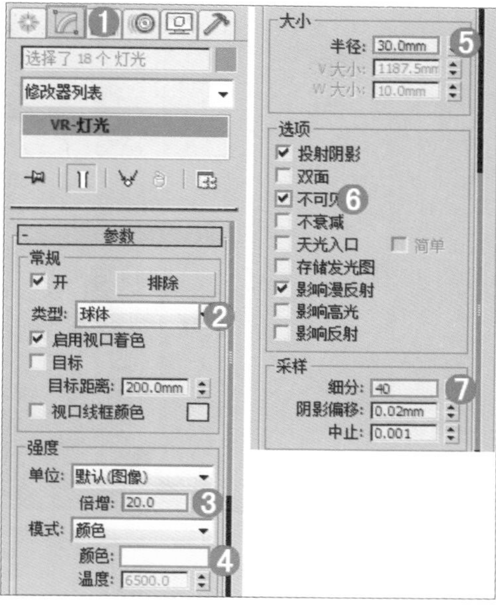

Step 02 要使用【VR-灯光】制作【壁灯】，可以在视图中创建4盏VR-灯光，再将其适当移动到壁灯灯罩内，如下左图所示。在【修改】面板中，设置【类型】为【球体】，【倍增】为600，【颜色】为橘黄色，【半径】为10mm，勾选【不可见】复选框，设置【细分】为20，如下右图所示。

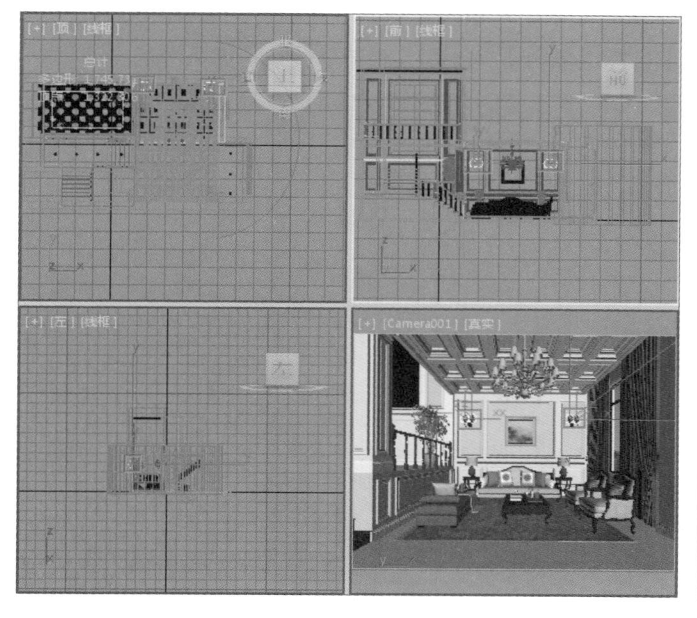

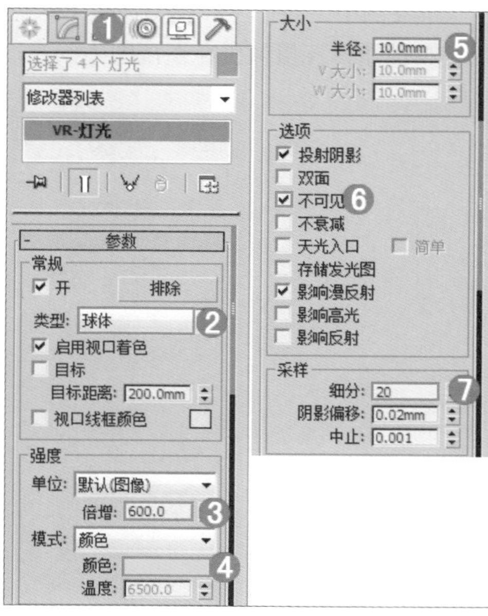

Step 03 要使用【VR-灯光】制作【台灯】，可以在视图中创建2盏VR-灯光，再将其适当移动到壁灯灯罩内，如下左图所示。在【修改】面板中，设置【类型】为【球体】，【倍增】为200，【颜色】为浅黄色，【半径】为25mm，勾选【不可见】复选框，设置【细分】为8，如下右图所示。

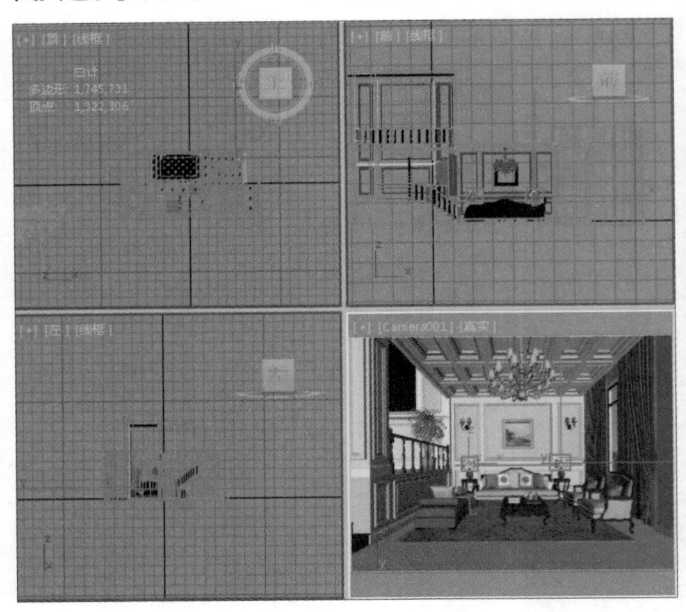

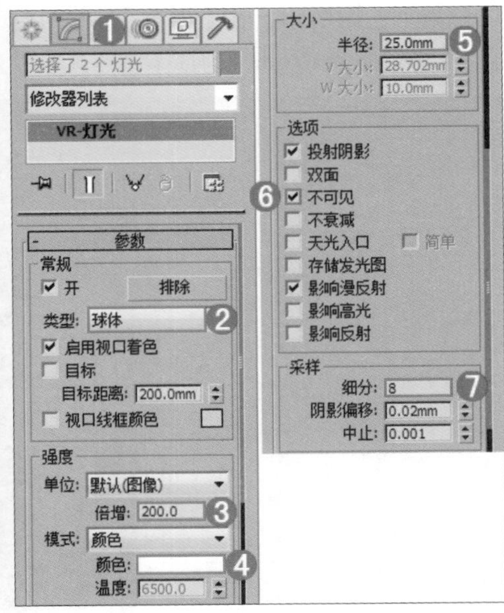

Section 11.4 摄像机的制作

本案例中主要以【目标摄像机】来创建案例空间中主要摄像机视角，下面介绍具体的创建过程。

Step 01 使用目标摄像机在左视图中创建1台【目标摄像机】，再适当地进行调整，如下图所示。

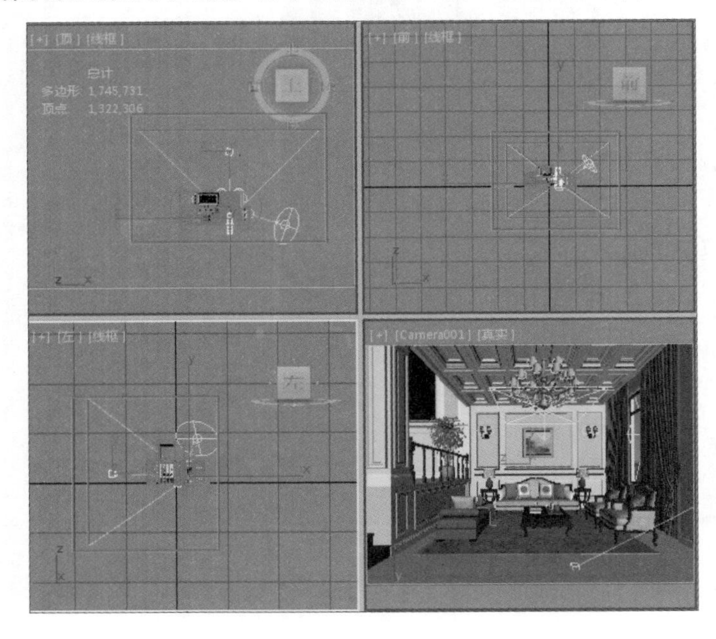

Step 02 在【修改】面板中，展开相应的参数卷展栏，设置【镜头】为18，【视野】为90，【目标距离】为15057，【采样半径】为1，如右图所示。

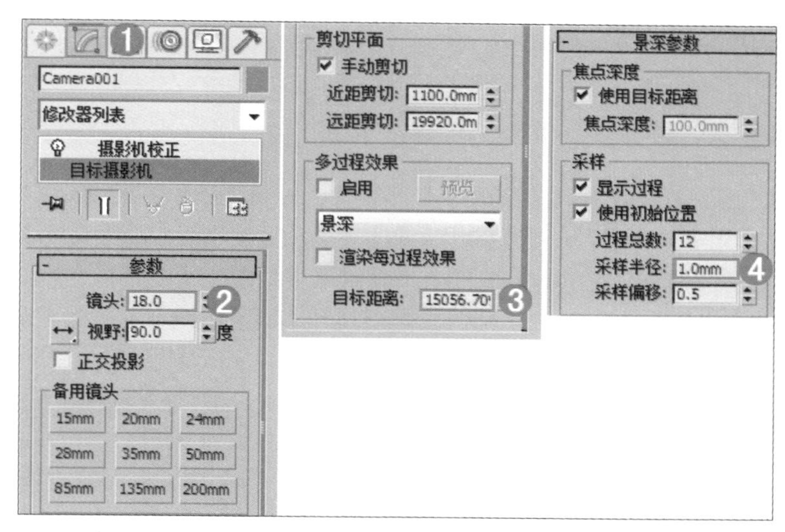

Step 03 在透视图中按快捷键C，切换到摄影机视图，如右图所示。

Step 04 选择摄影机，单击鼠标右键，执行【应用摄影机校正修改器】命令，如右图所示。

技巧提示：安全框的作用

为了让效果看起来更加准确，可在摄影机视图中按【Shift+F】快捷键打开安全框，安全框以内的部分为最终渲染的部分，而安全框以外的部分将不会被渲染出来。

Section 11.5 渲染器参数设置

Step 01 要设置最终渲染的渲染器参数，则单击（渲染设置）按钮，会自动弹出设置面板，选择【公用】选项卡，设置【输出大小】中的【宽度】为640，【高度】为480，如下左图所示。

Step 02 选择【V-Ray】选项卡，设置【类型】为【自适应】，勾选【图像过滤器】复选框，【过滤器】设置为【Catmull-Rom】。然后展开【颜色贴图】卷展栏，设置【类型】为【指数】，如下右图所示。

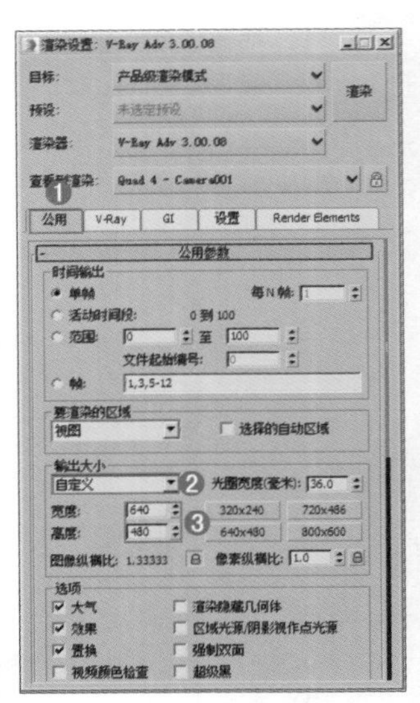

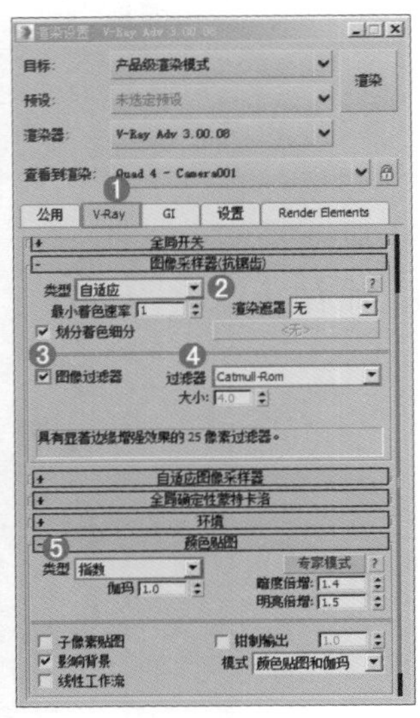

Step 03 选择【GI】选项卡，展开【全局照明】卷展栏，勾选【启用全局照明（GI）】复选框，设置【首次引擎】为【发光图】，【二次引擎】为【灯光缓存】；展开【发光图】卷展栏，【当前预设】为【低】，【细分】为50和【插值采样】为20，勾选【显示计算相位】和【显示直接光】复选框；展开【灯光缓存】卷展栏，【细分】为1000，如下图所示。

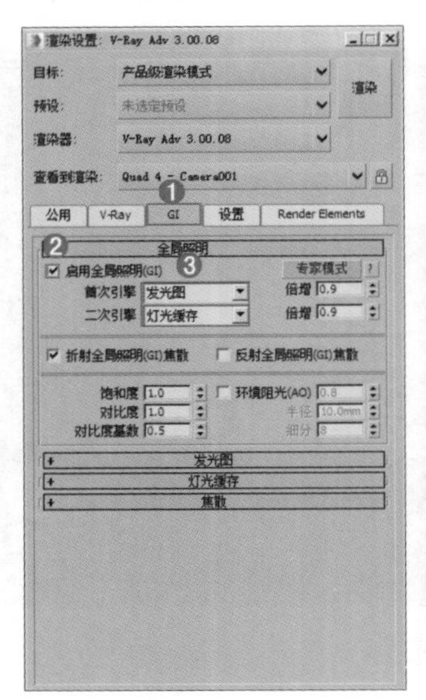

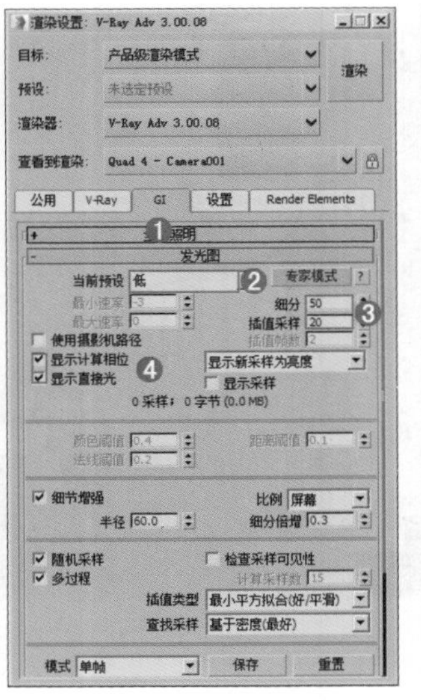

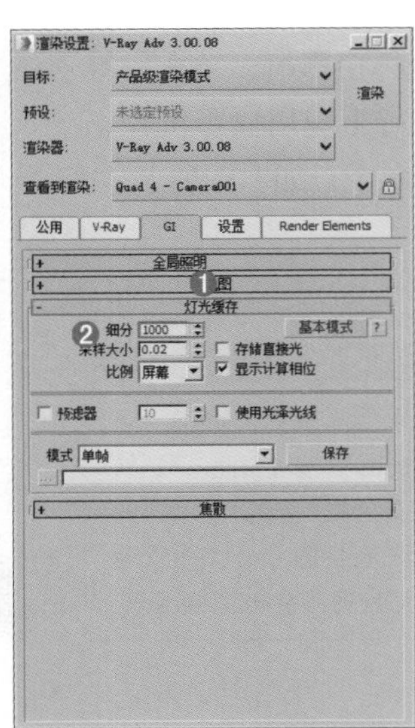

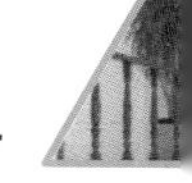

Step 04 选择【设置】选项卡，展开【系统】卷展栏，取消勾选【显示消息日志窗口】复选框，如下左图所示。

Step 05 选择【Render Elements】选项卡，单击【添加】按钮并选择【VRayWireColor】选项，如下右图所示。

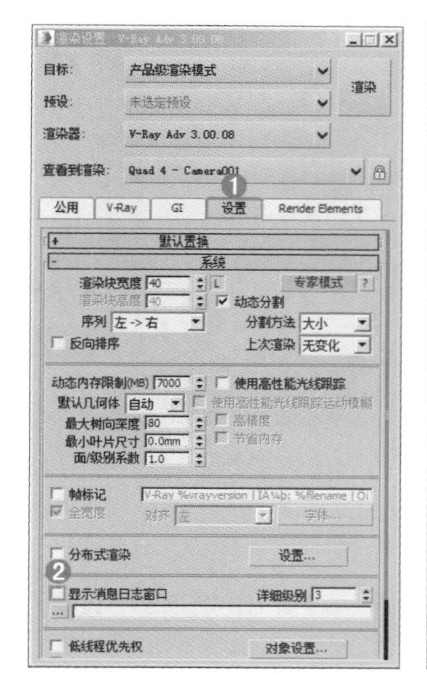

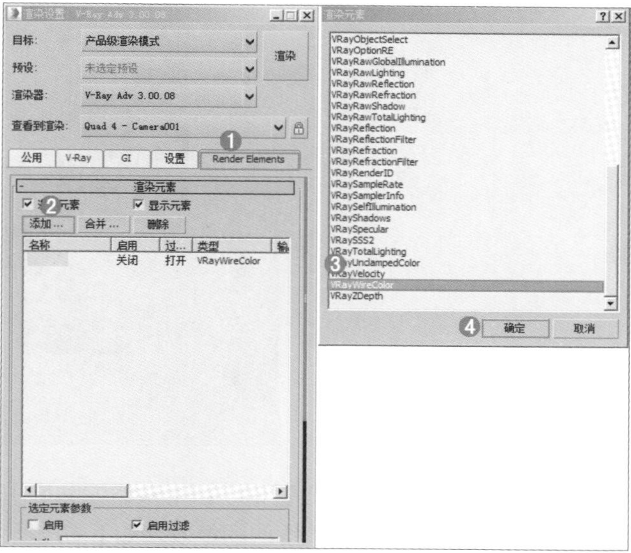

Section 11.6 Photoshop后期处理

Step 01 在Photoshop中打开效果图，如下图所示。

Step 02 执行【图层】|【新建调整图层】|【亮度/对比度】命令，在弹出的面板中设置【亮度】数值为48，【对比度】数值为56，如下左图所示，此时的图像效果如下右图所示。

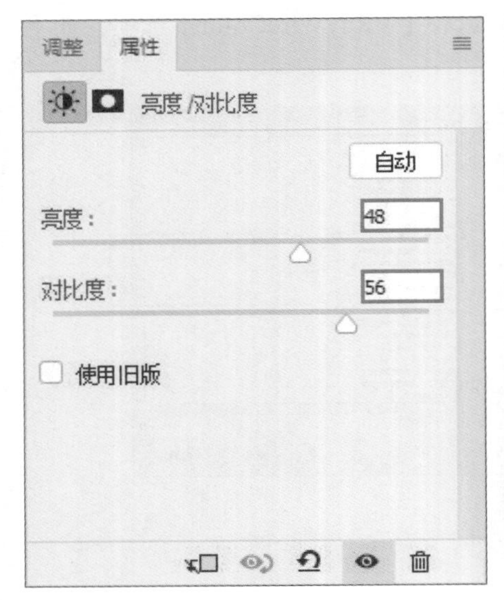

Step 03 继续执行【图层】|【新建调整图层】|【自然饱和度】命令，在弹出的窗口中设置【自然饱和度】数值为60，如下左图所示，最终的图像效果如下右图所示。

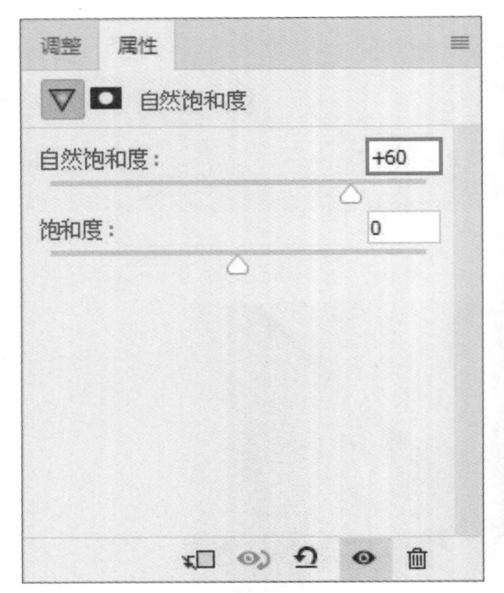

Chapter 12 3ds Max & VRay & Photoshop

室外简约别墅夜景

▌别墅构图设计　▌夜景灯光把握　▌天空背景材质制作

场景文件	12.max
案例文件	室外简约别墅夜景.max
视频教学	室外简约别墅夜景.flv
难易指数	★★★★☆
技术掌握	掌握大场景室内外光照的模拟

实例介绍

本例介绍的是一个室外简约别墅夜景场景，室外明亮灯光的表现主要使用了自由灯光和VR灯光来制作，并使用VRayMtl来制作本案例的主要材质。

Section 12.1 VRay渲染器设置

Step 01 打开本书实例文件【第12章 室外简约别墅夜景/12.max】，如下图所示。

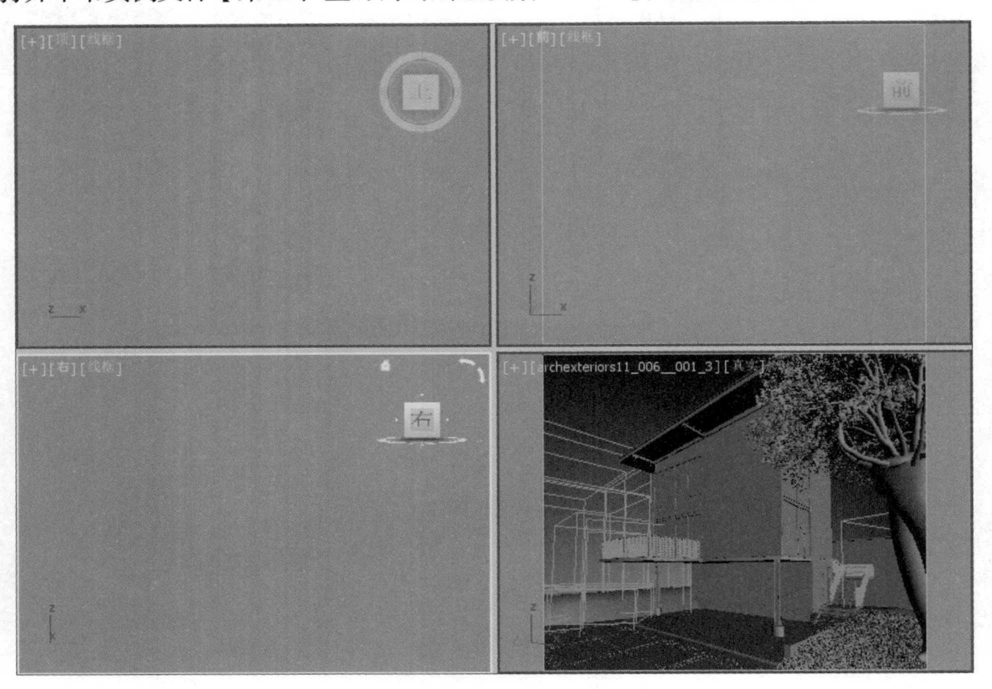

Step 02 按F10键，打开【渲染设置】面板，选择【公用】选项卡，在【指定渲染器】卷展栏下单击…按钮，在弹出的【选择渲染器】对话框中选择【V-Ray Adv 3.00.08】选项。此时在【指定渲染器】卷展栏中的【产品级】后面显示了【V-Ray Adv 3.00.08】，【渲染设置】面板中出现了【V-Ray】、【GI】和【设置】选项卡，如下图所示。

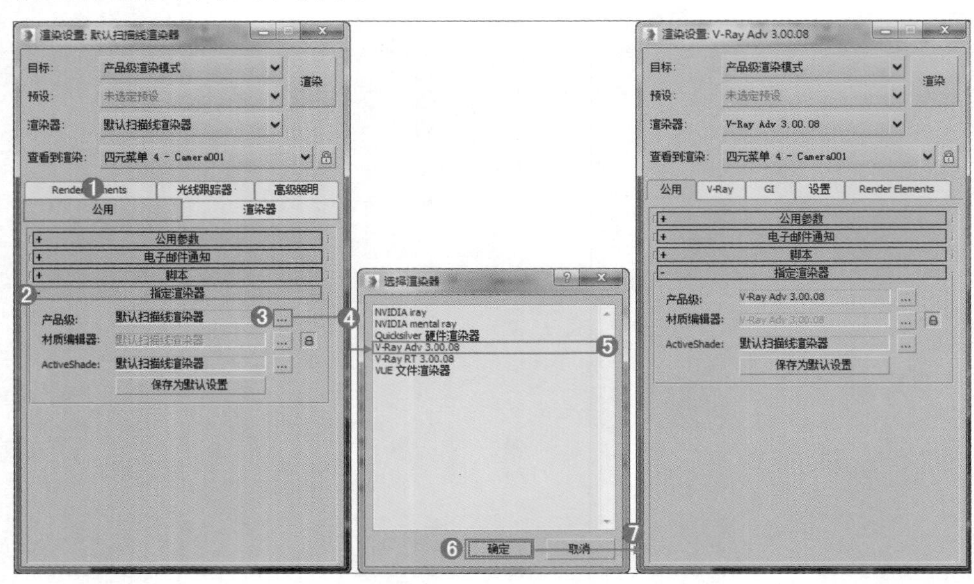

Section 12.2 材质的制作

下面就来讲述场景中主要材质的调节方法，包括天空、地面、白墙、玻璃、木纹、草地材质等，如下图所示。

12.2.1 天空材质的制作

Step 01 按M键，打开【材质编辑器】面板，选择第一个材质球，单击 Standard （标准）按钮，在弹出的【材质/贴图浏览器】对话框中选择【VR灯光材质】选项，如下图所示。

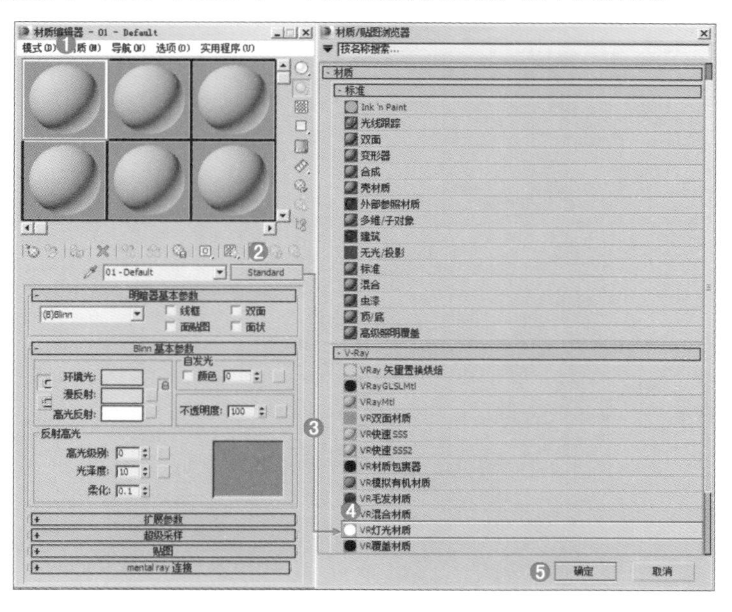

Step 02 将其命名为【天空】，在【颜色】后面的通道上加载【archexteriors11_006_sky.jpg】贴图文件，然后设置【强度】为140，如右图所示。

Step 03 将制作完毕的天空材质赋给场景中的天空部分模型，如下图所示。

12.2.2 地面材质的制作

Step 01 按M键，打开【材质编辑器】面板，选择一个材质球，单击 Standard （标准）按钮，在弹出的【材质/贴图浏览器】对话框中选择【VRayMtl】选项，如下图所示。

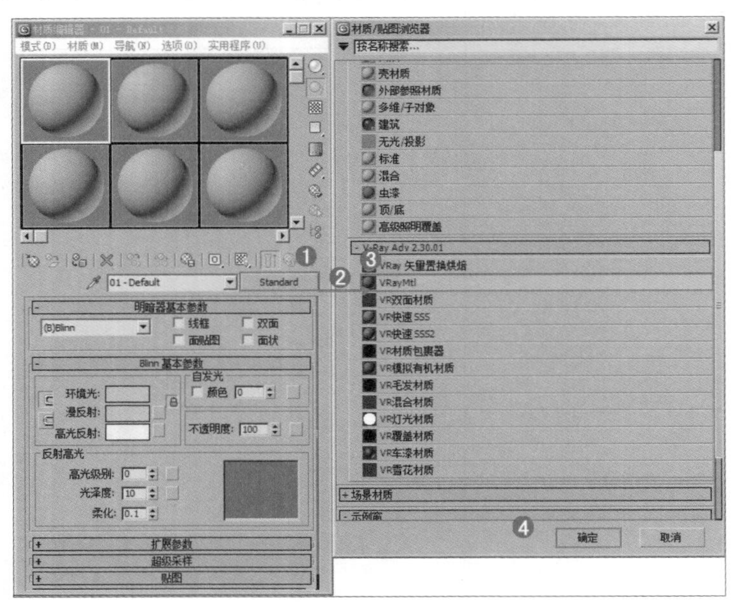

Step 02 将其命名为【地面】，设置【漫反射】颜色为白色（红：254绿：254蓝：254），在【反射】和【反射光泽度】后面的通道上分别加载【archexteriors11_006_Stone Disp map.jpg】贴图文件，展开【坐标】卷展栏，设置【模糊】为0.1，设置【反射光泽度】为0.8，勾选【菲涅耳反射】复选框，如下左图所示。

Step 03 展开【贴图】卷展栏，设置【反射】数量为30，【反射光泽度】数量为20，如下右图所示。

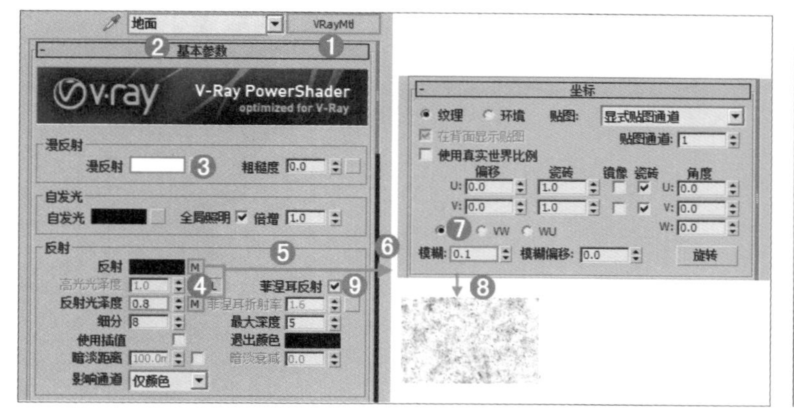

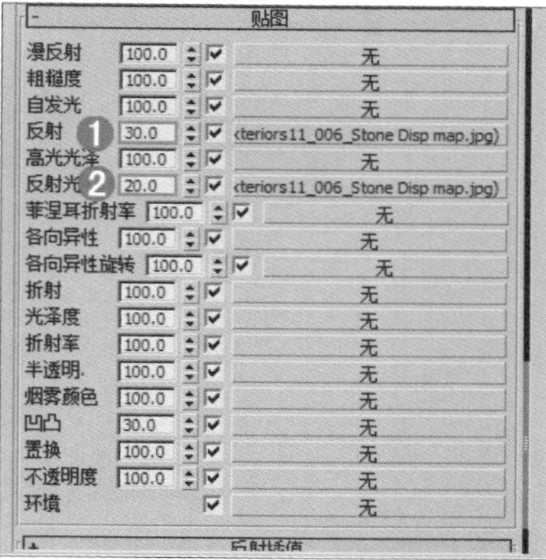

Step 04 将制作完毕的地面材质赋给场景中的地面部分模型，如下图所示。

12.2.3 白墙材质的制作

Step 01 选择一个空白材质球，然后将【材质类型】设置为【VRayMtl】材质，将其命名为【白墙】，设置【漫反射】颜色为白色（红：240绿：240蓝：240），如右图所示。

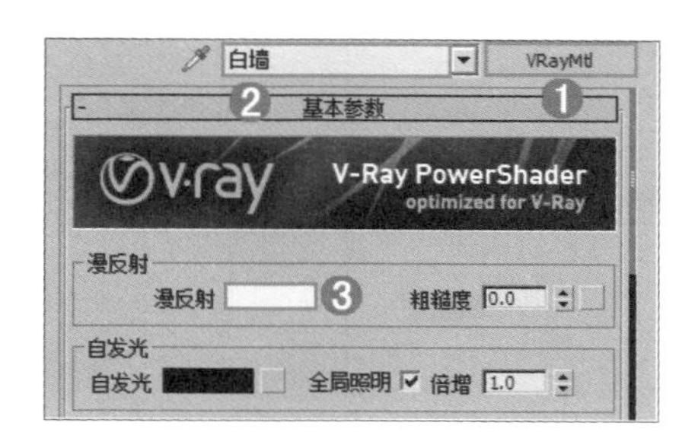

Step 02 将制作完毕的白墙材质赋给场景中的白墙部分模型，如下图所示。

12.2.4 玻璃材质的制作

Step 01 选择一个空材质球，然后将【材质类型】设置为【VRayMtl】材质，将其命名为【玻璃】，设置【漫反射】颜色为黑色（红：1绿：1蓝：1），在【反射】后面的通道上加载【衰减】程序贴图，设置颜色1的颜色为灰色（红：50绿：50蓝：50），颜色2的颜色为浅灰色（红：99绿：99蓝：99），设置【衰减类型】为【Fresnel】，如下左图所示。

Step 02 设置【折射】颜色为白色（红：255绿：255蓝：255），设置【折射率】为1.56，勾选【影响阴影】复选框，如下右图所示。

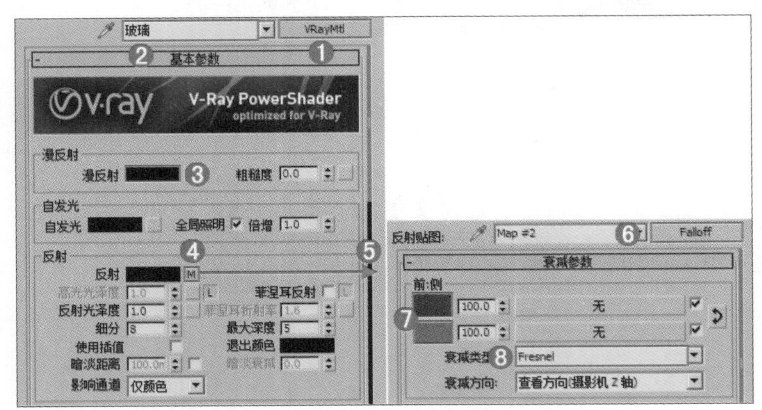

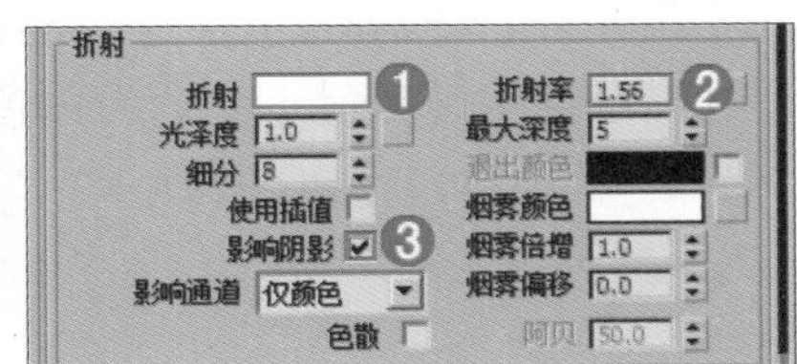

Step 03 将制作完毕的玻璃材质赋给场景中的玻璃部分模型，如下图所示。

12.2.5 木纹材质的制作

Step 01 选择一个空白材质球，然后将【材质类型】设置为【VRayMtl】材质，将其命名为【木纹】，在【漫反射】后面的通道上加载【archexteriors11_010_Rust column.jpg】贴图文件，展开【坐标】卷展栏，设置【模糊】为0.1，如下图所示。

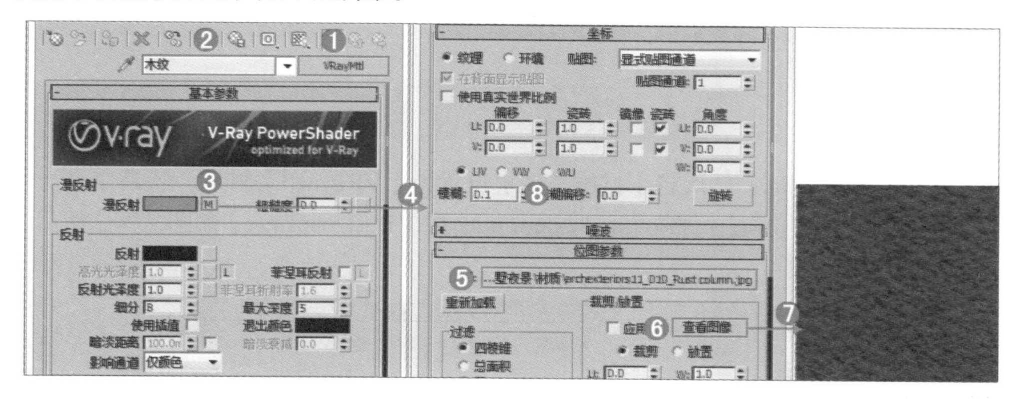

Step 02 展开【贴图】卷展栏，在【凹凸】后面的通道上加载【archexteriors11_010_Column rust bump.jpg】贴图文件，展开【坐标】卷展栏，设置【模糊】为0.1，设置凹凸数量为45，如下图所示。

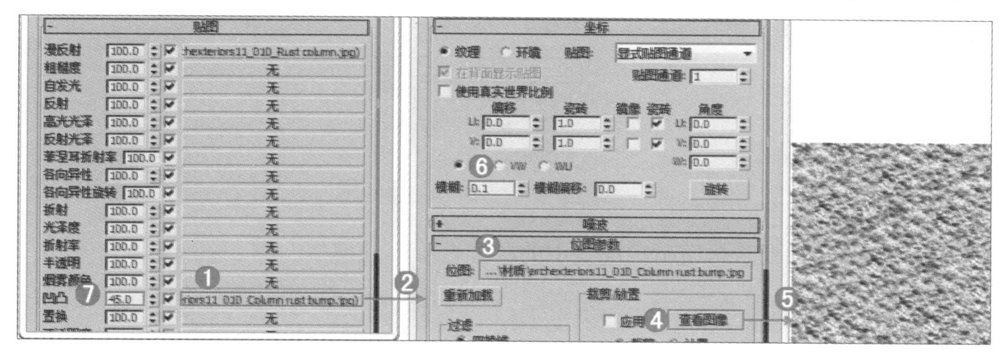

Step 03 将制作完毕的木纹材质赋给场景中的木纹部分模型，如下图所示。

12.2.6 楼梯台阶材质的制作

Step 01 选择一个空白材质球，然后将【材质类型】设置为【VRayMtl】材质，将其命名为【楼梯台阶】，在【漫反射】后面的通道上加载【archexteriors11_010_Rust steps.jpg】贴图文件，然后设置【模糊】为0.1，如下图所示。

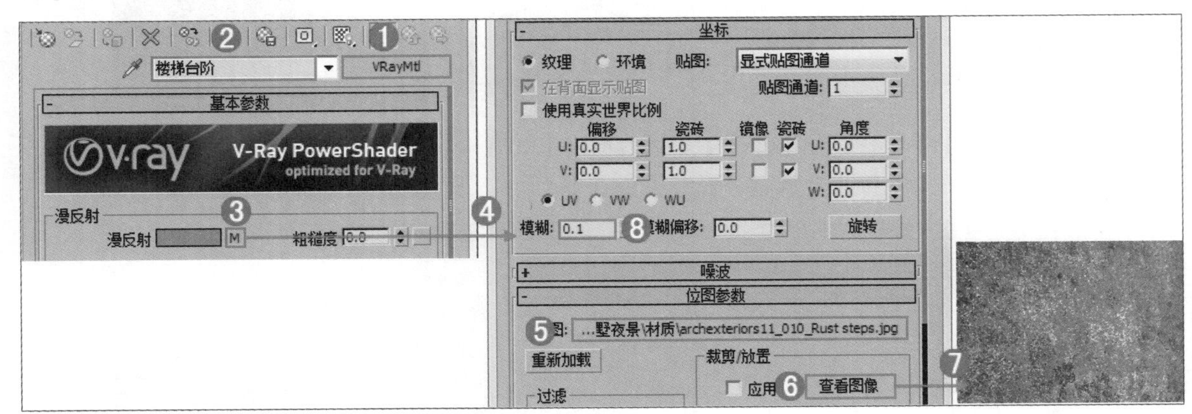

Step 02 将制作完毕的楼梯台阶材质赋给场景中的楼梯台阶部分模型，如下图所示。

12.2.7 金属护栏材质的制作

Step 01 选择一个空白材质球，然后将【材质类型】设置为【VRayMtl】材质，将其命名为【金属护栏】，设置【漫反射】颜色为浅灰色（红：160，绿：160，蓝：160），设置【反射】颜色为浅灰色（红：226，绿：226，蓝：226），设置【反射光泽度】为0.95，【细分】为15，最后再勾选【菲涅耳反射】复选框，并设置【菲涅尔折射率】为15，【最大深度】为5，如下左图所示。

Step 02 将制作完毕的金属护栏材质赋给场景中的金属护栏模型，如下右图所示。

12.2.8 草地材质的制作

Step 01 按M键，打开【材质编辑器】对话框，选择一个材质球，单击 Standard （Standard）按钮，在弹出的【材质/贴图浏览器】对话框中选择【VR覆盖材质】选项，如下图所示。

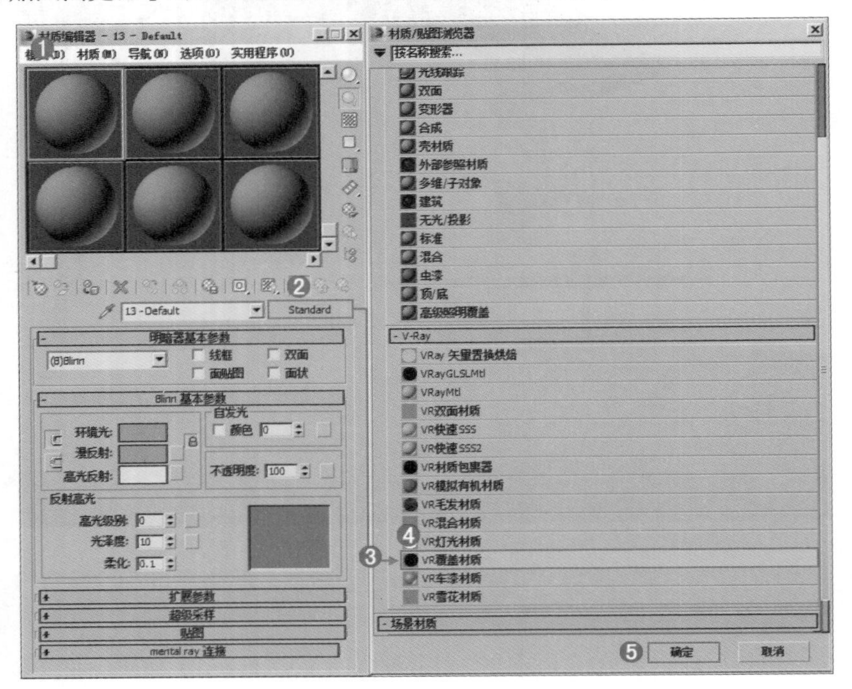

Step 02 将其命名为【草地】，在【基本材质】后面的通道上加载【VRayMtl】材质，在【全局照明材质】后面的通道上加载【VRayMtl】材质，如右图所示。

Step 03 进入【基本材质】后面的通道中，在【漫反射】后面的通道上加载【archexteriors11_006_grass 01.jpg】贴图文件，展开【坐标】卷展栏，设置【模糊】为0.1，如下图所示。

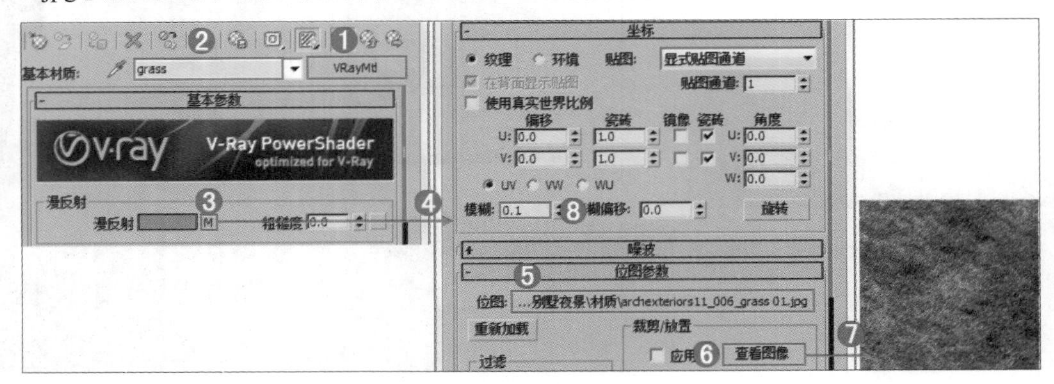

Step 04 进入【全局照明材质】后面的通道中，设置【漫反射】颜色为白色（红：223绿：223蓝：223），如下左图所示。

Step 05 将制作完毕的草地材质赋给场景中的草地部分模型，如下右图所示。

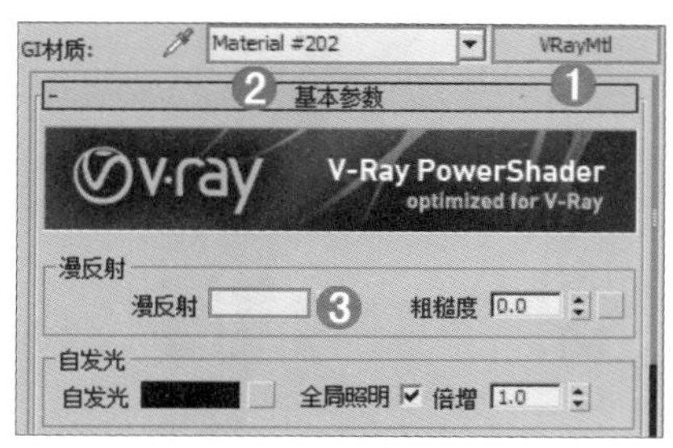

至此场景中主要模型的材质已经制作完毕，其它材质的制作方法我们就不再详述了。

Section 12.3 摄影机设置

Step 01 单击（创建）|（摄影机）| VRay | VR物理摄影机（VR物理摄影机）按钮，如下左图所示。在顶视图中按住鼠标左键拖曳创建摄影机，如下图所示。

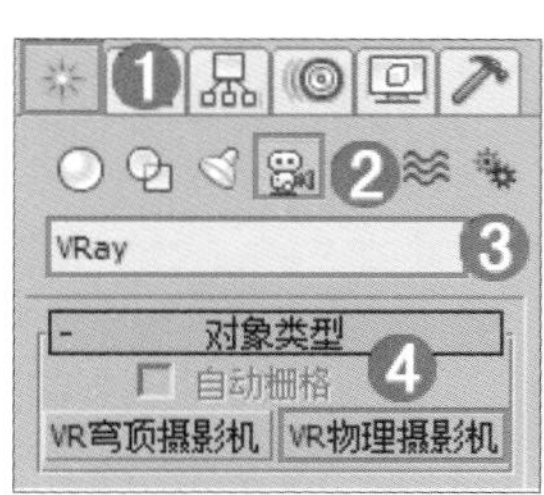

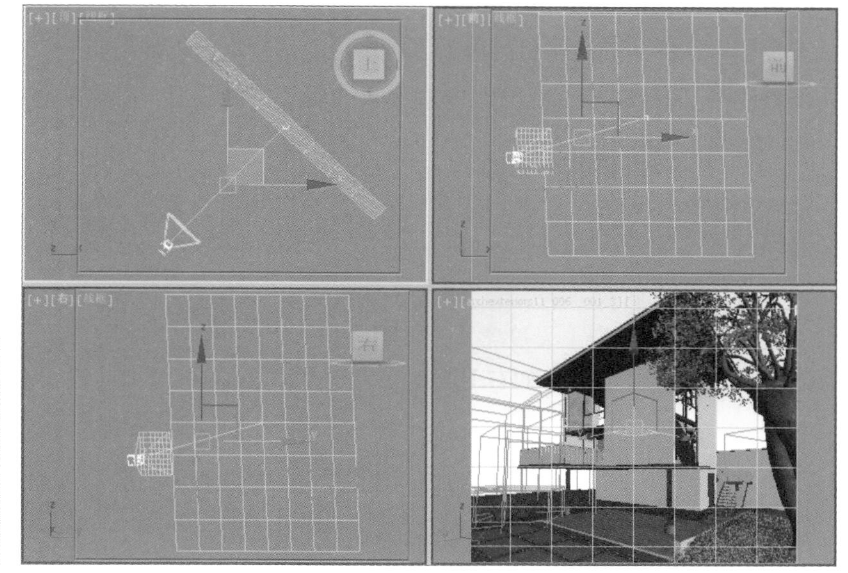

Step 02 选择刚创建的摄影机，进入【修改】面板，设置【胶片规格（mm）】为36，【焦距（mm）】为25，【纵向移动】为0.15，【白平衡】为【自定义】，【快门速度为（s^-1）】为240，【胶片速度（ISO）】为65，如下左图所示。

Step 03 此时的摄影机视图效果，如下右图所示。

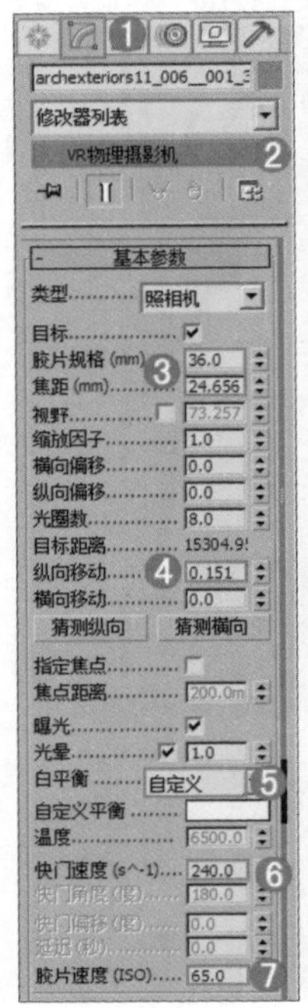

Section 12.4 灯光设置和草图渲染

在这个室外简约别墅夜景场景中，使用两部分灯光来表现照明，一部分使用了环境光效果，另外一部分使用了室内灯光的照明。也就是说想得到好的效果，必须配合室内的一些照明，最后设置一下辅助光源就可以了。

12.4.1 自由灯光的设置

Step 01 在【创建】面板下单击【灯光】按钮，并设置【灯光类型】为【光度学】，最后单击【自由灯光】按钮 自由灯光 ，如右图所示。

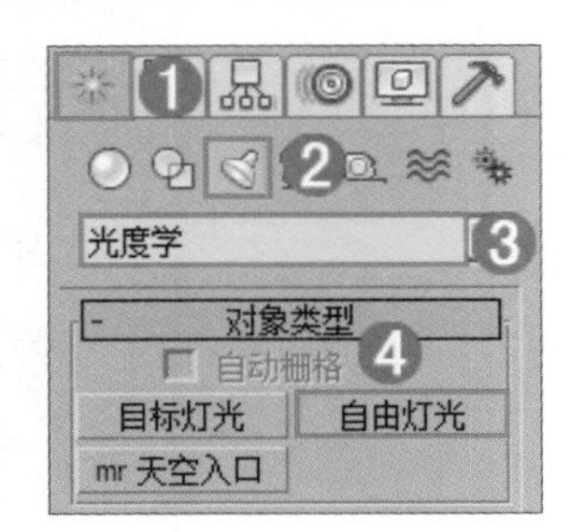

Step 02 使用【自由灯光】自由灯光 在前视图中创建1盏灯光，并使用【选择并移动】工具复制4盏灯光，将其放置在合适的位置，灯光位置如下左图所示。

Step 03 选择上一步创建的自由灯光，然后在【修改】面板下展开【常规参数】卷展栏，设置【灯光分布（类型）】为【光度学Web】，接着展开【分布（光度学Web）】卷展栏，并在通道上加载【wall lamp.IES】文件。展开【强度/颜色/衰减】卷展栏，调节【颜色】为黄色（红：234绿：161蓝：113），设置【强度】为853，如下右图所示。

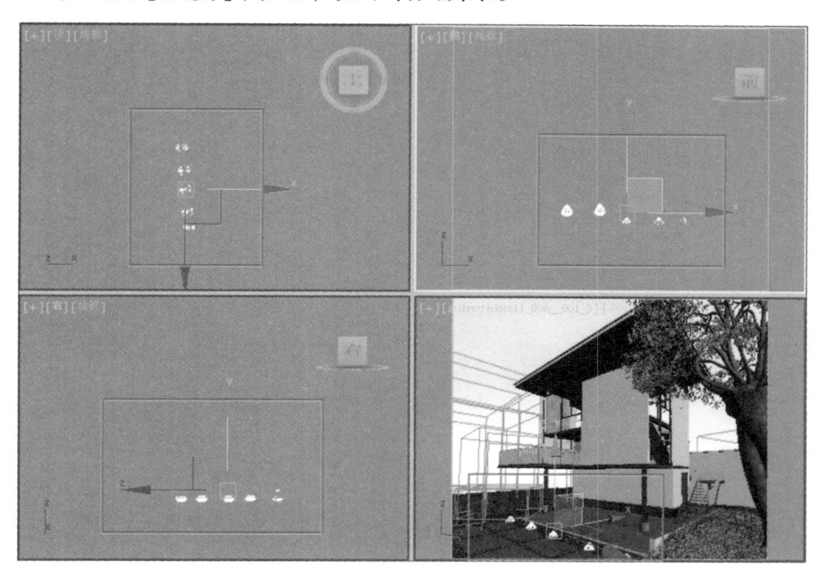

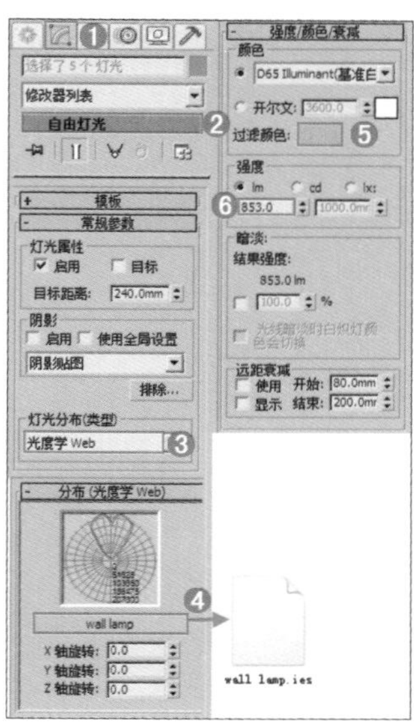

Step 04 继续使用【自由灯光】自由灯光 在前视图中创建1盏灯光，使用【选择并移动】工具复制3盏，将其放置在合适的位置，灯光位置如下左图所示。

Step 05 选择上一步创建的自由灯光，然后在【修改】面板下展开【常规参数】卷展栏，设置【灯光分布（类型）】为【光度学Web】，接着展开【分布（光度学Web）】卷展栏，并在通道上加载【wall lamp.IES】文件。展开【强度/颜色/衰减】卷展栏，调节【颜色】为黄色（红：225绿：143蓝：37），设置【强度】为853，如下右图所示。

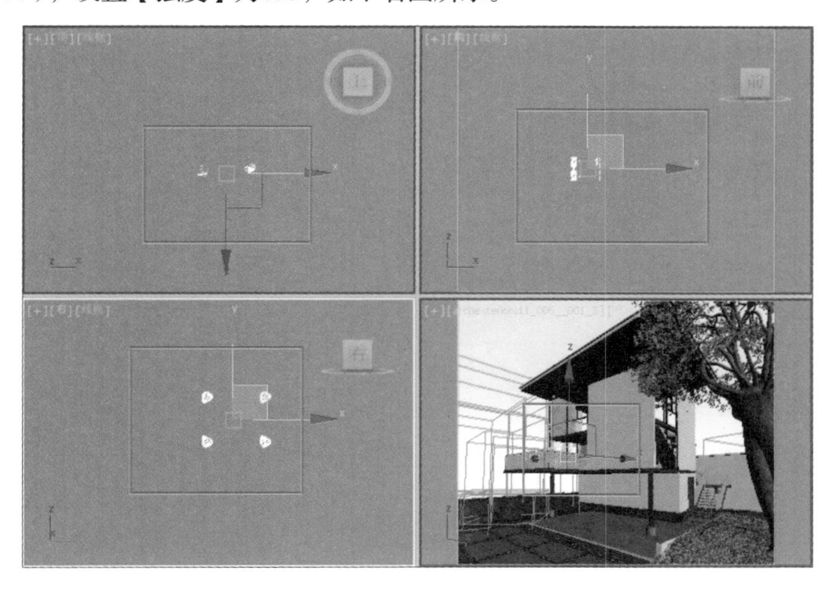

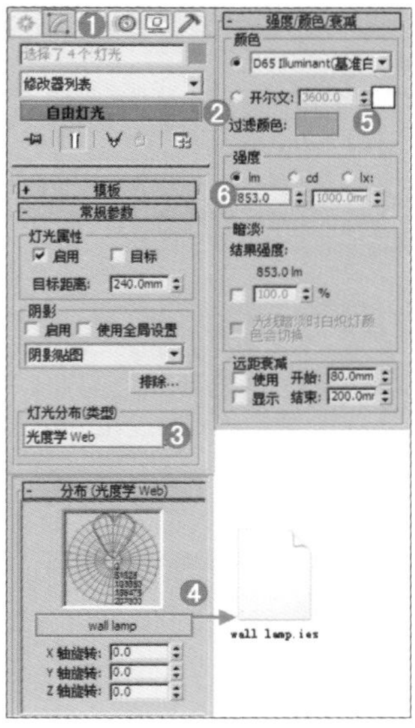

Step 06 继续使用【自由灯光】自由灯光 在前视图中创建1盏灯光，使用【选择并移动】工具复制3盏，将其放置在合适的位置，灯光位置如下左图所示。

Step 07 选择上一步创建的自由灯光，然后在【修改】面板下展开【常规参数】卷展栏，设置【灯光分布（类型）】为【光度学Web】，接着展开【分布（光度学Web）】卷展栏，并在通道上加载【wall 01.IES】文件。展开【强度/颜色/衰减】卷展栏，调节【颜色】为黄色（红：225绿：236蓝：180），设置【强度】为853，如下右图所示。

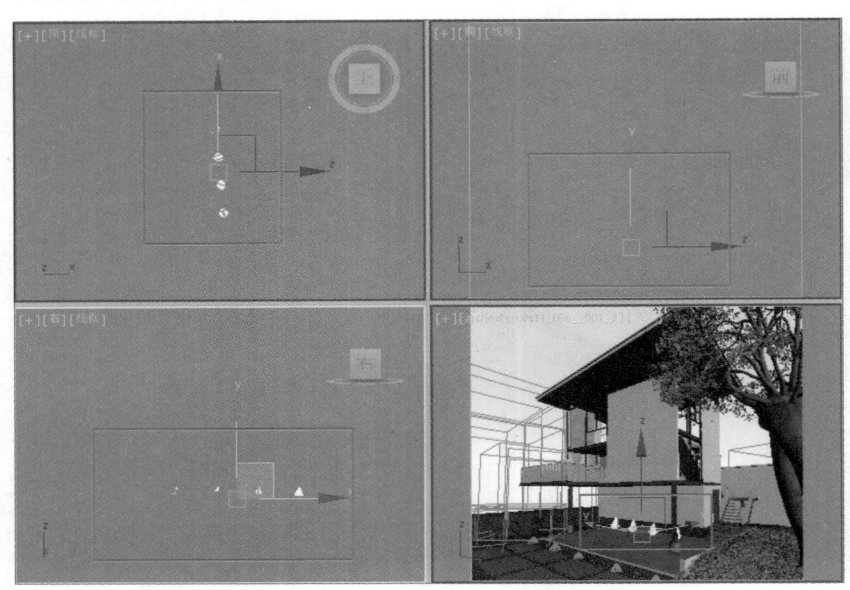

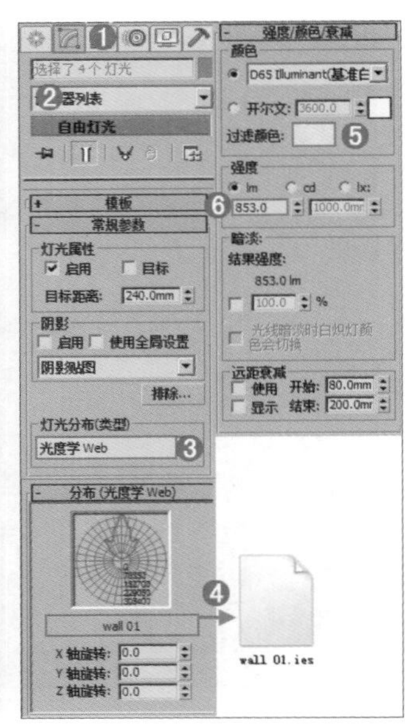

Step 08 按F10键，打开【渲染设置】面板，首先设置一下【VRay】和【间接照明】选项卡下的参数，此时设置的是一个草图渲染参数，目的是进行快速渲染，来观看整体的效果，参数设置如下图所示。

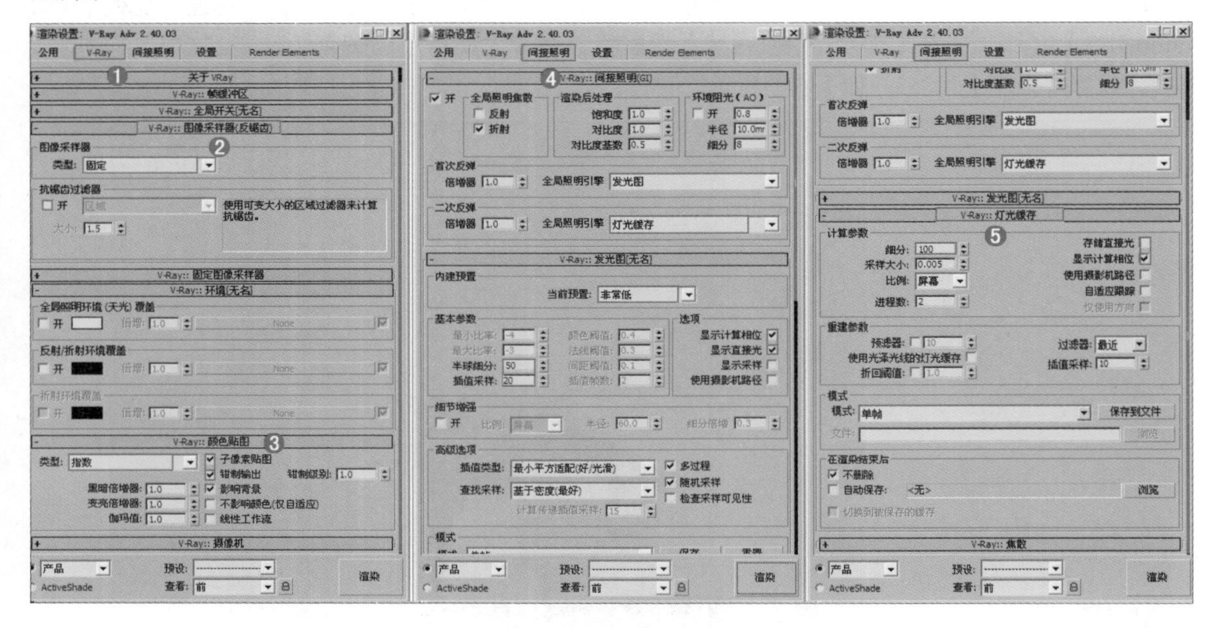

12.4.2 VR灯光的设置

Step 01 在【创建】面板下单击【灯光】按钮，并设置【灯光类型】为【VRay】，最后单击【VR灯光】按钮 VR灯光 ，如右图所示。

Step 02 在顶视图中创建1盏VR灯光，并使用【选择并移动】工具复制4盏，调整其位置，此时VR灯光的位置如下左图所示。

Step 03 选择上一步创建的VR灯光，然后在【修改】面板下展开【参数】卷展栏，在【常规】选项组下设置【类型】为【平面】，在【强度】选项组下设置【倍增器】为650，调节【颜色】为黄色（红：255，绿：204，蓝：94），在【大小】选项组下设置【1/2长】为400mm，【1/2宽】为400mm。在【选项】组下勾选【不可见】复选框，如下右图所示。

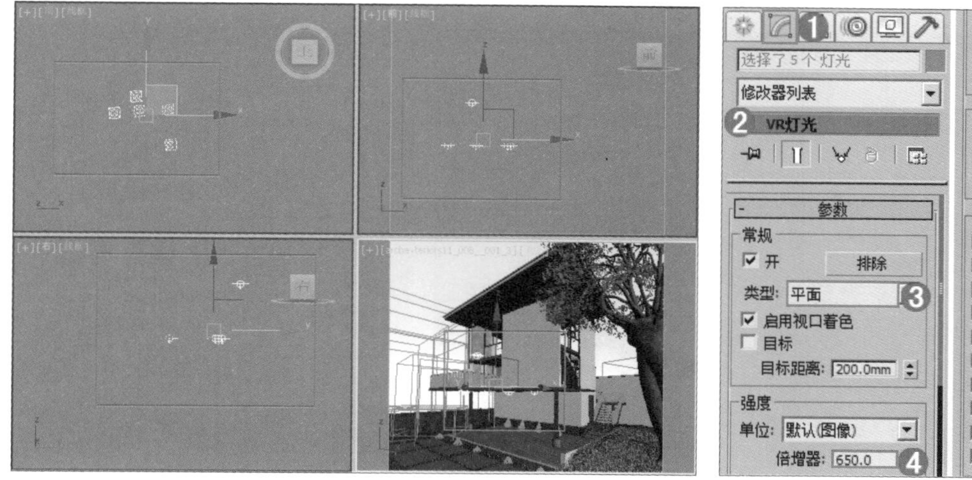

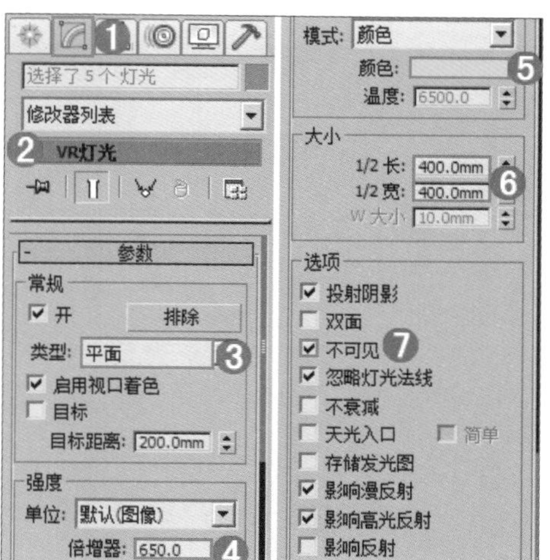

Step 04 继续在顶视图中创建1盏VR灯光，并使用【选择并移动】工具调整位置，此时VR灯光的位置如下左图所示。

Step 05 选择上一步创建的VR灯光，然后在【修改】面板下展开【参数】卷展栏，在【常规】选项组下设置【类型】为【平面】，在【强度】选项组下设置【倍增器】为450，调节【颜色】为黄色（红：244，绿：198，蓝：100），在【大小】选项组下设置【1/2长】为1987mm，【1/2宽】为58mm。在【选项】组下勾选【不可见】复选框，如下右图所示。

Step 06 继续在顶视图中创建1盏VR灯光，并使用【选择并移动】工具复制1盏，并调整位置，此时VR灯光的位置如下左图所示。

Step 07 选择上一步创建的VR灯光，然后在【修改】面板下展开【参数】卷展栏，在【常规】选项组下设置【类型】为【球体】，在【强度】选项组下设置【倍增器】为200，调节【颜色】为黄色（红：255，绿：218，蓝：160，在【大小】选项组下设置【半径】为400mm，在【选项】组下勾选【不可见】复选框，在【采样】组下设置【细分】为15，如下右图所示。

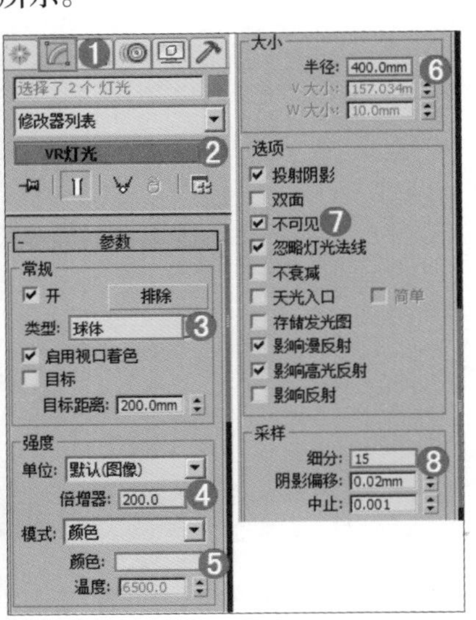

Step 08 继续在顶视图中创建1盏VR灯光，并使用【选择并移动】工具调整位置，此时VR灯光的位置如下左图所示。

Step 09 选择上一步创建的VR灯光，然后在【修改】面板下展开【参数】卷展栏，在【常规】选项组下设置【类型】为【平面】，在【强度】选项组下设置【倍增器】为650，调节【颜色】为黄色（红：244，绿：204，蓝：94），在【大小】选项组下设置【1/2长】为3000mm，【1/2宽】为2800mm。在【选项】组下勾选【不可见】复选框，如下右图所示。

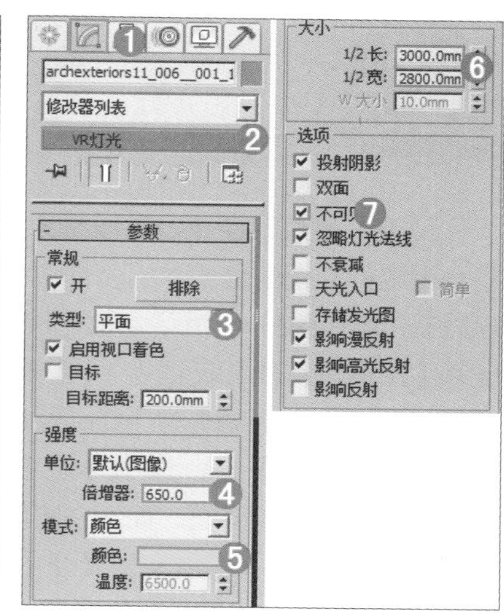

Step 10 继续在顶视图中创建1盏VR灯光，并使用【选择并移动】工具调整位置，此时VR灯光的位置如下左图所示。

Step 11 选择上一步创建的VR灯光，然后在【修改】面板下展开【参数】卷展栏，在【常规】选项组下设置【类型】为【平面】，在【强度】选项组下设置【倍增】为1000，在【大小】选项组下设置【1/2长】为3800mm，【1/2宽】为4136mm。在【选项】组下勾选【不可见】复选框，如下右图所示。

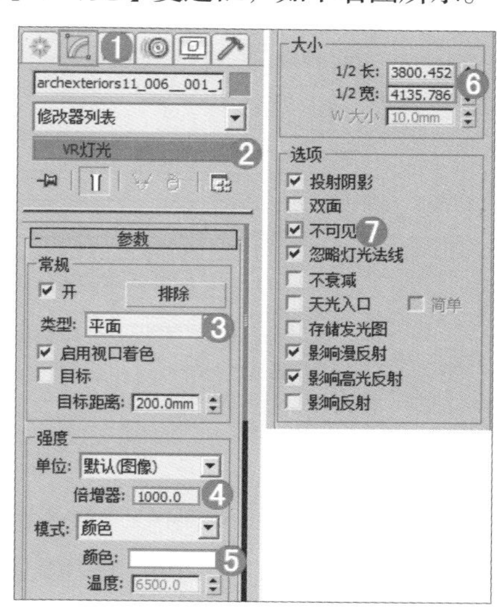

Section 12.5 成图渲染参数的设置

经过了前面的操作，已经将大量繁琐的工作做完了，下面需要做的就是把渲染的参数设置高一些，再进行渲染输出。

Step 01 重新设置一下渲染参数，按F10键，在打开的【渲染设置】面板中，选择【V-Ray】选项卡，展开【图形采样器（反锯齿）】卷展栏，设置【类型】为【自适应】，接着勾选【图像过滤器】复选框，并设置【过滤器】为【Catmull-Rom】，展开【自适应图像采样器】卷展栏，设置【最小细分】为1，【最大细分】为4，展开【颜色贴图】卷展栏，设置【类型】为【指数】，勾选【子像素贴图】和【钳制输出】卷展栏，如下左图所示。

Step 02 选择【GI】选项卡，展开【发光图】卷展栏，设置【当前预设】为【低】，设置【细分】为50，【插值采样】为20，勾选【显示计算相位】和【显示直接光】复选框，展开【灯光缓存】卷展栏，设置【细分】为1000，勾选【存储直接光】和【显示计算相位】复选框，如下右图所示。

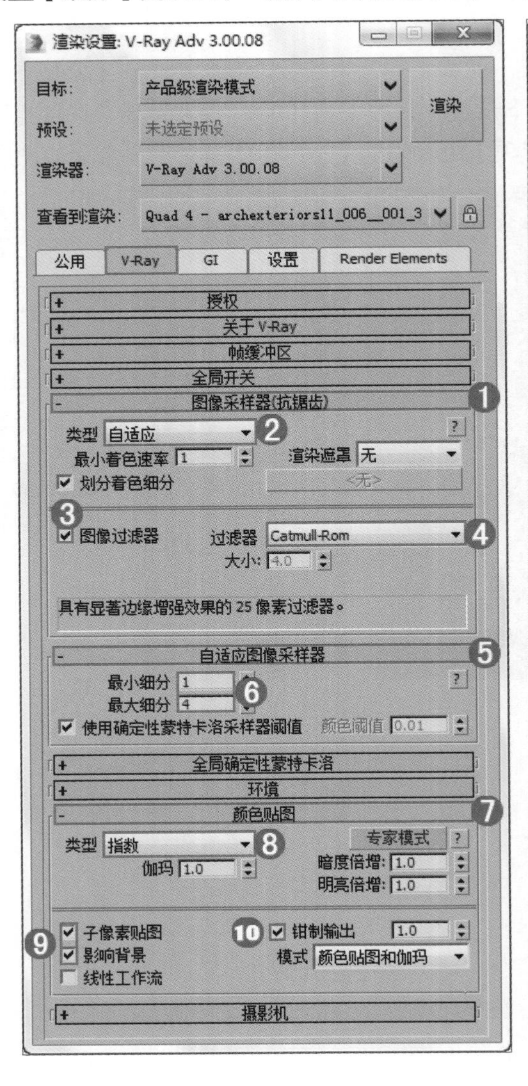

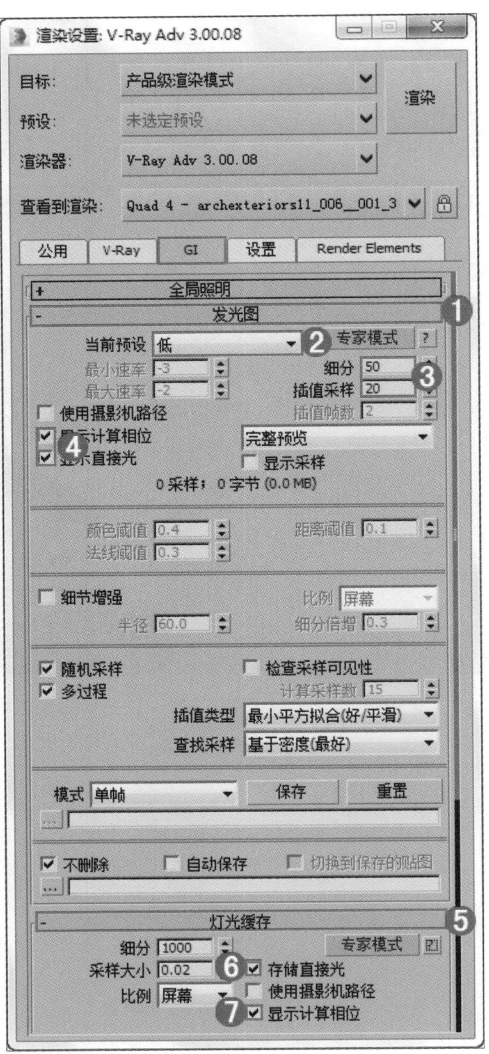

Step 03 选择【设置】选项卡，展开【系统】卷展栏，设置【序列】为【三角剖分】，最后取消勾选【显示消息日志窗口】复选框，如下左图所示。

Step 04 单击【公用】选项卡，展开【公用参数】卷展栏，设置输出的尺寸为1000×859，如下右图所示。

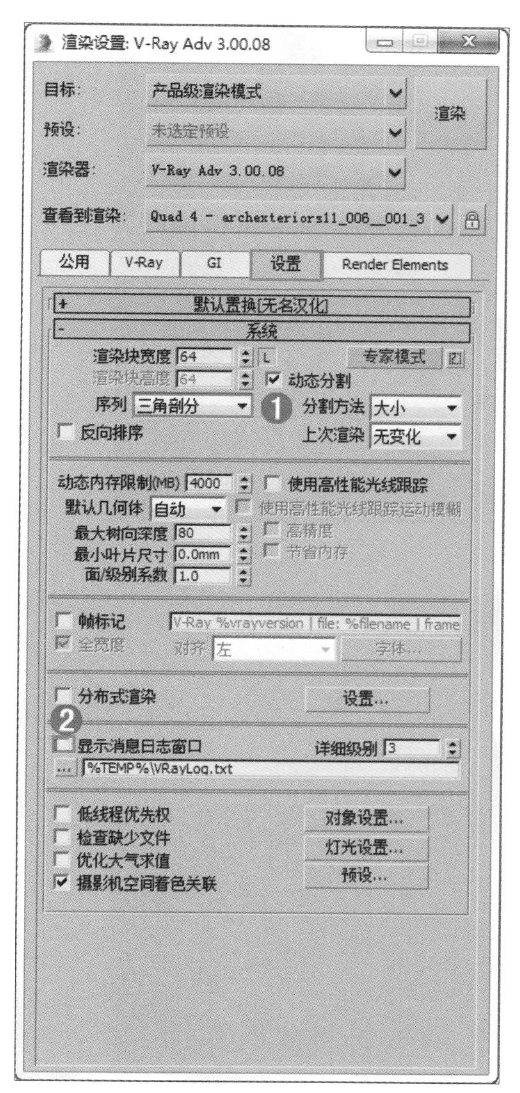

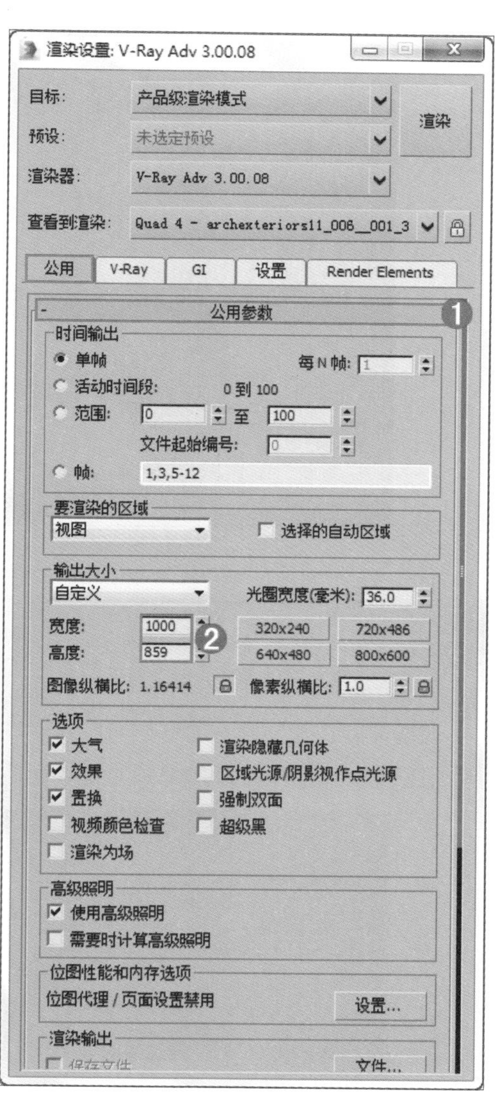

Step 05 单击【渲染】按钮，等待一段时间后就渲染完成了，最终的效果如下图所示。

Section 12.6 Photoshop后期处理

Step 01 首先在Photoshop中打开效果图，如下图所示。

Step 02 执行【图层】|【新建调整图层】|【亮度/对比度】命令，创建【亮度/对比度】调整图层，设置【亮度】数值为50，【对比度】数值为55，如下左图所示。此时图像的效果如下右图所示。

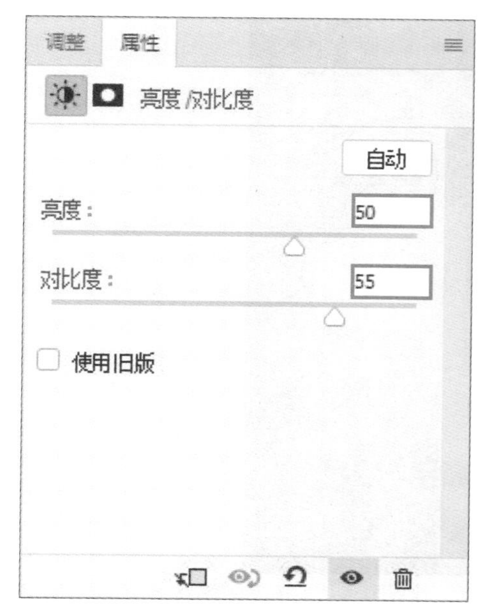

Step 03 执行【图层】|【新建调整图层】|【曲线】命令，创建【曲线】调整图层，调整曲线形态，如下左图所示。接着在该调整图层蒙版中使用黑色画笔涂抹建筑部分，如下右图所示。

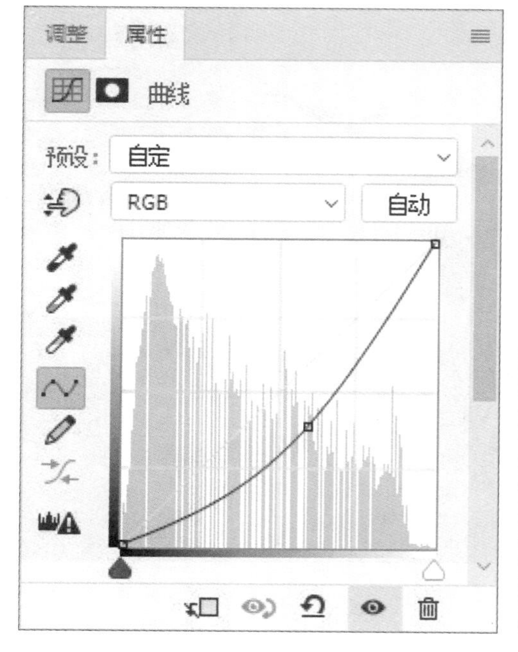

Step 04 此时的图像效果如下图所示。

Step 05 执行【图层】|【新建调整图层】|【曲线】命令，创建【曲线】调整图层，调整曲线形态，如下左图所示。最终的图像效果如下右图所示。

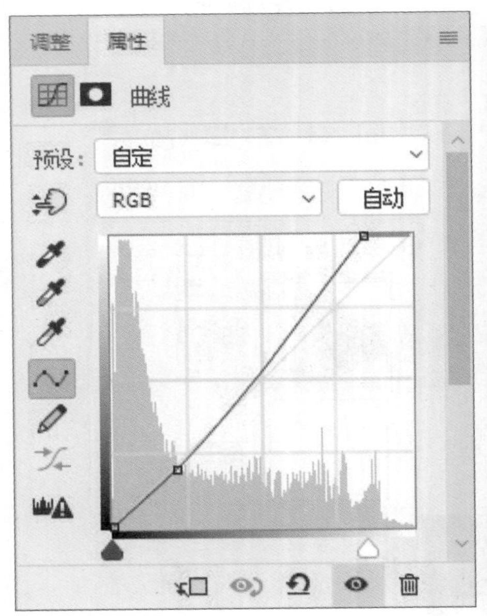